职业教育电力技术类专业教学用书

U0643024

电力系统通信与网络技术

（第二版）

主　编　钟西炎

副主编　谢伟红　王　锦　黄　虹

编　写　程绥洲

主　审　张淑娥

中国电力出版社
CHINA ELECTRIC POWER PRESS

内 容 提 要

全书共分六章，系统地介绍了现代通信和网络的基本概念、基本原理、系统构成和技术发展趋势，并系统地讨论了电力系统通信网络的基本组成、电力系统通信的主要类型及其工作原理、各种通信及网络新技术在电力系统中的应用及应用中存在的各种问题，介绍了电网自动化中常用的有关网络协议和通信规约。本书是按照最新的高职高专教学要求来编写的，内容通俗易懂、简洁明了。

为学习贯彻落实党的二十大精神，根据《党的二十大报告学习辅导百问》《二十大党章修正案学习问答》，在本书配套数字资源中设置了"二十大报告及党章修正案学习辅导"栏目，以方便师生学习。

本书既可作为高等职业院校电力技术类及各相关专业的教材，也可作为电力系统职工网络通信技术培训教材。

图书在版编目(CIP)数据

电力系统通信与网络技术/钟西炎主编 . —2 版 . —北京：
中国电力出版社，2011.6（2025.1重印）
教育部职业教育与成人教育司推荐教材
ISBN 978-7-5123-1804-5

Ⅰ.①电…　Ⅱ.①钟…　Ⅲ.①电力系统-通信网-高等学校-教材　Ⅳ.①TM73

中国版本图书馆 CIP 数据核字(2011)第 117493 号

中国电力出版社出版、发行
（北京市东城区北京站西街 19 号　100005　http://www.cepp.sgcc.com.cn）
北京世纪东方数印科技有限公司印刷
各地新华书店经售
＊
2005 年 9 月第一版
2011 年 8 月第二版　2025 年 1 月北京第十八次印刷
787 毫米×1092 毫米　16 开本　19.25 印张　470 千字
定价 42.00 元

前　言

　　本书是在 2005 年出版的《电力系统通信与网络技术》一书的基础上修订而成的，该书为职业教育电力技术类专业教学用书。在近 5 年中，本书先后印刷了 5 次，深受读者欢迎。由于通信技术、计算机网络技术知识发展迅速，适当地调整本书的内容十分必要，以便及时地反映电力系统应用的最新的网络技术和通信技术。修订后的本书除保持第一版的风格和特点外，更加注重理论的系统性、新颖性和实用性，以便于教学和培训的选择。这些特点主要体现在以下几个方面：

　　(1) 增加了新的内容。网络通信技术近几年发展迅速，尤其是在电力系统自动化领域中，各种最新的网络通信技术得到了充分的应用，为适应现场需求，有必要将这些知识介绍给读者。

　　(2) 充实关键章节的内容。由于光纤通信技术在电力系统中的应用越来越广泛和深入，原教材中的内容已不适应通信技术发展的需要，经调整和充实后将更有益于教学和培训。

　　(3) 加强了对电力系统通信网络的典型应用实例分析。系统地论述和分析电力系统常用通信方式的特点、基本工作原理、系统主要构成，使学生对电力系统通信网络有一个全面清晰的认识，并了解电力系统通信的发展趋势。

　　(4) 为了便于学生学习和理解所学知识，各章节新增了必要的例题，并充实和增加了部分思考题。

　　修订后的内容比原书有所增加，难度略有提高，为便于教学，教师可根据实际需要合理取舍，章节顺序仍保持原书的风格。

　　全书共分六章，其中，第 2 章及附录由西安电力高等专科学校王锦修订，第 3 章的 3.5～3.7 节由西安电力高等专科学校成绥洲修订，第 5、6 章由西安电力高等专科学校黄虹修订，其余各章节及各章的复习思考题均由钟西炎修订并担任主编统编全书。

　　限于编者水平和实践经验，书中难免存在不足之处，敬请读者批评和指正。

编　者

2011 年 5 月

第一版前言

《电力系统通信与网络技术》是为了提高电力系统高职高专各专业在校学生综合理论素质，以便适应电力系统自动化发展对通信、计算机网络技术知识的迫切需要而编写的。

本书是按照最新的高职高专教学要求来编写的。教材内容结合现场应用需求，合理编排内容，针对性强。论述力求简明扼要、通俗易懂，尽量避免过深过繁的理论推导和过抽象的协议描述，而侧重概念的说明和整个系统的形成，做到理论够用，可读性强，并具有一定的先进性、系统性和实用性。充分体现现代职业教育的特点，开发学生思维能力、拓展其知识面、增强就业能力，按照学生的认知规律，合理编排教材章节，各章节既相对独立，又可贯穿起来，形成通信和网络的完整体系。

教材内容强调学科的系统性、实用性，围绕电力系统对网络通信知识的应用的需求，合理取舍内容。教材注意新知识、新技术的引入。在全面和系统地论述现代通信和网络的基本概念和基本理论的基础上，使学生建立一个完整系统的知识体系。

教材针对性强，结合电力系统通信网络的具体情况，系统地论述和分析电力系统常用通信方式的特点、基本工作原理、系统主要构成，使学生对电力系统通信网络有一个全面清晰的认识，并了解电力系统通信的发展趋势。

结合配电网综合自动化系统和变电站综合自动化系统中网络通信技术的应用实例，分析广泛使用的现场总线 LON WORKS 和 CAN 的特点及应用中存在的各种问题，并介绍电网自动化中常用的通信规约。

为了便于学生学习和理解所学知识，每章均附一定的思考题。

全书共分六章，其中，第 2 章及附录由西安电力高等专科学校王锦编写，第 3 章的 3.5～3.7 节由成绥洲编写，第 4、5 章由长沙电力职业技术学院谢伟红编写，其余各章节由钟西炎编写并担任主编统编全书。

本书既可作为电力系统高职高专各专业的教学使用也可作为电力系统职工网络通信技术培训使用。

由于编者水平和实践经验有限，书中难免存在不足之处，敬请读者批评和指正。

编　者

2005 年 5 月

目　录

第 1 章

电力系统通信概述

引言： 为保证电力系统安全、经济地发供电，合理分配电能，保证电力质量指标及防止和及时处理电力系统事故就要高度集中管理和统一调度，建立起与之相对应的专用通信系统。因此，电力通信系统是电力系统的重要组成部分，它是电网实现调度自动化和管理现代化的基础。

电力系统通信方式包括了几乎所有现有的通信手段和种类。此外，计算机网络技术也为调度自动化技术的发展提供了广阔的发展空间。要想学习电力系统通信与网络技术，就必须首先建立通信技术和网络的整体概念，通过学习通信和网络的基本技术和原理，对通信技术的体系框架有一个全面系统地认识，对各种通信技术的概念、原理、系统构成和技术发展有较全面的理解和掌握。

1.1 通信技术的发展

1.1.1 通信发展的历史

通信就是双方或多方信息的传递与交流。通信在人类社会的各种社会活动和经济活动中都起着重要的作用。随着科学技术的不断发展，通信的手段、方式、内容都在发生着巨大的变化，已经形成了一个独立的学科。特别是与计算机的密切结合，使通信技术日新月异，迅速发展。

通信所需传递的信息可以有不同的形式，如语言、文字、图像、数据等。现代传递信息的方式中，以电气或电子的方法传递信息最为广泛。这是因为电气通信，可以长距离、迅速、可靠地传递信息。

通信的发展经历了漫长的历史，从远古的烽火通信到今天的计算机通信网络。通信发展的历史也是人类社会文明发展的历史，通信的发展推动了人类的文明与进步。回顾通信发展的历史过程，通信手段的真正革命是从电信开始的。具有代表意义的事件有：1837 年莫尔斯发明有线电报，标志着电信时代的开始；1895 年马克尼发明无线电报，开创了无线电通信发展的道路；而载波通信的出现，则使在一个物理介质上传送多路音频电话信号成为可能；电视使传输和交流信息从单一的声音发展到实时图像；计算机被认为是 20 世纪最伟大的发明，它加快了各类科学技术的发展进程；集成电路使人类的信息传输能力和信息处理能力得到了极大提高；光导纤维的发明，为人们提供了一种全新的通信介质，将使通信容量达到前所未有的地步；卫星通信将人类引入了太空通信时代；蜂窝移动通信则为人们提供了一种灵活、便捷的通信方式；而计算机网络的出现意味着信息时代的到来。

伴随着通信手段的发展，通信的理论也在不断的发展完善。调制理论、信号和噪声理论、信号检测理论、信息论和纠错编码理论等构成了系统科学的通信理论。尤其是脉冲编码技术（PCM）的出现，开辟了数字通信的广阔领域。

1.1.2　通信系统的分类与构成

实现信息传递所需的一切技术设备和传输媒质的总和称为通信系统。任何通信系统都可以抽象概括为图 1-1 所示的一般通信系统模型。

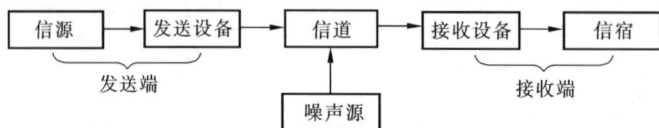

图 1-1　通信系统的模型

图 1-1 中，信源是指原始的信息源，其作用是把原始的消息转换成原始电信号，称之为消息信号或基带信号。常用的信源有电话机、电视摄像机和电传机以及计算机等各种数字终端设备。信源的信号通常不适于直接在信道上传输。它需要由发送设备将信源和信道匹配起来，即将信源产生的消息信号变换成适合在信道中传输的信号。变换方式是多种多样的，在需要频谱搬移的场合，调制是最常见的变换方式。对数字通信系统来说，发送设备常常又可分为信源编码与信道编码。信道是指传输信息的通道。信道可以是明线、电缆、光纤、波导、无线电波等等。噪声源不是人为加入的设备，而是通信系统中各种设备以及信道中所固有的。噪声的来源是多样的，它可分为内部噪声和外部噪声，为了分析方便，把噪声源视为各处噪声的集中表现而抽象加入到信道。接收设备的作用与发送设备的作用相反，即进行解调、译码、解码等。对接收器的要求是能够从带有干扰的接收信号中最大限度地正确恢复出相应的原始基带信号来，即复现信源的输出。信宿是传输信息的归宿点，即接收消息的人或机器。

根据研究的对象以及所关注的问题不同，图 1-1 模型中的各小方框的内容和作用将有所不同，因而相应有不同形式的更具体的通信模型。今后的讨论就是围绕着通信系统进行。

现代通信种类繁多，有卫星通信、光纤通信、移动通信、微波通信和扩频跳频通信等方式。时分复用技术、码分多路复用技术、程序控制技术、智能控制等先进技术手段得到广泛的应用，从而实现了以网络为依托的全球通信。通信的分类方法有很多种：按通信业务分类，通信系统分为话音通信和非话音通信；按调制方式分类，根据采用调制与否，可将通信系统分为基带传输和频带（调制）传输，所谓基带传输是指信号没有经过调制而直接送到信道中去传输的一种方式，而频带传输是指信号经过调制后再送到信道中传输；而收端有相应解调措施的通信系统；按传输媒质分类，通信系统可分为有线通信系统和无线通信系统两大类；按工作波段分类，按通信设备的工作频率不同可分为长波通信、中波通信、短波通信、远红外线通信等；按信号复用方式分类，传输多路信号有三种复用方式，即频分复用（FDM）、时分复用（TDM）和码分复用（CDM）。频分复用是用频谱搬移的方法使不同信号占据不同的频率范围；时分复用是用脉冲调制的方法使不同信号占据不同的时间区间；码分复用是用正交的脉冲序列分别携带不同信号。

另外，通信还有其他一些分类方法，例如，按多地址方式可分为频分多址通信、时分多址通信、码分多址通信等。按用户类型可分为公用通信和专用通信等。而其中最常用的方法是按信号特征分类，按照信道中所传输的电信号是模拟信号还是数字信号，相应地把通信系统分成模拟通信系统和数字通信系统两大类。

一、模拟通信系统

模拟通信系统是指利用模拟信号来传递信息的通信系统。信源发出的原始电信号是基带信号，基带信号具有频率很低的频谱分量，不便直接传输，需要把基带信号变换成其频带适合在信道中传输的信号，并可在接收端进行反变换。完成这种变换和反变换作用的通常是调制器和解调器。经过调制以后的信号称为已调信号。模拟通信系统模型如图 1-2 所示。

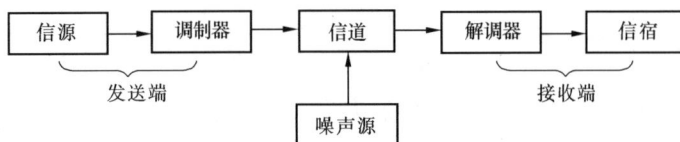

图 1-2　模拟通信系统的模型

二、数字通信系统模型

数字通信系统是指利用数字信号来传递信息的通信系统，如图 1-3 所示。这里的发送设备包括信源编码器、信道编码器和数字调制器三部分。信源编码的主要任务是将模拟信号转换成数字信号。模拟信号数字化主要有两种基本形式：一种是脉冲编码调制（PCM），另一种是增量调制（ΔM）。而信道编码则是对数字信号进行再次编码，使之具有自动纠错或检错的能力。编码器根据输入的信息码元产生相应的监督码元来实现对差错进行控制，译码器则主要是进行检错与纠错。数字调制就是把数字基带信号对载波进行调制形成适合在信道中传输的数字调制信号。基本的数字调制方式有振幅键控（ASK）、频移键控（FSK）、绝对相移键控（PSK）、相对（差分）相移键控（DPSK）。

此外，同步亦是数字通信系统的基本组成部分。同步系统性能的好坏，直接影响着通信系统性能的优劣。所谓同步就是要使数字通信系统的收发两端在时间上保持步调一致。同步的主要内容有载波同步、位同步、帧同步以及网同步。

数字复接则是依据时分复用基本原理把若干个低速数字信号合并成一个高速的数字信号，以扩大传输容量和提高传输效率。复用与复接概念将在以后的章节中介绍。

需要说明的是，图 1-3 所示为数字通信系统的一般化模型，实际的数字通信系统不一定包括图 1-3 中的所有环节。如在某些有线信道中，若传输距离不太远且通信容量不太大时，数字基带信号无需调制，可以直接传送，称之为数字信号的基带传输，其模型中就不包括调制与解调环节。应该指出的是，模拟信号经过数字编码后可以在数字通信系统中传输，数字电话系统就是以数字方式传输模拟语音信号的例子。

当然，数字信号也可以在模拟通信系统中传输，例如，计算机数据可以通过模拟电话线

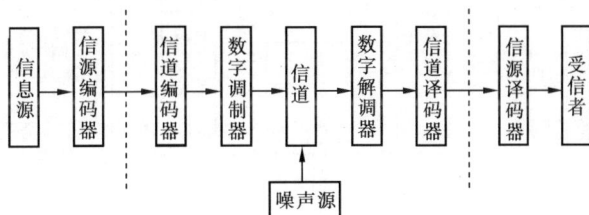

图 1-3　数字通信系统模型

路传输，但这时必须使用调制解调器（Modem）将数字基带信号进行正弦调制，以适应模拟信道的传输特性。可见，模拟通信与数字通信的区别仅在于信道中传输的信号种类。

目前，无论是模拟通信还是数字通信，在不同的通信业务中都得到了广泛的应用。但是，数字通信的发展速度已明显超过模拟通信，成为当代通信技术的主流。与模拟通信相比，数字通信更能适应现代社会对通信技术越来越高的要求。其特点是抗干扰能力强；差错可控，可以采用信道编码技术使误码率降低，提高传输的可靠性；易于与各种数字终端接口，用现代计算机技术对信号进行处理、加工、变换、存储，从而形成智能网；易于集成化，从而使通信设备微型化；易于加密处理，且保密性好。

但是，数字通信的许多优点都是用比模拟通信占据更宽的系统频带为代价而换取的。以电话为例，一路数字电话一般要占据约 $20\sim60\text{kHz}$ 的带宽，而一路模拟电话仅占用约 4kHz 带宽。如果系统传输带宽一定的话，模拟电话的频带利用率要高出数字电话的 $5\sim15$ 倍。此外，由于数字通信对同步要求很高，因而系统设备比较复杂。不过，随着新的宽带传输信道（如光导纤维）的采用、窄带调制技术和超大规模集成电路的发展，数字通信的这些缺点已经明显弱化。随着微电子技术和计算机技术的迅猛发展和广泛应用，数字通信在今后的通信方式中必将逐步取代模拟通信而占据主导地位。

三、数据通信系统

数据通信是在计算机与计算机之间实现的通信，它是计算机技术与通信技术相结合的产物。现代数据通信系统，一般由数据传输系统和数据处理系统两部分组成。在通信过程中依据通信协议，利用数据传输技术（模拟传输或数字传输）在两个功能单元之间传递数据信息。

研究数据通信系统包括两方面内容：一方面研究信道的组成、连接、控制及其使用；另一方面研究信号如何在信道上传输和控制。

数据通信系统都是由数据终端设备（DTE）、数据电路和计算机系统三部分组成的。图 1-4 所示为数据通信系统模型。

其中，数据输入输出设备（DTE）通过数据电路与计算机系统相连接，数据电路由传输信道和数据电路终接设备（DCE）组成。如果传输信道是模拟信道，DCE 的作用是将 DTE 送来的数据信号变换为模拟信号再送往信道，或者反过来，将信道送来的模拟信号变换成数据信号再送到 DTE。如果传输信道是数字信道，DCE 的作用是实现信号码型与电平的转换、信道特性的均衡、收发时钟的形成与供给，以及线路接续控制等。

数据通信是伴随着计算机技术和通信技术的发展以及两者之间的相互渗透与结合而发展起来的一种新的通信方式，数据通信有着广泛的应用领域，内容十分丰富，其相关理论也在

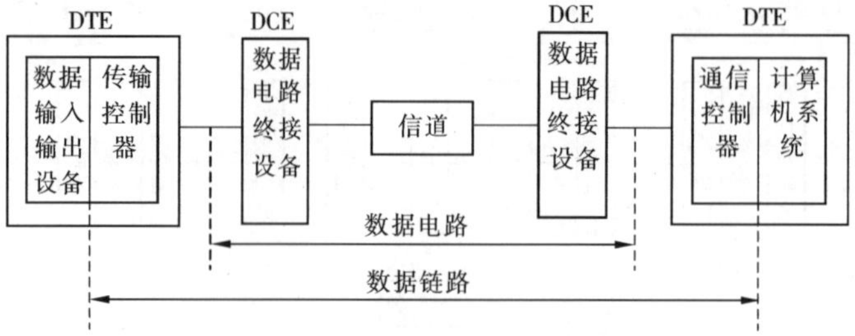

图 1-4　数据通信系统模型

不断发展和完善之中，作为一门新兴的学科，尚无严格的范围限制。简单地说，数据通信就是数据处理与数据传输。

数据通信系统的信源、信宿处理的都是数字信号，而其传输信道既可以是数字信道也可以是模拟信道。这有别于模拟和数字通信系统，模拟通信系统是以模拟信道传输模拟信号的系统。数字通信系统则是以数字信号的形式传输模拟信号的系统。图 1-5 所示为这三种通信方式示意图。数字通信的产生是为了改善模拟通信的质量，与通信双方接触的仍然是模拟信号。只是它们的信号传输方式有所不同。而数据通信在信号传输上与数字通信大致相同（仅就数字信道传输而言），但它的信息源一般为数字信息（离散信息），所以数据通信在功能上可以认为是数字通信的延伸或分支。因此，从技术体制上看，通信方式仍然只分为模拟通信和数字通信两种。

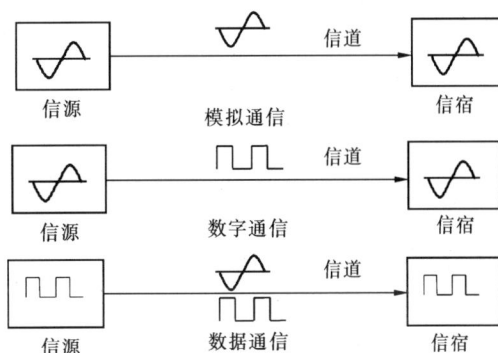

图 1-5　三种通信系统通信方式示意图

综上所述，通信系统的分类可表示为

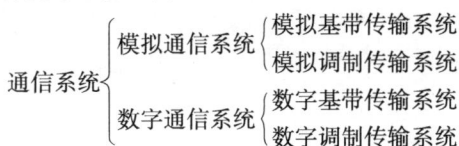

$$通信系统\begin{cases}模拟通信系统\begin{cases}模拟基带传输系统\\模拟调制传输系统\end{cases}\\数字通信系统\begin{cases}数字基带传输系统\\数字调制传输系统\end{cases}\end{cases}$$

1.1.3　通信信道与噪声

每一个通信系统都离不开通信信道，信道的特性直接影响到通信的质量。而噪声则以各种形式存在于通信系统之中，是一个不可回避的客观现实。为了保障通信系统的有效性和可靠性，就必须了解和掌握信道和噪声的基本特性。

一、信道的定义和分类

一般来说，信号的传输途径就称为信道。通常将信号的传输介质定义为狭义信道。在通信理论的研究中，信道的范围还可以扩大，各种信号处理电路和设备（发送机、接收机、调制器、解调器、放大器等），均可包含在信道的范围以内。因此，把传输介质和信号必须经过的各种通信设备统称为广义信道。广义信道按照它包括的功能，可以分为调制信道、编码信道等。

信道的一般组成如图 1-6 所示。所谓调制信道是指从调制器的输出端到解调器的输入端所包含的发转换器、传输介质和收转换器三部分。当研究调制与解调问题时，我们所关心的是调制器输出的信号形式、解调器输入端信号与噪声的最终特性，而并不关心信号的中间变换过程。调制信道输入输出的均是已调信号，既可以是数字已调信号也可以是模拟已调信号。在数字通信系统中，如果研究编码与译码问题时采用编码信道，会使问题的分析更容易。调制信道和编码信道是通信系统中常用的两种广义信道。

狭义信道按照传输介质的特性分为有线信道和无线信道两类。有线信道包括：双绞线、

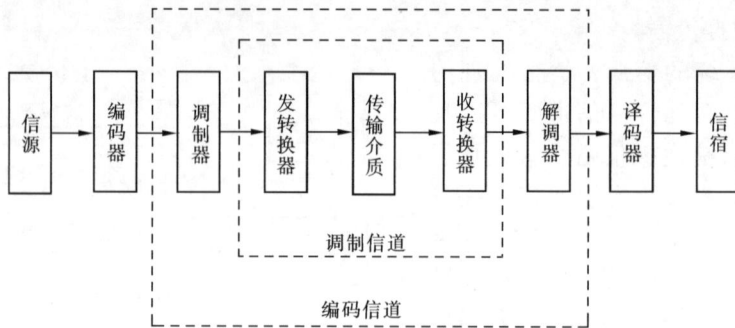

图 1-6　调制信道与编码信道的划分

同轴电缆、架空明线、多芯电缆和光纤等可以看得见的、有形的传输介质。无线信道由无线
电波和光波作为传输载体。狭义信道是广义信道的重要组成部分。

下面介绍常用的传输介质。

（一）有线介质

有线介质包括双绞线、同轴电缆、光纤，常用有线介质如图 1-7 所示。

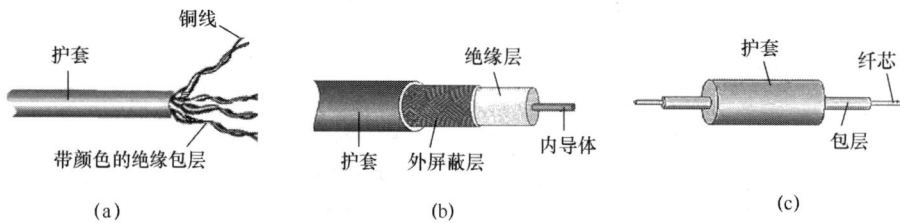

图 1-7　常用有线介质

（a）双绞线；（b）同轴电缆；（c）光纤

1. 双绞线

双绞线分为屏蔽双绞线（STP）和非屏蔽双绞线（UTP）两类。双绞线既可用于模拟
信号传输，也可用于数字信号传输，其通信距离一般为几到十几千米，使用十分广泛。

双绞线按照所使用线材不同而有不同的传输性能，美国电子工业联合会（EIA）规定了
六种质量级别的 UTP：

1 类——用作电话线，不用于数据传输；

2 类——用于语音和数字数据传输，传输速率达 4Mbit/s，常用于令牌网；

3 类——用作大多数电话系统中使用的标准电缆，传输速率达 16Mbit/s，数据传输速率
可达 10Mbit/s，主要用于 10BASE-T；

4 类——传输速率达 20Mbit/s，数据传输速率可达 16Mbit/s，主要用于令牌网、
10BASE-T、100BASE-T；

5 类——传输速率达 100Mbit/s，主要用于 10BASE-T、100BASE-T、100VG-ANYLAN；

超 5 类——传输速率达 1000Mbit/s，可用于高速数据传输；

6 类——传输速率达 2.4Gbit/s，用于超高速数据传输。

非屏蔽双绞线（UTP）是常见的传输介质，但它易受干扰。屏蔽双绞线（STP）抗干扰能力强，有较高的传输速率，100m 内可达 155Mbit/s；但价格较贵，屏蔽层要接地，安装困难。

2. 同轴电缆

同轴电缆分为基带同轴电缆和宽带同轴电缆两种。

（1）基带同轴电缆：一条基带同轴电缆只支持一个信道，它能够以 10Mbit/s 的速率把基带数字信号传输 1～1.2km。阻抗 50Ω，适用于数字信号传输；

（2）宽带同轴电缆：宽带同轴电缆支持的带宽为 300～450MHz，可用于宽带数据信号的传输，传输距离可达 100km。

3. 光导纤维

光导纤维（简称光纤）是光纤通信系统的传输介质。由于可见光的频率非常高，约为 10^{14} Hz 的量级，因此，一个光纤通信系统的传输带宽远远大于其他各种传输介质的带宽，是目前最有发展前途的有线传输介质。

光纤呈圆柱形，由纤芯、包层和护套三部分组成，如图 1-7（c）所示。光纤与铜线相比较具有无可比拟的高带宽等很多优点。详见本书 3.3 节。

（二）无线介质

无线介质主要由无线电波和光波作为传输载体。在光波中，红外线、激光是常用的信号载体，前者广泛用于短距离通信，如电视、录像机、空调器等家用电器使用的遥控装置；后者可用于建筑物之间的局域网连接，因为它具有高带宽和定向性好的优势，但是，由于受天气、热气流或热辐射等影响，使得它的工作质量存在着不稳定性。

由于无线电波传播距离远，能够穿过建筑物，而且既可以全方向传播，也可以定向传播，因此绝大多数无线通信都采用无线电波作为信号传输的载体。不同频率（波长）电磁波的传播特性各异，所以其应用场合也有所不同。无线电波的传播方式主要有地面波传播、天波传播、地—电离层波导传播、视距传播、散射传播、外大气层及行星际空间电波传播等几种。

1. 地面波传播

地面波传播又称地表波传播或地波传播，即无线电波沿地球表面传播。地面波在传播过程中，其场强因大地吸收会衰减，频率愈高则衰减愈大；长波、中波由于频率低，加上绕射能力强，因此利用这种传播可以实现远距离通信。地面波传播受季节、昼夜变化影响小，信号传输比较稳定。

2. 天波传播

天波传播是利用电离层对电波的一次或多次反射进行的远距离传播，是短波的主要传播方式。中波只有在夜间才能以天波形式传播。天波传播存在着严重的信号衰落现象。所谓电离层是大气中具有离子和自由电子的导电层。

3. 地—电离层波导传播

这是指电波在从地球表面至低电离层下缘之间的球壳形空间（地—电离层波导）内的传播。长波、甚长波在该波段内能以较小的衰减传播数千千米，且受电离层扰动影响小，传播稳定，故可用于远距离通信。

4. 视距传播

由发射天线辐射的电波像光线一样按直线传播，直接传到接收点，这种传播方式称为直射波传播。另外,还有由发射天线发射、经地面反射到达接收点的传播方式,称为大地反射波传播。视距传播是这两种传播方式的统称,在接收点所接收的电波一般是直射波与大地反射波的合成。视距传播的距离一般为20～50km,主要用于超短波及微波通信。

5. 散射传播

这是利用对流层或电离层介质中的不均匀体或流星余迹对无线电波的散射作用而进行的传播。利用散射传播实现通信的方式目前主要是对流层散射通信,其常用频段为0.2～5MHz,单跳距离可达100～500km。电离层散射通信只能工作在较低频段30～60MHz,单跳距离可达1000～2000km,但因传输频带窄,其应用受到限制。流星余迹持续时间短,但出现频繁,可用于建立瞬间通信,常用通信频段为30～70MHz,单跳通信可达2000km。实际的流星余迹通信除了利用散射传播外,还可利用反射进行传播。

6. 外大气层及行星际空间电波传播

这是以宇宙飞船,人造地球卫星或星体为对象,在地—空、空—空之间进行的电波传播。卫星通信利用的就是这种传播方式。其中,自由空间传输损耗达200dB左右、此外还受对流层、电离层、地球磁场、宇宙空间各种辐射和粒子等的影响、大气吸收及降雨衰减对10GHz以上的频段影响严重。

上述无线电传播方式示意图如图1-8所示。

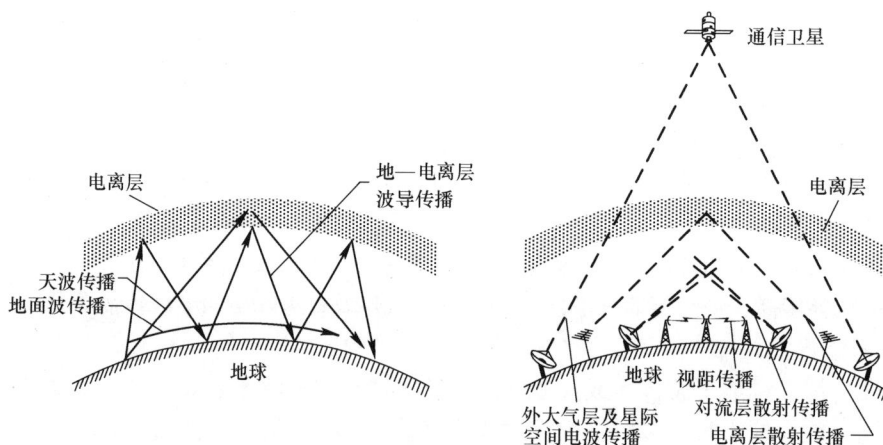

图 1-8　无线电传播方式示意图

二、噪声的定义与分类

从广义上来说,通信系统中不携带有用信息的信号就是噪声。很明显,噪声是相对于有用信号而言的,一种信号在某种场合是有用信号,而在另一种场合就有可能是噪声。噪声的种类很多,也有很多种分类方法。

据其来源的不同,噪声可分为人为噪声、自然噪声和内部噪声三种。其中:人为噪声是指人类的各种活动产生的噪声,包括工业噪声和无线电噪声,如电焊产生的电火花、车辆或各种机械设备运行时产生的电磁波和电源的波动,尤其是为某种目的而专门设置的干扰源(如电子对抗)。自然噪声是指存在于自然界的各种电磁干扰,如雷电干扰、太阳黑子及其他宇宙噪声;内部噪声是指通信系统设备内部由元器件本身产生的热噪声、散弹噪声及电源噪声等。

根据噪声性质，可将噪声分为单频噪声、脉冲噪声和起伏噪声。

（1）单频噪声是一种以某一固定频率出现的连续波噪声，主要来源于无线电干扰，如 50Hz 的交流电噪声。

（2）脉冲噪声是一种随机出现的无规律噪声，如电火花、雷电等。

（3）起伏噪声主要是内部噪声，而且是一种连续波随机噪声，如热噪声、散弹噪声和宇宙噪声等。其特点是具有很宽的频带并且始终存在，是影响通信质量的重要因素。对它的研究必须借助概率论和随机过程的有关知识。

元器件本身产生的热噪声、散弹噪声都可看成是无数独立的微小电流脉冲的叠加，它们是服从高斯分布的，即热噪声、散弹噪声都是高斯过程。为研究方便，我们称这类噪声为高斯噪声。

除了用概率分布描述噪声的特性外，还可用功率谱密度加以描述。若噪声的功率谱密度在整个频率范围内都是均匀分布的，则称其为白噪声。这是因为其谱密度类似于光学中包含所有可见光光谱的白色光。不是白色噪声的噪声称为带限噪声或有色噪声。而把统计特性服从高斯分布、功率谱密度均匀分布的噪声称为高斯白噪声。

三、信道的容量

信道的容量是指单位时间内信道上所能传送的最大信息量，即信道中信息无差错传输的最大速率。在信道模型中定义了两种广义信道：调制信道和编码信道。调制信道是一种连续信道，可以用连续信道的信道容量来表征；编码信道是一种离散信道，可以用离散信道的信道容量来表征。

（一）香农信道容量公式

香农研究了用模拟信道传输数字信号时的信道容量问题，并得出了著名的香农公式

$$C = B\log_2(1 + S/N)\ (\text{bit/s}) \tag{1-1}$$

式中：B 为带宽，Hz；S/N 为信噪功率比。

由香农公式可知，当信号与信道加性高斯白噪声的平均功率给定时，在具有一定频带宽度的信道上，理论上单位时间内可能传输的信息量的极限数值。只要传输速率小于等于信道容量，则总可以找到一种信道编码方式，实现无差错传输；若传输速率大于信道容量，则不可能实现无差错传输。实际通信系统的最大传输速率小于信道容量。

【例 1-1】　若信道带宽为 4kHz，信道上只有加性高斯白噪声，接收端的信噪比 S/N 是 40dB，求此信道的最大容量。

解

$$\left(\frac{S}{N}\right)_{\text{dB}} = 10\lg\frac{S}{N} = 40\text{dB}$$

$$\frac{S}{N} = 10^4$$

$$C = 4\log_2(1 + 10^4) = 53.15\text{kbit/s}$$

（二）奈奎斯特信道容量公式

数字信道是一种离散信道，只能传送离散取值的数字信号。奈奎斯特研究了理想数字信道（无噪声、无码间干扰）时带宽与速率的关系，并得到以下结论

$$C = 2B\log_2 M\ (\text{bit/s}) \tag{1-2}$$

式中：B 为带宽，Hz；M 为传输时数据信号的取值状态，即采用 M 进制传输。

【例 1-2】 设数字信道的带宽为 3kHz，采用二进制传输，试计算无噪声时，该信道的通信容量。

解

$$C = 2B\log_2 M = 2 \times 3\log_2 2 = 6\text{kbit/s}$$

1.1.4　通信系统的质量指标

通信的基本目的是及时、准确地传递信息。因此，衡量和评价一个通信系统性能优劣的主要指标是系统的有效性和可靠性。有效性是指在给定信道内所传输的信息内容的多少，或者说是传输的"速度"问题。显然，有效性值越高，系统性能越好；可靠性是指接收信息的准确程度，也就是传输的"质量"问题。有效性和可靠性这两项指标通常是相互矛盾的，在实际系统中，提高可靠性往往是以牺牲有效性作为代价来换取的，反之亦然。

模拟通信系统和数字通信系统对这两项指标要求的具体内容有较大区别。

一、模拟通信系统的质量指标

传输带宽是模拟通信系统衡量有效性的质量指标。传输带宽越宽，可传输信号速率就越高。模拟通信系统的可靠性用接收终端输出信噪比（S/N）来衡量（即信号平均功率与噪声平均功率之比）。信噪比越大，表示通信质量越高。采用不同调制方式在同样一条信道中得到的输出信噪比是不同的。例如，调频（FM）信号的抗干扰性能优于调幅（AM）信号，但 FM 信号需要的传输带宽却宽于 AM 信号。

二、数字通信系统的质量指标

数字通信系统的有效性用传输速率来衡量。可靠性用误码率来衡量。信道传输信号的能力称为传输指标，有两种码元传输速率和比特传输速率。

（一）**码元传输速率 R_B**

单位时间传输的码元数定义为码元传输速率 R_B，单位为 Baud（波特），常用符号"B"表示。且

$$R_B = \frac{1}{T} \text{ (Bd)} \tag{1-3}$$

式中：T 为码元宽度，单位为秒（s）。

（二）**信息传输速率 R_b**

单位时间传输的信息量定义为比特传输速率 R_b，单位为 bit/s。R_B 与 R_b 关系为

$$R_b = R_B \times \log_2 N \text{ (bit/s)} \tag{1-4}$$

或

$$R_B = \frac{R_b}{\log_2 N} \text{ (Bd)} \tag{1-5}$$

式中，N 代表码元的状态数。从表达式中可以看出，当 N 等于 2 时，$R_b = R_B$。

【例 1-3】 已知信道码元传输速率为 2000Bd，分别求传输二状态码元、四状态码元和八状态码元时的信息传输速率。

解　二状态码元时的信息传输速率

$$R_b = 2000 \times \log_2 2 \text{ (bit/s)} = 2000(\text{bit/s})$$

四状态码元时的信息传输速率

$$R_b = 2000 \times \log_2 4 \text{ (bit/s)} = 4000(\text{bit/s})$$

八状态码元时的信息传输速率

$$R_b = 2000 \times \log_2 8 \text{ (bit/s)} = 6000(\text{bit/s})$$

（三）误码率 P_e

误码率定义为在一定时间内接收端指示的错误码元的数和这段时间内总的码元数之比

$$P_e = \frac{\text{单位时间内接收的错误码元数}}{\text{单位时间内系统传输的总码元数(正确码元数 + 错误码元数)}} \tag{1-6}$$

1.2 计算机通信与网络

随着通信的不断发展，尤其是数字化技术的迅速发展，使当今社会最活跃的两个领域 C&C——计算机（Computer）与通信（Communication）的结合成为现实。计算机的发展促进了通信技术的发展，同时，通信技术的发展也极大地拓展了计算机应用的领域和范围，并对计算机提出了更高的要求。因此，计算机和通信的结合日益密切，两者相互促进，共同发展，取得了令世人瞩目的成就。

计算机与通信的结合主要有两个方面：一方面，通信网络为计算机之间的数据传递提供了必要的手段；另一方面，计算机技术的发展渗透到通信技术中，又提高了通信网络的性能。而计算机网络的发展和壮大，正是这两种技术结合的成果。计算机网络的演变与发展经历了四个阶段：第一阶段是面向终端的计算机网络；第二阶段是计算机—计算机的简单网络；第三阶段是开放式标准化的网络；第四阶段是计算机网络的高速化发展阶段。

1.2.1 计算机通信与网络的基本模型

一、定义

计算机通信是面向计算机和数据终端的一种通信方式，可以实现计算机与计算机之间数据信息的生成、存储、处理、传递和交换。用数据通信网将地理位置不同、功能独立的多个计算机互联在一起，以功能完善的网络软件实现网络中资源共享的计算机系统成为计算机通信网。

二、组成

计算机通信网由资源子网和通信子网组成。

负责数据信息处理以实现网络资源共享的计算机与终端属于资源子网；而负责数据通信的设备与通信线路属于通信子网。资源子网是由所有端节点（包括它们所拥有的设备）以及连接这些节点的链路组成。通信子网是由网络节点以及连接这些节点的通信链路组成。网络节点可分为端节点和转接节点。转接节点是指通信设备，如交换机、集中器、集线器（Hub）、路由器（Router）等，而端节点是指用户主机或终端。网络节点的作用是控制信息的传输和在端节点之间转发信息。网络逻辑上以通信子网为中心，说明资源共享是建立在通信基础之上的。转接节点位于通信子网内，负责传递信息。访问节点位于资源子网内，是资源的拥有者。

通信子网分为以下两种类型。

（1）点对点通信子网：从信源端发出的信息经过多个交换节点转发到达指定的信宿端，一般用于广域网。

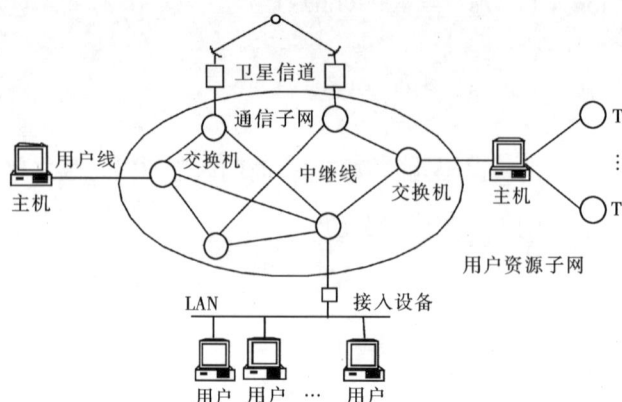

图 1-9　计算机网络的组成

（2）广播式通信子网：所有计算机共享同一信道，必须有相应的信道访问控制技术分配信道使用权，一般用于局域网。

图 1-9 所示为实际的两级子网结构的计算机通信网的组成。图中，用户资源子网包括各种类型的计算机、终端以及数据采集系统，有的请求共享资源，有的可提供资源共享；而通信子网则可以采用电信部门提供的各种网络，支持用户资源子网的接入。

在计算机通信网中，除了物理上选择必要的互连之外，还需要执行网络通信控制的软件，包括网络操作系统、网络通信软件、网络协议和协议软件、网络管理及网络应用软件。

三、分类

计算机网络有多种分类方法。计算机网络从覆盖区域来分，有局域网 LAN（10～1000m）、城域网 MAN（几十千米）、广域网 WAN（几百千米）、Internet 网（几千千米）；按网络所有权来分，有公用网、专用网、私用网。按拓扑结构分为总线形网、星形网、环形网、树形网、网状形网及混合形网等；按信息交换方式分为电路交换网、报文交换网、分组交换网；按组网技术分，有陆地网、卫星网、分组无线网、局域网等；按网络集成规模分为工作组、部门级网、企业级网、超企业级网、全球网等；按网络控制方式分为集中式控制网络和分布式控制网络。这些分类概念上互有交叉，对于一个具体的网络，可能同时具有上面几种分类的特征。

四、计算机通信的特点

与传统的电话通信相比计算机通信具有如下特征：

（1）计算机通信以数据通信为主，因此传输的可靠性要求高（误码率 $<10^{-10}\sim10^{-9}$）；

（2）计算机设备出自不同的厂商，又用于不同的目的，故需要具备灵活的通信接口，以适应各类用户需要；

（3）数据信息传输效率高；

（4）呼叫平均持续时间短，效率高；

（5）业务参数随应用环境有较大差别。

1.2.2　计算机通信技术的应用

计算机通信技术的迅速发展，使计算机网络得到了飞速发展。在进入信息化时代的今天，计算机通信技术已经渗透到人们生活、工作、学习的各个角落，几乎无所不在。由于计算机网络在资源共享和信息交换等方面所具有的功能是其他系统所不能替代的。因此，得到了广泛的应用，如军事自动化指挥控制系统、铁路运输指挥控制系统、电力网控制系统、城市交通管制系统、气象预报及灾情控制及预报系统等。它满足了人们的交互需求，如电子银行、网上购物、在线新闻阅读、图书资料检索、电子邮件、虚拟会议等；此外，网络在线游戏亦是当今网络发展的一大热点。

可以说，人们已离不开计算机网络，计算机网络正在深刻地改变人们的生活方式、工作方式。促进了人类社会的进步和发展。

1.2.3　标准化组织

计算机网络从第三阶段开始进入了标准化阶段。由于计算机网络涉及的硬件、软件种类繁多，如果没有标准，很难将它们组织在一起协调一致地工作。因此，网络的标准化是一个非常重要的课题。

计算机网络技术中的标准有两大类，即法定标准和事实标准。法定标准是由权威的国际标准化组织制定的标准。事实的标准，不是权威组织制定的，事先也没有作过周密规划，但却已在实际应用中广泛采用的标准。

目前国际上制定通信与计算机网络标准的几个权威组织是：

ISO（International Standards Organization）：国际标准化组织。

CCITT（International Telephone and Telegraph Consultative Committee）：国际电话与电报咨询委员会（现已改名为 ITU，International Telecommunications Union，国际电信联盟）。

ANSI（American National Standard Institute）：美国国家标准协会。

EIA（Electronic Industries Association）：美国电子工业协会。

IEEE（Institute of Electric and Electronic Engineer）：电气与电子工程师学会。

这些组织为通信与计算机网络制定了一系列的标准供业界参照执行。

网络标准化工作经过长期的努力，目前有三个常用的体系结构模型，是人们研究和实现网络的参照标准。

（1）ISO/OSI 七层模型：是从网络理论出发设计出来的标准，层次比较清晰，功能分明，是人们讨论网络问题的基本参照系。

（2）TCP/IP 协议簇：是 Internet（因特网）的协议标准，经过长期的实践发展起来的。

（3）局域网标准集 IEEE802.x：集合了各种局域网络技术，是标准化程度最为规范和成熟的一套协议。

这些网络的标准和三个模型是计算机网络学习的重点。

1.3　我国电力系统通信的现状及发展战略

电力系统通信是现代电力系统的重要组成部分。电力系统通信网是为了保证电力系统的安全稳定运行而配置的。它与电力系统的安全稳定控制系统、调度自动化系统被人们合称为电力系统安全稳定运行的三大支柱。目前，它更是电网调度自动化、网络运营市场化和管理现代化的基础；是确保电网安全、稳定、经济运行的重要手段；是电力系统的重要基础设施。由于电力通信网对通信的可靠性、保护控制信息传送的快速性和准确性具有极其严格的要求，并且电力部门拥有发展通信的特殊资源优势，因此，世界上大多数国家的电力公司都以自建为主的方式建立了电力系统专用通信网。我国的电力通信网经过几十年的建设，已经初具规模，通过卫星、微波、载波、光缆等多种通信手段构建而成了一个以北京为中心覆盖全国 30 个省（直辖市、自治区）的立体交叉通信网。

1.3.1　电力系统通信的主要内容

电力系统通信的一般定义是利用有线电、无线电、光或其他电磁系统，对电力系统运行、经营和管理等活动中需要的各种符号、信号、文字、图像、声音或任何性质的信息进行传输与交换，满足电力系统要求的专用通信。照此定义，电力系统通信即为"电力专用通信"。电力专用通信按通信区域范围不同，分为"系统通信"和"厂站通信"两大类。系统通信也称站间通信，主要提供发电厂、变电站、调度中心、公司本部等单位相互之间的通信连接，满足生产和管理等方面的通信要求。厂站通信又称站内通信，其范围为发电厂或变电站内，与系统通信之间有互连接口，主要任务是满足厂（站）内部生产活动的各种通信需要，对抗干扰能力、通信覆盖能力、通信系统可靠性等也有一些特殊的要求。

狭义的电力系统通信仅指系统通信，不包括厂站通信。广义的电力系统通信则包括系统通信和厂站通信。

电力系统中信息的内容种类繁多，按其业务划分为关键运行业务和事务管理业务两大类。其中关键运行业务是指远动信号、数据采集与监视控制系统、能量管理系统、继电保护信号和调度电话等。事务管理业务包括行政电话、会议电话和会议电视、管理信息数据等。

1.3.2　电力系统通信网的结构

根据电力系统生产对通信的要求和特点，电力系统通信网是按电力网网络结构和调度管理体制组成的专用通信网，而以邮电通信网作为辅助和备用通信。

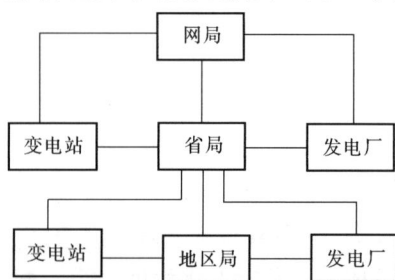

图 1-10　电力系统通信网络

考虑到电力系统生产的组织与管理，通信网一般是以网局（或省局）调度所为通信中心，主要发电厂、变电站为通信枢纽的分层多级结构，如图 1-10 所示。

电力系统通信网是电力系统专用的电信网，是为满足电力生产指挥调度及管理等特殊的通信需求而建的，因此，具有其他公用电信网不可替代的作用。其主要特点如下：

1）要求通信有较高的可靠性和灵活性；

2）网络结构较复杂，信息种类多，且实时性要求高；

3）通信范围点多面广；

4）无人值守机房多。

其中最为重要的是高度的可靠性和实时性，只有这样才能保证电网的安全运行。保证电网的各种信息及命令能够准确及时地得到传送。

1.3.3　电力系统的通信方式

我国电力系统通信的发展，经历了从无到有，从小到大的发展过程。从简单技术到今天的先进技术，从较为单一的通信电缆和电力线载波通信手段到包含光纤、数字微波、卫星等多种通信手段并用，从局部点线通信方式到覆盖全国的干线通信网和以程控交换为主的全国电话网、移动电话网、数字数据网；随着通信行业在社会发展中作用的提高，以电力通信网为基础的业务不仅是最初的程控语音网、调度控制信息传输等窄带业务，逐渐发展到同时承载客户服务中心、营销系统、地理信息系统（GIS）、人力资源管理系统、办公自动化系统（OA）、视频会议、IP 电话等多种数据业务。电力通信在协调电力系统发、送、变、配、用电等组成部分的联合运转及保证电网安全、经济、稳定、可靠运行方面发挥了显著的作用，有力地保障了电力生产、行政、电力调度、继电保护、安全自动装置、远动、计算机通信、电网调度自动化等通信的需要。

1.3.4　我国电力系统通信发展战略

我国电力通信事业伴随着电网的迅猛发展，其卫星通信、光纤通信、移动通信、数字程控交换以及数字数据网等新兴的通信技术在电力通信网中已大量应用。

目前，全国电力专用通信网已建成数字微波通信线路超过 70 000km，电力线载波 79 万话路公里，光纤通信 6000km，卫星通信地球站 36 座，交换机总容量约 60 万门，几十个城市建成了 800MHz 集群移动通信系统以及大量城市电缆和寻呼系统。按电力系统"十五"通信规划，到 2005 年，电力通信网将贯穿全国 30 个省市、250 个地级市和 2500 个县。

作为专用的通信网络，电力系统通信网有很强的行业性、必要性。它不仅是电网调度自动化和控制自动化的基础，也是电网生产运行和商业化运行的基础。电力系统通信、电力系统自动化和电网安全稳定控制系统被称为电网安全稳定运行的三大支柱。虽然电力通信的自身经济效益目前不能得以直接体现出来，但它所产生并隐含在电力生产及管理中的经济效益是巨大的。同时，电力通信利用其独特的发展优势越来越被社会所重视。

从现在的情况看，电力通信网还不能完全满足电力生产的需求。主要存在的问题是：一是通信网网络结构比较薄弱，目前电力通信主干网络基本上成树型与星型相结合的复合型网络结构，难以构成电路的迂回；二是干线传输容量偏小；三是现有的网络技术尚不能满足未来业务发展的需要，网络管理水平也有待提高。

电力系统通信正在走上一条快速发展的道路。迈入 21 世纪的中国电力系统通信必将成为中国电力工业实施多元化发展战略、进入高成长的信息服务领域的一个新的高效的经济增长点。电力系统联网工程的实施，为发展电力系统通信骨干网提供了强大的物质基础，城乡电网改造为电力系统通信发展城域网、接入网，进而发展成为有竞争力的因特网提供了良好的机遇。电力系统通信已具备了走向市场的各种条件，相信中国电力系统通信的市场化已为期不远了。

复 习 思 考 题

1. 简述通信的概念。
2. 简述一般通信系统的构成及其组成部分的功能。
3. 简述通信系统的分类。
4. 数字通信系统的特点是什么？
5. 简述通信系统的主要质量指标。
6. 什么是噪声？如何分类？
7. 模拟信道带宽为 4kHz，信道上只有加性高斯白噪声，接收端的信噪比 S/N 是 18dB，求此信道的最大容量。
8. 设数字信道的带宽为 3kHz，采用 4 进制传输，试计算无噪声时该信道的通信容量。
9. 什么是码元传输速率？什么是信息传输速率？两者之间有什么关系？

10. 已知信道码元传输速率为 3000Bd，分别求传输二状态码元、四状态码元和八状态码元时的信息传输速率。

11. 计算机网络有哪两大子网构成？它们各自的功能是什么？

12. 简述计算机通信的特点。

13. 计算机网络如何分类？

14. 简述电力系统通信的主要内容及其主要通信方式。

第 2 章

通 信 技 术 基 础

引言：在通信领域中，涉及许多基本概念和原理，对这些概念和原理的理解将有助于我们学习和掌握各种通信技术。本章将就这些问题进行全面而广泛的讨论，以便使学生对通信技术的基本概念、基本原理、系统构成和技术发展趋势有一个全面地认知。并将着重介绍数据通信的基础理论。

2.1 通信的基本概念

所谓通信就是双方或多方消息或信息的传递与交流。这里的消息是指对客观世界发生变化的描述或报道。例如，语言、文字、相片、图像、数字等就是消息的具体表现形式。我们通常将消息中所包含的有意义的内容称为信息，信息就是对客观物质的反映。消息所含信息的多少称为消息的信息量。

我们举例说明：如某消息由 m 个符号$(x_1, x_2, \cdots, x_m)$ 的不同排列构成，且每个符号在排列中出现的概率是独立无关的，分别以 $p(x_1), p(x_2), \cdots, p(x_m)$ 来表示，且 $\sum_{i=1}^{m} p(x_i) = 1$，则定义某一符号的信息量为

$$I(x_i) = \log \frac{1}{p(x_i)} \tag{2-1}$$

式中，一般用以 2 为底的对数。很显然，某一符号出现的概率越大，肯定的程度就越大，所含的信息量就越少。即事件发生的概率越高，则信息量越少。

数据是一种承载信息的实体，它涉及事物的具体形式，是任何描述物体、概念、情况、形式的事实、数字、字母和符号。数据可分为模拟数据和数字数据两种形式。

信号是消息或者说是信息的携带者，是数据的具体表现形式。信号在形式上是一种具有变化的物理现象。在通信技术中，一般使用电、光信号来传输信息。根据利用不同的电、光信号来作为信号实现的通信方法，就形成了不同的通信系统。通信系统中传递的是携带消息或信息的电、光信号。所以说信号是数据的表现形式，或称数据的电磁或电子编码，它能使数据以适当的形式在介质上传输。

2.1.1 信号的种类

一、模拟信号与数字信号

通信系统的作用就是传递消息，被传递的消息在通信系统中被变换为某种形式的物理量，如声、光、电等，这些物理量被称为通信信号。从数学的角度来说，信号通常看成是时间的函数，在时域上可以划分为连续函数和离散函数。依据函数的波形将信号分为模拟信号和数字信号。

1. 模拟信号

模拟信号是指代表消息的电信号及其参数（幅度、频率或相位）取值随时间的变化而连

续变化的信号，如图 2-1 所示。其特点是幅度连续变化（见图 2-1（a）），而在时间上可以连续也可以不连续［见图 2-1(b)］。现实生活中模拟信号的例子很多，如话音、图像等信号。

2. 数字信号

数字信号是由一系列的电脉冲所组成，时间上是离散的，幅度上也是离散的。如电报信号、计算机输入/输出信号、PCM 信号等，周期矩形脉冲信号如图 2-2 所示。

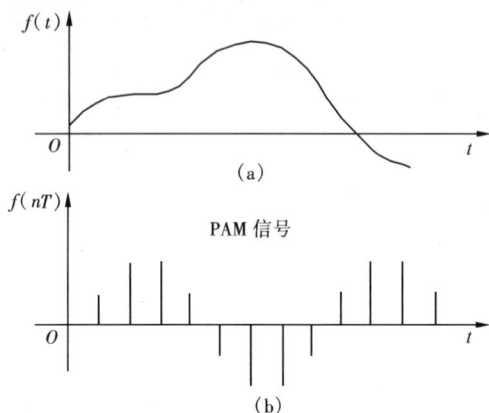

图 2-1   模拟信号波形
(a) 时间上连续；(b) 时间不连续

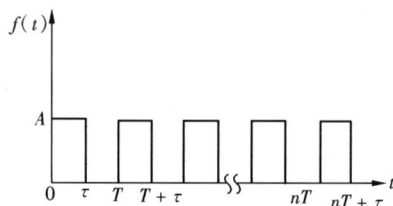

图 2-2   周期矩形脉冲信号

二、周期信号与非周期信号

所谓的周期信号是指信号在相同的时间间隔后，会重复前一次的波形。用数学公式表示为：如果信号满足 $f(t) = f(t+kT)$，其中，T 为信号周期，k 为正整数，则称该信号为周期信号；否则是非周期信号。

三、信号的表示方式

信号的表示方法有很多种，不同的信号有时用某一种方法表示会比另一种方法更为简便。常用的表示方式有数学表达式法、时域波形图法和频谱表示法。

1. 数学表达式法

如 $f(t) = A\sin 2\pi f t$ 是正弦信号的数学表达式，让人一看就明白。而对周期性的矩形波信号，也可以表示为

$$f(t) = \begin{cases} A & nT < t < nT + \tau \\ 0 & (n-1)T + \tau < t < nT \end{cases} \qquad n = 0,1,2,\cdots\infty \qquad (2\text{-}2)$$

但就不如正弦信号这么直观了。

2. 时域波形图法

对于上面提到的周期性的矩形脉冲信号，若用波形图法来表示，就显得比较直观，如图 2-2 所示。

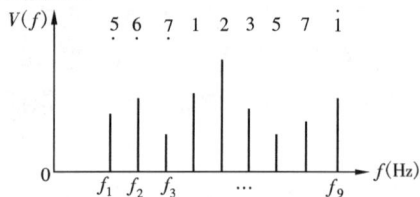

图 2-3   音乐信号的频谱

3. 频谱表示法

实际信号往往比较复杂，不易用数学或图形的方法表示清楚。例如一首乐曲，可以用这些音阶对应的正弦频率的组合来表示。这就是音乐信号的频谱表示法，如图 2-3 所示。

再比如最常见的话音信号的频率为 0.3 ～

3.4kHz，话音的主要频率成分落在这个范围内。这样，尽管语音信号是随机的，不便在时域表示，但可以用频域表示来反映其特征。

2.1.2 数据传输模式

一、串行传输与并行传输

根据在传输介质中的存在状态和先后顺序，数据传输方式分并行传输和串行传输两种。对应的有串行通信和并行通信两种方式，如图 2-4 所示。

1. 并行通信

传输中有多个数据位同时通过信道在设备之间进行的传输。在传输过程中同一个字节数据中的各个位同时传输，即一次传输一个字节，在时间上是同时的。计算机与计算机、计算机与各种外部设备间的通信方式都是并行传输，计算机内部的通信也多采用并行传输。并行传输线也叫总线。并行通信是两个通信设备直接相连，通信费用较高，但通信速度很高，适宜于近距离通信。

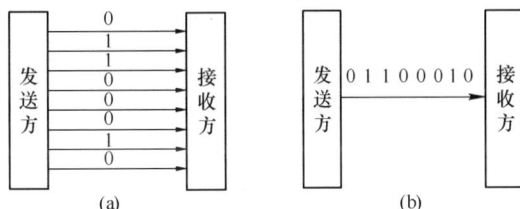

图 2-4 传输方式
(a) 并行传输；(b) 串行传输

2. 串行通信

传输中只有一个数据位在设备间进行传输。对任何一个二进制序列，串行传输都是用一个传输信道，按位进行传输。串行传输的速度比并行传输慢得多，但它节省了大量的数据通道，降低了信道成本，适宜于远距离传输。常见的计算机网络通信，RTU 和 MTU 间通信均采用串行通信方式。串行通信又分为同步串行通信方式和异步串行通信方式。

二、同步与异步传输

在数据通信系统中，数据从发送端传送到接收端必须保持收、发两端工作协调一致，这就是所谓的同步。数据通信不仅要同步，对其接收端而言，收到数据还必须是可识别的。数据通信按照其传输和同步方式可以分为两种类型，同步通信系统和异步通信系统。

1. 同步通信系统

同步通信系统是以恒定的速率传输，处理数据，理论上可以采用很多方法实现收、发端同步。目前，在保证传输信号中有足够定时信息（通过对传输信号编码实现）的情况下，通常采用定时提取的方法从传输信号中提取发送端的位定时信息，用以控制调整接收端定时信号，以确保收、发两端同步，并且能够准确地按发送端的编码格式解码出信息，还应知道传输码字的起始位置，这个信息通常由群同步系统提供，即在发送端发一个不会在消息码中出现的特殊序列，作为接收端判断码字的起始标志信号，同步传输方式如图 2-5 所示。同步传输有较高的传输效率，但实现起来较复杂，常用于高速传输中。

图 2-5 同步传输方式

2. 异步通信系统

异步通信系统主要特征是通信双方保持自己独立的时钟，故其数据传输速率是不确定的，通信中每一个字节信息的前面和后面均加上一个特殊的标志（称为起始位和终止位）用来区分串行传输的各字节信息。接收端根据检测这种特殊标志"起始"码，来启动定时时钟，以使接收端与发送端同步。可以简单地理解：异步传输通过约定传输速率来实现位同

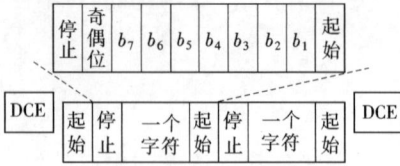

图 2-6　异步传输方式

步，通过起始位和结束位来实现字符同步，通过特殊字符来保证帧同步。这种方式实现起来简单，不需要修改硬件设计，异步传输方式如图2-6所示。

比较而言异步通信对于发射设备要求较简单，易于实现，在调度自动化中应用较多。但其通信帧中冗余信息较多，速率低(50～9600bit/s)，通信效率很低。而同步通信冗余信息少，通信速率高，可达 800 000bit/s。

三、单工、半双工与全双工

信息在通信线路上传输是有方向的，根据某一时间内信息流传输的方向和特点，通信线路的工作方式可分单工通信、半双工通信和全双工通信为三种。

(1) 单工通信：所传信息始终是一个方向的通信，如广播。电力系统遥测、遥控，也是单工通信方式，如图 2-7 （a） 所示。

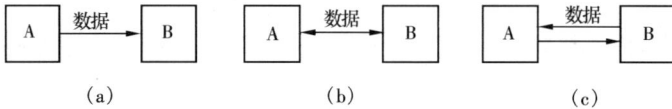

图 2-7　单工、半双工与全双工通信方式
(a) 单工通信；(b) 半双工通信；(c) 全双工通信

(2) 半双工通信的信道两端均可以收发信息，但同一时刻信息只能有一个传输方向。例如，对讲机就属于这种工作方式，如图 2-7 （b） 所示。

(3) 全双工通信的信道两端可同时收发信息。例如，我们常见的电话通信就属于这种方式。现在，我们使用的远动通道中无论载波、扩频、通信电缆、微波等通信方式，都采用这种工作方式，如图 2-7 （c） 所示。

2.2　数据的调制与编码

无论是数字信号还是模拟信号，在传输时，都会遇到许多问题，为了保障传输质量、实现长距离传输、提高传输速率等，因此，就产生信号的调制与编码技术。

在通信设备内部传输数据，由于各电路之间的距离短，工作环境可以控制，在传输过程中一般采用简单高效的数据信号传输方式，比如直接将二进制信号送上传输通道进行传输等。在远距离传输的过程中，由于线路较长，数据信号在传输介质中将会产生损耗和干扰，为减少在特定的介质中的损耗和干扰，需要将传输的信号进行转换，使之成为适于在该介质上传输的信号，这一过程称为信号编码。

数字信号是电脉冲信号，占用带宽很大，在实际的信道中无法做到不失真地传输。为了节约带宽，提高传输效率，要求信号的带宽越小越好。实际中常采用以固定频率的正弦波作为载波（高频正弦波），把要传输的信号加载在载波上，合成的信号若保持载波的原频率，而幅度按照要传输的信号的幅度变化，这样的一个过程叫做幅度调制。常用的调制方式还有调频（合成信号的频率随原信号的幅度变化，而其幅度保持不变）、调相（合成信号的相位随原信号的幅度变化，而其频率幅度均不变）等。

2.2.1 数字—数字的转换

数字—数字编码或转换是用数字信号来表示数字信息。如由计算机产生的数字数据，直接或经过波形形成电路后在其原始电信号所固有的频带上传输，称为数字数据的基带传输。相应的系统称为基带传输系统。这里的波形形成电路就是为了使信号的码型与信道传输特性相匹配。一般有如下要求：

1) 如果传输线路中有电容耦合电路的设备，就要求信号不含直流和低频分量；

2) 所选码型占用频带要窄；

3) 信号本身包含位同步信息；

4) 具有差错检测能力；

5) 编译码的电路应尽量简单便于实现。

数字基带信号的码型种类很多，各种码型基带波形如图 2-8 所示。下面介绍七种常用的码型。

一、单极性不归零码（NRZ）

单极性不归零码是最简单、最基本的编码，占用频带较低，但有直流分量，对连续的 1 和 0 无法识别，自身不能同步。此种码型的编码规则为：对于数据传输代码中的"1"用 +E 电平表示，"0"用零电平表示。它通常用在近距离传输上，接口电路十分简单。它的缺点有两个：一是容易出现连续"0"和连续"1"，不利于接收端同步信号的提取；二是因为电平不归零和电平的单极性造成这种码型有直流分量，不利于判决电路的工作，其基带波形如图 2-8（a）所示。

二、单极性归零码（RZ）

此种码型的编码规则为：数据代码中的每一个"1"都对应一个脉冲，可能是正脉冲也可能是负脉冲，脉冲宽度比每位的传输周期短，即脉冲提前回到零电位；数据"0"仍然为零电平，基带波形如图 2-8（c）所示。

三、双极性不归零码（NRZ）

双极性不归零码，与单极性不归零码相比，去除了直流分量。此种码型的编码规则为：对于数据中的"1"用 +E 或 -E 电平表示，对数据"0"用相反的电平（即 -E 或 +E）表示基带波形，如图 2-8（b）所示。常用的 RS-232 电平标准即采用这种编码方式。

四、双极性归零码（RZ）

此种码型的编码规则为：对于数据中的"1"用一个正或负的脉冲（+E 或 -E）来表示，数据"0"用相反的脉冲（-E 或 +E）来表示，这两种脉冲的宽度都小于 1 位的传输时间，即提前回到零电平。对于任意组合的数据位之间都有零电平间隔，这种码有利于传输同步信号，基带波形如图 2-8（d）所示。

五、极性交替转换码（AMI）

此种码型的编码规则为：用交替极性的脉冲（+E 和 -E）表示码元 1，用无脉冲表示 0，脉冲宽度可以是码元宽度，也可

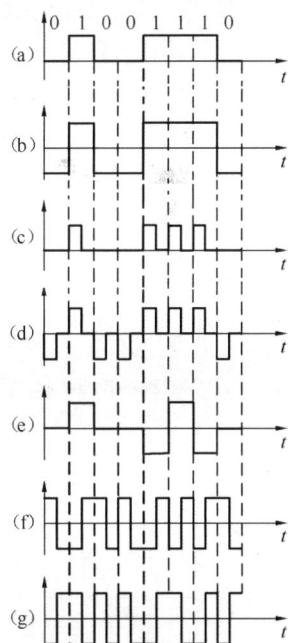

图 2-8 各种码型基带波形
(a) 单极性不归零码；(b) 双极性不归零码；(c) 单极性归零码；(d) 双极性归零码；(e) 极性交替转换码（AMI）；(f) 曼彻斯特码；(g) 差分曼彻斯特码

以是部分宽度，这种码也没有直流分量，且能抵抗信道中的极性翻转。其缺点是连续 0 的个数太多时，不利于定时信号的恢复，基带波形如图 2-8（e）所示。

六、曼彻斯特码

此种码型的编码规则为：对于数据代码"1"用电平正跳变（或负跳变）来代表，数据代码"0"用与数据代码"1"相反的跳变来表示，这种跳变在一位数据传输时间内完成。所谓的正跳变指的是一位代码前半个周期为低电平，后半个周期为高电平；负跳变正好相反。

这种码型的优点是：首先，每传输一位电压都存在一次跳变，有利于同步信号的提取；另外，每一位正电平或负电平存在的时间相同，若采用双极型码，可抵消直流分量。其缺点为：由于跳变的存在，编码后的脉冲频率为传输频率的 2 倍，多占用信道带宽。

这种码广泛应用于 10M 以太网和无线寻呼网中。其基带波形如图 2-8（f）所示。

七、差分曼彻斯特码

此种码型的编码规则为：以每位开始有无跳变表示数据，有跳变是 0，无跳变是 1，中间的跳变仅表示时钟。其基带波形如图 2-8（g）所示。曼彻斯特和差分曼彻斯特码都将时钟同步信号包含在数据信息中一起传输，因此这两种码都具有自同步能力。

2.2.2　模拟—数字的转换

模拟—数字的转换是将模拟信号数字化。在长距离传输中，由于数字信号具有较好的抗干扰特性，为了提高信号传输质量，需要将模拟信号变换为数字信号。同时，为了在计算机通信网中传送模拟信号，也需要把模拟信号变换为数字信号，以适合计算机通信所采用的数字传输技术。典型的转换方法为脉冲编码调制（PCM），其变换过程如图 2-9 所示。

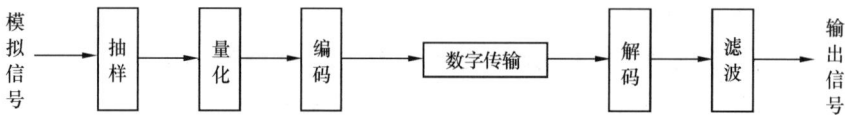

图 2-9　模拟信号的脉冲编码调制

一、抽样

话音信号是在时间和幅度上连续变化的模拟信号，将话音信号在时间上离散化的过程称为抽样。所谓抽样就是每隔一定的时间间隔 T_s，抽取模拟话音信号的一个瞬时幅度值（抽样值）。这一串在时间上离散的幅度值称为样值信号。其幅度仍然是连续的，仍是模拟信号。

图 2-10 给出了抽样的原理示意图，图 2-11 给出了抽样的实现过程。

关于抽样需要说明的是，为了在接收端能从样值信号中把原信号恢复出来，需要：

（1）为避免样值信号的相邻边带互相重叠，必须满足抽样定理：

$$f_s \geqslant 2f_m \qquad (2-3)$$

式中：f_s 为抽样频率；f_m 为原信号中的最高频率。

（2）用一个截止频率为 ω_m 的低通滤波器，滤去大于 ω_m 的全部高频分量：例如话音信号频

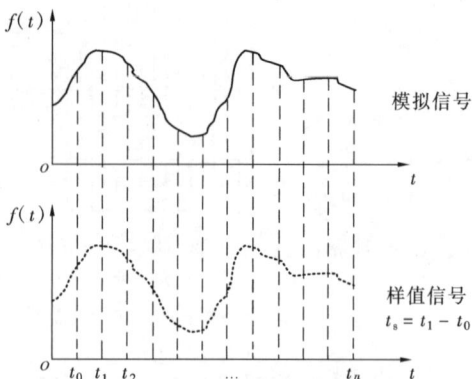

图 2-10　抽样原理示意图

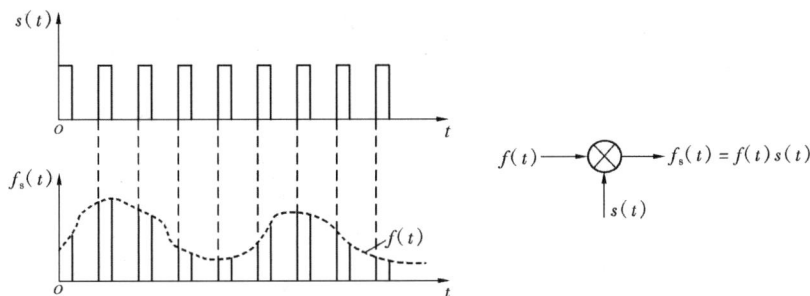

图 2-11 实际抽样过程

率一般为 $0.3 \sim 3.4 \text{kHz}$，加上为保证不失真恢复所需的 0.6kHz 的过渡带，取 $f_m = 4 \text{kHz}$，则抽样频率 f_s 一般取 8kHz。

二、量化

经抽样后形成的样值信号是脉幅调制信号（PAM），PAM 信号还是模拟信号。所谓量化，就是把时间离散、幅度连续的模拟样值信号（PAM）近似地变换为幅度离散的样值序列，并用有限个二进制数来表示。这时还须注意：①量化过程是一个用数字量近似表示模拟量的过程，必然带来量化误差（即量化噪声）；②量化误差与量化级的大小有关；③为了减小量化噪声，应优化量化方法，如均匀量化和非均匀量化。采用均匀量化时，对小信号和大信号都采用相同的量化等级，因而对小信号的量化不利，引起"信号/量化噪声"比值变小，这时可采用非均匀量化的方法加以解决。对于音频信号的非均匀量化是采用压缩、扩张的方法，即在发送端对输入的信号进行压缩处理再均匀量化，在接收端再进行相应的扩张处理，图 2-12 所示为非均匀量化的过程；非均匀量化原理如图 2-13 所示。

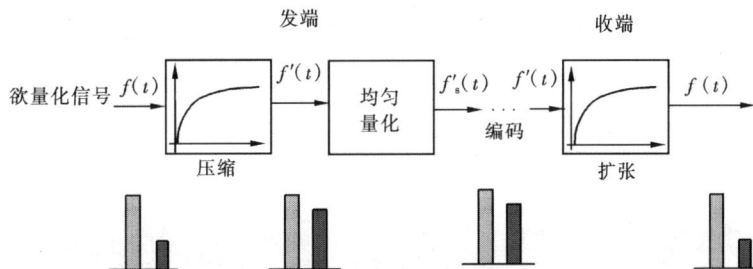

图 2-12 非均匀量化过程

三、编码

经过抽样、量化的信号还不是数字信号，还需将它转换成数字编码脉冲，这一过程称为编码。通常编码方法与量化方法有关。PCM 编码标准的 A 律折线压缩编码是直接非线性编码的典型例子。在 13 折线 A 律编码方式中，采用 8 位编码，其中第一位表示正负极性，后 7 位以普通二进制码表示幅值大小。其编码原理简述如下：

在我国和欧洲等国使用的 PCM30/32（Pulse-Code Modulation）基群中采用的 A87.6/13 折线压缩编码。A 律特性函数表示式为

$$y = \frac{Ax}{1 + \ln A} \quad 0 \leqslant |x| \leqslant \frac{1}{A}$$

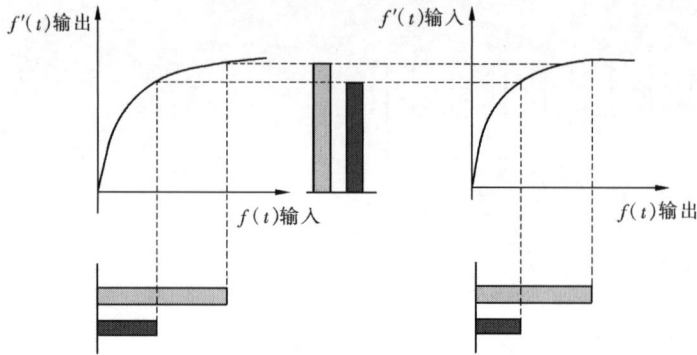

图 2-13　非均匀量化原理示意图

$$y = \frac{1 + \ln A\,|x|}{1 + \ln A} \qquad \frac{1}{A} \leqslant |x| \leqslant 1 \tag{2-4}$$

这是一条对原点奇对称的曲线。为了利于编码，我们用一条折线去近似它。图 2-14 就是 A 律特性在正域的折线近似。图中，x 以 1/2 递减规律分成 8 段，y 均匀分成 8 段。x 和 y 在分段线交点上的连线就是近似折线，由图中折线可看出，在 x 轴 0~1（归一化的输入信号值）范围内为 1/2、1/4、1/8、1/16、1/32、1/64、1/128。在 y 轴 0~1（归一化量化输出值）范围内均匀分为8 个段，其分段点是 7/8、6/8、5/8、4/8、3/8、2/8、1/8。将 x 轴、y 轴相对应分段线在 $x-$

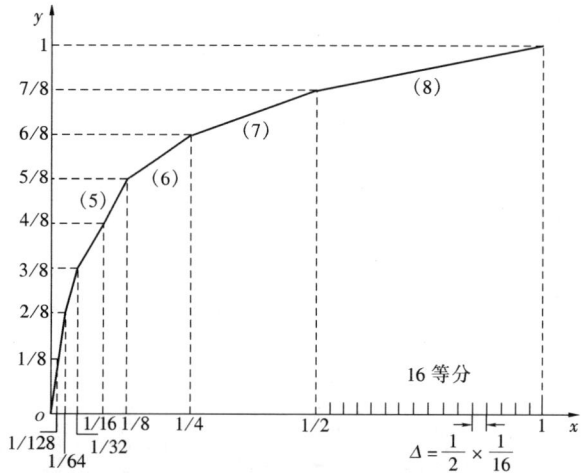

图 2-14　A 律特性在正域的折线近似

y 平面上相交点连线就是各段的折线。图中只画出了幅度为正时的压扩曲线。正负幅值的折线均有 8 个段落共 16 个段，其中 1、2 段斜率相同（1/16）并通过原点，则正、负的 4 段为一条直线段，剩下正、负两边还有 6 段直线。这样正、负值的压扩特性由 $2 \times 6 + 1 = 13$ 个直线段组成，故称 13 折线。可以验证，它和 A＝87.6 的原函数非常接近。这也就是 A 律 13 折线名称的由来。

为了减小量化失真，还要在每个量化段内等分为 16 个量化间隔，则总量化级数为 $N = 2$（正、负极性）×8（段落）×16（段落等分）＝256 级。A 律 13 折线的第 1、2 段量化间隔相等，其量化间隔也最小，设以 16 等分中的每一等分为量化间隔 Δ（归一化值）。每段按 16 等分量化而得到的，并以最小段（第一段）为最小量化间隔 Δ，且此单位为归一化值的单位。由于折线的非线性，靠近原点的折线 x 的长度为 1/128，等分成 16 小段后，每小段长 1/2048，为最小量化间隔单位，记为 Δ。表 2-2 归纳了最小量化单位与各段电平值之间的关系。

找到近似折线后就可以用 8 位码对输入信号进行编码了，8 位码的编排见表 2-1、表 2-2。

表 2-1 A 律编码规则

a1	a2 a3 a4	a5 a6 a7 a8
极性码（1：正；0：负）	段落码（区分折线段，共 8 段）	段内电平码（段内等分成 16 小段）

表 2-2 13 折线 A 律编码的电平范围及其段落码列表

段落序号	电平范围 Δ	段落码			段落起始电平 Δ	各段量化级 Δ	段内码权值 Δ			
		a2	a3	a4			a5	a6	a7	a8
1	0～16	0	0	0	0	1	8	4	2	1
2	16～32	0	0	1	16	1	8	4	2	1
3	32～64	0	1	0	32	2	16	8	4	2
4	64～128	0	1	1	64	4	32	16	8	4
5	128～256	1	0	0	128	8	64	32	16	8
6	256～512	1	0	1	256	16	128	64	32	16
7	512～1024	1	1	0	512	32	256	128	64	32
8	1024～2048	1	1	1	1024	64	512	256	128	64

【例 2-1】 某抽样量化后的电平为 $i=434\Delta$，按 A 律 13 折线编写为 8 位二进制码。

解 $i=434\Delta$，抽样值为正，故 a1＝1；

又 434Δ 电平范围在 256Δ～512Δ 之间，故落入第 6 量化段，a2 a3 a4＝101；

又该段的起始电平为 256Δ，与 434Δ 相差 178Δ，区段内码 a5 a6 a7 a8＝1011。量化误差为 2Δ。最后的编码为 a1 a2 a3 a4 a5 a6 a7 a8＝11011011。

2.2.3 数字—模拟的转换

数字—模拟的转换或数字—模拟调制是基于以数字信号（0 或 1）表示的信息来改变模拟信号（载波）特征的过程。例如，利用电话线实现计算机之间的数据通信时，数据开始时是数字的，而电话线是模拟线路，一般不能直接传送数字信号。所以数据必须进行转换。通常是用数字基带信号去控制模拟载波信号的振幅、频率和相位，实现幅度键控（ASK）、频率键控（FSK）和相移键控（PSK）三种常用的载波调制方式。

一个标准正弦波由 $U_m\sin(\omega t+\varphi)$ 表示，其中有振幅 A、频率 ω 和相位 φ 三个参量。改变其中任意一个参数均可导致波形变化。而所谓的调制就是利用调制信号对载波（标准正弦波）的某一参数进行控制，从而使这些参数随调制信号变化而变化。通信系统中均选择正弦波信号作为载波。下面简单介绍三种调制方式：振幅键控、频移键控和相移键控。

一、振幅键控

振幅键控（Amplitude Shift-Keying，ASK）是最简单的一种调制方式，在这种方式中，载波的频率、相位是常数，振幅随数字信号的值变化，即以载波的振幅大小来表示二进制数的值（"1" 或 "0"）。二进制数字振幅键控通常记作 2ASK，如图 2-15 所示。

二、频移键控

频移键控（Frequency Shift-Keying，FSK）是利用载波频率不同来表示二进制数的值

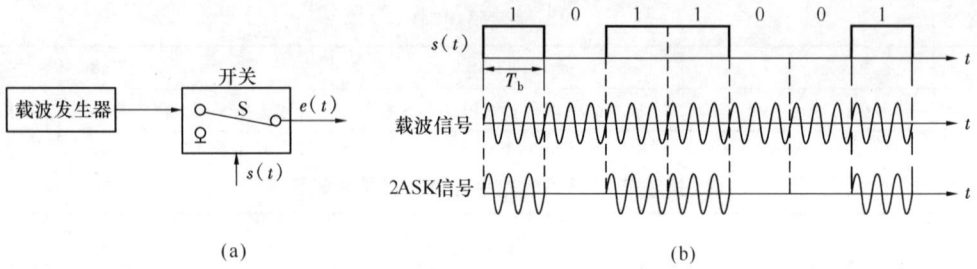

图 2-15 2ASK 信号的产生及波形图

(a) 2ASK 产生原理框图；(b) 2ASK 波形图

（"1"或"0"），在这种方式中，载波的振幅、相位是常数，频率随数字信号的值变化，如图 2-16 所示。

三、相移键控

相移键控（Phase Shift-Keying，PSK）是以改变载波的初始相位来表示二进制数的值（"1"或"0"）。在这种方式中，载波的振幅、频率是常数，初始相位随数字信号的值变化，如图 2-17 所示。

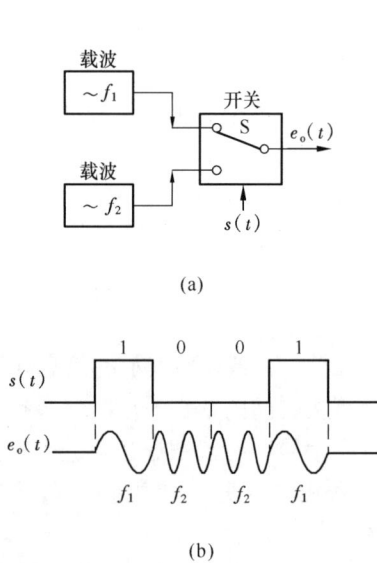

图 2-16 2FSK 信号的产生及波形

(a) 产生原理框图；(b) 信号波形图

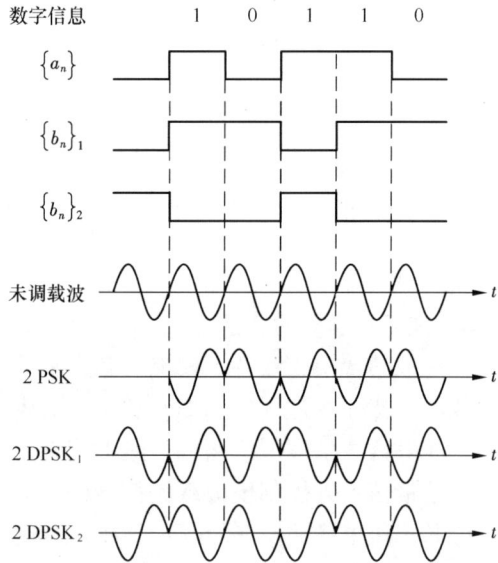

图 2-17 2PSK 信号波形

图 2-18 列出了三种调制技术。在这三种基本调制技术中，ASK 方式易受增益变化的影响，是一种效率较低的调制技术。在音频电话线路上，通常只能达到 1200bit/s 的传输速率；FSK 方式不易受干扰的影响，比 ASK 方式的编码效率高。在音频电话线路上，其传输速率为 1200bit/s 或更高；PSK 方式具有较强的抗干扰能力，而且比 FSK 方式编码效率更高。在音频线路上，传输速率可达 9600bit/s。另外，PSK 方式也可以用于多相的调制，如在四相调制中可把每个信号串编码为两位。这些基本调制技术也可以组合起来使用。常见的组合是 PSK 和 FSK 方式的组合及 PSK 和 ASK 方式的组合。在电力系统调度自动化中，用

于载波通道或微波通道相配合的专
用调制解调器多采用 FSK 频移键控
原理。

2.2.4　模拟—模拟的转换

模拟—模拟的转换是使用模拟
信号来表示模拟信息的技术。模拟
—模拟的调制可通过三种方法实现：
调幅、调频和调相。调制是载波通
信技术的基础。调制是以音频信号
控制（调制）等幅高频波（载波）
的某一参数（振幅、频率、或相位）
的过程。已调的高频波，其某一参

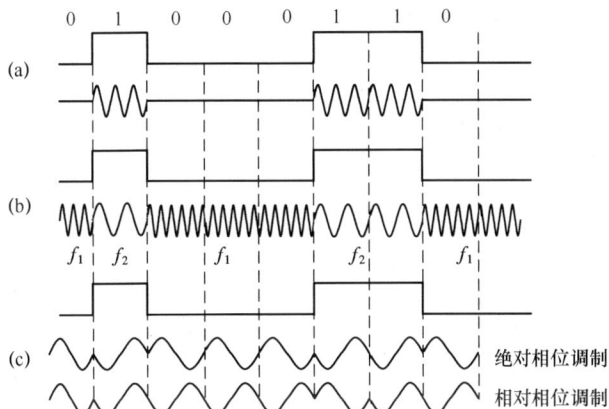

图 2-18　三种调制技术
(a) ASK；(b) FSK；(c) PSK

数按音频信号的变化规律而变化。我们将未经调制的等幅高频波称为载波，控制载波的音频
信号称为调制信号，调制后的高频波称为已调波。载波为

$$c(t) = A_c \cos(\omega_c t + \varphi_0) \tag{2-5}$$

式中：A_c 为载波的振幅；ω_c 为载波的频率；φ_0 为载波的初相角。

单频调制信号为

$$m(t) = \cos\omega_m t$$

显然，载波包含三个参数，所以有三种调制方式。

一、调幅（AM）

调制信号去控制载波的振幅 A_c，使其振幅 A_c 按调制信号的变化规律而变化，这样的调
制过程称为振幅调制，简称调幅（AM）。

在图 2-19（a）中，调制信号 $m(t)$ 叠加直流 A_0 后与载波相乘[见图 2-19（b）]，就可形成
调幅（AM）信号，其时域和频域表示式分别为

$$S_{AM}(t) = [A_0 + m(t)]\cos\omega_c t = A_0 \cos\omega_c t + m(t)\cos\omega_c t \tag{2-6}$$

$$S_{AM}(\omega) = \pi A_0 [\delta(\omega + \omega_c) + \delta(\omega - \omega_c)] + [M(\omega + \omega_c) + M(\omega - \omega_c)] \tag{2-7}$$

式中：A_0 为外加的直流分量；单频调制信号 为 $m(t)$ 可 以是确知信号，也可以是随机信号，
通常认为其平均值为 0。$m(t)$ 的 波形和频谱如图 2-19（c）所示。

由图 2-19（c）的频谱图可知，AM 信号的频谱 $S_{AM}(\omega)$ 由载频分量和上、下两个边带
组成，上边带的频谱结构与原调制信号的频谱结构相同，下边带是上边带的镜像。因此，
AM 信号是带有载波的双边带信号，它的带宽是基带信号带宽 f_H 的两倍，即

$$B_{AM} = 2f_H \tag{2-8}$$

在 AM 信号中，载波分量并不携带信息，信息完全由边带传送。如果将载波抑制，只
需在图 2-19（b）中将直流 A_0 去掉，即可输出抑制载波双边带信号，简称双边带信号
（DSB）。其时域和频域表示式分别为

$$S_{DSB}(t) = m(t)\cos\omega_c t \tag{2-9}$$

$$S_{DSB}(\omega) = \frac{1}{2}[M(\omega + \omega_c) + M(\omega - \omega_c)] \tag{2-10}$$

其波形和频谱如图 2-20 所示。

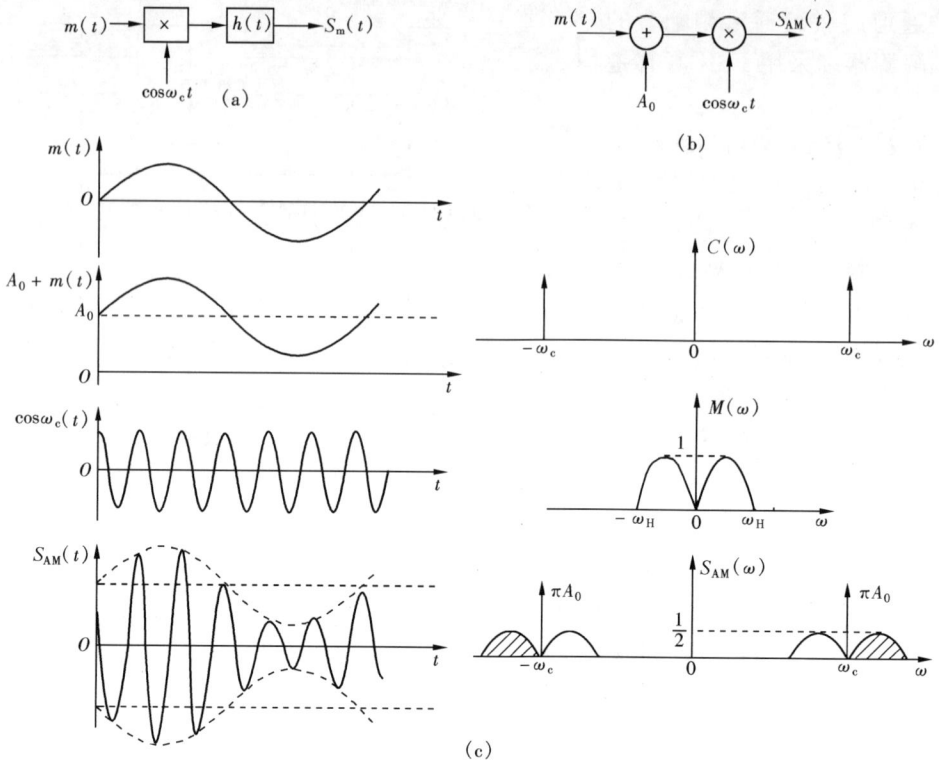

图 2-19　AM 调制示意图

(a) 幅度调制器的一般模型；(b) AM 调制器模型；(c) AM 信号的波形和频谱

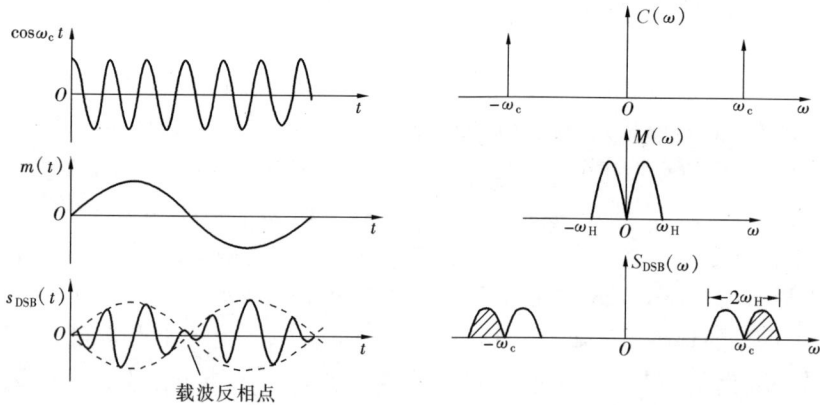

图 2-20　DSB 信号的波形和频谱

　　DSB 信号包含有两个边带，即上、下边带。由于这两个边带包含的信息相同，因而，从信息传输的角度来考虑，传输一个边带就够了。这种只传输一个边带的通信方式称为单边带通信(SSB)。SSB 调制方式在传输信号时，不但可节省载波发射功率，而且它所占用的频带宽度为 $B_{SSB}=f_H$，只有 AM、DSB 的一半，因此，它目前已成为短波通信中的一种重要调制方式。

　　残留边带调制（VSB）是介于 SSB 与 DSB 之间的一种调制方式，它既克服了 DSB 信号占用频带宽的缺点，又解决了 SSB 信号实现上的难题。在 VSB 中，不是完全抑制一个边带（如同 SSB 中那样），而是逐渐切割，使其残留一小部分。

二、调频 (FM)

如用调制信号去控制载波的频率 ω_c，则称为频率调制，简称调频 (FM)。

三、调相 (PM)

如用调制信号去控制载波的相位 φ_0，则称为相位调制，简称调相 (PM)。频率调制和相位调制，统称为角调制。

载波的一般表达式为

$$c(t) = A\cos(\omega_c t + \varphi_0) = A\cos\theta(t) \tag{2-11}$$

设 $\theta(t) = \omega_c t + \varphi_0$，则 $\theta(t)$ 称为载波的瞬时相位，φ_0 称为初始相位。若对 $\theta(t)$ 求导则可得

$$\omega(t) = \frac{d\theta(t)}{dt} = \omega_c \tag{2-12}$$

若初相 φ 不是常数而是 t 的函数，则 $\varphi(t)$ 称为瞬时相位偏移。$\frac{d\varphi(t)}{dt}$ 称为瞬时频率偏移。则

$$\theta(t) = \omega_c t + \varphi(t) \tag{2-13}$$

$$\omega(t) = \omega_c + \frac{d\varphi(t)}{dt} \tag{2-14}$$

如果让瞬时相位偏移随调制信号而变化，即将调制信号调制到载波的瞬时相位上去，就叫做相位调制。设调制信号为 $f(t)$，则有

$$\varphi(t) = K_p f(t) \tag{2-15}$$

$$S_{PM}(t) = A\cos[\omega_c t + \varphi(t)] = A\cos[\omega_c t + K_p f(t)] \tag{2-16}$$

式中：K_p 为比例常数（相移常数）；$S_{PM}(t)$ 为调相信号。

如果让瞬时频率偏移 $\frac{d\varphi(t)}{dt}$ 随调制信号而变化，即将调制信号调制到载波的瞬时频率上去，就叫做频率调制。设调制信号为 $f(t)$，则有

$$\frac{d\varphi(t)}{dt} = K_f f(t) \tag{2-17}$$

$$\begin{aligned} S_{FM}(t) &= A\cos[\omega_c t + \varphi(t)] \\ &= A\cos[\omega_c t + K_f \int_{\infty}^{t} f(\tau)d\tau] \end{aligned} \tag{2-18}$$

式中：K_f 为比例常数（频偏常数）；$S_{FM}(t)$ 为调频信号。

调相信号和调频信号不满足线性关系，都属于非线性调制。不管是调频还是调相，调制信号的变化最终都反映在瞬时相位 $\varphi(t)$ 的变化上。所以，从已调信号的波形上分不出是调相信号还是调频信号。

下面以调制信号为一单频余弦波的特殊情况为例，给出调相信号和调频信号的示意图（如图 2-21 所示）。其中，$f(t) = A_m\cos\omega_m t$，则有

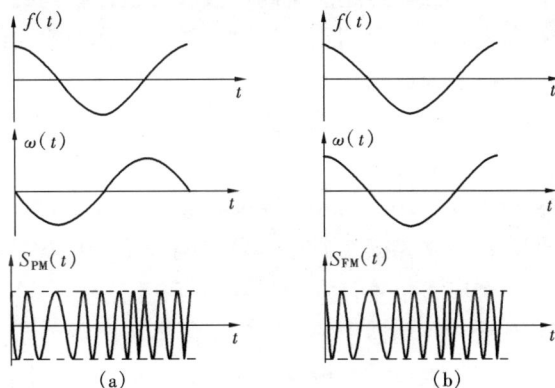

图 2-21 角调制信号示意图

(a) 调相信号；(b) 调频信号

$$s_{PM}(t) = A\cos(\omega_c t + K_p A_m \cos\omega_m t) = A\cos(\omega_c t + \beta_p \cos\omega_m t) \tag{2-19}$$

$$s_{FM}(t) = A\cos(\omega_c t + K_f A_m \int \cos\omega_m t \, dt) = A\cos(\omega_c t + \beta_f \sin\omega_m t) \tag{2-20}$$

式中：β_p 为调相指数，$\beta_p = K_p A_m$；β_f 为调频指数，$\beta_f = K_f A_m / \omega_m$。

2.3　数据的检错与纠错

在数据通信中，由于来自信道中的各种干扰，使数据在传输与接收的过程中可能发生差错。即接收端接收的数据与发送端出现不一致。如发"0"收到"1"，或发"1"收到"0"。我们把这种现象称为"传输差错"，简称"差错"。

数据传输中产生的差错是由热噪声引起的。由于热噪声会造成传输中的数据信号失真，产生差错，所以传输中应尽量减少热噪声。

热噪声包括随机热噪声和冲击热噪声两大类。

随机热噪声是指通信信道上固有的、持续存在的热噪声。这类噪声具有不确定性，故称作随机热噪声。由此引起的差错已被称作"随机差错"。

冲击热噪声是指由于外界因素突发产生的热噪声，如电磁干扰噪声、工业噪声等。由此而引起的差错亦称作"突发差错"。

数据通信业务要求误码率小于 10^{-9}。在改进信道各部分如媒质选择、均衡、滤波措施、提高 Modem 质量等不奏效或经济上不能承受的情况下，必须在数据链路两端采用差错控制技术。差错控制技术的核心是采用高效的纠错检错编码方法，将这些冗余码附加在信息中一起传送。在实际应用的通信系统中要发现这种差错（检错），并采取纠正措施（纠错），把差错控制在最小范围内。

2.3.1　差错控制的基本方式

在数据通信中，利用差错控制编码进行差错控制的基本工作方式一般分为三种，即前向纠错检错重发和混合纠错。

一、前向纠错

如图 2-22（a）所示的通信系统中，收、发信之间只有一条单向通道（正向信道）。实现纠错的唯一办法是传送纠错码，接收端在接收到码组后不仅能发现差错，而且能够确定差错的准确位置，并及时纠正，这种纠错方法称为前向纠错（Forward Error Correction，FEC），它可以在收端及时纠正差错，但要求的监督码多且复杂，效率低，常用于误码较少的单向信道。该系统设备复杂，成本高。

二、检错重发

检错重发（Automatic Repeat Request，ARQ）是数据通信中最常用的方法，如图 2-22（b）所示。发送端经编码后，发出能够检错的码；接收端收到后，其通过反向信道反馈给发送端一个应答信号；发送端收到应答信号后，进行分析，若是接收端认为有错，发送端就把存储在缓冲存储器中的原有码组复本读出，重新传输；如此重复，直至接收端接收到正确的信息为止。检错重发根据工作方式又可分为停发等候重发、返回重发和选择重发三种。

1. 停发等候重发

在这种系统中，一次只能发送一个分组，一旦发出一帧，发送方就启动一个定时器，该

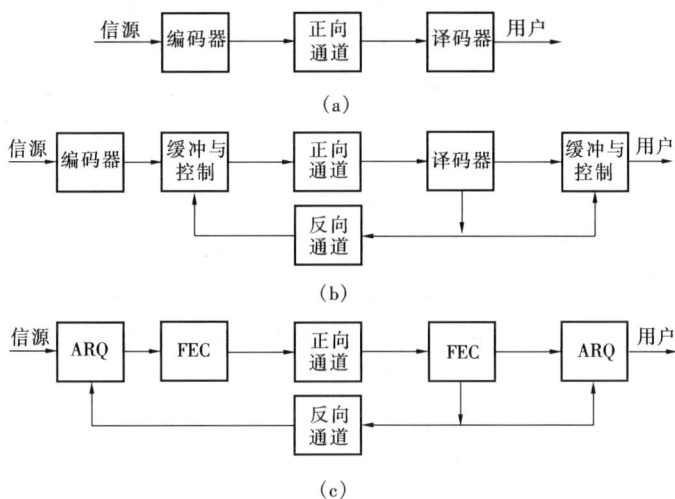

图 2-22　差错控制的基本方式
(a) 前向纠错；(b) 检错重发；(c) 混合纠错

定时器定时的长度大于正常情况下响应到达的最长时间，并保留该帧的内容于缓存器中。接收方一旦收到一帧，要检查是否重复，是否受损，如有重复丢弃发生则丢弃该帧，否则产生一个确认应答回送发送方。如果发送方在定时器溢出（超时）之前收到接收方的确认应答，说明发送无误，可以接着发送下一个分组，如果超过定时器溢出时间还没有收到应答，说明发送有误，应该重发该帧，其工作方式如图 2-23（a）所示。

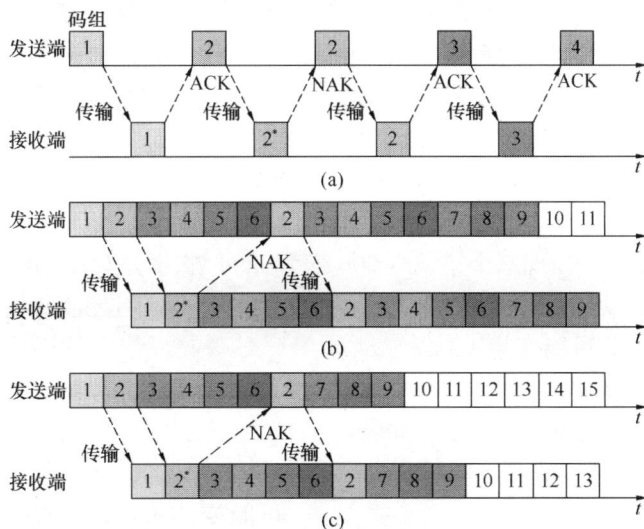

图 2-23　检错重发的三种工作方式示意图
(a) 等待发送；(b) 返回重发；(c) 选择重发

2. 返回重发

停发等候重发采用的是逐帧传输逐帧等待应答的方法，当链路距离或电波传播时间很长时，等待时间长，效率低。返回重发是对此的改进。一种改进方法称为 Go Back N，它允许发送方连续地发送顺序编号的数据帧，发送各帧时启动相应的定时器。接收方每收妥一帧都要给以确认应答，如收方在定时器超时前收到应答，就清除存储的该帧，如果该帧的应答超时，或超时前收到否定应答，发方就要重发该帧（第 N 帧）和该帧以后的所有已发帧，其工作方式如图 2-23（b）所示。

3. 选择重发

如果线路质量不高，经常出现误码和丢失，故经常要退回重传，必然降低效率，造成资源浪费。连续重传的一个改进是收方虽然丢弃了有差错帧，但仍接收和暂存后面跟随的正确帧，发送方只重传有差错帧，这称为选择重发。当线路质量差，容易出现帧差错时，选择重发可以改善效率，提高吞吐量。其代价是在接收端要求有重新定序的缓存器，其工作方式如图 2-23（c）所示。

三、混合纠错

混合纠错（Hybrid Error Correction，HEC）是将前向纠错和检错重发方式的结合。当在该码的纠错能力范围内时，自动纠正；当错误过多，超出其纠错能力时，反馈重发，重发工作方式如图 2-23（c）所示。

2.3.2　纠错检错码基本原理

一、冗余度

根据前面的分析我们知道只有在信息码序列中加入监督码元才能完成检错和纠错功能，其前提是监督码元要与信息码之间有一种特殊的关系。显然监督码元越多，冗余度越大，纠错能力也越强，但效率却低。下面我们通过一个简单的例子，详细介绍检错和纠错的基本原理。

例如：3 位二进制数构成的码组集合为 $2^3=8$ 种不同的码组，即 000、001、010、011、100、101、110、111，下面分三种情况来讨论。

（1）若 8 组都作为有用的码组，那么其中任一码组出错都会变成另一码组，接收端将无法识别哪一组出错。

（2）若只取其中 4 个码组作为许用码组，如果取 000，011，101，110，则接收端有可能发现码组中的错误。如果 000 中错一位，变为 100、010 或 001，而这三种码组都是禁用码组，故可判定出错。当出现三个错误时 000 变为 111，它也是禁用码组。但若发生两个错误，如 000 变为 011，则无法判断对错。上边只能识别错误，但无法纠错，因为在收到 100 时，000，101 和 110 都可能变为 100。

（3）要想纠错可增加冗余度，如只取 000 和 111 两个码组为许用码组。这样，可以检测两个以下的错误，并能纠正一位错误。如收到 011 时，若只有一个错误，则判断错码在第一位，纠正为 111。但若错误码数不超过两位，则存在两种可能，000 错两位和 111 错一位均可能变为 011，因此只能检错，而无法纠错。

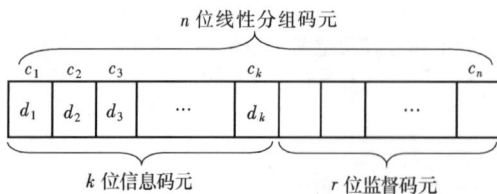

二、分组码的概念

如上所述，将信息码分组，为每组信息码附加若干监督码的编码，称为分组码。分组码结构，如图 2-24 所示。设码长 n，信息位 k，监督位 r，有 n=k+r。

图 2-24　分组码结构

（1）码组重量：分组码的一个码组中"1"的数目。

（2）码距：两个码组对应位上数字不同的位数称码组间的码距。

（3）最小码距：某种编码所产生的各个码组间距离的最小值，用 d_0 表示。

最小码距 d_0 与编码的检错和纠错能力的关系如下。

（1）检错：设要检测的错码个数为 e，则要求最小码距

$$d_0 \geqslant e + 1 \tag{2-21}$$

（2）纠错：设要纠正的错码个数为 t，则要求最小码距

$$d_0 \geqslant 2t + 1 \tag{2-22}$$

（3）同时纠错检错：要求的最小码距

$$d_0 \geqslant e + t + 1 (e > t) \tag{2-23}$$

满足条件 3 可以同时纠正 t 个错，检出 e 个错。

由这些基本原理我们得到如下结论：

（1）要提高纠错检错能力，必须增大最小码距。

（2）用码率表征编码效率为

$$R = k/n \tag{2-24}$$

最小码距越大，编码效率越低。

（3）编码理论要解决的问题就是找出许用码的集合，既要纠错能力强，又要编码效率高。

2.3.3 常用差错控制编码方法

为提高数据通信的检错和纠错能力，人们设计出各种差错控制编码，下面介绍几种最常用差错控制编码方法。

一、奇偶校验码

奇偶校验码又称奇偶监督码，是最简单、最常用的检错码，分为奇数监督码和偶数监督码两种。其特点是结构简单，插入的冗余度低。奇偶校验编码只需在信息码后加一位校验位（又称监督位），使得码组中"1"的个数为奇数或偶数即可。奇偶监督码能够检测奇数个错码。设 I_{1i}，I_{2i}，…，I_{pi} 为一个字符或分组，当监督位直接位于字符后面（见图 2-25，箭头表示发送数据方向）时，称垂直监督码。当把一定的字符或分组组成阵列，将监督码置于若干字符的相应位后面时，称水平监督码（见图 2-26，箭头表示发送数据方向）。显然，水平奇偶监督码可以检出突发长度小于 p 的突发差错，而垂直奇偶监督码则不能。但水平奇偶监督码实现复杂，需要较大的存储空间，监督位也不能实时生成。

如果把奇偶监督码的若干码组排成矩阵，每一码组写成一行，然后再按列的方向增加第二维监督位，就构成了水平垂直奇偶码，又称二维奇偶监督码，如图 2-27 所示。这种编码能够检测出全部奇数个错码和大部分偶数个错码。但无法检出在水平垂直方向上都成偶数的那些错码，例如构成矩形的四个顶点位置上的错码就无法检出。

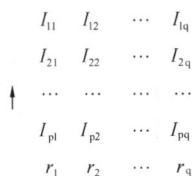

图 2-25 垂直奇偶监督码   图2-26 水平奇偶监督码   图 2-27 二维奇偶监督码

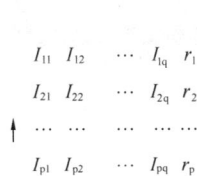

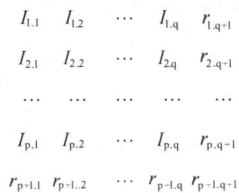

【例 2-2】　某数据系统采用水平垂直偶校验，信息码元如下，请计算监督码元。

	信息码元	监督码元
	0100011101	
	1100111011	
	1110011000	
	0001000010	
	1101001101	
监督码元		

解　监督码元如下：

	信息码元	监督码元
	0100011101	1
	1100111011	1
	1110011000	1
	0001000010	0
	1101001101	0
监督码元	1010110001	1

二、恒比码

恒比码又称定比码。在恒比码中，每个码组中"1"的数目和"0"的数目保持恒定的比例。故在收端只需检测接收码组中"1"的个数是否正确即可。其纠错能力比奇偶监督码强。

例如，用于电传的 5 中取 3 保护电码（见表 2-3），用了 32 个 5 位码中的 10 个代表阿拉伯数字，再用 4 个阿拉伯数字的组合代表汉字。由于合理设置了码距，除了成对出现的偶数差错（1 变成 0，0 变成 1）外，能检出大部分错来。

表 2-3　　　　　　　　　　　　5 中取 3 保护码（恒比码）

数字字符	恒比码	普通的五单元码	数字字符	恒比码	普通的五单元码
1	01011	11101	6	10101	10101
2	11001	11001	7	11100	11100
3	10110	10000	8	01110	01100
4	11010	01010	9	10011	00011
5	00111	00001	0	01101	01101

三、汉明码

线性码是一种将信息位和监督位由一些线性代数方程联系在一起的编码。可用线性方程组表述规律性的分组码，称为线性分组码。汉明码是线性码的一种，由 Hamming 于 1950 年首次提出。设总码长为 n，信息位为 k，监督位数为 $r=n-k$。若希望用 r 个监督位构造出 r 个监督关系式来指示一位错码的 n 个可能的位置，则要求

$$2^r - 1 \geqslant n \text{ 或 } 2^r \geqslant k + r + 1 \tag{2-25}$$

设 $k=4$，可知 $r=3$，下面我们来构造 3 个监督关系式。首先引入校正因子 $S_2 S_1 S_0$。监督关系式的构造详见表 2-4。

表 2-4　　　　　　　　　　　　监督关系式的构造

$S_2 S_1 S_0$	错码位置	$S_2 S_1 S_0$	错码位置
0 0 0	无错	0 1 1	a_3
0 0 1	a_0	1 0 1	a_4
0 1 0	a_1	1 1 0	a_5
1 0 0	a_2	1 1 1	a_6

得到监督关系式为

$$S_2 = a_2 + a_4 + a_5 + a_6$$
$$S_1 = a_1 + a_3 + a_5 + a_6 \tag{2-26}$$
$$S_0 = a_0 + a_3 + a_4 + a_6$$

无差错时，$S_2 S_1 S_0 = 000$，代入监督关系式，求得

$$a_2 = a_4 + a_5 + a_6$$
$$a_1 = a_3 + a_5 + a_6 \tag{2-27}$$
$$a_0 = a_3 + a_4 + a_6$$

依据此式，可以求出不同信息位对应的冗余位，如当信息位 $a_6 a_5 a_4 a_3 = 1000$ 时，可求得 $a_2 a_1 a_0 = 111$。整个发送码组为 $a_6 a_5 a_4 a_3 \ a_2 a_1 a_0 = 1000111$。

在接收端，接收码字后按监督关系式求 $S_2 S_1 S_0$，并根据其值是否全 0 判断是否有错，如果仅有一位错，可以根据表 2-4 加以纠正。如果错码多于一位，只能检错不能纠错。事实上，最小码矩 $d_0 = 3$，根据前述可知，可以纠正一位错码或者检出两位错码。其效率为

$$R = \frac{k}{n} = \frac{n-r}{n} = 1 - \frac{r}{n} \tag{2-28}$$

当 $n \to \infty$，$R \to 1$，可见效率很高。

【例 2-3】 若接收到 $n = 7$ 的汉明码组为 0000011，试判断接收端是否出错？

解 按监督关系式为

$$S_2 = a_2 + a_4 + a_5 + a_6$$
$$S_1 = a_1 + a_3 + a_5 + a_6$$
$$S_0 = a_0 + a_3 + a_4 + a_6$$

得到 $S_2 = 0$，$S_1 = 1$，$S_3 = 1$，所以 a_3 位有一错码。

四、循环码

如果一个码组的每一次循环移位是另一码组，这种码组叫做循环码。循环码是线性分组码的一个重要分支，有较强的纠错能力，同时其循环移位特性又使所需的编解码设备相对简单，容易实现，因此在 FEC 系统中获得了广泛的应用。

这里讨论一种称为循环冗余校验（Cyclic Redundancy Check，CRC）的循环编码。一个 n 位 CRC 码由 k 位要发送的信息码和 r 位冗余位构成，即 $n = k + r$。其中，k 位信息码对应一个 $k-1$ 次多项式 $K(X)$，r 位冗余位对应一个 $r-1$ 次多项式 $R(X)$，则 n 位 CRC 码是由 k 位信息码后面加上 r 位冗余位组成的位码，对应于一个 $n-1$ 次多项式为

$$T(X) = X^r \cdot K(X) + R(X) \tag{2-29}$$

例如：

信息位：$1011001 \to K(X) = X^6 + X^4 + X^3 + 1$

冗余位：$1010 \to R(X) = X^3 + X$

码字：$10110011010 \to T(X) = X^4 \cdot K(X) + R(X)$
$$= X^{10} + X^8 + X^7 + X^4 + X^3 + X$$

CRC 码在发送端编码和接收端校验时，均可用约定的生成多项式 $G(X)$ 来得到，$G(X)$ 是一个特定的 r 次多项式。由信息位产生冗余位的编码过程，就是已知 $K(X)$ 求 $R(X)$ 的过程。利用 $X^r \cdot K(X)$ 去除以 $G(X)$，得到的余式就是 $R(X)$。需要指出的是，以上多项式中的"+"都

是模 2 加;此外,除法也是模 2 除法。

由于 $R(X)$ 是 $X^r \cdot K(X)$ 除以 $G(X)$ 的余式,所以,

$$X^r \cdot K(X) = G(X) \cdot Q(X) + R(X) \tag{2-30}$$

式中,$Q(X)$ 为商式。

根据模 2 运算规则 $R(X) + R(X) = 0$ 的特点,将式(2-30)改写为

$$[X^r \cdot K(X) + R(X)]/G(X) = Q(X) \tag{2-31}$$

即
$$T(X)/G(X) = Q(X) \tag{2-32}$$

由此可见,对于信道上发送的码字多项式 $T(X)$[表达式见式(2-29)],若传输过程无错,那么,接收到的 $T(X)$ 能被 $G(X)$ 整除,即余式为零。

【例 2-4】 若要发送的数据 $K(X)$ 为 110011,生成多项式 $G(X) = X^4 + X^3 + 1$,试求循环码的监督码 $R(X)$ 和码字 $T(X)$。

解 由 $G(X)$ 可知 $r = 4$,根据循环冗余码的生成方式,按图 2-28 所示,余式 $R(X)$ 为 1001,即所求的监督码为 1001,码字 $T(X)$ 为 1100111001。

【例 2-5】 若某系统的生成多项式 $G(X) = X^4 + X + 1$,若接收端收到一个码字 $T(X)$ 为 100111001,请问传输过程是否出错?

解 如图 2-29 所示,用 $T(X)$ 除以 $G(X)$,因为余数不为 0,所以传输过程有错。

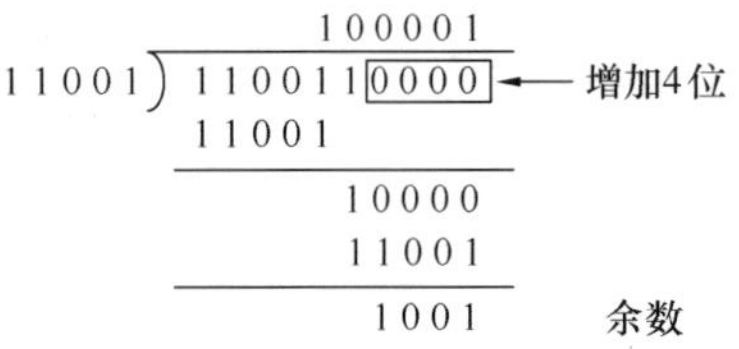

图 2-28 [例 2-4]图 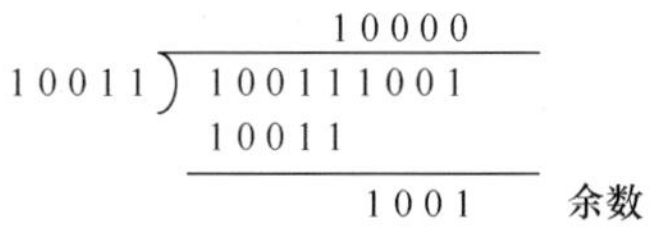　　图 2-29 [例 2-5]图

CRC 码是由 $X^r \cdot K(X)$ 除以生成多项式 $G(X)$ 产生的。$G(X)$ 的位数越多校验能力越强,但并不是任何一个 $r+1$ 位的二进制数都可以作为生成多项式。目前广泛使用(推荐)的 CRC 生成多项式有四种:

(1) $CRC_{12} = x^{12} + x^{11} + x^3 + x^2 + x + 1$

(2) $CRC_{16} = x^{16} + x^{15} + x^2 + 1$ (IBM)

(3) $CRC_{16} = x^{16} + x^{12} + x^5 + 1$ (CCITT)

(4) $CRC_{32} = x^{32} + x^{26} + x^{23} + x^{22} + x^{16} + x^{11} + x^{10} + x^8 + x^7 + x^5 + x^4 + x^2 + x + 1$

这些常用的生成多项式可以检出在循环码组位数之内的突发差错,对于长度超过循环码组位数的差错,它们的检错能力也在 99.9% 以上。

2.3.4　差错控制的应用

差错控制技术的应用,要视具体情况而定。当出现少量错码在接收端能够纠正时,可采用前向纠错法(FEC)纠正,当错码较多超过纠正能力,但可以检测时,就可以用反向纠错法。通常应对整个系统全面考虑后才能决定采用哪种技术。

2.4 调 制 解 调 器

2.4.1 调制解调器的作用

目前大部分通信信道仍是模拟通道。为了充分利用现有模拟通信网进行数据通信,必须在数据终端与信道之间插入数字调制解调器(Modulator and Demodulator,MODEM)利用 Modem 在数据发送端将数字信号转换成便于通道传送的模拟信号,而在接收端再将模拟信号转换为数字信号,如图 2-30 所示。

图 2-30 调制解调器应用

2.4.2 调制解调器的分类

调制解调器有许多种类:按传输速率分低速 Modem(<1200bit/s)、中速 Modem(1200~9600bit/s)和高速 Modem(>9600bit/s)三类,见表 2-5。按调制方式分频移键控(FSK)、相移键控(PSK)和振幅键控(ASK)三类。在电力系统数据通信中,多采用 FSK 方式。按结构分为机箱式、独立式和插卡式,如图 2-31 所示。按其应用场合分:有适合四线电路或二线电路的;有使用在全双工或半双工方式的;有使用在全音频通道的(300~3400Hz),也有使用在上音频频段的(2700~3400Hz),有适用专线的;也有适合交换机的;按信号传输方式分:调制解调器又分为同步传输方式和异步传输方式两种。

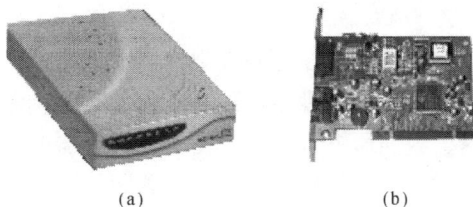

图 2-31 Modem 实物图
(a)外置式 Modem;(b)内置式 Modem

表 2-5 Modem 按传输速率的分类表

名 称	低 速	中 速	高 速
传输速率	<1200bit/s	1200~9600bit/s	>9600bit/s
调制方式	FSK	PSK	4PSK,TCM 等

2.4.3 调制解调器的标准
一、标准与建议

由于调制解调器涉及通信双方,为使通信能够正确进行,必须对通信过程中所涉及的各种参数、协议、工作方式等作统一的规定。有关调制解调器的标准和建议由 ITU-T(CCITT-International Telephone and Telegraph Consultative Committee)制定,称为 V 系列建议。北美地区则使用 BELL 标准。这些标准得到了广泛承认和使用,也使调制解调器制造商和用户都有了统一的制造和使用规范。目前高速 Modem 的标准协议如下:

1. 三种调制协议

不同的调制协议定义了明确的数据编码和调制技术,因而也决定了其传输速率。ITU-T

建议的高速 Modem 的调制协议有如下三种:

(1) V. 32 协议是 9600bit/s 高速 Modem 的标准调制协议。它采用 QAM 调制,使其传输速率达到 9600bit/s。

(2) V. 32bis 协议是 14 400bit/s 高速 Modem 的标准调制协议。是 V. 32 协议的增强版本,采用 TCM 调制方式使传输速率达到 14400bit/s,与 V. 32 兼容。

(3) V. 34 协议采用四维 TCM 编码调制方式等和 V8 协商握手等先进手段先进技术,使其传输速率达到 28.8kbit/s。

除上述调制协议外,ITU-T 还制定了一个 56kbit/s 的数据传输标准-V. 90,V. 90 使得调制解调器能够在标准公用电话交换网(PSTN)上以 56kbit/s 的速率接收数据。

2. 差错控制协议

差错控制协议是为了保证传输正确而提供的协议,主要有两个工业标准 MNP 和 V. 42。V. 42 是差错控制协议。MNP 包括 MNP2、MNP4,均为差错控制协议。

3. 数据压缩协议

数据压缩协议是高速 Modem 的关键技术,数据压缩有两个工业标准:V. 42bis 和 MNP5。

4. 通信软件

对于智能型 Modem 提供很多高级功能,但要靠通信软件完成。

二、AT 命令

随着计算机技术和大规模集成电路技术的发展,出现了智能型调制解调器。智能型调制解调器装有微处理器,除了具有信号的调制解调功能外,还具有自动应答、自动纠错、自动降速、数据压缩等功能,使调制解调器的性能大为提高。但由于生产厂家不同,采用的设计思想和方法也不同,使智能型调制解调器兼容性很差,给用户带来很大不便。为了既保证厂家利益,又满足用户需求,迫切需要改善调制解调器的兼容性,这导致了 AT(Attention)命令集产生。AT 命令集是美国 Hayes 公司专利技术,它随着 Hayes 公司的产品在全世界广泛流行,被世界各调制解调器研制和生产厂家所承认,成为事实上的技术标准,它是衡量调制解调器和主机上的调制解调器软件是否能流行和是否被用户所接受的重要指标。

2. 4. 4　宽带调制解调器 Modem

一、ISDN Modem

56kbit/s 是 Modem 的物理速度上限,要想获得更高的速度,只能选择其他方式。综合业务数字网(Integrated Service Digital Network,ISDN)就是一种选择。电信部门称之为一线通,它是采用数字传输和数字交换技术,将电话、传真、数据、图像等多种业务综合在一个统一的数字网络中进行传输和处理。其突出优点是能在一条电话线上同时进行两种不同方式的通信,即一边打电话一边发传真,或一边打电话一边上网等。目前我国的 ISDN 线路为 2B+D 模式,即 2 个基本数字信道,1 个控制数字信道,每个 B 信道的带宽为 64kbit/s。

有了 ISDN 线路,用户端还必须要采用 ISDN 的专用 Modem。这类 Modem 有内置和外置两种类型,内置的 ISDN Modem 是一片卡,插进计算机主板的扩展槽内工作,卡上有 ISDN 线路的 RJ11 接口。因其形状、功能均比较接近传统的 NIC(局域网卡),所以也被大多数人称为 ISDN 网卡。外置的 ISDN Modem 并不是专门为计算机所设计的,它不仅可以作为一个 Modem 使用,而且可用来把 ISDN 的线路转换成两路普通的模拟线路,成为 ISDN 线路最终端的一个设备,称为 ISDN 终端适配器(Terminal Adapter,TA)。

在 TA 上，有一个 ISDN 的接口、2 个普通模拟电话的接口、一个 D 型接口。使用时，将 ISDN 线路插入 ISDN 接口，在两个模拟电话接口上可以连接两部普通电话机，D 型接口通过一根电缆和计算机的串口或者并口连接，这样就可以实现一边上网一边打电话的功能。TA 可以自动选择 1 个空闲的 B 信道来进行通信。ISDN 接入 Internet 原理图如图 2-32 所示。

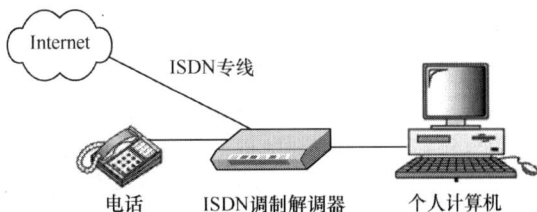

图 2-32　ISDN 接入 Internet 原理图

二、ADSL Modem

普通的电话系统使用的是铜线的低频部分（4kHz 以下频段），而 ADSL（Asymmetric Digital Subscriber Line，非对称数字用户线路）是传输到用户的下行速率大于上行速率的非对称数据流的技术，它采用 DMT（离散多音频）技术，将电话线路 0Hz～1.1MHz 频段划分成 256 个频宽为 4.3kHz 的子频带。其中，4kHz 以下频段仍用于传送 POTS（传统电话业务），20～138kHz 的频段用来传送上行信号，138kHz～1.1MHz 的频段用来传送下行信号。DMT 技术视线路的情况调整在每个信道上所调制的比特数，以便更充分地利用线路。一般来说，子信道的信噪比越大，在该信道上调制的比特数越多。如果某个子信道的信噪比很差，则弃之不用。

由此可见，对于原先的电话信号而言，仍使用原先的频带，而基于 ADSL 的业务，使用的是话音以外的频带。因此它利用数字编码技术从现有铜质电话线上获取最大数据传输容量，同时又不干扰在同一条线上进行的常规话音服务。用户可以在上网的同时打电话或发送传真，而这将不会影响通话质量或降低下载 Internet 内容的速度。

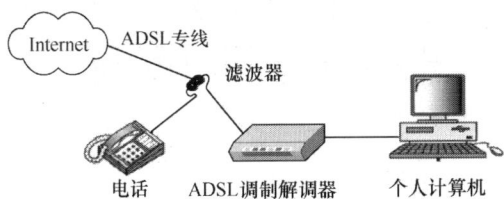

图 2-33　ADSL 接入 Internet 原理图

ADSL 提供三个信道：一个速率为 1.5～8Mbit/s 的高速下行通道，用于用户下载信息；另一个速率为 16kbit/s～1Mbit/s 的中速双工通道，用于用户上传输出信息；再一个为普通的电话服务通道，用于传统电话业务。ADSL 接入 Internet 原理图如图 2-33 所示。

ADSL 可向终端用户提供 8Mbit/s 的下行传输速率和 1Mbit/s 的上行传输速率，是传输速率为 128kbit/s 的 ISDN（综合业务数据网）所无法比拟的，同时 ADSL 的传输距离可达到 3～5km。

ADSL 的核心是编码技术，主要有离散多音复用 DMT 及抑制载波幅度和相位 CAP 两种方法。其共同点是 DMT 和 CAP 都使用正交幅度调制（QAM）。DMT 技术复杂，成本也要稍高一些，但由于 DMT 对线路的依赖性低，并且有很强的抗干扰和自适应能力，已被定为标准。DMT 使用 0～4kbit/s 频带传输电话音频，用 26kbit/s～1.1Mbit/s 频带传输数据，并把它以 4kbit/s 的宽度分为 25 个上行子通道和 249 个下行子通道。传输速度计算公式为

$$信道数 \times 每信道采样值位数 \times 调制速度 \tag{2-33}$$

所以 ADSL 的理论上行速度为 $25 \times 15 \times 4kHz = 1.5Mbit/s$，而理论下行速度为

$$249 \times 15 \times 4kHz = 14.9Mbit/s$$

与 ISDN 单纯划分独占信道不同的是，ADSL 中使用了调制技术，相当于频带得到复用，因此可用带宽大大增加。

2.5　多路复用技术

2.5.1　多路复用的基本概念

为了充分利用信道的传输能力，使多个信号沿同一信道传输而互相不干扰，这种技术称为多路复用技术。信号可以通过三种基本技术进行多路复用：频分复用（Frequency Division Multiplex，FDM）、波分复用（Wave Division Multiplex，WDM）和时分复用（Time Division Multiplex，TDM）。采用较多的复用技术是频分多路复用和时分多路复用。其中，频分复用常用于模拟通信，如载波通信；时分复用常用于数字通信，如 PCM 通信。

2.5.2　频分复用

频分复用是调制技术的典型应用，其基本原理是频率搬移。它通过对多路调制信号进行不同载频的调制，使得多路信号的频谱在同一个传输信道的频率特性中互不重叠，从而完成在一个信道中同时传输多路信号的目的。

以话音信号为例，所谓频分多路复用就是将每个话路的频带先变换到传输频带的各个频率位置上，再传输到对方，对方经反变换将每个话路频带还原。这样一条物理线路就可以同时传输许多话路了。

频分复用系统组成原理如图 2-34 所示。图中，各路基带信号首先通过低通滤波器（LPF）限制基带信号的带宽，避免它们的频谱出现相互混叠。然后，各路信号分别对各自的载波进行调制、合成后送入信道传输。在接收端，分别采用不同中心频率的带通滤波器分离出各路已调信号，解调后恢复出基带信号。

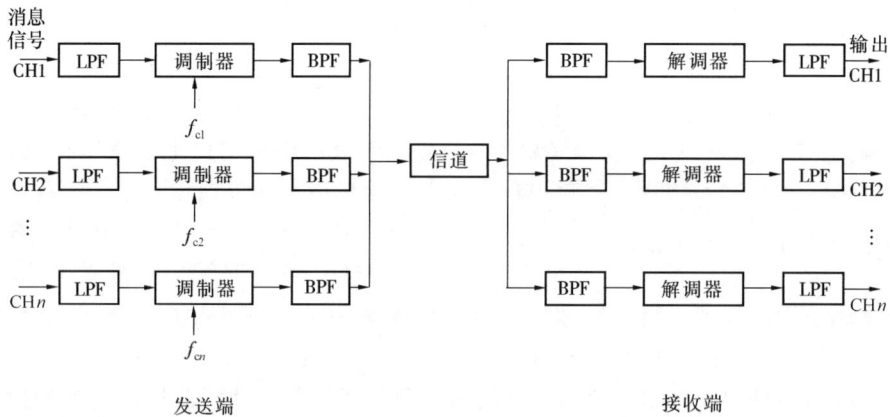

图 2-34　频分复用系统组成原理图

频分复用是利用各路信号在频率域不相互重叠来区分的。若相邻信号之间产生相互干扰，将会使输出信号产生失真。为了防止相邻信号之间产生相互干扰，应合理选择载波频率 f_{c1}，f_{c2}，…，f_{cn}，并使各路已调信号频谱之间留有一定的保护间隔。

2.5.3　时分复用

时分复用是指各路信号在同一信道上占有不同时间间隙进行通信。每个信号占一个指定的固定长度的时间间隙，称为时隙。由抽样定理可知，抽样的一个重要作用，是将时间上连续变化的模拟信号变化成离散的数字信号。该数字信号在信道上占用时间的有限性，为多路信号沿同一信道传输提供了条件。具体说就是将时间分成一些均匀的时间间隙,将各路信号的传输时间分配在不同的时间间隙,以达到互相分开、互不干扰的目的。图 2-35 所示为时分多路复用示意图。各路信号经低通滤波器将频带限制在 3400Hz 以下,然后加到快速电子旋转开关(称分配器)S1,S1 依次接通各电路,它相当于对各路信号按不同的时间依次抽样,S1 开关不断重复地作匀速旋转,每旋转一周的时间等于一个抽样周期 T,这样就做到对每一路信号每隔周期 T 时间抽样一次。由此可见,发端分配器不仅起到了抽样的作用,同时还起到复用合路的作用。合路后的抽样信号送到 PCM 编码进行量化和编码,然后将数字信码送往信道。在接收端将这些从发送端送来的各路信码依次解码,还原后的 PAM 信号,由收端分配器旋转开关 S2 依次接通每一路信号,再经低通平滑,重建成话音信号。由此可见收端的分配器起到时分复用的分路作用,所以收端分配器又称分路门。

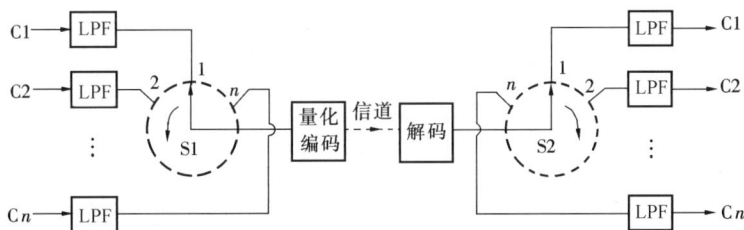

图 2-35 时分复用原理

当然,为保证正常通信,S1、S2 必须严格同步,即同频和同相。同频是指两旋转开关的旋转速度完全相同,同相是指 S1 接发送端 C1 时,S2 也必须接接收端 C1。

时分复用通信中的同步技术包括位同步(时钟同步)和帧同步,这是数字通信又一个重要特点。位同步是最基本的同步,是实现帧同步的前提。位同步的基本含义是收发两端的时钟频率必须同频同相。这样接收端才能正确接收和判决发送端送来的每一个码元。为了达到收发两端频率同频同相,在设计传输码型时,一般要考虑传输码型中应含有发送端的时钟频率成分。这样,接收端从接收到的 PCM 码中提取出发端时钟频率来控制收端时钟,就可做到位同步。

帧同步是为了保证收发各对应的话路在时间上保持一致,这样接收端就能正确接收发送端送来的每一路话音信号,当然这必须是在位同步的前提下实现。

为了建立收、发系统的帧同步,需要在每一帧(或几帧)中的固定位置插入具有特定码型的帧同步码。这样,只要接收端能正确识别出这些帧同步码,就能正确辨别出每一帧的首尾,从而能正确区分出发端送来的各路信号。

图 2-36 给出了时分复用的整个过程。设 C1、C2、C3 为三路模拟语音信号,$T=125\mu s$ 为固定时隙长度,即抽样频率为 $f_s=1/T=8kHz$。在 C1 的两次抽样时间间隔内,均匀插入 C2 和 C3 的采样点。又假定对采样获得的离散值用三位二进制线性编码,如曲线(4)所示。 T 时间内必须依次发送完三次抽样获得的编码值,这称为一帧。从而可求得数据传输速率为 72kbit/s(8kHz×3 时隙/帧×3 比特/时隙)。实际使用时在帧前还要插入起始标志,以便接收时用该标志同步,识别一帧的起始。因而数据传输速率也会相应提高。

一、T1 载波

为了使不同国家地区之间能有效协同工作,建立国际标准就显得非常重要。TDM 有两

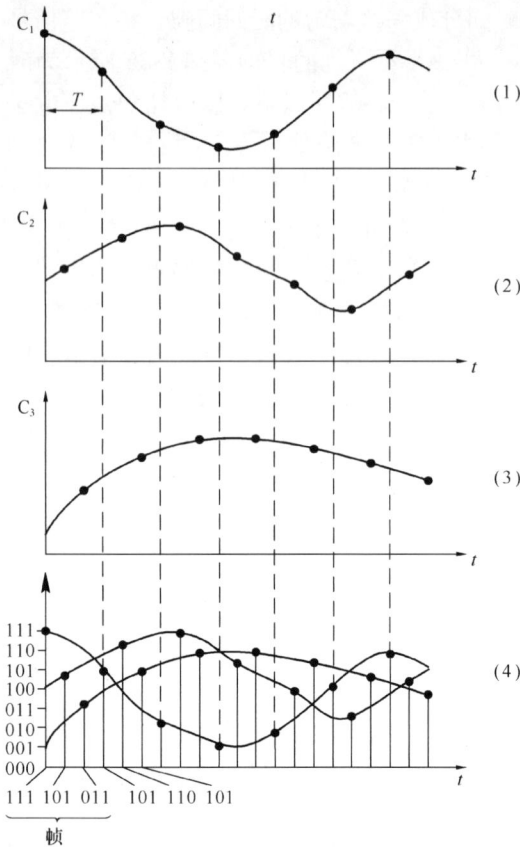

(1)

(2)

(3)

(4)

图 2-36　3 路模拟信号时分复用示意图

个国际标准,分别是 T 标准和 E 标准。T 标准在北美和日本采用,E 标准在欧洲和我国采用。T1 载波是 T 标准的基群,由 24 路 8kHz 抽样的信号复用而成为帧结构,如图 2-37 所示。每路抽样信息占 8 位,每帧包括 $24 \times 8 + 1$ 位。其中,第 193 位是成帧位,用于帧同步。对于话音传输,每个抽样值用 7 位比特编码,另一位用作标志或控制信息位。数据率应为 $8000 \times 193 = 1.544 \text{Mbit/s}$,而每一路的数据率为 $8000 \times 8 = 64 \text{kbit/s}$,净数据率为 $8000 \times 7 = 56 \text{kbit/s}$。

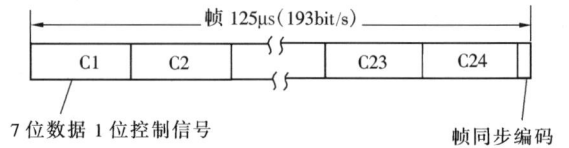

图 2-37　T1 载波帧结构

二、E1 载波

E1 载波是 E 标准的基群,又称 PCM30/32 路系统。E1 载波由 32 路组成,其中 30 路用来传输用户话音信号,2 路用作信令。每路话音信号抽样速率为 $f_s = 8 \text{kHz}$,故对应的每帧(子帧)时间间隔为 $125 \mu s$。一帧共有 32 个时间间隔,称为时隙。各个时隙 0～31 按顺序编号,分别记作 TS0,TS1,TS2,…,TS31。其中,TS1～TS15 和 TS17～TS31 这 30 个路时隙用来传送 30 路电话信号的 8 位编码码组,TS0 分配给帧同步,TS16 专用于传送话路信令。每个路时隙包含 8 位码,一帧共包含 256bit。E1 载波信息传输速率:$f_b = 8000[(30+2) \times 8] = 2.048 \text{Mbit/s}$,其中,每比特时间宽度为 $\tau_b = 1/f_b \approx 0.488 \mu s$,每路时隙时间宽度为 $\tau_1 = 8\tau_b \approx 3.91 \mu s$。

每帧开始处 TS0 用作同步,中间 TS16 用作信令,由于 TS16 的 8 位只能传送 2 个话路的信令,因此将 16 个子帧构成一个复帧,以偶数帧的 TS0 作同步码,奇数帧的 TS0 作同步对告,以第一个子帧的 TS16 作复帧同步及对告,以随后的 15 个子帧的 TS16 依次传送 30 路的信令。我国也规定采用 PCM30/32 路制式。

在图 2-38 中,偶帧(F0、F2、F4、…等)的 TS0 时隙用于帧同步,第一位用于国际通信,第二位为 0 表示偶数帧,第 3 到第 8 位为 011011,是子帧的帧同步码。奇帧的 TS0 时隙是当帧失步时向对端告警用的,第一位用于国际通信,第二位为 1 表示奇数帧,第 3 位码为帧失步时向对端发送的告警码(对告码),帧同步时该位为 0,帧失步时为 1,以便告诉对端,收端已出现帧失步,无法工作。4～8 位用于业务联络,也可不用。

F0 的 TS16 用于复帧同步和失步告警,前 4 位 0000 用于同步,第 6 位为 0,表示复帧同步;为 1 表示复帧失步。第 5、7、8 为可传信令,也可不用。

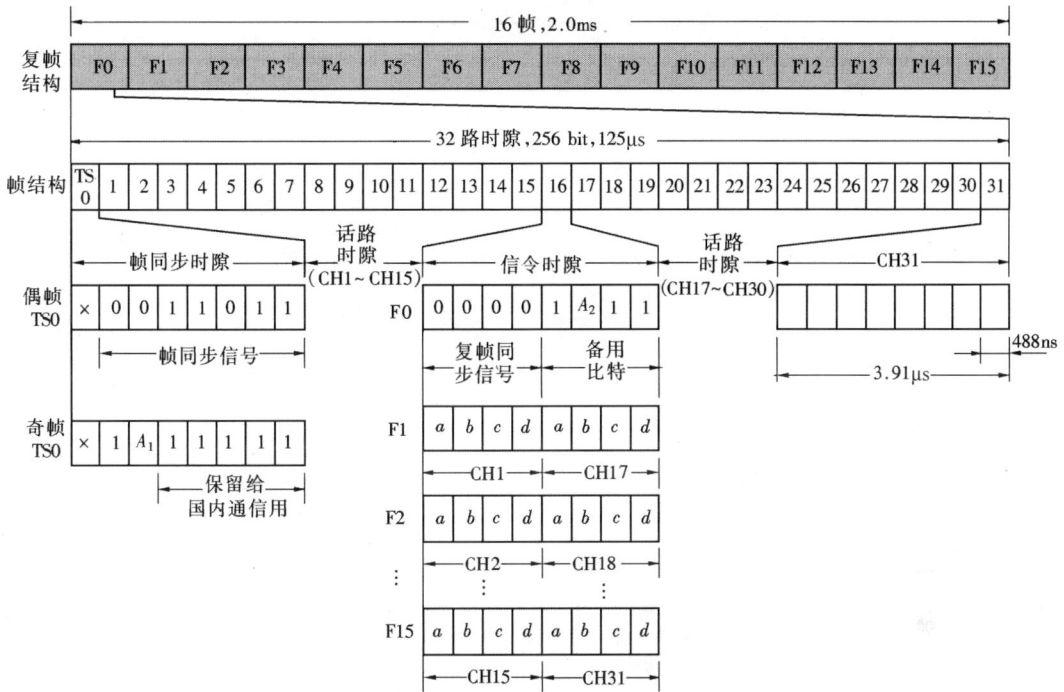

图 2-38　E1 载波的帧结构

F1～F15 的 TS16 分别为相应路的信令码（如振铃信号等），由于信令信号频率很低，所以对于每路话路的信令码，只要每隔 16 帧（1 复帧）轮流传送一次就够了。这样 15 帧（F1～F15）的 TS16 时隙可以轮流传送 30 个话路的信令码。

【例 2-6】　PCM30/32 路系统中第 23 话路信令码的传输时隙位置是（　　　　）。

A. F7 帧 TS16 的前 4 位码　　　　　　　B. F7 帧 TS16 的后 4 位码

C. F8 帧 TS16 的前 4 位码　　　　　　　D. F8 帧 TS16 的后 4 位码

解　F1～F15 帧的 TS16 分别为相应路的信令码，且 F1 帧的 TS16 的前 4 位码传输第 1 话路的信令码，F1 帧的 TS16 的后 4 位码传输第 17 话路的信令码。故 F_i 帧的 TS16 的前 4 位码传输第 i 话路的信令码，F_i 帧的 TS16 的后 4 位码传输第 $16+i$ 话路的信令码（$i=1\sim15$）。因此答案为 B。

三、多级复用

在 TDM 系统中，将多个基群信号再按时分的方法多次汇接起来，以便形成更高速率的数据流的复接方法，称为多级复用。通常有 3 种复接方法。即按位复接（Plesiochronous Digital Hierarchy，PDH），按路复接（Synchronous Digital Hierarchy，SDH）和按帧复接。其中，准同步数字体系（PDH）复接如表 2-6 所示。

显然，速率并非简单的成倍数关系，因为在复接时还要加入了一些比特，用作帧同步控制等。

表 2-6 PDH 复接

国别	基群	二次群	三次群	四次群
北美	T1：24 路 1.544Mbit/s	T2：T1×4=96 路 6.312Mbit/s	T3：T2×7=672 路 44.736Mbit/s	T4：T3×6=4032 路 274.176Mbit/s
日本	T1：24 路 1.544Mbit/s	T2：T1×4=96 路 6.312Mbit/s	T3：T2×5=480 路 32.064Mbit/s	T4：T3×3=1440 路 97.728Mbit/s
欧洲 中国	E1：30 路 2.048Mbit/s	E2：E1×4=120 路 8.448Mbit/s	E3：E2×4=480 路 34.368Mbit/s	E4：E3×4=1920 路 139.264Mbit/s

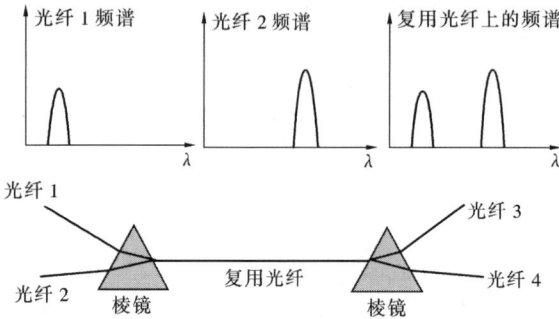

图 2-39 波分多路复用

2.5.4 波分复用

波分复用是将频分复用技术用于光纤信道。其基本原理与频分复用 FDM 大致相同。唯一的不同是 WDM 使用光调制解调设备（棱镜或衍射光栅）使不同波长的光信号在同一光纤中传输。需要指出的是单根光纤的带宽很宽（25 000GHz），因此可以将很多信道复用到长距离光纤上。但由于光电转换速度所限，单根光纤的带宽不能充分利用。图 2-39 是波分多路复用的示意图。

2.6 数据链路层协议

数据通信与电话通信不同的是，当数据电路建立后，为了进行有效的、可靠的数据传输，需要对传输操作实施严格的控制和管理。完成数据传输的控制和管理功能的规则，称为数据链路传输控制规程，也就是数据链路层协议。

数据链路层协议又称链路通信规程，是 OSI 参考模型中的第二层，介于物理层和网络层之间，它以物理层为基础，向网络层提供可靠的服务。这里，数据链路是数据电路加上传输控制规程，它由通信线路、调制解调器、终端机通信控制器之间的接口构成，如图 2-40 所示。国际标准化组织（ISO）定义数据链路为：按照信息特定方式进行操作的两个或两个以上终端装置与互连线路的一种组合体，所谓特定方式是指信息速率与编码均相同。

一个数据通信系统包括一个或多个数据链路。数据链路的结构分为点对点与点对多点两种。数据链路传输数据信息有三种不用的操作方式：

（1）单向型：信息只能按一个

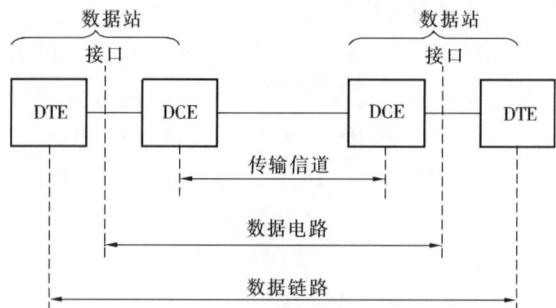

图 2-40 数据链路的构成

方向传送。

（2）双向交替型：信息先从一个方向，后从相反方向传送。

（3）双向同时型：信息可在两个方向同时传送。

数据链路中的数据终端设备（DTE）可能是不同类型的终端或计算机，从链路逻辑功能的角度，把这些不同类型不同功能的 DTE 统称为主站。在点对点链路中，发送信息或命令的站称为主站，接受信息或命令而发出认可信息或响应的站称为从站。同时能发送信息、命令、认可和响应的站称为组合站。在点对多点链路中，负责组织链路中数据流，并处理链路上出现的不可恢复的差错的站称为控制站，而其余各站称为辅助站。控制站执行轮询、选择等管理功能，轮询是控制站有次序地询问各个辅助站接收信息的过程。

2.6.1　数据链路层控制规程功能

数据通信的双方为了有效地交换信息，必须建立一些规约，用以控制和监督信息在通信线路上的传输和系统间信息交换，这些规则称为通信协议。数据链路的通信操作规则称为数据链路控制规程，它的目的是在已经形成的物理电路上，建立起相对无差错的逻辑链路，以便在 DTE 与网络之间，DTE 与 DTE 之间有效可靠地传送数据信息。为此，数据链路控制规程，应具备如下主要功能：

1. 帧同步

将信息报文分为码组，采用特殊的码型作为码组的开头与结尾标志，并在码组中加入地址及必要的控制信息，这样构成的码组称为帧。帧同步的目的是确定帧的起始与结尾，以保证收发两端帧同步。

2. 差错控制

由于在传输过程中存在各种干扰和噪声，数据信息可能产生差错，为保证数据的正确性，数据链路层具备检错和纠错能力，使差错控制在所能允许的尽可能小的范围内。

3. 流量控制

由于收发两端使用的设备在工作速率上存在差异，可能出现发送方发送能力大于接收方接收能力的现象，若不对发送方的发送速率（即信息流量）做适当的限制，前面来不及接收的帧会被后面不断发送来的帧覆盖，从而造成帧的丢失而出错。流量控制实际上是发送方数据流量的控制，使其发送速率不至于超过接收方的接收速率。

4. 链路管理

链路管理主要解决链路的建立和拆除、数据传输的维持以及控制数据传输方向等。

2.6.2　数据链路层控制规程种类

数据链路层控制规程依照所传信息的基本单位来分有两大类，一类叫做面向字符型传输控制规程，一类叫做面向比特型传输控制规程。顾名思义，在它们中所传信息的基本单位分别为字符和比特。

面向字符型传输控制规程出现比较早，典型代表是 IBM 公司的二进制同步通信规程 BSC（Binary Synchronous Communication），对应的 ISO 标准称为数据通信系统的基本型控制规程，即 ISO 1745。

面向比特型传输控制规程，其典型代表是高级数据链路控制规程 HDLC（High-level Data Link Control）。HDLC 是在 IBM 公司早期的 SDLC（Synchronous Data Link Control）基础上发展起来的。美国国家标准学会 ANSI 把 SDLC 修改为 ADCCP（Advanced Data

Communication Control Procedure)，作为美国国家标准，而 ISO 把 SDLC 修改后称为 HDLC，作为国际标准 ISO 3309。CCITT 将 HDLC 修改后引入链路接入规程 LAPB（Link Access Procedure Balanced）作为 X.25 的一部分。

一、面向字符的传输控制规程

面向字符的控制规程是依靠特殊含义的字符来界定用户信息及整个信息交换过程的。这类规程最早是由 IBM 公司在 1969 年提出的，其名称为二元同步控制规程 BSC，主要应用场合为半双工或点到多点线路。对应的 ISO 标准称为数据通信系统的基本型控制规程，即 ISO 1745。

任何链路协议均可由链路建立、数据传输和链路拆除三部分组成。为了实现建链、拆链等链路管理以及同步等各种功能，除了正常传输的数据块和报文外，还需要一些控制字符。BSC 协议用 ASCII 或 EBCDIC 字符集定义的传输控制字符来实现相应的功能。这些传输控制字符的标记、名称及含义见表 2-7。

表 2-7　　　　　　　　　　控制字符一览表

类型	标记	名称	含义	适用报文类型
基本型	SOE	报头开始	表示信息电文报头的开始，报头内含路由及目的地址	信息类电文
	STX	正文开始	信息电文正文开始，同时表示报头结束	信息类电文
	ETX	正文结束	一个信息电文正文结束时，用 ETX 结尾	信息类电文
	EOT	传输结束	通知对方传输结束以关闭通道	前向/后向监控
	ENQ	询问	用作询问远程站以给出应答	前向监控
	ACK	确认	由接收站发给发送站的肯定应答，表示接收无差错	后向监控
	NAK	否认	由接收站发给发送站的否定应答，表示接收有差错，并要求重发	后向监控
	SYN	同步/空闲	该字符提出一个同步比特序列以保持收发方同步，有时也作为空闲信道连续发送字符	其他用途
	ETB	组终	当信息电文被分为若干个码组传送时，代表一个码组结束	信息类电文
	DLE	数据链转义	表明其后续字符为控制字符，其功能取决于后续字符	其他用途
扩展型	DLE;	EOT 拆线	本方要求拆除通信线路的物理连接	其他用途
	DLE<	站中断	从站用此代替正常的肯定应答，并要求主站尽快结束现行传输	其他用途
	DLE;	暂停发送	从站不能接收信息电文，要求发端暂停发送（WACK）	其他用途
	DLE$_0$ DLE$_1$	编号确认	DLE$_0$ 表示 ACK$_0$，表示对申请帧和偶帧的确认 DLE$_1$ 表示 ACK$_1$，表示对奇帧的确认	其他用途
	DLE+基本类		表示对正文中出现与基本类相同的字符时的转义	其他用途

BSC 协议将在链路上传输的信息分为信息报文和监控报文两类。监控报文又分为正向监控和反向监控两种。每一种报文中至少包含一个传输控制字符，用以确定报文中信息的性质或实现某种控制作用。

（一）信息报文

一般由报头和文本组成。文本是要传送的有效数据信息，而报头是与文本传送及处理有关的辅助信息，报头有时也可不用。对于不超过长度限制的报文可只用一个数据块发送，对较长的报文则分成多块发送，每一个数据块作为一个传输单位。接收方对于每一个收到的数据块都要给以确认，发送方收到返回的确认后，才能发送下一个数据块。

BSC 协议的数据块有如下四种格式：

（1）不带报头的单块报文或分块传输中的最后一块报文：

SYN	SYN	STX	报文	ETX	BCC

（2）带报头的单块报文：

SYN	SYN	SOH	报头	STX	报文	ETX	BCC

（3）分块传输中的第一块报文：

SYN	SYN	SOH	报头	STX	报文	ETB	BCC

（4）分块传输中的中间报文：

SYN	SYN	STX	报文	ETB	BCC

BSC 协议中所发送的数据均跟在至少两个 SYN 字符之后，以使接收方能实现字符同步。报头字段用以说明信息报文字段的包识别符（序号）及地址。所有数据块在块终限定符（ETX 或 ETB）之后还有块校验字符 BCC（Block Check Character），BCC 可以是垂直奇偶校验或 16 位 CRC，校验范围从 STX 开始到 ETX 或 ETB 为止。

当发送的报文是二进制数据而不是字符串时，二进制数据中形同传输控制字符的比特串将会引起传输混乱。为使二进制数据中允许出现与控制字符相同的数据（即数据的透明性），可在各帧中真正地传输控制字符（SYN 除外）前加上 DLE 转义字符，在发送时，若文本中也出现与 DLE 字符相同的二进制比特串，则可插入一个外加的 DLE 字符加以标记。在接收端则进行同样的检测，若发现单个的 DLE 字符，则可知其后为传输控制字符；若发现连续两个 DLE 字符，则知其后的 DLE 为数据，在进一步处理前将其中一个删去。

（二）监控报文

监控报文用于链路上传送命令或响应。一般由单个传输控制字符或由若干个其他字符引导的单个传输控制字符组成。引导字符统称为前缀，它包含识别符（序号）、地址信息、状态信息以及其他所需的信息。ACK 和 NAK 监控报文的作用：首先是作为对先前所发数据块是否正确接收的响应，因而包含识别符（序号）；其次，用作对选择监控信息的响应，以 ACK 表示所选站能接收数据块，而 NAK 表示不能接收。ENQ 用做轮询和选择监控报文，在多站结构中，轮询或选择的站地址在 ENQ 字符前。EOT 监控报文用以标志报文交换的结束，并在两站点间拆除逻辑链路。监控报文一览表见表 2-8。

表 2-8　　　　　　　　　　监控报文一览表

监控方向	种　类		监 控 序 列
正向监控序列	轮询		(EOT) 轮询地址 ENQ
	选择结果	站选择	(EOT) 选择地址 ENQ
		标志或状态询问	(前缀) ENQ
		非起始状态询问	(前缀) ENQ
		正常结束	(前缀) EOT
		异常结束	EOT
	切断线路		DLE EOT
	对信息报文应答的监控		(前缀) ENQ
	废弃	码组废弃	(前缀) ENQ
		站废弃	EOT
反向监控序列	肯定回答	对选择的应答	(前缀) ACK
		对信息报文的应答	(前缀) ACK
	否定回答	对轮询的应答	(前缀) EOT
		对选择的应答	(前缀) NAK
		对信息报文的应答	(前缀) NAK
	切断线路		DLE EOT
	中断	信息组中断	EOT
		站中断	DLE

正、反向监控报文有如下四种格式：

（1）肯定确认和选择响应：

SYN	SYN	ACK

（2）否定确认和选择响应：

SYN	SYN	NAK

（3）轮询/选择请求：

SYN	SYN	P/S前缀	地址站	ENQ

（4）拆链：

SYN	SYN	EOT

由于 BSC 协议与特定的字符编码集关系过于密切，故兼容性较差。为满足数据透明性而采用的字符填充法，实现起来也比较麻烦，且也依赖于所采用的字符编码集。此外，由于 BSC 协议是一个半双工协议，它的链路传输效率很低。不过，由于 BSC 协议需要的缓冲存储空间较小，因而在面向终端的网络系统中仍然被广泛使用。

二、面向比特的链路控制规程

这里以 ISO 的高级数据链路控制规程 HDLC 协议为例，来讨论面向比特的链路控制规程的一般原理和操作过程。作为面向比特的数据链路控制协议的典型，HDLC 具有如下特点：

（1）协议不依赖任何一种字符编码集；

（2）数据报文可透明传输，用于实现透明传输的"0 比特插入法"易于硬件实现；

（3）全双工通信，不必等待确认便可连续发送数据，有较高的数据链路传输效率；

（4）所有帧均采用 CRC 校验，对信息帧进行顺序编号，可防止漏收或重分，传输可靠性高；

（5）传输控制功能与处理功能分离，具有较大的灵活性。

由于以上特点，目前网络设计普遍使用 HDLC 协议作为数据链路控制协议。

（一）适用环境与操作方式

利用 HDLC 规程进行通信时，可以有三种类型的通信站，即主站、从站和组合站。所谓操作方式就是指某站点是以主站方式操作还是从站方式操作，或者是两者兼备。

（1）主站负责链路控制操作，包括对从站的控制、恢复链路差错等。主站发出的帧称为命令帧。

（2）受主站控制的站称为从站。从站仅完成主站所命令的工作，它所发出的帧称为响应帧。

（3）组合站是既有主站功能，又有从站功能的站，可发出命令帧或响应帧。

连有多个站点的链路通常使用轮询技术，轮询其他站的站称为主站，而在点到点链路中，每个站均可成为主站。主站需要比从站有更多的逻辑功能，所以当终端与主机相连的时候，主机一般总是主站。在一个站连接多条链路的情况下，该站对于一些链路而言可能是主站，而对另一些链路而言用可能是从站。这些兼备主站和从站功能的站称为组合站。用于组合站之间信息传输的协议是对称的，即在链路上主、从站具有同样的传输控制功能，这又称做平衡式操作［见图 2-41(b)］。相对的，那种操作时有主从站之分的，且各自功能不同的操作，称为非平衡式操作［见图 2-41(a)］。

HDLC 中常用的操作方式有三种。

（1）正常响应方式（Normal Response Mode，NRM）。这种数据操作方式用于非平衡式链路结构。只有主站才能发起向从站的数据传输，从站只有在主站向它发送命令进行探询时，才能发出响应帧。该操作方式适用于面向终端的点到点或一点到多点的链路。

（2）异步平衡方式（Asynchronous Balanced Mode，ABM）。这种数据操作方式用于平衡式链路结构。每个组合站都可以平等地发起对另一个站的数据传输，既可发出命令帧，也可发出响应帧。这是一种允许任何节点来启动传输的操作方式。

（3）异步响应方式（Asynchronous Response Mode，ARM）。这种数据操作方式用

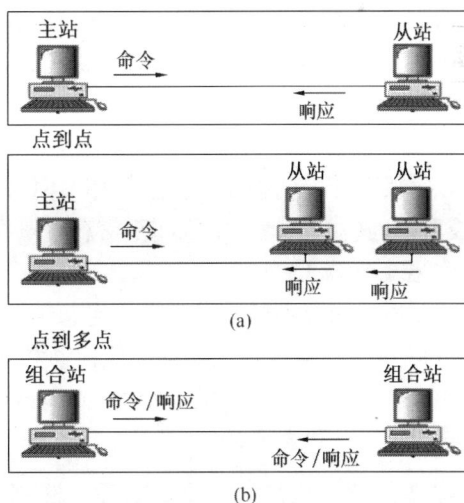

图 2-41　两种链路结构
(a) 非平衡式结构；(b) 平衡式结构

于非平衡式链路结构，但一般使用较少。它允许从站发起向主站的数据传输，但主站仍然负责初始化、链路的建立和释放、错误恢复等工作。

(二) HDLC 的帧结构

HDLC 采用的是同步传输,所有的传输均为帧的形式。所谓"帧"是通过通信线路被传输信息的基本单元。HDLC 的帧格式如图 2-42 所示。

标志	地址	控制	信息	帧校验序列	标志
F 01111110	A 8 位	C 8 位	I 长度可变	FCS 16 位	F 01111110

图 2-42 HDLC 的帧格式

1. 标志字段 F

标志字段是一个固定的 8bit 序列 01111110,表示一帧的开始和结束,同时也用于帧同步。凡是连接数据链的路数据站,都要不断地搜索这个序列,用作帧同步。

为了实现数据的透明传输,采用"0"bit 插入法以保证标志序列的唯一性。当发送端在发送数据时,凡是 5 个连续的"1"后面即自动插入一个"0";接收的时候再自动删除它以恢复原来的比特流。

2. 地址字段 A

地址字段的作用是完成寻址功能。地址字段一般为 8bit,必要时可进行扩展。未扩展时共有 $2^8 = 256$ 个地址,全"1"为广播地址,全"0"地址不分配给任何站,仅用作测试。当地址扩展时,前面的 8 位组首位为"0",只有最后一个 8 位组首位为"1",以表示地址字段的结束。

在使用非平衡链路结构时,该字段的内容是从站地址。如果某站发出的帧的地址字段存放目的地址,说明该站为主站,该帧是一个命令帧;如果地址字段存放本站地址,说明该站是从站,该帧是一个响应帧。在使用平衡链路结构时,该字段的内容是应答站的地址。

3. 信息字段 I

信息字段跟在控制字段之后,其内容包括所要传输的数据信息。该字段可填入任意长的数据信息。在实际情况下,一般信息字段的长度不超过 255 个字符。信息段可以是任意组合的比特序列,即透明传输。

4. 帧校验序列 FCS

该字段用于差错控制,校验采用 CRC 码,其生成多项式为 CCITT 的 $X^{16} + X^{12} + X^5 + 1$,校验范围包括从地址字段起至信息字段结束。

5. 控制字段 C

该字段是最复杂的字段,用于定义帧类型和参数的控制信息。根据最前面两个比特的取值,可将 HDLC 帧分成信息帧、监控帧和无编号帧三种类型,分别简称为 I(Information)帧、S(Supervisory)帧和 U(Unnumbered)帧。三种帧的控制字段格式及扩展的控制字段格式见表 2-9 和表 2-10。

表 2-9 控制字段格式

帧 类 别	位 序 号							
	1	2	3	4	5	6	7	8
信息帧 I	0	N (S)			P/F	N (R)		
监控帧 S	1	0	S	S	P/F	N (R)		
无编号帧 U	1	1	M	M	P/F	M	M	M

表 2-10　　　　　　　　　　　　　　扩展后的控制字段格式

帧类别	位 序 号															
	1	2	3	4	5	6	7	8	9	10	11	12	13	14	15	16
信息帧 I	0	$N(S)$							P/F	$N(R)$						
监控帧 S	1	0	S	S	0	0	0	0	P/F	$N(R)$						
无编号帧 U	1	1	M	M	0	M	M	M	P/F	0	0	0	0	0	0	0

（1）信息帧用于进行数据信息的传输。HDLC 采用滑动窗口协议，$N(S)$ 表示发送的帧序号，$N(R)$ 表示捎带给对方的确认信息，确认 $N(R)$ 以前各帧已正确接收，并期待接收 $N(R)$ 号帧。在未扩展时 $N(S)$ 和 $N(R)$ 都占了 3 位按模 8 编号，即帧序号为 0～7。

P/F 为探询/终止（Poll/Final）位，这一位在三种类型的帧中都要用到。在正常响应方式 NRM 下，主站轮询各个次站时将 P 位置"1"。若次站有数据发送，则在最后一个数据帧中将 F 位置"1"，其他各帧 F 都置"0"。若次站无数据发送，则在响应帧中将 F 置"1"。在异步响应方式 ARM 和异步平衡方式 ABM 中，任何一个站都可以在主动发送的 S 帧中和 I 帧中将 P 位置"1"，对方站在收到 P＝"1"的帧后应尽早回答本站的状态，并将 F 比特置"1"。此时并不表示数据已发完或不再发送数据了。

（2）监控帧主要用于差错控制、流量控制以及链路管理。根据第 3、4 位的取值，监控帧有四种类型，其名称和功能见表 2-11。

表 2-11　　　　　　　　　　　　四种监控帧的名称和功能

SS	帧　名	功　能
00	RR(Receive Ready) 接收准备就绪	准备接收下一帧 确认序号为 $N(R)-1$ 及以前各帧
01	RNR(Receive Not Ready) 接收未就绪	暂停接收下一帧 确认序号为 $N(R)-1$ 及以前各帧
10	REJ(Reject) 拒绝	从 $N(R)$ 起的所有帧都被否认 确认序号为 $N(R)-1$ 及以前各帧
11	SREJ(Selective Reject) 选择拒绝	只否认序号为 $N(R)$ 的帧 确认序号为 $N(R)-1$ 及以前各帧

（3）无编号帧主要提供对链路的建立、拆除及多种控制功能。其本身不带编号，即无 $N(S)$ 和 $N(R)$ 字段，而是用控制字段的第 3、4、6、7、8 位共 5 个修饰比特来表示不同功能的无编号帧。虽然有 32 个不同组合，但有许多是未定义的。表 2-12 给出了常用的无编号帧。

表 2-12　　　　　　　　　　　常 用 无 编 号 帧

帧　名		M　位				
命令类	响应类	3	4	6	7	8
SNRM 置正常响应方式		0	0	0	0	1
SARM 置异步响应方式	DM 拆除连接响应	0	1	0	0	0
SABM 置异步平衡方式		1	1	1	0	0
DISC 拆除链路	RD 请求断连	0	0	0	1	0
SIM 置初始方式	RIM 请求初始化	1	0	0	0	0
	FRMR 帧拒绝	1	0	0	0	1
	UA 无编号确认	0	0	1	1	0
UI 无编号信息	UI 无编号信息	0	0	0	0	0

（三）HDLC 规程操作示例

按照 HDLC 链路控制规程，实现数据传输需三个阶段：建立链路、数据传输、释放链路。图 2-43 给出了有一个主站和一个从站以及两个站皆为组合站的点－点链路中数据传输的示例。

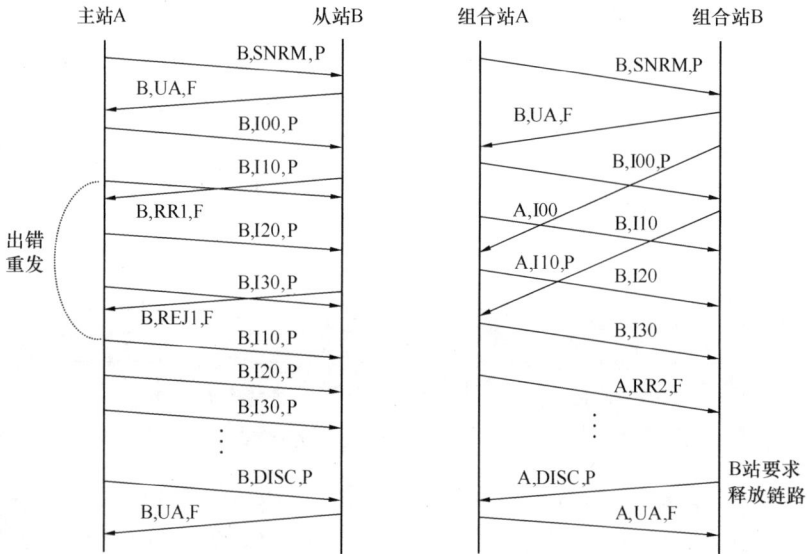

图 2-43　HDLC 规程操作示例

其中，以"地址，帧名和序号，P/F"的顺序表示一帧，P/F 在 P 或 F 位为 1 时才写上 P 或 F。如 A 站发出的"B，RR0，P"表示 A 站向 B 站发出的是 RR 监控帧，N(R) 为 0，P 为 1，"B，I31"表示发出的是信息帧，N(S) 为 3，N(R) 为 1。

2.7　信 息 交 换 技 术

2.7.1　交换的概念

前面介绍的通信系统，都是点到点的通信，只要在通信双方之间建立一个连接即可。而更多的情况下，通信是多对象、多用户的，即是点到多点或多点到多点的通信。要实现这样的通信，最直接的方法就是让所有通信用户两两相连，如图 2-44（a）所示。这样的连接方式称为全互连接式。全互连接方式存在以下缺点：

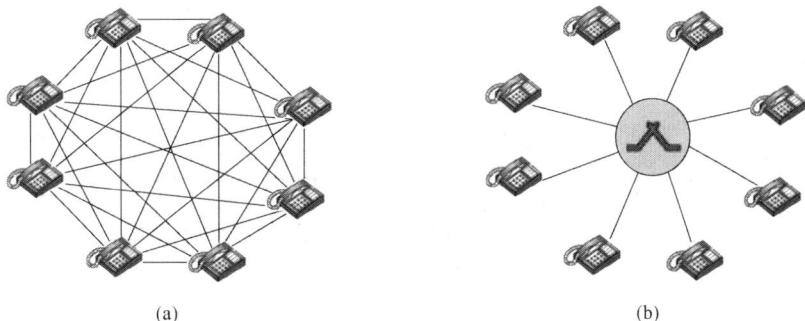

(a)　　　　　　　　　　　(b)

图 2-44　通信用户连接方式
(a) 通信用户的全互连接；(b) 通信用户通过交换机连接

（1）当存在 N 个终端时需要 $N（N-1）/2$ 条连线，连线数量随终端数的平方而增加；

（2）当这些终端分别位于相距很远的地方时，相互间的连接需要大量的长途线路；

（3）每个终端都有 $N-1$ 根连线与其他终端相接，因而每个终端都需要 $N-1$ 个线路接口；

（4）增加第 $N+1$ 个终端时，必须增设 N 条线路。

在实际应用中，全互连接方式仅仅适合于终端数目较少、地理位置相对集中且可靠性要求很高的场合。显然，全互连接存在着极大的浪费，为此有必要引入交换的概念。

当终端用户较多，分布范围较广时，最好的互连接方式是在用户分布密集中心处安装一个交换设备，把每个用户终端设备（如电话机）分别用专用的线路（电话线）连接到这个设备上，如图 2-44（b）所示。当任意两个用户之间要进行通信时，交换设备只需将连接这两个用户的开关触点合上，两个用户就可以通信了。当两个用户通信结束时，再把相应的开关触点断开即可。这样，N 个用户只需要 N 对连线就可以了，降低了投资费用。

简单地说，能够将多个输入和多个输出随意（一般是两两连通或切断）连通或切断的设备就叫交换机。

交换设备与连接在其上的用户终端设备以及它们之间的传输线路便构成了最简单的通信网，而由多部交换设备便可以构成实际的大型通信网络，如图 2-45 所示。处于通信网中的

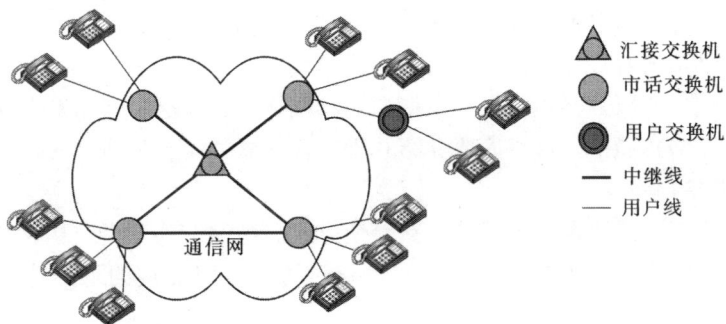

图 2-45　由多台交换机组成的大型通信网络

任何一部交换设备都可称作一个交换节点。

图 2-45 中，直接与电话机或终端连接的交换机称为本地交换机或市话交换机，相应的交换局称为端局（或市话局）；仅与各交换机连接的交换机称为汇接交换机。当距离很远时，汇接交换机又称为长途交换机。用户终端与交换机之间的线路称为用户线，其接口称为用户网络接口（UNI），交换机之间的线路称为中继线，其接口称为网络接口（NNI）。

图 2-45 中的用户交换机（PBX）常用于一个企业或单位的内部。PBX 与市话交换机之间的中继线数目常常远比 PBX 所连接的用户线数目少，因此当单位中的电话主要用于内部通信时，采用 PBX 要比将所有话机都接至市话交换机更经济。当 PBX 具有自动交换能力时，又称为 PABX。

综上所述，所谓交换就是指各通信终端之间（如计算机之间，电话机之间，计算机与电话机之间等），为交换信息所采用的一种利用交换设备（交换机或节点机）进行连接的工作方式。

具有交换功能的网络称为交换网络，交换中心称为交换节点。通常，交换节点泛指网内的各类交换机。

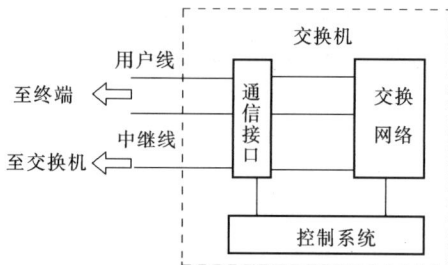

图 2-46 交换机的组成

一台交换机通常由三个部分组成：交换网络、通信接口、控制系统，如图 2-46 所示。

（1）通信接口分为用户接口和中继接口两种。其作用是将来自不同的终端（如电话机、计算机等）或其他交换机的各种传输信号转换成统一的交换机内部工作信号，并按信号的性质分别将信令（信令是通信网中各交换局在完成各种呼叫连接时所采用的一种通信语言）传送给控制系统，将消息传送给交换网络。通信接口技术主要由硬件实现，部分功能也可由软件或固件实现。

（2）交换网络：其作用是实现各入、出线上信号的传递或接续。

（3）控制系统：负责处理信令，并按信令的要求控制交换网络完成接续，通过接口发送必要的信令，协调整机工作以及管理整个通信网。

由图可见，交换网络、通信接口都与控制系统有关。不同类型的交换网络有不同的控制技术，这也与通信协议密切相关。

交换技术是从人工交换开始至今，历经了四个发展阶段：人工交换阶段、机电式自动交换阶段、电子式自动交换阶段和信息包交换发展阶段。经过不断的努力和发展，现在的交换技术已从单一方式发展为多种形式，如电路交换、报文交换、分组交换、ATM 交换等。而这些交换技术大都是随着计算机网络的发展应运而生，从前面的介绍中我们已经知道交换在通信中的重要地位，所以，要想很好地掌握通信和网络知识，必须了解和掌握交换技术。针对数据（计算机网络）通信，这里简要介绍几种交换方式的工作原理。

2.7.2 电路交换

目前公用电话网上广泛采用的就是电路交换方式。电路交换早期是由接线员人工完成交换的，而后经历了由步进、纵横到程控的自动化过程。电路交换的重要特性是在数据传送前，在信息（数据）的发送端和接收端之间，直接建立一条临时通路，供通信双方专用，其他用户不能再占用，直到双方通信完毕才能拆除。电路交换的优点是传输可靠、实时、有序，缺点是建立拆除时间的存在，对传输量不大的间歇性通信而言，效率不高。电路交换分为如下三个阶段。

（1）建立电路：首先在要通信的双方之间，各节点通过电路交换设备，建立一条仅供通信双方使用的临时专用物理通路。

（2）数据传输：通信双方进行数据或信号传输。

（3）电路拆除：在完成数据传输后，须拆除这个临时通道，以释放由该电路占用的节点和信道资源。

图 2-47 所示的电路交换过程示意图中，图 2-47（a）中，节点 B、D、E 为 A、F 两点提供一条直接通路。图 2-47（b）给出了电路交换的电路建立和数据传输过程时序图。电路交换有采用模拟式交换机的空分线路交换和采用数字式交换机的时分线路交换两种方式。

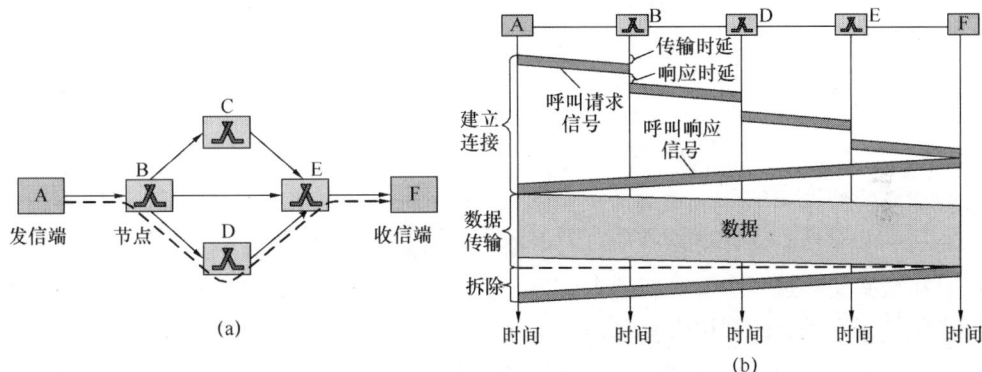

图 2-47　电路交换过程示意图
(a) 电路交换节点示意图；(b) 电路交换时序示意图

电路交换技术的主要特点如下：

（1）传输延迟小；

（2）实时交换，通信质量有保障；

（3）网络忙时建立线路所需时间较长，需 10～20s 或更长时间；

（4）数据传输中真正使用线路的时间不过 1%～10%，系统消耗高，利用率低；

（5）电路交换不具备差错控制的能力，也不具有数据存储能力，因此，很难满足计算机通信系统要求的指标；

（6）当节点使用电路交换技术时，可构成公用电话网（PSTN）、数字数据网（DDN）、移动通信网等。

由此可见，电路交换技术适用于实时性要求强的场合，尤其适用会话式通信、语言、图像等交互式通信，不适合传输突发性、间断型数据与信号的计算机通信。

2.7.3　报文交换

报文交换是指以报文为单位进行存储与转发的交换方式。在报文交换中，每个报文由传输的数据和报头组成，报头中包含源地址和目标地点。这样的报文送上网络后，节点根据报头中的目标地点为报文进行路径选择。即每个节点都先将报文存储在该节点处，然后按目标地点，按网络的具体传输情况（忙、闲），寻找合适的通路将报文转发到下一个节点。经过这样的多次存储/转发，最终到达信宿，完成一次数据传输。

例如，如图 2-48 所示，从 A 到 F 有三条链路 A-B-C-E-F、A-B-E-F 和 A-B-D-E-F 可走，具体走哪一条由网络当时的情况决定，图中给出了沿 A-B-C-E-F 链路的报文交换过程示意图及时序图。

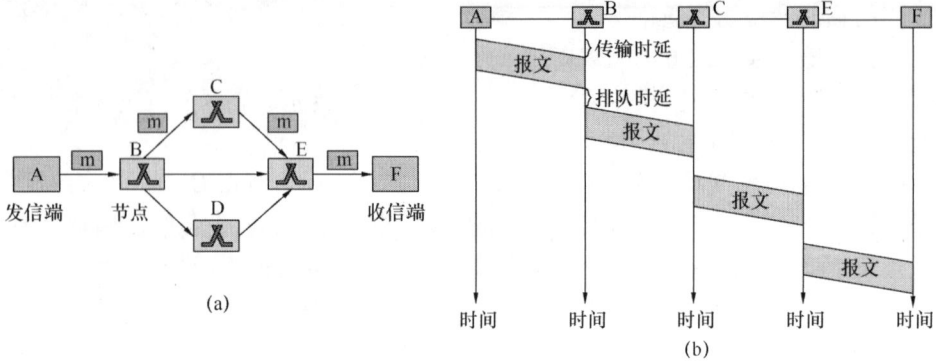

图 2-48　报文交换过程示意图
(a) 报文交换节点示意图；(b) 报文交换时序示意图

报文交换的特点如下：

(1) 与电路交换相比，报文交换没有电路接续所需的延时；

(2) 在报文交换过程中不需要独占信道，多个用户的报文可以在一条线路上以报文为单位进行多路复用，线路的利用率极高；

(3) 用户不需要叫通对方就可以发送报文，无呼损；

(4) 要求节点具有足够的报文数据存储能力；

(5) 数据传输的可靠性高，每个节点在存储/转发中，都进行差错控制。

报文交换的缺点是：由于采用了对完整的报文的存储转发，且对报文长度没有限制，当报文很长时就会长时间占用某两个节点之间的链路，节点存储/转发的时延较大，不利于实时交互式通信。如常见的电话通信就不适合。

2.7.4　分组交换

分组交换即所谓的包交换，是针对报文交换的缺点而提出的一种改进的交换方式。分组交换类似于报文交换，其差别在于：分组交换是数据量有限的报文交换。在报文交换中，一个数据包的大小没有限制。而在分组交换中，要限制一个数据包的大小，即要把一个大数据包分成若干个小数据包（俗称打包），每个小数据包的长度是固定的。然后再按报文交换的方式进行数据交换。为区分这两种交换方式，把小数据包（即分组交换中的数据传输单位）称为分组（Packet）。

数据分组在网络中有两种传输方式：数据报（Datagram，DG）和虚电路（Virtual Circuit，VC）。

一、数据报方式

类似于报文交换，每个分组在网络中的传输路径与时间完全由网络的当时的状况随机确定。由于每个分组自身携带足够的地址信息。因此，它们都可以到达目的地。但是到达目的地的顺序可能和发送的顺序不一致，先发的可能后到（有些早发的分组可能在中间的某段拥挤的线路上耽搁了，比后发的分组到的还迟。），而后发的却可能先到。这就要求信宿有对分组重新排序的能力，具有这种功能的设备叫分组拆装设备（Packet Assembly and Disassembly Device，PAD），通信双方各有一个。

在数据报方式中，每个分组将单独处理。例如，图 2-49（a）中，假设 A 站将报文分成三个分组（1、2、3）的消息再送到 C 站，它先将 1、2、3 号分组一连串地按顺序发给 1 号节点，1 号节点必须为每个分组选择路由。收到 1 号分组后，1 号节点发现到 2 号节点的分组队列短于 3 号节点的分组队列，便将 1 号分组发送到 2 号节点，即排入到 2 号节点的队列。而对 2 号分组来说，1 号节点发现此时到 3 号节点的队列最短，因此将 2 号分组发送到 3 号节点，即排入到 3 号节点的队列。同样原因，3 号分组也排入到 3 号节点。在以后通往 C 站路径的各节点上，都做类似的处理。这种选择主要取决于各个节点在处理每一个分组时各链路负荷情况以及路径选择的原则和策略。这样，每个分组虽然有同样的目的地址，但并不走同一条路径，2、3 号分组完全可能先于 1 号分组到达 6 号节点。因此，这些分组有可能以一种不同于它们发送时的顺序到达 C 站，C 站的 PAD 就会根据各分组上的信息将顺序调整过来。图 2-49（b）所示为数据报方式的时序图。

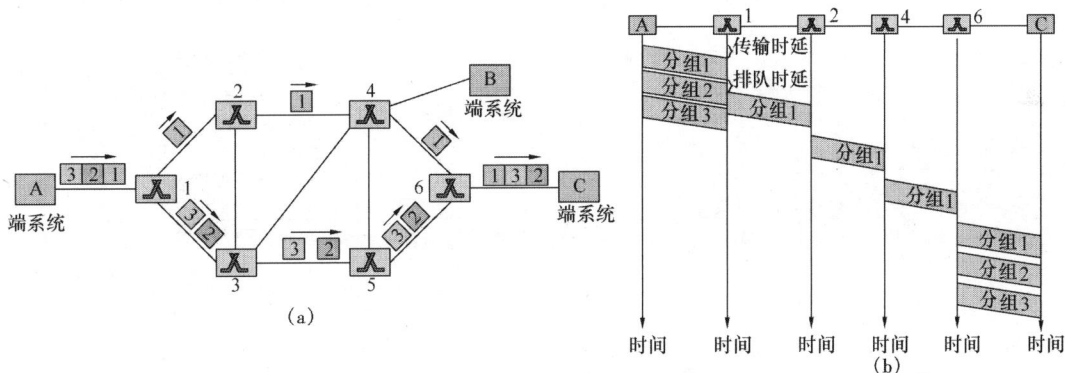

图 2-49　数据报交换过程示意图
(a) 数据报交换原理示意图；(b) 数据报交换时序图

数据报分组头装有目的地址的完整信息，以便分组交换机进行路由选择。用户通信不需要经历呼叫建立和呼叫清除的阶段，对短报文消息传输效率较高。

二、虚电路方式

类似于电路交换，在发送分组前，需要在通信双方建立一条逻辑通路。之后报文的所有分组都将沿着这条逻辑通路以存储/转发式传输，并且每个分组都包含有这个逻辑通路（虚拟电路）的标识符。它与数据报方式不同的是：逻辑通道建成后，各节点不需要为分组选择路径，各分组将沿同一虚路径在网中传送，到达顺序和发送的顺序完全一样。

虚电路方式的特点是：所有分组都必须沿着事先建立的虚电路传输，存在一个虚呼叫（为建立虚电路的呼叫过程）建立阶段和拆除阶段。与电路交换不同的是，虚电路不存在电路交换中那样的专用线路，只是选定了特定的路径进行传输，而此路经是公用的传输路径。需要强调的一点是，虚电路的标识符只是一条逻辑信道的编号，而不是指一条物理线路本身。一条同样的物理线路可能被定为许多逻辑信道编号。这一点正体现了信道资源共享的特性。

虚电路实时性较好，适合于交互式通信；数据报则适合于单向传送信息。虚电路方式的不足之处在于虚电路如果发生意外中断时，需要重新呼叫建立新的连接。数据采用固定的短分组，不但可减小各交换节点的存储缓冲区大小，同时也使数据传输的时延减少。此外，分组交换也意味着按分组纠错，当接收端发现错误时，只需让发送端重发出错的分组，而不需将所有数据重发，这样就提高了通信的效率。

例如，在图 2-50（a）中，假设 A 站要将多个分组送到 B 站，它首先发送一个"呼叫请求"分组到 1 号节点，要求到 B 的连接。1 号节点决定将该分组发到 2 号节点，2 号节点又决定将之发送到 4 号节点，最终将"呼叫请求"分组发送到 B。如果 B 准备接收这个连接的话，它发送一个"呼叫接收"分组，通过 4 号、2 号、1 号节点到达 A，此时，A 站和 B 站之间可以经由这条已建立的逻辑连接即虚电路（图中 VC1）来传输分组、交换数据。此后的每个分组都包括一个虚电路标识符，预先建立的这条路由上的每个节点依据虚电路标识符就可知道将分组发往何处。在分组交换机中，设置相应的路由对照表，指明分组传输的路径，并不像电路（时隙）交换中那样要确定具体电路或具体时隙。

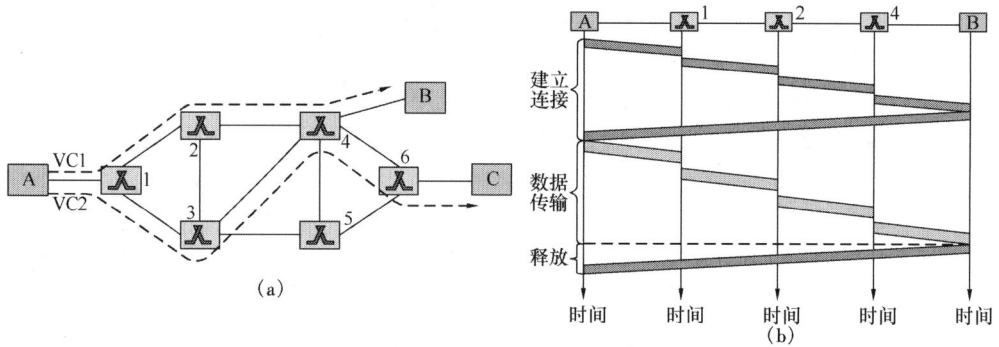

图 2-50　虚电路交换过程示意图
(a) 虚电路原理示意图；(b) 虚电路交换时序图

虚电路方式的一次通信具有呼叫建立、数据传输和呼叫释放三个阶段，图 2-50（b）是一个分组经过 3 个节点（虚电路 VC1）的时序图。

三、分组交换主要特点

（1）传输质量高，误码率低；
（2）能自动选择最佳路径，节点利用率高；
（3）共享信道，资源利用率高，可在不同速率的通信终端之间传输数据；
（4）一般用于数据交换，也可用于分组话音业务；
（5）传输信息有一定的时延；
（6）技术实现复杂；
（7）对于长报文通信的传输效率较低。

分组交换是线路交换和报文交换相结合的一种交换方式，它综合了线路交换和报文交换的优点，并使其缺点最少。目前广泛采用的 X.25 协议就是由 CCITT 制定的分组交换协议。分组交换技术是最适于数据通信的交换技术。现有的公用数据网均采用分组交换技术，广域网大都也采用分组交换方式。同时，提供数据报和虚电路两种服务由用户选择，并按交换的分组数收费。

2.7.5 异步转移模式

一、ATM 的概念

随着网络应用技术的迅速发展，大量的数据、声音、图像等多媒体数据需要在网上传输。因此，对网络的带宽和传输的实时性要求也越来越高，传统的电路交换和存储转发交换方式已不能满足要求。一种新的技术，即异步传输模式（Asynchronous Transfer mode, ATM）应运而生。ATM 技术是以分组交换传送模式为基础，并融合了电路交换传送模式高速化的优点发展而成的。ATM 技术克服了电路交换模式不能适应任意速率业务，难以导入未来新业务的缺点；简化了分组交换模式中的协议，并用硬件对简化的协议进行处理和实现；交换节点不再对信息进行差错控制，从而极大地提高了网络的通信信息的处理能力。

二、ATM 的特性

（一）固定长度信元

ATM 网络中的基本数据单元称为信元（Cell）。信元具有固定的长度，一个信元单位的长度是 53 个字节，其中信头（Header）5 个字节，剩下的 48 字节是信息段（Information Field），又称为净载荷或有效载荷（Payload）。信头中包含各种控制信息，主要是表示信元去向的逻辑地址、其他一些维护信息、优先级别以及信头的纠错码。信息段中包含来自各种不同业务的用户信息。在传输中 ATM 将信息透明的在网络中进行传输，不论是什么业务的信息均可简单地分割成统一格式的信元，也就是说信元本身的格式与业务类型无关。

ATM 信元有两种格式（如图 2-51 所示），一种是用于用户-网络接口的 UNI 格式（User Network Interface），另一种是用于交换节点间的 NNI 格式（Network Network Interface），它们的区别在于信头的内容不太一样。

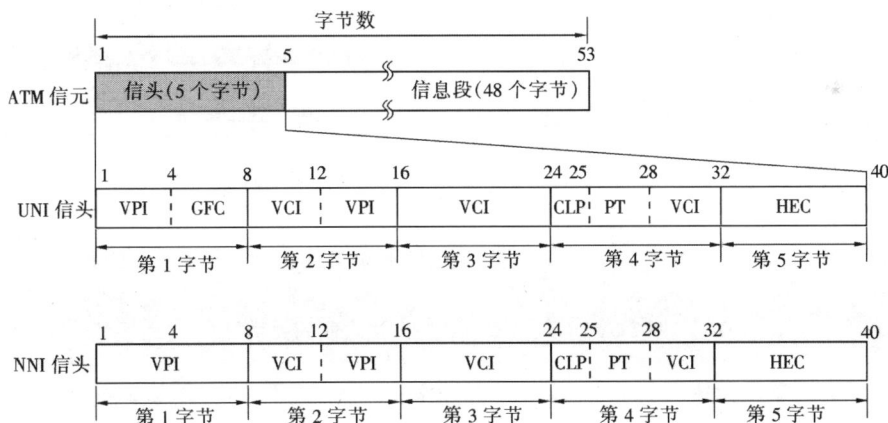

图 2-51 ATM 信元的格式

信元各字段内容含义如下：

GFC（Generic Flow Control）：一般流量控制，4bit，在 NNI 中没有 GFC。

VPI（Virtual Path Identifier）：虚通路标识符，在 UNI 中为 8bit，在 NNI 中为 12bit。

VCI（Virtual Channel Identifier）：虚信道标识符，16bit。

PT（Payload Type）：净荷类型，3bit，它指出信头后面 48 字节信息域的信息类型。

CLP（Cell Loss Priority）：信元丢弃优先级，当传送网络发生拥塞时，首先丢弃 CLP＝1 的信元。

HEC（Header Error Control）：信头差错控制码，HEC 是一个多项式码，用来检验信头的错误。

（二）并行导向

传统的网络是采取串行导向的传输方式，每次传输时，仅有一个数据包在线路上传递，因此，当大量节点加入时，若同时传输数据时，会造成网络整体速度下降。而 ATM 采用并行传输方式，使网络的整体速度不会随大量节点同时传输而受影响。

（三）虚通道连接

ATM 的主要特点之一，就是携带用户信息的全部信元的传输、复用和交换过程，均是在虚信道上进行的。ATM 的连接为逻辑连接，即虚电路方式。在 ATM 虚电路中包含两种连接方式：虚信道连接（VCC）和虚通路连接（VPC）。

在一个物理信道中，可以包含一定数量的虚通路（Virtual Path，VP），其数量由信头中的 VPI（Virtual Path Identifier）值决定。而在一条虚通路中可以包含一定数量的虚信道（Virtual Channel，VC），虚信道数量由信头中的 VCI（Virtual Channel Identifier）值决定。

可见，一条物理信道（传输介质）能够分为多条虚通路，而一条虚通路又可分为多条虚信道。虚信道连接的作用是为 ATM 信元传输建立一条虚电路。ATM 虚信道是具有相同 VCI 标识的一组 ATM 信元的逻辑集合。

换言之，ATM 复用线上具有相同 VCI 的信元在同一逻辑信道（虚电路）上传递，一条 VC 可以被它的 VCI 和 VPI 的组合唯一确定。相应地，虚通路连接是为 ATM 虚信道（VC）建立的逻辑连接，虚通路 VP 是一束具有相同端点的 VC 链路。VP 是用虚通路标记 VPI 来标识。图 2-52 所示为 VP、VC 和物理链路之间的关系示意图。

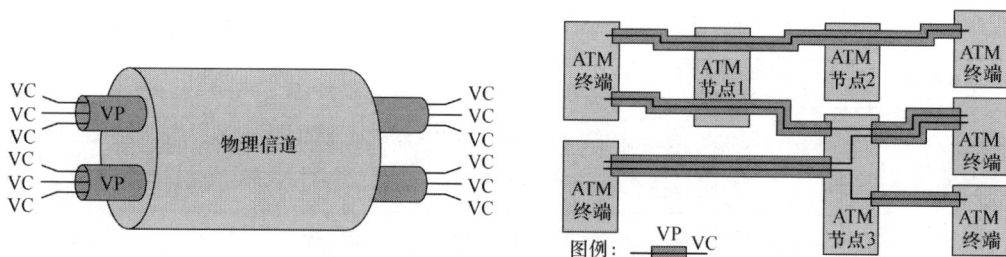

图 2-52　VP、VC 和物理链路之间的关系

ATM 本质仍然是分组交换，数据仍然采用类似"存储/转发"的方式传输，只不过它是一种"快速"分组交换技术。

（四）异步时分复用

ATM 采用异步时分复用（也叫统计复用）方式来进行数据的传输与交换。它根据各种业务之间的统计特性，在保证质量的前提下，在各个业务之间动态分配网络带宽，使得各种业务按其实际信息量来占用网络带宽，实现了网络资源的最佳利用。

三、ATM 协议结构

图 2-53 所示为 ATM 协议的参考模型，ATM 协议模型按功能又可分成三层：物理层（Physical Layer，PL）、ATM 层（ATM Layer）、ATM 适配层（ATM Adaptation Layer，AAL）。

（1）物理层

物理层是指 ATM 通信量与物理媒体之间的接口层。物理层中又划分成两个子层：物理媒介相关子层（Physical Medium Dependent sublayer，PMD）和传输会聚子层（Transmission Convergence sublayer，TC）。物理媒介

ATM 适配层 （AAL）	AAL1	会聚子层	共同部分会聚子层
	AAL2		业务专用会聚子层
	AAL3/4		
	AAL5	分段与重装子层（SAR）	
ATM 层		信息流控制	
		Cell 信头生成	
		Cell 复用/分路	
物理层 （PL）		传输会聚子层 TC	
		物理媒介子层 PMD	

图 2-53 ATM 协议参考模型

子层定义了 ATM 的通信量能够传过给定的物理媒体的实际速度，而传输会聚子层定义了信元包在数据流内设定的格式，以适应具体的传输设施。

（2）ATM 层

ATM 层是用来控制大多数过程处理和路由选择活动的。ATM 层的主要功能包括构造 ATM 信头；实现信元包多路复用和实现信元包的多路分路；信元包的接收与信头的确认；采用虚拟路径与虚通道识别信元包的路由选择；具有网络管理功能 OAM。

（3）ATM 自适应层

ATM 自适应层简称 AAL，介于 ATM 层和高层之间，它是为了使 ATM 层能适应不同类型业务的需要而设置的。AAL 不仅支持用户面的高层功能，也支持控制面和管理面的高层功能。AAL 是四个标准协议的集合。其作用是将来自协议栈高层的用户通信量转换成可以纳入 ATM 信元包有效载荷的定长字节与格式，并在信宿地址把它再转换成原来的形式。ATM自适应层被分成四个层次，每个层次中都包括有一组会聚子层和分段与重装子层。

在 ATM 自适应层中，各层的功能都是在 ATM 端站上实现的，每层都适用于某一特写类别的通信量，并具有与延迟和信元包丢失相关的特性。

ATM 在传输中，通过 ATM 自适应层（转换入网数据流的关口），接收各种用户发来的包括由局域网、远程网汇集的数据或数字化音频/视频信息，这些数据与信息分别与 AAL3/4、AAL5 和 AAL1/AAL2 对应。通过 SAR 子层，把长短不一的分组中的有效载荷按 48 字节定长分割并重组。

为了确保数据的完整性和传输的准确性，确保分段与重组后加上寻址信息的数据流的有序排序，有效监测某些性能数据，ATM 层首先将 AAL 层传送来的定长为 48 字节的有效载荷加上 5 个字节的信头，该信头中包括把有效载荷准确地送到信宿地址的路由与控制信息和信头差错控制码（HEC）。其次，ATM 层把加上信头的数据包复用进入虚通道，并把监测信息传输给执行分析与校正功能的控制/传送装置。

ATM 信元包在 ATM 层形成后被传入物理层中的会聚子层，为此组成一个完整的信元包，先在由 ATM 送来的信元包上插入由传输会聚子层（TC）生成的信头差错控制字段（HEC），然后再由传输会聚子层传出定长的信元包，此时信元包被映射到或被排列成与物理传输相容的数据序列。最后物理媒体相关子层把送来的信元包缓存起来，并使它与指定的传输速率相匹配，最终信元包被转换成适于传输的电或光信号。

2.7.6　交换技术的比较

表 2-13 给出了各种交换技术的技术特性。

表 2-13　　　　　　　　　　　各种交换技术的比较

特性　　　　技术	电路交换	分组交换	ATM
统计复用	无	是	是
吞吐量	低	低	高
时延	小	较大	小
时延可变	不变	是	支持可变与不变
服务类型	面向连接	面向连接	面向连接/无连接
用户接入速率	固定	2400bit/s～64kbit/s	N×64kbit/s～622Mbit/s
信息单元定长	不固定	不固定	固定
信息单元长度		缺省 128 字节	53 字节
开销	高	较低	较高
提供的业务	数据	数据	语音、数据动态图像、多媒体视频
应用	信息量大的场合	计算机、终端联网、电子信箱、EDI 等	综合的语音、高速数据、多媒体视频
传输介质	模拟/数字电路	模拟/数字电路	光缆

2.8　通　信　网

通信网是指多用户通信系统在一定的范围相互连接构成的通信系统。通信网以通信设备和交换设备为点，以传输设备为线，并按一定的顺序点线相连构成有机组合的系统。完成多个用户对多个用户的通信。

2.8.1　通信网组成

构成通信网的基本要素是终端设备、传输链路和转接交换设备。其中，终端设备是通信网中的源点和终点，其主要功能是把输入信息变换为适宜于在信道中传输的信号，并参与控制通信工作。对应不同的通信业务有不同的终端，如电话业务的终端设备是话机终端，传真业务的终端是传真终端，数据业务的终端是数据终端，此外还有图像通信终端、移动通信终端和多媒体终端等等。

传输链路是网络节点的连接媒介，是信息和信号的传输通路。它由传输介质和各种通信装置组成。传输链路具有波形变化、调制解调、多路复用、发信和收信等功能。传输介质分为有线或无线传输线路，如明线、电缆、载波传输线路、PCM 传输系统、数字微波传输系统、光纤传输系统和卫星传输系统等等。

转接交换设备是通信网的核心。其主要功能有交换、控制、管理机执行等。对于不同业务的网路的转接交换设备的性能要求是不同的。

2.8.2　通信网分类

通信网有不同的分类方法，常见的有以下几种：

（1）按照运营方式分，有公用网和专用网。

（2）按照网络服务范围分，有市内网、长途网和国际网等。

（3）按照业务范围分，有电话通信网、数据通信网和广播电视网等。

专用网的分类就更多了，各个部门行业，按其自身信息技术的需求而建设的网，如气象网、邮政综合计算机网，各银行组建的金融网，大型工矿企业控制网、监控网，电力系统通信网等。不管以上网络如何组成，都是基于以上几种通信系统的实际应用。例如，气象网主要由卫星通信系统、光纤通信系统等组成的，这里介绍几种常见的通信网。

一、电话网

电话网是传统的网，是人们比较熟悉的网络，主要是为话音业务的传送、转接而设置的网络。

电话网在世界上主要以采用 SDH 系统干线传输和中继传输为主，以数字程控交换机（交换局）为话音信号的转接点而设置等级结构。等级结构的设置与很多因素有关，如数字传输技术、服务质量、经济性与可行性等方面的考虑。我国的电话网可分为长途电话网、本地网、市话网和接入网。

二、数据网

数据网定义为：用于传输数据业务的通信网，它是以数据交换机（分组交换、帧中继交换、ATM 交换、高级路由器、IP 交换机等）为转接点而组成世界、国家及地区性的网络。它是以计算机硬件、软件技术为基础与现代传输技术综合应用的产物。

数据通信网发展很快，且正逐步过渡到各种综合数据业务、宽带数据业务的通信网络。它以数据交换节点机为基础，可分为分组交换网、ATM 网、互联网（Internet）、IP 网、局域网、城域网、广域网等。

三、接入网

一般将接入网描述为：用户与交换节点之间的传输系统（包括终端设备、传输设备及传输线）就构成其接入网。接入网可采用多种多样的信号传输方式、传输技术，后面我们将要讲述的光纤、微波、卫星、移动等通信系统等都是接入网的主要方式。这些通信系统以及用以架设的用户金属电缆等就组成了庞大的、结构复杂的接入网。

四、综合业务数字网（ISDN）

1. ISDN 基本概念

1980 年，CCITT 给 ISDN 的定义解释为：它是在综合数字电话网 IDN 的基础上，提供端对端的数字连接，用来支持话音、非话音在内的综合数字业务，并通过标准化多用途用户接入的网络，称为综合业务数字网（ISDN）。它可分为窄带 N-ISDN 和宽带 B-ISDN 两类。

2. N-ISDN 网

此类网络称为窄带综合业务数字网，它的用户传输速率小于 2Mbit/s，是以现有的数字程控交换、分组交换为平台而构成的全数字化的通信网。它实现了用户终端全数字化的综合业务的接入，为用户提供端口速率，以标准 B、D、H 信道速率为基础。其接口速率为

B 信道：64kbit/s

D 信道：16kbit/s

H 信道：384kbit/s（6×64kbit/s）

H11 信道：1536kbit/s（23B+D）

H12 信道：1920kbit/s（30B+D）

基本接口速率：144kbit/s（2B＋D）

基群接口速率：2048kbit/s、1544kbit/s

3. B-ISDN 网

B-ISDN 网为宽带综合业务数字网，它的用户传输速率一般大于 2Mbit/s，所谓宽带综合业务是指高比特率的、宽频带的视频信号业务，如可视电话、会议电视、监控图像、有线电视、高清晰度电视业务以及高速数据业务等。

B-ISDN 是基于宽带 ATM 交换为基础构建的现代信息网络。现在大、中城市都已建立了 ATM 网，它实现端到端多媒体数字业务的传输与交换。其特点主要表现为：网络本身与业务无关，它可为不同业务分配不同的带宽，并可实现与其他网络互联互通。

五、智能网

在当今电信业日益激烈的竞争环境下，满足用户灵活而多变的业务需求，已经成为电信网络运营者所面临的挑战。为此，人们提出了一个集中控制和管理的方法：业务的控制由一个集中的节点——业务控制点来完成，业务生成和业务管理也由集中的节点来完成，并在业务控制点的指挥下最终完成各种复杂的业务，这就是智能网。

2.8.3　通信网的支撑系统

通信网必须有一个信令系统，用于指导终端、交换系统及传输系统协同地运行。在指定的终端信源和信宿之间建立起临时的通信信道，并维护网络本身正常运行。例如：要完成一次通信，必须首先与对方取得联系，如在电话网中，摘机信号表示要求通信，拨号信号说明要求通信的对方是谁，挂机信号表示通信结束等。要完成一次通信接续所需要的各种信号（如上面所述）就构成了通信网的信令系统，又称为信令网。

在一般的信令系统中，信令分为用户线信令和局间信令。用户线信令主要是指交换机与用户之间在用户线上传送的信令；局间信令主要是指交换机与交换机之间在中继线上传送的信令。在电话网中的信令系统如图 2-54 所示。

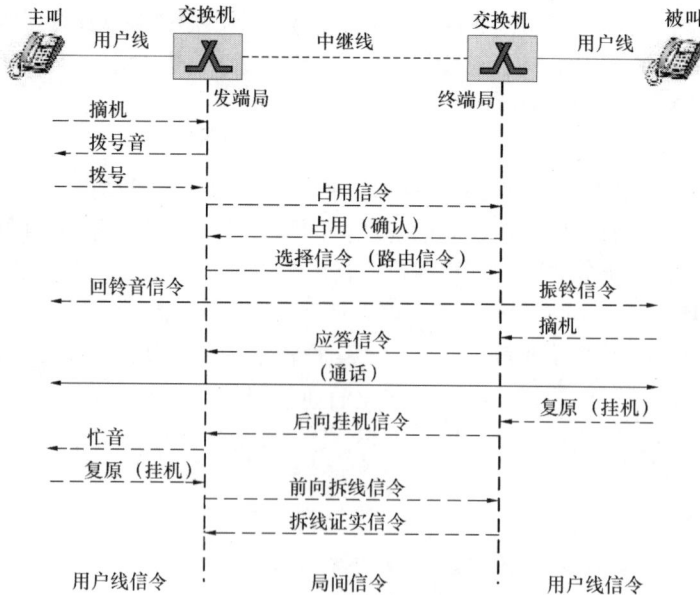

图 2-54　电话网络信令系统

上面讲到的局间信令系统按原 CCITT 建议分为两种：一种是随路信令方式，如 PCM30/32 路基群帧结构中的 TS16 时隙为固定的随路信令通道；另外一种是公共信令系统，又称为 NO.7 信令系统，它是一种国际性的、标准化的公共信道信令系统，它是 1988 年 ITU-T 正式提出的 NO.7 信令系统，它尤其适用于数字通信网络。

2.8.4 通信网拓扑结构

1. 星形网

星形网拓扑结构如图 2-55（a）所示，每一个终端均通过单一的传输链路与中心交换接点相连。星形网具有结构简单、建网容易且易于管理的特点，缺点是线路利用率低、安全性差。

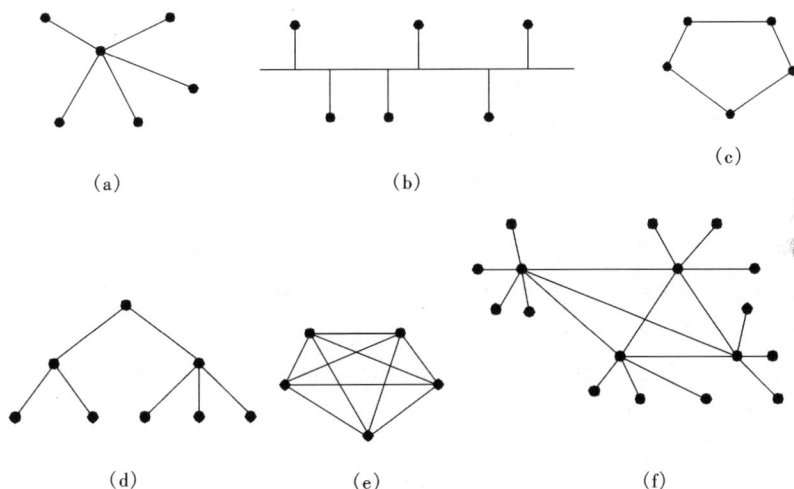

图 2-55　网络的拓扑结构
（a）星形网；（b）总线形网；（c）环形网；（d）树形网；（e）网形网；（f）复合形网

2. 总线形网

总线形网拓扑结构如图 2-55（b）所示，通过总线把各个节点连接起来，从而形成一个共享信道。其结构简单扩展方便。

3. 环形网

环形网拓扑结构如图 2-55（c）所示，各节点用闭合环路形式组成。这种结构常用于计算机通信网，有单环双环之分。

4. 树形网

树形网拓扑结构如图 2-55（d）所示，是一种分层结构，适用于分级控制的系统，其优点是节省线路，降低成本和易于扩展，缺点是对高层节点和链路的要求较高。

5. 网形网

网形网拓扑结构如图 2-55（e）所示，即全互连网。其特点是安全性高、链路数多［n 个节点具有 $1/2n(n-1)$ 条链路］。

6. 复合形网

复合型网拓扑结构如图 2-55（f）所示，该网络结构是现实中最常见的一种形式。其特点是将网形网和星形网结合。在通信容量大的区域采用网形网，而在局域区域内采用星形网，这样既保证了网络的可靠性又节省了链路。

2.8.5　电力系统通信中常用通信网

电力系统通信网中常见的通信网络有电话交换网络、电力数据网、电视电话会议网、企业内联网等。

一、电力电话交换网

我国电力电话交换网有三级长途交换中心和一级本地网端局组成四级结构。其中，一、二、三级的长途交换中心构成长途电话网，由本地网端局和按需要设置的汇接局组成本地电话网。一级交换中心是国家电力(国网)通信中心，二级交换中心是网(区域网公司)局交换中心，三级交换中心是省(省公司)级交换中心。电力系统交换网是专用交换通信网，其作用是传输和交换电力调度人员的操作命令、经济调度、处理事故、行政管理等信息，是确保电力系统安全生产，稳定、经济运行的重要指挥调度工具。

二、电视电话会议网

电视电话会议系统是依托计算机网络在异地的多个会场召开电视电话会议的系统。其国际标准为 H.32x。我国幅员辽阔，选择会议电视系统可减轻交通压力及减少经费开支。

在我国，电视电话会议系统的应用有两种形式：一是由中国电信经营的以预约租用方式使用的公用电视电话会议系统，系统覆盖所有省会及主要地级城市。需要召开电视电话会议的单位事先进行预约，电视电话会议在中国电信的会场进行。二是组建专用系统。

建设会议电视系统时需要考虑这样一些关键因素：

(1) 需求分析，包括业务要求、系统规模、安全要求、功能/性能要求、可靠性和预算控制等；

(2) 采用何种制式(协议)系统，是 H.320 还是 H.323；

(3) 使用何种网络类型，是电路交换网络还是分组交换网络，网络运行费用是否可以承受。

下面就上述几种因素进行具体介绍，以供选择会议电视系统时参考。

（一）会议电视系统的制式

对电力企业专用会议电视系统而言主要面临两种选择：一是选择由 H.320 协议实现的专用系统；二是选择由 H.323 协议实现的开放式系统。就目前来讲两种系统各具优点与不足，下面分别进行介绍。

1. H.320 系统

H.320 协议的系统类似于传统广播电视系统。其相同之处在于，网络上传输的同小信号与视频信息依然严格按照时序进行，若网络时延经常处于不确定的变化之中，则将使接收的电视信号轻者出现扭曲，重者图像则被完全破坏，因此该系统严格要求网络传输时延小且确定。不同之处在于 H.320 系统传送/接收的图像和语音为数字化信息。H.320 协议第 1 版于 1989 年推出，目前使用的是第 2 版。经过多年来的发展与实践，无论是功能/性能，还是在工程实施与系统可靠稳定运行方面，该系统都已十分成熟，在企业专业会议电视系统领域特别是在大型的关键系统中占据统治地位。基于 H.320 的会议电视系统具有如下特点：①利用电路交换网络组成系统，包括 DDN、卫星电路、ISDN 等时延很小且确定的电路类型；②通信带宽通常为 384～2048kbit/s；③属于专用系统，不同厂商的系统不能互通；④功能、性能完整，有大型系统实施运行经验，系统成熟。

2. H.323 系统

H.323 是支持在分组交换网络进行多媒体通信的协议。国际电联（ITU-T）于 1996 年推出了 H.323 协议第 1 版，1998 年推出第 2 版，现在正在讨论第 3 版。

基于 H.323 协议的系统技术特征是允许在网络时延不确定的平台上运行。显然该系统应支持随网络时延变化而调节帧的传输速率，电视终端能自动调节帧的显示速率。即系统能够自适应网络时延的不确定性。

H.323 协议的推出符合 IP 统一一切、在开放式网络平台和应用平台上进行互联互通的国际发展趋势，受到了广大用户和设备厂商的欢迎，系统与设备的发展十分迅速。这种系统既适用于广域网提供正式会议室，又适用于局域网在桌面系统使用的基于 H.323 的开放式系统。

基于 H.323 协议的系统有如下特点：①利用分组交换网络组成系统，如 IP 网络、帧中继、ATM 等，时延不确定，但有一定带宽质量保证；②通信带宽可达 2Mbit/s，但通常使用在 384kbit/s 以下（如 128kbit/s）；③IP 协议从理论上保证了不同厂商的系统在不同类型网络之间互联互通；④协议，技术和系统正在发展之中。

总之，是选择成熟但是封闭的 H.320 系统，还是选择技术仍在成熟中的、但却是未来发展方向的 H.323 系统，在目前来看，仍然是个复杂的难以把握的问题，它涉及用途、功能/性能、安全、系统成熟程度、费用等因素。

（二）会议电视系统的网络

1. 支持 H.320 系统的网络

原则上只要是提供电路交换形式的网络均可支持 H.320。其中，DDN 电路、卫星电路的特点是：①专用网络；②网络时延小（通常在数十毫秒以内），而且为确定时延；③通常使用 384kbit/s 带宽就可组成具有较好质量的会议电视系统；④采用星型或者树型网络结构支持会议电视系统。

ISDN 电路的特点是：①采用公用交换电话网络通过拨号方式实现通信；②通信速率 128kbit/s（2B 信道）；③可以使用多个 2B 信道以支持高速通信，但对信道质量要求很高；④通常用来支持点对点或小规模电视会议。

2. 支持 H.323 系统的网络

基于 H.323 的视频终端通常通过局域网络经 IP（路由器）网络进行通信，因此除上述支持 H.320 的网络可以使用外，还可使用帧中继和 ATM 网络（国内的 X.25 网络因为时延通常在 800ms，甚至更大，故对图像质量有较高要求时通常不予考虑）。对会议电视系统影响较大的因素主要是带宽和时延。

利用 DDN 组织 H.323 会议电视系统的特点如下：①通信带宽通常为选定的会议电视设备速率（如 384kbit/s），再加上必要的 IP 开销（一般为 20%）；②系统需要使用网闸以进行系统的呼叫建立与拆除、网络带宽控制等。

帧中继网络（ATM 特性优于帧中继网络，故不再介绍）除具有 DDN 电路特性外，还具有：①网络时延一般在数十至数百毫秒，且不确定；②通信基本带宽（CIR 参数）为会议电视终端设备速率加上 20% 左右的 IP 开销，还应再考虑由 IP 分组变成帧中继分组所增加的少量开销。

最为重要的是，无论是在 DDN 还是在帧中继网上组织 H.323 会议电视系统，都需要按照循序渐进方式实施,特别是较大规模系统的工程实施。

原国家电力公司会议电视系统一期工程于 2001 年 3 月建成,开通了省级以上的 22 个点。同时实现了和原有的 8 个省局会议电视终端的互联互通。

三、电力数据网

电力数据网主要用于传输不同的数据业务,如远动、保护、IP 数据流等。一般要求电力数据网具有较高的可靠性、开放性、实时性。

复 习 思 考 题

1. 什么是消息、信息、信号和数据?简要说明它们的关系。
2. 模拟信号与数字信号有何区别?
3. 简述信号的几种表示方式。
4. 什么是串行传输?什么是并行传输?举例说明。
5. 何谓单工、半双工和全双工通信?举例说明。
6. 什么是基带传输?基带传输对传输信号有何要求?
7. 画出信息为 101101 的单极性不归零码、AMI 码和差分曼彻斯特码。
8. 一个模拟信号到 PCM 数字编码的步骤有哪几步?
9. 设输入抽样值 $i=580\Delta$,按 A 律 13 折线编码方法求其 8 位码。
10. 试分别以 ASK、FSK、PSK 来转换数字数据 01101 为模拟数据。
11. 什么是调制?
12. 在数据传输中,何谓"差错"?
13. 差错控制的基本方式有几种?各有何特点?
14. 假定一种编码仅有四位合法码字 0000000000、0101010101、1010101010、1111111111。试求:
   (1) 最小码距。
   (2) 若收到 1010011010 码,与 4 个合法码字比较可能是哪一个码字在传输中出错了?
15. 分组码的检(纠)错能力与最小码距有何关系?检纠错能力之间有何关系?
16. 采用汉明码纠正一位差错,设信息位为 k 位,冗余为 r 位,则 k 和 r 之间应满足哪种关系?
17. 简述奇偶校验码的编码方法及其特点。
18. 在数据传输过程中,若收到发送方送来的信息为 101100011010,生成多项式为 $G(X) = X^4 + X^3 + 1$,接受方收到的数据是否正确?(写出判断依据及推演过程)
19. 调制解调器的主要功能是什么?
20. 何谓 FDM?何谓 TDM?
21. 简述 PCM 帧结构。
22. 简述 HDLC 帧中各字段的作用。
23. 试比较 BSC 和 HDLC 协议的特点。
24. 简述交换的概念。

25. 简述交换机的基本组成。

26. 试比较电路交换、报文交换、虚电路分组交换和数据报分组交换方式的特点。

27. 简述 ATM 的基本特性。

28. 简述 ATM 的协议结构。

29. 通信网的构成要素是什么？

30. 通信网如何分类？

31. 通信网络的拓扑结构有哪几种？

第 3 章

电力系统常用通信方式

引言： 我国的电力系统通信几乎包括了所有的通信方式，不仅采用了普通的音频电话、明线载波、电缆载波、特高频、数字微波等通信方式，而且还采用了扩频通信、光纤通信、卫星通信等先进的通信方式和手段，同时采用程控交换技术，把各种通信线路连接起来，进行话音、数据信息交换，形成一个完整的通信网，因此电力系统通信是一个先进的、综合型的专业通信网。电力系统通信可分为有线和无线两大类。其中，信道分为电缆、电力载波、光纤通信属有线通信方式，而短波、扩频、微波中继和卫星通信属无线通信方式。本章将介绍电力系统常用的几种通信方式。

3.1 音 频 电 缆

3.1.1 简述

利用音频电缆作为通信信道，在抗干扰和稳定性方面较理想，通常是调度所与近距离发电厂、变电站之间的主要通信方式，具有投资省、维护简单等特点。在实际设计中要计算传输衰耗，通信双方的 Modem 发送电干扰和接收灵敏度也是重要参数。

3.1.2 音频电话通信的基本原理

电力系统专用通信网中，传送的信号形式多样，主要是数据和电话信号。下面以电话信号为例介绍音频通信的原理。图 3-1 所示为最简单的音频电话通信示意图。

图 3-1 音频电话通信

两部电话机，分别装在两地，中间用通信线路连接起来，就构成了一个音频电话通信系统。当话机 A 与话机 B 通话时，A 发出的话音电流功率为 P_1（1mW），B 接受的电流功率为 P_2（1μW），为保证良好的通信效果，通信线路能允许的最大衰耗是有限的，其值约为

$$b_{\max} = 10\lg \frac{P_1}{P_2} = 10\lg \frac{10^{-3}}{10^{-6}} = 30\text{dB} \tag{3-1}$$

一般来说，两个用户话机之间的线路衰耗，对于频率为 800Hz 的最大值不应超过 30dB。实际上，通信电路的用户话机之间，除通信线路衰耗外，还有因交换设备、中继线路、用户环节等产生的衰耗。故衰耗应作一定的分配。实际上允许通信线路上的衰耗仅为 12dB。

3.1.3 二线制音频长途通信

为延长通信距离，可以在通信线路中接放大器，但一般放大器只能单方向放大信号，而电话通信的音频信号总是双方向传输的，因此只有用两个放大器按相反方向连接，才能实现双向放大。二线制音频长途通信如图 3-2 所示。

如果简单地将两只放大器和通信线路连接起来，在两个放大器的环路之间将构成一个正

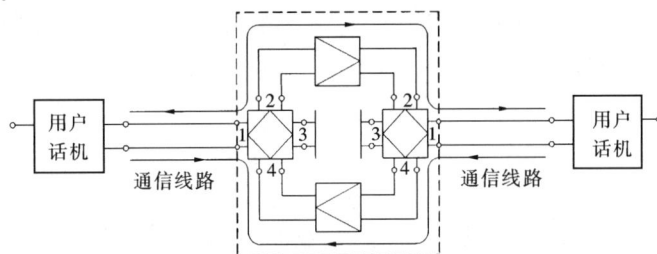

图 3-2　二线制音频长途通信

反馈回路，使电路产生振荡（振鸣），通信无法正常进行。为此，在两个放大器和通信线路连接处，插入一个差接系统。差接系统的特性是：对面的两对端子间具有很大的衰耗，而相邻的两对端子间衰耗较小。差接系统消除了振鸣。图中虚线框内，实际上就是一台音频增音机的原理图。

可见，只要在通信线路中均匀地接入音频增音机，就可延长通信距离。采用一对通信线路实现的音频通信，称为二线制音频通信。这种通信方式由于增音机有产生振鸣的可能，限制了增音机插入的数量，一般只能插入 6～7 台增音机，所以，二线制音频通信的最大距离不超过 2000～3000km。

3.1.4　四线制音频长途通信

为了避免产生振鸣从而能延长通信距离，可采用四线制音频通信，如图 3-3 所示，即使插入多台增音机整个通信线路只有一个可能产生振鸣的正反馈路径，因此可插入较多的增音机，电路较为稳定。电缆通信都采用四线制。

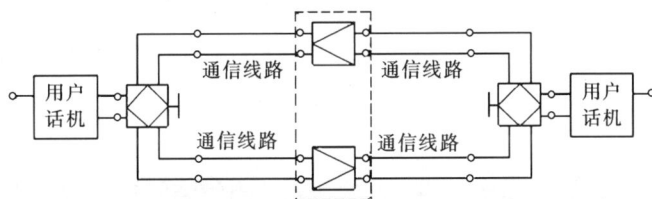

图 3-3　四线制音频通信

3.1.5　音频电缆通信方式存在的缺点

（1）传输速度受限制，难以实现高速数据传输；

（2）传输距离受限制，不宜长距离传输；

（3）传输差错率较高；

（4）若与电力线同杆架设，发生倒杆事故时，通信也可能中断。

3.2　电力线载波通信

3.2.1　简述

电力线载波通信（Power Line Carrier，PLC）是利用高压电力线（35kV 及以上电压等级)、中压电力线（10kV 电压等级）或低压配电线（380/220V 用户线）作为信息传输媒介进行语音或数据传输的一种特殊通信方式。在电力系统中为输送电能而架设了大量的电力线路，以电力线作为信号传输通道，实现载波通信是电力系统特有的一种通信方式。由于电力线路四通八达，连接着所有的发、供电设备，所以电力线载波通信在电力系统被广泛使用。

电力线载波通信以电力线路为传输通道，具有通道可靠性高、投资少见效快、与电网建设同步等电力部门得天独厚的优点。

电力线载波主要用来传送模拟话音信息及远动、远方保护、数据等模拟或数字信息。在以光纤通信、数字微波通信、卫星通信为主干线的覆盖全国的电力通信网络已初步形成、多种通信手段竞相发展的今天，电力线载波通信仍然是地区网、省网乃至网局网的重要通信手段之一，是电力系统应用区域较广泛的通信方式，是电力通信网的基本通信手段之一。

电力线载波自身也存在一些固有的弱点：通道干扰大、信息量小，还有设备水平、管理维护等方面造成的稳定性差、故障率高等不足。长期以来，电力线载波通信网一直是电力通信网的基础网络，目前在长达 67 万 km 的 35kV 以上电压等级的电力线路上多数已开通电力线载波通道，形成了庞大的电力线载波通信网。该网络主要用于地、市级或以下供电部门构成面向终端变电站及大用户的调度通信、远动及综合自动化通道使用。中低压电力线载波的应用目前主要以 10kV 电力线作为配电网自动化系统的数据传输通道和以 380/220V 用户电网作为集中远方自动抄表系统的数据传输通道，还有正在开发并取得阶段性成果的电力线上网高速 MODEM 的应用。

3.2.2　载波通信原理

安装在不同地点的两台电话机用导线直接连接，音频电流通过传输线从发送端送往接收端就能实现最简单的音频通信。这是最简单的通信方式，但是一对线路上只能传输一路电话。为了提高通信线路的利用率，实现在一对线路上同时进行多路通信就要采用载波通信的方式。

我们知道音频信号的频带一般为 300~3400Hz，频带很窄。而一般通信线路能传送信号的频带远比此宽，这就为多路信号复用通信线路，进行多路通信提供了条件。

一、线路传输频带

有线通信所采用的线路，主要有架空明线，对称电缆和同轴电缆三种。在电力系统通信网中还大量利用电力线来传送通信信号。

架空明线是将导线用电杆架设在空中的线路。导线有铜线和铁线两种。铜线的线路衰耗随频率增加而增大，并受气候的影响较大。其传输频带一般为 0~150kHz，特性阻抗 Z_c 为 600Ω。铁线的衰耗比铜线大，随频率增加衰耗变化亦大，一般情况下传输频带在 0~30kHz 内，特性阻抗 Z_c 为 1400Ω。

对称电缆是由若干对铜导线组成的缆芯外加护层构成。其衰耗随频率增加而增大。另外，衰耗还与地温有关，地温越高，衰耗越大。在频率为 12kHz 以下的衰耗和阻抗变化很大，故一般传输频带取 12kHz 以上。特性阻抗 Z_c 为 180Ω 左右。

同轴电缆由内导体和金属圆管的外导体，按同一轴线构成的同轴管组成。同轴电缆内可有几根同轴管，如 4 根或 8 根。由于这种结构传输信号时，抗干扰能力较强，传输频率很高。常用的有中同轴电缆和小同轴电缆两种，国产的标称尺寸标为"内导体线径/外导体内径"。中同轴电缆为 2.6/9.5（mm），小同轴电缆为 1.2/4.4（mm）。中同轴电缆的传输频带在 300kHz 以上，其特性阻抗为 75Ω。

电力线载波通信是利用高压电力线路传
送载波信号，这种通信方式既经济又可靠。
电力线的传输特性的好坏对电力载波通信至
关重要。电力线的传输特性与线路的电压等
级、导线型号、导线在杆塔上的排列、利用
的相别等均有关，但总的规律是一致的，即
线路的衰耗随频率的增高而增大。如图 3-4
所示，利用相—地之间传输信号的衰耗比相

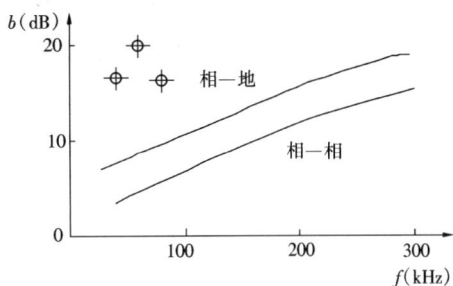

图 3-4　某电力线的衰耗频率特性

—相之间传输信号的衰耗大。传输频率过低将受到工频电流的严重干扰，一般传输频带
为 40~500kHz。

二、频分多路复用 FDM

在一条通信线路上，只进行一路音频电话通信，显然很不经济。可以采用调制技术充分
利用线路的传输频带传输多路信号。

图 3-5 描述了在一条通信线路上除了直接传送一路音频电话外，采用调制技术，将另外
一路话音调制到频率为 f 的高频载波上，使话音信号变为高频信号的过程。该信号由频率 f
和 $f \pm (0.3 \sim 3.4) \text{kHz}$ 三个成分组成，其频带为 $(f-3.4) \sim (f+3.4) \text{kHz}$。

在收信段用带通和低通滤波器将高频信号和通信线路上同时传输的音频信号区分出来。
高频信号经解调还原成话音信号。这样就在一条通信线路上实现了两路电话信号的通信，一
路为音频通信，另一路则为高频通信。因高频波起到了运载话音信号的作用，故称之为载
波，其频率称为载频，高频通信通常称为载波通信。

载波通信的实现主要分三个阶段：发端采用调制器将信号变为高频信号；收端用滤波器
将高频信号提取出来；再用解调器恢复为原信号。

频分复用（Frequency Division Multiplex）是调制技术的典型应用，它通过对多路调制
信号进行不同载频的调制，使得多路信号的频谱在同一个传输信道的频率特性中互不重叠，
从而完成在一个信道中同时传输多路信号的目的。

图 3-5 所示为一路音频通信和一路载波通信的原理框图。图中画出了单路载波机发送和
接收支路最基本的组成部分。载波通信的过程是：A 端的话音信号（0.3~3.4kHz）经差接系
统送入调制器，加入调制器的载波频率为 f_1（12kHz），调制后输出的高频信号为 f_1 和
$f_1 \pm (0.3 \sim 3.4) \text{kHz}$，经功率放大，由中心频率为 f_1 的发信带通滤波器取出已调信号，送
到通信线路上。B 端由中心频率为 f_1 的收信带通滤波器，从通信线路上滤取出已调信号，
经放大和反调制，恢复出 A 端话音信号，由差接系统送到用户电话机。同样，B 端发出的
话音信号以相同的方式，利用频率为 f_2 的载波，通过调制变换成频率为 f_2 和 $f_2 \pm (0.3 \sim
3.4) \text{kHz}$ 的高频信号送到 A 端。

3.2.3　载波通信采用的调制方式

调制是载波通信技术的基础。调制是以音频信号控制（调制）等幅高频波（载波）的某一参
数（振幅、频率、或相位）的过程。已调的高频波，其某一参数按音频信号的变化规律而变化。

我们将未经调制的等幅高频波称为载波，控制载波的音频信号称为调制信号，调制后的
高频波称为已调波。假设载波为

(a)

(b)

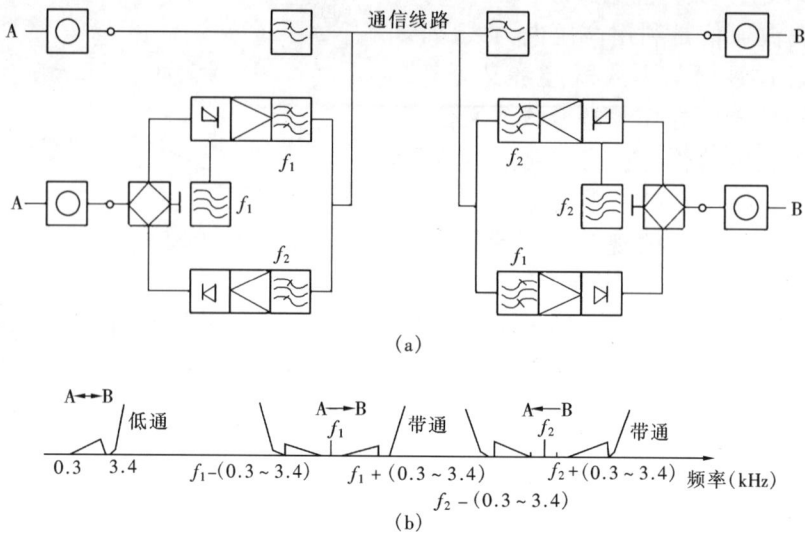

图 3-5　一路音频通信和一路载波通信的原理框图

(a) 原理框图；(b) 频率图

$$u = U_{m}\sin(\omega_c t + \varphi_0) \tag{3-2}$$

式中：U_m 为载波的振幅；ω_c 为载波的频率；φ_0 为载波的初相角。

显然，载波包含三个参数，所以有三种调制方式。如果调制信号去控制载波的振幅 U_m，使其振幅 U_m 按调制信号的变化规律而变化，这样的调制过程称为振幅调制，简称调幅（AM）。同理，如用调制信号去控制载波的频率 ω_c 或相位 φ_0，则分别称为频率调制和相位调制，简称调频（FM）和调相（PM）。

无论采用哪种调制方式，已调波的波形上和频谱上都与载波有区别。实际上调制的过程就是波形和频谱的变化过程。

调幅波是由载频分量和上、下两个边带所组成。调幅波的载频分量与调制信号不论在振幅还是在频率上均无关系。而它的两个边带，其幅度和频率均与调制信号一一对应。显然，上、下边带都分别包含着所传信号的全部信息。

从传输信息的角度来看，在幅度调制这种调制方式中，传输信息不一定要将调幅波的三部分全部传输给对方，只要将包含全部信息的那部分传输到对方就能达到目的。这样调幅又可分为三种。

（1）幅度调制（AM）。在传输信号时，将幅度调制波，完整地传送出去的通信系统，简称调幅，记作 AM。

（2）抑制载频幅度调制（AM-SC）。在传输信号时，将载频分量抑制掉，只要传送调幅波的上、下两个边带，这种通信系统称为抑制载频调幅系统，记作 AM-SC。

（3）单边带调制（SSB）。在传输信号时，只传送调幅波上、下两个边带中的一个边带，这种通信系统称为单边带通信系统，记作 SSB。

3.2.4　电力线载波通信

一、电力线载波通信原理

电力线载波通信是利用电力线路作为传输线的载波通信，是电力系统特有的一种通信方式。利用电力线实现载波通信，就必须解决由电力线路（为输送 50Hz 工频电流而架设）带来的一系列问题：首先要解决电力线载波机与高压电力线路的连接问题。这种连接不但要保证人身安全和设备安全，还要保证能够获得高频载波电流传输的最大效率。其次，还必须对电力线路进行专门的加工，以便形成有利于高频载波电流传输的高频通道。因此电力线载波通信系统在具体组成和工作原理上，与专用通信线路载波通信相比，有不少独特之处。图 3-6 所示为电力线载波通信原理框图。

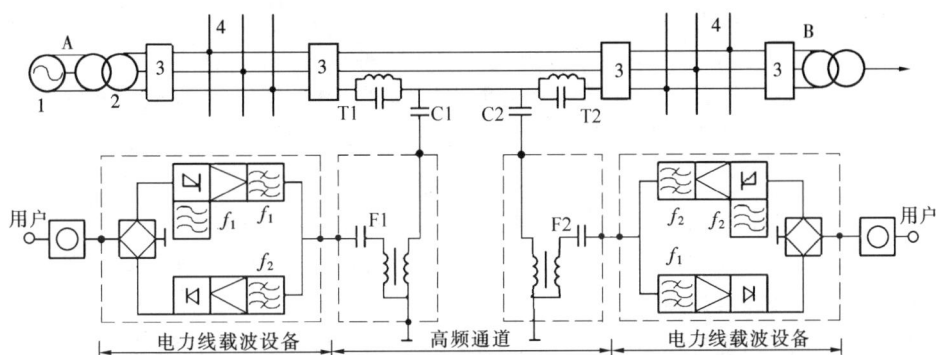

图 3-6　电力线载波通信原理图
1—发电机；2—电力变压器；3—断路器；4—母线

电力载波通信系统由高频通道和电力线载波设备组成。其中高频通道包括：电力线、阻波器耦合电容和结合滤波器。电力线载波设备由发信支路、收信之路和音频汇接电路组成。

A 端的话音信号经调制变换成适合电力线传的高频信号，经高频电缆，结合滤波器和耦合电容送到电力线上，沿电力线传输到 B 端再经耦合电容器和结合滤波器，高频电缆送入电力线载波终端设备，有相应频带的收信滤波器选取区高频信号，经反调制还原为 A 端的话音信号，按同样方式可以将 B 端的话音信号传送到 A 端，从而实现电力线载波通信。

实现电力载波通信最重要的问题是如何将高频信号安全地耦合到电力线上。常用的耦合方式是图 3-6 中所示的相地耦合方式。它由耦合电容器 C 和结合滤波器 F 组成一个高通滤波器，其作用是使高频信号通过，从而达到将高频信号耦合到电力线的目的。而对 50Hz 工频电流则具有极大的衰减，以防止 50Hz 工频电流进入载波设备，从而达到保护人身和设备安全的目的。从图 3-6 中可以看到，50Hz 工频电流的电压很高，但其频率很低，电压几乎都降落在耐压很高的高压耦合电容器两端，结合滤波器的变量器线圈上所降电压无几，这样的耦合是非常安全的。阻波器 T 是一个调谐电路，其电感线圈是能通过很大的 50Hz 工频电流的强流线圈，保证 50Hz 电流的输送，而整个调谐电路谐振在高频信号的频率附近，阻止高频信号流过，防止了发电厂或变电站母线对高频信号的旁路作用。总之，利用这些线路设备，耦合问题得到了解决。

电力线载波设备和通信线载波设备没有原理上的区别。但电力线载波设备与电力线连接时，必须通过线路设备。实际上，线路设备中的阻波器和耦合电容器、结合滤波器的作用，同通信线载波设备中的线路滤波器的作用完全相同。

由图 3-6 所示，电力线载波通信系统由电力线载波设备和高频通道所组成。它所使用的频带主要由高频通道的特性所决定。使用频率过高线路衰减将增加得很大，通信距离受到限制。使用频率过低,将受到50Hz工频谐波的干扰,同时要求耦合电容器的电容量和阻波器的强流线圈的电感量增大,给设备在制造上和经济上造成困难。国际电工委员会(IEC)建议使用频带一般为30～500kHz。在实际选择频带时,还应考虑无线电广播和无线电通信的影响。国内统一使用的频带为40～500kHz。

电力线载波通信充分利用40～500kHz之间的460kHz频带,和通信线载波通信充分利用线路频带有着明显的不同。通信线是专为开设载波通信而架设的,依据其传输特性的限制,在其可使用的频带内开设多路通信达到全频带都能充分利用。如架空明线除进行音频通信外,还开设3路、12路载波通信,使每对架空明线都能达到全部复用。

电力系统中的电力线路是为了传输和分配电能而架设的。它们在发电厂和变电站内均按电压等级连接在同一母线上。同一发电厂、变电站中不同电压等级的电力线亦均在同一高压区内,并由电力变压器将其互相耦合。这样,在一条电力线上开设电力载波,它的信号虽被阻波器阻塞,但还会串扰到同一母线的其他相电力线上去。由于同一母线上的不同相电力线之间的跨越衰减不大,因此使每条电力线上开设电力线载波的频谱不能重复使用,使得同母线的各条电力线上只能限制在共同使用的40～500kHz的频带。此外,在同一个电力系统中电力线是相互连接的,要想重复使用相同频谱,至少应相隔两段电力线路。这样,同母线的各条电力线上所能共同利用的频谱,还要比40～500kHz窄。

电力系统从调度通信的实际需要出发,往往要依靠发电厂、变电站同母线上不同走向的电力线,开设电力载波来组织各方向的通信。由于利用频谱的限制和开设通信方向的分散,因此电力线载波大量采用单路载波设备,很少采用多路载波设备。另外,电力线上有较高的线路噪声,电力线载波设备均具有较高的发信电平。如果采用多路通信则发信电平将进一步提高,这难以实现。诸如以上原因,电力线载波一般均为单路载波,以便有较大的灵活性来组织各条电力线上频谱的充分利用。当然亦有可叠加的多路电力载波设备,一般均在4路以下。

电力线路的架空避雷线是相互独立的。即使同一条电力线路上的两条避雷线亦能重复使用频率。另外,避雷线上的杂音较低,所用载波设备的发信电平可以较低,所以利用架空避雷线实现载波通信的地线载波完全可以实现多路通信。且在考虑线路的复用问题时类似通信线载波。

电力系统通信网络不仅要解决电话通信问题,还有大量的遥测、遥信等远动信号和远方保护信号需要传输。对于电力线载波线路来说,为了充分利用0～4kHz的音频频带,大多采用话音信号和其他信号复用的方式。电力系统的电话通路仅为调度和管理使用,可以使用较窄的频带,如0.3～2.4kHz的一般频带或0.3～2.0kHz的窄频带。这样就将2.65～3.4kHz或2.4～3.72kHz用来传输远动信号和远方保护信号。具有同时传输话音、远动和保护信号的电力线载波设备称为复合式载波设备,或称为多功能载波设备。

电力线载波通道的主要指标有两个,在40～500kHz频段的幅频特性和衰减特性。

二、电力线载波设备的组成

图3-6所示的电力线载波通信原理框图中,电力线载波设备一般都有发信支路、收信支路和音频汇接电路。

(1)发信支路:将音频信号对载波进行调制,并放大送至高频通道上去。

(2)收信支路:从高频通道上选出高频信号,进行反调制,恢复出对方发送的音频信号。

（3）音频汇接电路：将要发送的话音、远动等音频信号汇接后送入发信支路，以及把收信支路恢复出的音频信号区分后输出。图 3-6 所示为电话通信专用的载波设备，仅有差接系统，实现收信支路、发信支路和用户话机线路之间的连接。

通常，由于电力线高频通道传输特性的不稳定和用户对电话通信的特殊要求，电力线载波设备还须有自动电平调节系统和呼叫系统、自动交换系统。

（4）自动电平调节系统：电力线载波所用的高频通道传输特性极不稳定，它的线路衰耗随气候条件、电力设备的操作和线路的故障有较大的变化。为了保证通信质量，在收信端设有自动电平调节系统，可随时实现自动调节，使收信端的电平保持稳定。

（5）呼叫系统、自动交换系统：电力线载波机在实现话音信号传输前，首先应呼出对方用户，为此，在发信支路中要发送一个音频信号，称呼叫信号。在对方收信支路中接入呼叫接收电路，即收铃器。这样才能通过它呼出对方用户实现通话。电力线载波机采用自动呼叫方式，通常机内附设有自动交换系统，以提高通路的利用率和实现组网功能。

综上所述，电力线载波设备主要由以上几部分组成。但采用不同的调制方式的电力载波设备，其具体框图是不同的。图 3-7 所示为单边带电力载波机的原理框图。

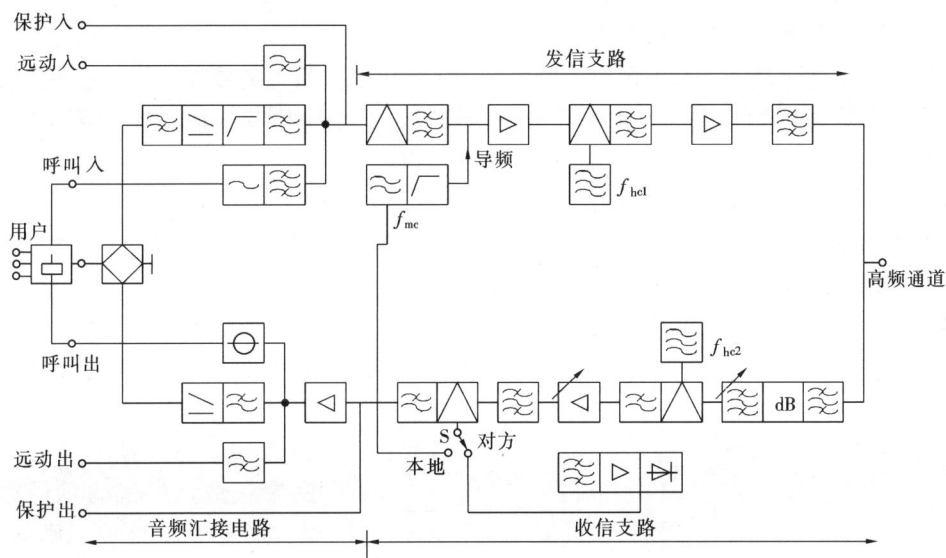

图 3-7　单边带电力线载波机原理图

需要说明的一点是发信支路采用的是两次调制实现二次变频将音频信号频谱搬移到线路传输频带。电力线载波的线路使用频带为 $40\sim500\text{kHz}$，用 LC 带通滤波器一次调制的最高频率为 46.5kHz。显然，用 LC 元件制作的带通滤波器来实现频谱搬移只能采用多次调制，即多级变频，一般由二次调制来完成。第一次调制将音频频谱搬移到中频，即中频调制。中频调制的载频 f_{mc} 范围为 $12\sim48\text{kHz}$，常用 12kHz 并取其上边带。第二次调制将中频信号频谱搬移到线路频带 $40\sim500\text{kHz}$ 之间，称这次调制为高频调制。高频调制的载频 f_{hc} 范围由所用的线路传输频谱来决定，调制后一般取其下边带。

需要说明的另一点是单边带电力载波机收信支路中是采用同步检波来实现解调的。这就要求收信的高频载频和中频载频与对方发信的高频载频和中频载频严格相等。否则，解调后所得的音频信号将出现频率偏差。大量实验表明，要求通话频偏小于 10Hz、远动信号频偏小于 2Hz。这单靠振荡器的频率稳定度来保证，是很困难的，一般采用最终同步法来解决这一问题。近年来，由于锁相技术的应用，也可采用两端载频供给系统主从锁相同步方式来解决。

　　最终同步法就是在收信支路用对方发来的中频载波进行二次解调的方法，如在对方发信端，发送一个中频载波信号 f_{mc}（如 12kHz），而在本方收信端的收信支路中，用中频窄带滤波器将对方发来的中频载波 f_{mc}（如 12kHz）滤出，供给收信的二次解调用，图 3-7 所示即为 S 在对方位置的情况所示。

三、电力载波通信的特点

　　（1）话音和数据各占一个频段，同时传送互不影响。

　　（2）利用电力线作为载波通信通道，不需要单独架设和维护线路，且电力线路结构坚固、可靠性高、传输衰耗小。

　　（3）电力线和电力设备在运行时，存在着电晕、电弧等现象，影响电力线高频通道信号传输质量，误码率很不理想。

　　（4）电力线载波通信的站址完全取决于电力线路结构，不能任意设站，给通道组织带来困难。而当线路故障时，通道也中断。

　　（5）为避免受到电力线上工频电流所产生的工频谐波干扰，频率不能太低，为了避开广播频段及防止线路衰减过大，频率不能太高。目前我国电力线载波频率范围规定为 40～500kHz。

四、电力线载波通信的通信方式

　　电力线载波通信最常用通信方式有定频通信方式和变频通信方式两种。

　　（一）定频通信方式

　　在定频通信方式中，电力线载波机的发信频率和收信频率是固定不变的。图 3-7 所示的电力线载波机就是定频式载波机。采用定频通信方式实现载波通信如图 3-8 所示，A、B、C 站为三地，A 机的发信频率为 f_1，收信频率为 f_2，则 B1 机的发信频率为 f_2，收信频率为 f_1，这样通过 A、B 两机之间实现一对一的定频式通信。同样，B2

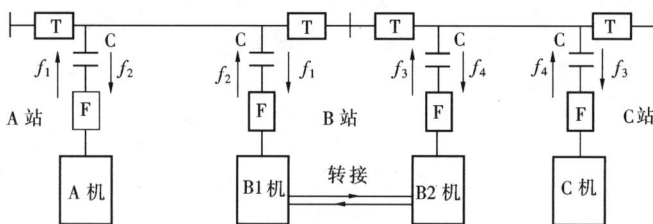

图 3-8　定频通信方式

T—阻波器；C—耦合电容；F—结合滤波

机和 C 机之间亦可用收信频率为 f_3、f_4 实现一对一的定频通信方式。如果 A 站为调度所所在地，B、C 站为发电厂和变电站所在地，为了实现调度与厂、站之间的通信，只有在 B1 机和 B2 机之间采用转接。通过 B1 机和 B2 机之间的转发和转收来实现 A 站和 C 站之间的通信。所以，定频式载波机应具有转接的性能。

　　（二）中央通信方式

　　为了实现调度所所在地 A 站和 B、C 站之间的调度通信，亦可采用一对几的定频通信方式来实现，称为中央通信方式，如图 3-9 所示。在这一通信方式中，调度所所在地 A 站称为中央站，A 机的发信频率为 f_1、收信频率为 f_2，而非中央站的 B、C 站的 B 机和 C 机，其收发信频率相同，发信频率为 f_2、收信频率为 f_1。这样，中央站 A 和非中央站 B、C 之间构成一对二的定频通信方式。当调度所所在地 A 机摘机，显然 B 机和 C 机的自动交换系统同时启动。然后，由 A 机的拨号来选择是呼叫 B 机还是 C 机。

中央通信方式是一对几的定频通信方式。它只能在中央站和非中央站之间实现通信，而且在同一时间中央站只能与一个非中央站之间实现通信，具有明显的局限性。一般只在通话次数不多的较小的通信网中采用。

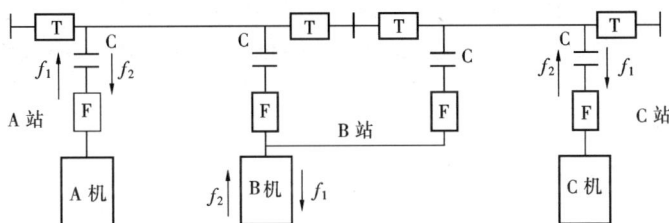

图 3-9　中央通信方式

T—阻波器；C—耦合电容；F—结合滤波

（三）变频通信方式

为了克服中央通信方式的缺点，实现三站之间的通信，可采用变频式通信方式。这种通信方式在静止状态时，即 A、B、C 三站的用户都未摘机时，所有各站载波机都是发信频率为 f_2，收信频率为 f_1，如图 3-10 中实线箭头所示。当 A 站主叫摘机时，其他发信频率自动变换为 f_1、收信频率自动变换为 f_2，如图 3-10 虚线箭头所示。显然，此时主叫站的 A 机与

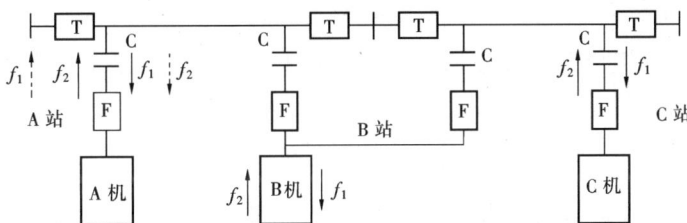

图 3-10　变频通信方式

T—阻波器；C—耦合电容；F—结合滤波

B、C 站的 B、C 机构成一对二的通信状态，主叫站 A 机用户可利用拨号自动选择一站进行通信。同理可实现 B 站 C 站的用户作为主叫时的通信。

（四）流动通信方式

电力载波通信中的流动通信方式，是为巡线或线路检修时与调度所、变电站之间的通信用的。它由携带型副机和固定型主机所组成，如图 3-11 所示。主机采用常规的线路设备，而副机用天线耦合，这种结合设

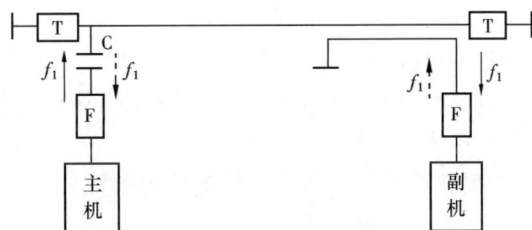

图 3-11　流动通信方式

T—阻波器；C—耦合电容；F—结合滤波

备携带和安装都不困难。

五、电力载波通信主要设备简介

(一) 阻波器

阻波器用于阻止高频信号流入电力变压器，以削弱电力设备对高频信号的旁路作用，从而减小高频信号在传输中的衰耗。阻波器的主要技术指标有以下几个。

(1) 额定电流：阻波器在线路中，应能承受的电力线路中正常流过的额定工作电流，单位 A；

(2) 强流线圈电感：强流线圈所呈现的电感量，单位 mH；

(3) 短路电流：在电力线路发生短路故障时，通过强流线圈的又不致引起强流线圈发热或机械损伤的最大电流，单位 kA。

国产阻波器全国统一标示方法。如下示例：

XZK-630-1.0/16-D2

D2 表示制造厂代号及设计序号

1.0/16 表示短路电流值和强流线圈电流量，分别为 16kA 和 1mA

630 表示额定电流为 630A

XZK 表示线路阻波器名称结构，K 代表开放型。

(二) 耦合电容器

耦合电容器在很高的电压下工作，属强电设备，其作用是隔开工频电流，把高频载波信号耦合到结合滤波器上。耦合电容器的主要技术指标有额定电压（kV）和标称电容（pF）。

国产 OY 系列耦合电容器，对于 110kV 电压，其额定电容量为 6600pF，记作 OY110/-0.0066。

(三) 结合滤波器

与耦合电容器配合组成高频或带通滤波器，将电力载波机的高频信号耦合到电力线上去。结合滤波器提供工频电流的接地回路，使经耦合电容器泄露的工频电流可靠接地，降低工频电压，保障设备及人身安全。另外还对高频电流起阻抗变换作用，使高频电缆阻抗（75～100Ω）与线阻抗（200～400Ω）得到良好匹配。实现高压设备与电力线载波设备之间的隔离，防止电力电流串入电力载波设备。

结合滤波器的主要性能指标有：耦合电容器电容量（pF）、额定功率（W）、载波频率范围（kHz）、工作衰耗（≤dB）、回波衰耗（≥dB）、谐波衰耗（>dB）、线路侧阻抗（Ω）电缆侧阻抗（Ω）。

(四) 高频电缆

高频电缆是用来连接载波机和结合滤波器的馈线。高频电缆的主要技术指标有工作衰耗（dB/km）、特性阻抗（Ω）和绝缘电阻（MΩ/km）。

目前广泛使用的高频电缆是 SYV-75 系列和 HOY 系列。如 SYV-75-9，其阻抗为 75Ω。

(五) 电力载波机

电力载波机是以电力线为传输通道的载波通信设备。目前国内载波机型号繁多，在设计制造和技术指标上也各不相同，但基本原理大致相同。应用较为广泛的有 ZDD-12 型和 ZJ-5 型电力载波系列机。

电力载波机同时只能传输一路频带为 0.3～2.4kHz 的话音信号和复用一定速率的数据

信号。电力载波机可以直接和电话机接口，也可以和交换机接口，它内部设有自动交换系统。每台电力载波机上有四个用户分机可任意呼叫对端电力载波机的四个用户之一。

ESB-500 型系列单边带电力载波机是引进德国西门子公司技术，生产的一种新型多功能的电力载波机。在 220kV 和 500kV 线路上使用较多，传送话音、远动、电报、远方保护和数据信号。由于在设计上采用了许多新技术，使 ESB-500 型系列单边带电力载波机具有优良的电气性能、较高的可靠性和灵活性，以及良好的环境适应性。其主要性能指标均优于同类产品，是一种具有先进水平的电力载波机。电力载波机不同于其他载波通信设备，有自己特殊的构造和独特的技术。

为保证高频通道的稳定性，采用自动电平调节系统来保证通道电平稳定。采用压缩、扩张技术提高系统的信噪比。电力载波机还有自己的交换系统。

电力载波机不论在安装投运时，还是在日常维护中，都需要进行测试，测试的项目主要有电源部分和信号电平部分。

3.2.5　电力载波通道的设计与计算

一、通道的设计任务

电力线载波通道的设计与计算，是确保电力线载波通道稳定、可靠运行的重要环节。通道设计的具体任务是：根据电网一次接线，各场所的重要性和地理位置特点，以及电网对电力载波通道和传输质量的要求，进行通道组织、衰减计算、设备选择和频率分配。

二、设计依据和条件

电力载波通道的设计依据通道的高频参数、电力线载波设备的技术条件及所要求的传输质量指标等进行。

三、通道的组织

包括确定通道的路径、耦合方式、结合相别、终端站或枢纽站的选择、中间站的转接方式等。合理地组织通道，可以降低投资，提高通道利用率及运行的灵活性和可靠性。

四、通道的设计与计算

包括电力载波通道的经验计算法和 IEC 推荐的工程计算法。通过计算将各项衰减分别归并，求得通道允许的最大衰减，然后计算通道允许使用的最高频率，再进行合理的频率分配。

五、电力载波通道的频率分配

频率分配的目的是保证电力载波通道的传输质量标准，抑制相邻通道间的相互干扰，最大限度地利用频率资源。为此，电力载波机对来自相邻通道的干扰具有一定的防卫能力。防卫能力除了取决于电力载波机本身的设计与制造工艺外，还需要合理地利用通道之间的跨越衰减和妥善地安排频率等措施来实现。

在工程设计中，频率分配就是选择具体合适的工作频率，包括发信频率、收信频率以及本机和邻机这些频率之间的间隔。

不管采用哪种方法进行频率分配，都应在有限的载波频率范围内可容纳最多的通道，并保证各方面对通道传输质量的要求。通常根据用户的使用要求，在 $40 \sim 500$kHz 载波频率范围内，对所需载波通道的数量和频率分配都事先进行规划，并按下述原则和秩序统筹安排：

（1）优先满足远方保护高频通道频率的要求；

（2）优先安排重要用户的频率；

（3）先长通道，后短通道，先高频，后低频；

（4）便于在电网改造和设备更新时，灵活、简便地改变频率；

（5）安排在同一相线上的几个载波通道频率，应能与阻波器的阻塞频段恰当地配合。

在同一厂站内，包括不同电压等级的电力线载波通道之间一般不允许重复使用频率。由于线路阻波器不可能将电力线载波信号全部阻塞，总有一定的泄漏，且相邻的电力线之间存在着空间的电磁耦合，因此在电力网中某一线路上的电力载波信号总是可以串漏到相邻的线路上去，所以在同一连接点相邻线路上的电力线载波通道一般都不可能重复使用频率。两个电力线载波通道通常要经过有两段阻波器阻塞的电力线载波电路之后，才可以重复使用频率。

3.2.6　电力线载波通信的其他通信方式

随着电力线路电压等级的提高和支流输电的发展，电力线路衰耗和杂音电平也相应地增加。如单靠电力线载波来实现载波通信，会出现很多困难。同时随着电力线调度通信需传送的信息量的迅速增加，电力线载波通道数量不足的矛盾更为突出。为此，有必要充分发掘电力线载波的潜力，近年来国内外结合电力线路本身结构的特点，成功地组成了多种特殊形式的电力线载波通信，较典型的有利用电力线的避雷线（又称架空地线）实现载波通信和分裂相导线载波通信。

一、绝缘地线载波通信

图 3-12 所示为地线载波通信的原理图。图中的架空地线的全线当然是分段经很多放电间隙接地的，图中未表达出来。架空地线的两端分别经线路设备接入载波设备，架空地线的线路设备是由放电间隙 1、接地排流线圈 2、耦合电容器 3 和阻抗匹配变量器 4 所组成。放电间隙 1 起防雷击等作用。接地排流线圈 2 将电力线在正常运行时，将架空地线上因电磁感应产生的大电流（含工频电流、由故障产生的感应过电流和雷击电流等）排入大地。接地排流线圈的电感和耦合电容构成一个高通滤波器以阻止工频高次谐波的干扰。阻抗匹配变量器用于将架空地线的特性阻抗（线地耦合架空地线的特性阻抗为 500Ω）与高频电缆的特性阻抗（75Ω）实现阻抗匹配。

为了防止相导线直接遭受雷击，在电力线上方架设有一根（G）或两根（GG）架空地线，如图 3-12 所示。为了减小电力线路的线损，这些架空线实际上并不接地，而是各杆塔的接地线通过火花间隙接地，这样实践证明架空地线的防雷性能不受影响，而对地绝缘，既可减小线损，又为利用架空地线实现载波通信提供了条件。

图 3-12　地线载波通信原理

1—放电间隙；2—接地排流线圈；3—耦合电容；4—阻抗匹配变量器

绝缘地线载波通信与电力线载波通信相比有如下优点：

（1）简化了线路设备，不需要高频阻波器和高压电容耦合器。降低了线路设备制作的困难；

（2）降低了杂音电平，根据 500kV 线路上的测量结果说明，比电力线杂音低 8～13dB；

（3）线路衰耗减小，延长了通信距离。

地线载波的工作频率范围可从低频 8kHz 开始，可充分利用电力线载波无法使用的 40kHz 以下频段。因此，地线载波易于实现多路通信。但地线载波在雷击或线路故障瞬间，地线的接地间隙会发生击穿放电，有可能引起底线载波通信瞬时性中断。这对载波电话和远动信号来说，不会产生任何影响。但对高频保护信号的传输来说，影响较大。

二、分裂导线载波通信

随着电力系统的发展，对通信信道的需求日益增长。电力线载波通信和绝缘地线载波所能提供使用的频段仅为 8～500kHz，寻求新的信道减小重复频率的间隔，乃至在同一条电力线路上能重复使用频率，扩大信道容量。这就促进了分裂导线电力载波的发展。目前，220kV 以上的高压电力线路几乎都采用相导线为分裂导线的结构。这种分裂相导线一般采用两根以上的导线组成一条相导线。各分裂导线间距为 0.4～0.6m，为加强机械性能，防止相互碰撞，每隔 40～70m 安装一个金属支架。如果将金属支架改用绝缘支架，即将各分列导线绝缘；那么分裂相导线就可作为一对或几对通信线路。这样就可以用他们来实现载波通信，称为分裂相导线载波通信。

图 3-13 所示为分裂相导线载波通信图。其中，分裂相导线的阻波器可采用 1/4 波长的短路线来代替。载波设备可用外加功率放大器的明线多路载波机，以实现多路载波通信。利用分裂相导线实现载波通信具有以下优点：

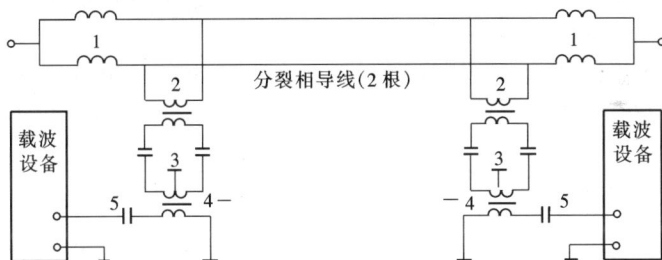

图 3-13　分裂相导线载波通信原理
1—阻波器；2—变量器；3—耦合电容器；4、5—结合滤波器

（1）线路的对称性好，类似于明线。因此向外界辐射和感应的干扰电平都很小，故线路频谱宽，上限频率可高达 2MHz，为开通大容量通道提供了条件。

（2）线路衰减小，各相之间的跨越衰减大。在同一条电力线上的非同名相和同名相的相邻线段上，都可以重复使用频率，从而有效地增加了信道的容量。

分裂相导线载波通信的缺点是：导线覆盖冰雪时衰减增加较快。

3.2.7　我国电力线载波通信的现状与发展趋势

随着通信技术的不断发展和进步，电力线载波通信技术及其在电力系统中的应用已经发生了巨大的变化。与电力线载波机应用的鼎盛时期相比，电力线载波通信已从模拟通信向数字通信发展，而其应用也由电力系统通信的主要通信方式变为备用通信方式。电力线载波通信近 20 年来的变迁和发展，在诸多方面都产生了变化，主要体现在以下几个方面：

（1）电力线载波技术由模拟通信发展为数字通信，由单通道发展为多通道；

（2）电力线载波通信设备的使用由原来的基本通信方式变换为备用通信方式；

（3）传输的信息由话音和远动信号发展为更多的计算机、网络及监控系统的信息；

（4）电力系统通信对电力线载波通信设备的通信容量、接口功能、信息采集、网管性能和质量水平提出了更高的要求。

在新的形势下，如何发挥电力线载波通信的技术和应用的长处，更好地为电力系统运营服务，是我们在现阶段需要考虑和加以重视的问题。

一、高压电力线载波通信设备的分类

电力线载波设备一般按照电压等级进行分类。随着电力线载波技术的发展，在高、中、低压三个电压等级均全面开始了电力线载波新技术的应用，而在不同的电压等级所采用的载波技术有较大差别。电力线载波机（PLC）的分类可按照电压等级进行大类分类。

（1）高压电力线载波机 PLC（Power Line Carrier），是指应用于 35kV 及以上电压等级的载波通信设备。载波线路状况良好，主要传输调度电话、远动、高频保护及其他监控系统的信息。

（2）中压电力线载波机 DPLC（Distribution Power Line Carrier），是指应用于 10kV 电压等级的电力线载波通信设备。载波线路状况较差，主要传输配电网自动化信息和大用户抄表信息。

（3）低压电力线载波通信设备，是指应用于 380V 及以下电压等级的电力线载波通信设备。载波线路状况极差，主要传输电线上网、用户抄表及家庭自动化的信息和数据。

在高压电力线载波设备中可分为四类。

（1）模拟电力线载波机。采用模拟调制方式（如 SSB 单边带调制）将频率搬移到线路频带进行传输，其线路频谱传输的信号为模拟信号。

（2）数字化电力线载波机。采用模拟调制方式（如 SSB 单边带调制）将频率搬移到线路频带进行传输，其线路频谱传输的信号为模拟信号。在频率搬移过程中，采用了数字信号处理（DSP）技术。

（3）全数字电力线载波机。采用数字编码技术，并利用数字调制方式将多路输入信号经数字处理后变换到线路频带进行传输，其线路传输的信号为已调制的数字信号。

（4）继电保护收发信机。利用高压电力线作为媒介进行继电保护信号传输的设备。

二、高压电力线载波的技术发展趋势

1. 高压电力线载波的主要技术

高压电力线载波机主要的技术进步是采用数字调制解调。数字调制的过程实际是将输入的符号流映射为一个相位、幅度、频率受控和频带受限制的适合于在某一信道中传输的信号。对于电力线载波机而言，是将多路语音、数据信号复接后的码流转变为在 40～500kHz 范围内，占 4kHz 带宽的信号及相反过程。在实用中多使用 OQPSK（改进型交错四相相移键控调制）数字调制方式。这是一种高效的调制解调方式，在通信的各个领域已有广泛应用，如数字微波中继、卫星通信、移动通信等领域。

数字电力线载波机采用 OQPSK 数字调调制解调技术后，从根本上改善了电力线载波机的性能，提高了其可靠性及可使用性。

2. 高压电力线载波技术进步带来的优越性能

（1）提高了传输容量；

（2）改善了信号接收信噪比（S/N）。

3. 电力线载波在电力系统通信中的地位

电力线载波通信曾经是电力专网通信中的主要手段。但到 20 世纪 90 年代后期，由于电力自动化水平的提高，对通信容量和质量提出了更高的要求，传统的模拟电力线载波技术渐渐不能满足发展的需要，而微波、卫星、光纤等其他通信手段则迅速发展成电力系统通信的主要方式。

自 2000 年以来，国内一些致力于电力线载波新技术开发的高科技公司将先进的数字技术应用在电力线载波通信中，产生了新一代全数字电力线载波机，其性能有了质的飞跃。目前全数字电力线载波机在 4kHz 带宽内能同时传输 6 路话音和数据，总速率达到 33.6kbit/s，且具有网管网控功能，在很大范围和程度上满足了电力通信发展的要求。因此，有必要重新认识电力线载波机的作用，这对电网调度自动化通信系统的建设具有深远的意义。

（1）电网调度自动化通信系统的现状—多种方式并存、互为备用。

（2）电网调度自动化系统对通信设备的要求：经济实用、稳定可靠。

（3）电网调度自动化通信系统建设的投资效率问题。

（4）电力线载波通信技术的发展方向：数字化、多通道、高可靠、强网管。

2000 年以来，随着全数字电力线载波新技术的迅速应用，促使电力线载波机由单通道、模拟制式向多通道、全数字化的技术方向发展。目前全数字电力线载波机具有高速、可靠、大容量、组网方便、运行成本低等优点，完全满足电力自动化系统中各变电站与调度中心上层之间的电话、远动、传真、保护、计算机信息等综合业务的传输。

全数字电力线载波因采用了最新的数字技术，其传输容量、可靠性均能满足电网调度自动化通信系统的需要，将是地区网、省网的重要通信方式之一。电力线载波通信技术以电力线路为传输介质，具有通道可靠性高、投资少见效快、与电网建设同步等电力部门得天独厚的优点。

综上所述，应用最新数字通信技术的全数字电力线载波机，能够满足现代电力调度自动化系统对其通信系统的新要求，必将成为保障电网安全、经济运行的最重要、最广泛的通信手段之一。电力线载波通信在我国是一门既古老又年轻的学科，其近几年来的技术发展对于电力线载波通信在高压到低压各个领域的应用取得了令人鼓舞的成就。

3.3　光　纤　通　信

3.3.1　简述

在载波通信中，载频越高，可以用于通信的频带就越宽，通信容量也就越大。我们知道通信发展经历了从明线到电缆、从有线通信到无线通信、从短波通信到微波和卫星通信，其目的就是通过提高载波频率来扩大通信容量。由于光纤中传输的光波要比无线电通信使用的频率高得多，因此其通信容量就比无线电通信大得多。图 3-14 所示为光纤通信的电磁波图，从图中可知光纤通信使用的波长范围是在近红外区。

光纤通信是以光波为载波，以光导纤维为传输介质的一种通信方式。与电通信相比，主要区别有两点：一是以很高频率的光波作为载波，传输的是光波信号；二是以光纤作为传输介质。基于以上两点，光纤通信具有传输频带宽、容量大、损耗低、抗干扰等一系列优点，

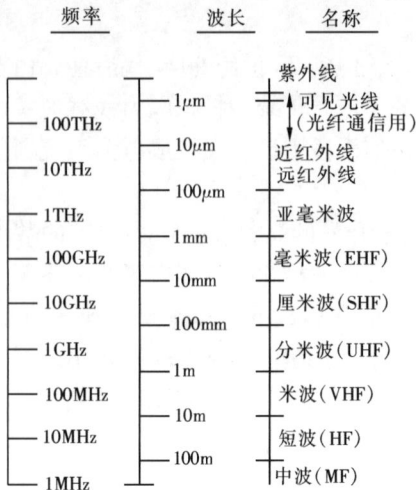

图 3-14 光纤通信的电磁波图

频率 | 波长 | 名称

紫外线
可见光线（光纤通信用）
近红外线
远红外线
亚毫米波
毫米波（EHF）
厘米波（SHF）
分米波（UHF）
米波（VHF）
短波（HF）
中波（MF）

近年来得到快速发展。

截至 2004 年第一季度，全国长途光缆线路长度达到 58.8 万 km。基本建成了一个以光缆为主，微波、卫星为辅的、覆盖全国、技术先进、大容量的网络基础平台。

光纤通信在电力系统也得到广泛的应用和发展，并已成为电力通信系统中的主要通信方式。

3.3.2 光纤通信的特点

（1）传输频带宽通信容量大。光纤通信使用的光波频率一般为 3.5×10^{14} Hz（微波频率范围是 300MHz～300GHz），如果我们利用它的带宽的一小部分，按每话路 4kHz 的带宽计算，则一对光纤可以传送 10 亿路电话。虽然在实际应用中由于受到了光电器件特性的限制，传输带宽比理论上的窄得多，但在目前投入运营的光纤通信系统中，一对光纤仍可通 3 万路电话，是目前通信容量最大的一种通信方式。

像电缆一样，将几对至上百对光纤组成一根光缆，其外径比电缆小得多，传输容量就更大了。如果再采用波分复用技术，其传输容量就会大得惊人，可以满足任何条件下信息传输的需要。

（2）损耗低、中继距离远。光纤的损耗极低。理论上，目前信号单模光纤损耗低于 0.1dB/km，比任何传输介质的损耗都低，因此，光纤通信无中继传输距离最长。

（3）不受电磁干扰。光纤是由纯度较高的二氧化硅 SiO_2 材料制成的，属绝缘材料，因此它不受电磁干扰，也不受核辐射的影响。

（4）保密性强、无串话干扰。光信号在光纤中传播时，几乎不向外辐射。因此在同一光缆中，数根光纤之间不会相互干扰，既不会产生串话，也难以窃听，所以光纤通信和其他通信方式相比有更好的保密性。

（5）直径细、质量轻。光纤纤芯的直径很小，大约为 0.1mm，是对称电缆芯线的 1/3～1/4，因此光缆直径要比相同容量的电缆小得多，而且质量也轻。

（6）节约有色金属和原材料。现有的通信线路是由铜、铝、铅等金属材料制成的，从目前的地质调查情况来看，世界上金属的储藏量有限，有人估计，按现有的开采速度，铜的储藏量只能再开采 50 年。而光纤的原材料是石英（SiO_2），地球上取之不尽用之不竭，并且用很少的原材料就可以拉制很长的光纤。随着光纤通信技术的推广应用，将会节约大量的有色金属材料。

（7）抗化学腐蚀。石英具有一定的抗化学腐蚀能力，所以光纤具有抗腐蚀、抗酸碱、等特点，光缆可直埋地下。

（8）连接困难。光纤的切断和连接操作技术复杂，光纤弯曲半径不宜过小。

（9）强度不如金属线。

（10）分路耦合不方便。

3.3.3 光纤通信系统的基本组成

光纤通信系统是由光发射机、光缆、光中继器及光接收机组成，如图 3-15 所示。

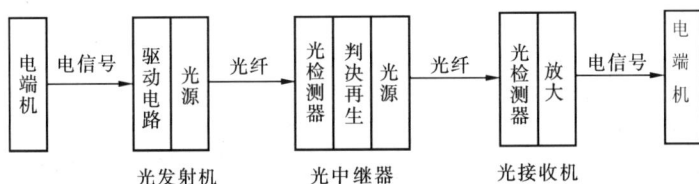

图 3-15 光纤通信系统的组成

图中，发送部分由电端机完成对信号处理形成电信号，再将电信号送至光发送端机经电光转换形成与电信号相适应的光信号。然后将光信号耦合到光纤中传输。接收部分由光接收机完成光电转换。光接收机的作用是将光纤传输的光信号经光检测器转变为电信号，再将这微弱的电信号经放大电路放大后送至电端机。由光缆组成光纤通信系统的传输线，其作用是传送光信号。光中继器主要由光检测器、判决再生和光源组成。它兼有收、发光端机两种功能。其作用主要是补偿光纤的损耗并消除信号失真。由于电端机有模拟电端机与数字电端机之分，对应的分为模拟光纤通信系统和数字光纤通信系统。目前实用的光纤通信系统，普遍采用数字编码，强度调制—直接检测通信系统。

图 3-15 所示的光纤通信系统框图对模拟或数字信号都适用。模拟光通信常用于非线性失真要求不高的地方。数字光纤通信系统中，由于信号为脉冲形状，因此光源的非线性对系统性能影响不大。数字光纤通信系统也具有数字电通信系统的所有优点。在现已建成的系统中，除少数专用光纤通信系统外，几乎所有公用及大多数专用光纤系统都使用数字式。数字光纤通信系统一般是指以传送数字话音为主的光纤通信系统，它主要由 PCM 终端设备、数字复用设备、光端机、光纤和光中继设备组成。

3.3.4 光纤和光缆

光纤是传输光信号的主要介质，因此研究光纤通信，首先应对光纤的结构与分类、光纤的传光原理以及光纤的有关特性有所了解。在实际的光纤通信线路中，为了保证光纤能在各种敷设条件下和各种环境中长期使用，就必须将光纤构成光缆。因此对常用光缆的结构也需有一定的了解。

一、光纤的结构和分类

光纤是由玻璃预制棒拉丝成纤维，它包含纤芯和包层，呈圆柱形。如图 3-16 所示，光纤纤芯的折射率 n_1 略高于包层的折射率 n_2。纤芯的直径 $2a$ 约 $5\sim75\mu m$，包层外径 $2b$ 约 $100\sim150\mu m$，光纤的材料多为纯净的二氧化硅纤维，也有多组分玻璃纤维和塑料纤维等；

光纤按照其折射率分布不同分为阶跃光纤（SIF）和渐变光纤（GIF）。按照传输模式多

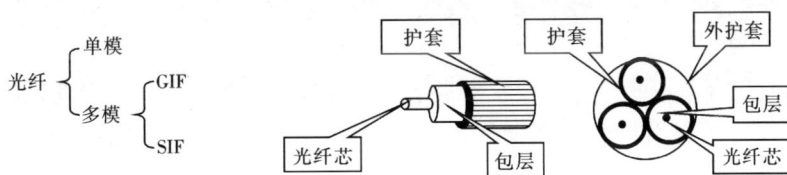

图 3-16 光纤结构

少分为单模光纤和多模光纤。当光在直径为几十倍光波波长的芯线中传播时，以各种不同角度进入光纤的光线，从一端传至另一端时折射或弯曲的次数不尽相同，这种不同角度的光线进入称为多模传输，可传输多模光波的光纤称为多模光纤。

如果光纤芯线的直径下降为几个波长（5～10μm），只能传输一种模式，即沿着芯线直线传播，这类光纤称为单模光纤。

多模光纤中传输光波的模式很多，阶跃和渐变光纤均属此类，其带宽不是很宽，适用于中小容量、中短距离通信。单模光纤中传输光波的模式仅一个，带宽极宽，适用于大容量、长距离通信。

二、光缆的结构

在实际的通信线路中将光纤制成不同结构形式的光缆，使其具备一定的机械强度，以承受敷设时所施加的张力，并能在各种环境条件下使用，并保证传输性能的稳定、可靠。光缆种类繁多，制造工艺复杂，通信网中常用的几种常用光缆基本结构如图 3-17 所示。

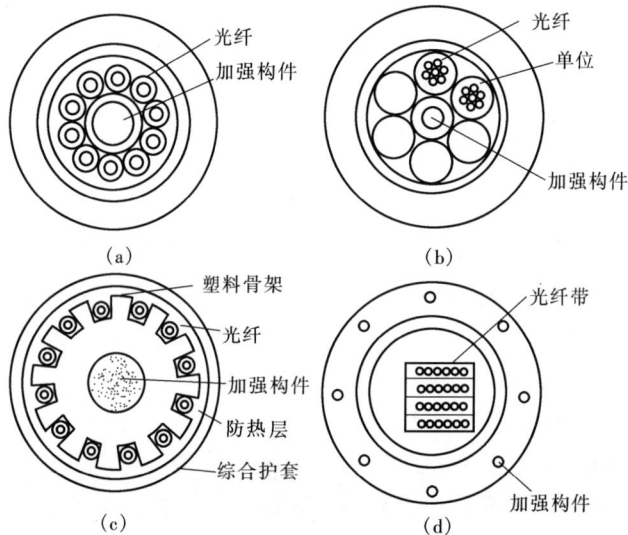

图 3-17　常用光缆的基本结构

(a) 层绞式光缆；(b) 单位式光缆；(c) 骨架式光缆；(d) 带状式光缆

1. 层绞式光缆

层绞式光缆是将若干根光纤芯线以强度元件为中心绞合在一起的一种结构。如图 3-17 (a) 所示，其特点是工艺简单成熟，成本较低，芯线数一般不超过 10 根。

2. 单位式光缆

单位式光缆是将几根至十几根光纤芯线集合成一个单位，再由数个单位以强度元件为中心绞合成缆，如图 3-17 (b) 所示，其芯线数一般适用于几十芯。

3. 骨架式光缆

骨架式光缆是将单根或多根光纤放入骨架的螺旋槽内，骨架中心是强度元件，骨架上的沟槽可以是 V 型、U 型或凹型，如图 3-17 (c) 所示。由于光纤在骨架沟槽内具有较大空间，因此当光纤受到张力时，可在槽内作一定的位移，从而减少了光纤芯线的应力应变和微变，这种光缆具有耐侧压、抗弯曲、抗拉的特点。

4. 带状式光缆

带状式光缆是将多根光纤芯线排列成行，构成带状光纤单元，再将多个带状单元按一定方式排列成缆，如图 3-17（d）所示。这种光缆的结构紧凑，集成密度高，此种结构可做成上千芯的高密度用户光缆。

不论光缆具体结构形式如何，都是由缆芯、加强元件和护套组成。

（1）缆芯：由光纤心线组成，一般分为单芯和多芯两种。

（2）加强元件：为使光缆能承受外界张力，便于敷设。通常在光缆中要加一根或多根加强元件，位于中心或分散在四周。加强元件的材料可用钢丝或非金属的合成纤维材料。

（3）护层：光缆的护层主要是对已形成的光缆的光纤心线起保护作用，避免受外部机械力和环境损坏。因此要求护层具有耐压力、防潮、耐高温、耐腐蚀、阻燃等特点。光缆的护层可分为外护层和内护层，内护层一般采用聚乙烯或聚氯乙烯等，外护层可根据敷设条件而定，要采用由铝带和聚乙烯组成的 LAP 外护套加钢丝铠装等。

三、光纤的传光原理

光波在光纤中传输的理论就是光纤原理，主要包括射线理论和模式理论。

射线理论是把光看作射线，应用光学中的反射和折射原理来解释光波在光纤中传播的物理现象。

模式理论是把光波当作电磁波，把光纤当作光波导，用电磁场分布的模式来解释光纤中的传播现象。用模式理论可以比较完整和全面地解释光波在光纤中的传播现象。

根据射线理论我们来分析光波在阶跃型光纤（SIF）中传输的原理，只要正确地选择入射角就可使光波被光纤完全捕获，以全反射的形式在光纤中传输到对方，如图 3-18（a）所示。

射线理论涉及的数学推导这里不再讨论，感兴趣的读者可参阅相关书籍。不是所有方向的光线都能注入光纤的，因为光纤是依靠全反射原理进行光能传输，所以只有在光纤传输的临界角 θ_{max}（θ_c）以内的光线可以进入光纤，超出这个范围的光线便折射而逸出，为了衡量光纤捕捉光线（光源发出的）的能力，常用光纤的数值孔径 NA 来描述。

所谓数值孔径，就是光纤接收角的一种表征。数值孔径角表征了光源和光纤的耦合效率，如图 3-19 所示。NA 表示光纤接收和传输光的能力，NA（或 θ_c）越大，光纤接收光的能力越强，从光源到光纤的耦合效率越高。对于无损耗光纤，在 θ_c 内的入射光都能在光纤中传输。NA 越大，纤芯对光能量的束缚越强，光

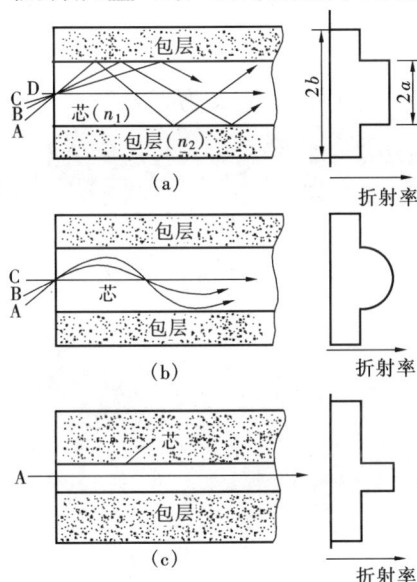

图 3-18　光传输基本原理

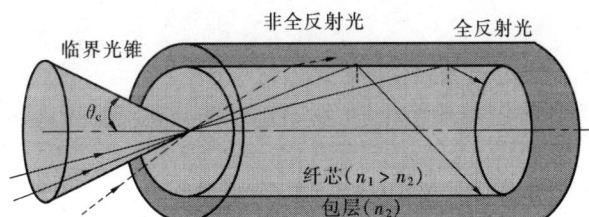

图 3-19　临界光锥与数值孔径

纤抗弯曲性能越好。但 NA 越大，经光纤传输后产生的信号畸变越大，因而限制了信息传输容量。所以要根据实际使用场合，选择适当的 NA。

$$NA = \sin\theta_c = \sqrt{n_1^2 - n_2^2} = n_1\sqrt{2\Delta} \quad \Delta = \frac{n_1 - n_2}{n_1} \qquad (3-3)$$

式中：Δ 为纤芯与包层的相对折射率差。

渐变型光纤（GIF）纤芯的折射率 n_1 沿半径 r 方向是变化的，随 r 的增加而按一定规律减小，即 n_1 是 r 的函数

$$n_1(r) = n_1(0)[1 - (r/a)^2\Delta]$$

式中：a 为光纤纤芯半径。包层中的折射率 $n_2 \leqslant n_1(r)$，且有 $n_1(0) = n_{max}$，$n_1(a) = n_2$，这样根据半径的不同，将纤芯分成若干层，当入射光线以入射角 θ 射入光纤纤芯后，由于纤芯中的折射指数是从 $n_{max} \rightarrow n_2$（由大变小），所以其折射线的折射角度将随 $n_1(r)$ 的减小（或 r 的增大）而逐渐增大。这样光线将如图 3-18（b）所示的轨迹，在接近包层的时几乎达到与轴线平行，转而逐渐向内折射完成一个纵向传输周期。由于渐变型多模光纤折射率分布是径向坐标 r 的函数，纤芯各点数值孔径不同，所以要定义局部数值孔径 $NA(r)$ 和最大数值孔径 NA_{max}。

$$NA(r) = \sqrt{n_1^2(r) - n_2^2} \qquad (3-4)$$

$$NA_{max} = \sqrt{n_1^2 - n_2^2} \qquad (3-5)$$

射线理论利用几何光学的方法对光线在光纤中的传播可以提供直观的图像，但对光纤的传输特性只能提供近似的结果。光波是电磁波，只能通过求解由麦克斯韦方程组导出的波动方程，分析电磁场的分布（传输模式）的性质，才能更准确地获得光纤的传输特性。一般可采用矢量解法，求解均匀光纤中的问题。其中涉及许多数学推导，这里不作详细推演，仅列出结果，不作要求，有兴趣的读者可参考有关文献。

与矩形波导类似，波导受限于最低频率成为截止频率，低于截止频率的电磁波不能在波导中传播。只有工作频率对应的波长小于截止波长的电磁波才能在波导中传播。

通常在光纤中传输的模式的数量很多，它与光的波长、光纤的结构（2a）、光纤的纤芯和包层的折射率（n_1、n_2）有关。这里引入一个参数 V（归一化频率），定义为

$$V = \frac{2\pi a}{\lambda}\sqrt{n_1^2 - n_2^2} = \frac{2\pi a}{\lambda}n_1\sqrt{2\Delta} \qquad (3-6)$$

V 值越大，能够传播的模式越多。可传播的模式数 $M \approx V^2/2$。特别要说明的一点是：当 $V \leqslant 2.405$ 时，光纤只能传输一个基模模式，其他模式均被截止。即实现了单模传输。满足单模传输条件的最小波长称为截止波长 λ_c，且

$$\lambda_c = \frac{2\pi a n_1\sqrt{2\Delta}}{2.405}\mu m \qquad (3-7)$$

四、光纤的传输特性

光纤的传输特性主要包括：光纤的损耗特性和光纤的色散特性。

（一）损耗特性

光波在光纤中传输，随着距离的增加光功率会逐渐下降，这就是光纤的传输损耗。光纤每单位长度的损耗，直接关系到光纤通信系统传输的距离。光纤的损耗包括吸收损耗和散射

损耗两大类，以吸收损耗为主。

吸收损耗是光波通过光纤时，有一部分光能变成热能，从而造成光功率的损失。吸收损耗包括杂质吸收、本征吸收以及原子缺陷吸收三种情况。造成吸收损耗的原因很多，但都与光纤材料有关。

散射损耗是由于光纤的材料、形状、折射率分布等的缺陷或不均匀，使光纤中传的光发生散射，由此产生的损耗称为散射损耗。综合以上两种损耗发现，损耗又与光波波段有关，在 $0.8 \sim 0.9\mu m$ 波段内，损耗约为 $2dB/km$ 左右，在 $1.31\mu m$ 损耗为 $0.5dB/km$，而在 $1.55\mu m$ 处损耗为 $0.2dB/km$。如图 3-20 所示。为了衡量损耗的大小，引入衰减系数 α。

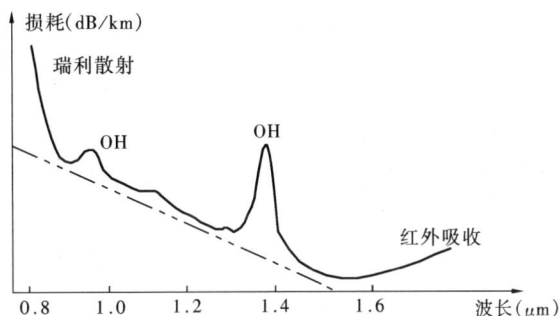

图 3-20　光纤损耗与波长的关系

衰减系数是在工程上设计光纤通信系统时，必须要用到的一个重要参数。它是指沿光纤传播方向光信号的损耗，是决定光纤中继段长度的重要因素。衰减量的大小通常用衰减系数 α 来表示，单位是 dB/km，其定义为

$$\alpha = \frac{10}{L} \lg \frac{P_i}{P_o} \tag{3-8}$$

式中：P_i 为输入光纤的光功率；P_o 为光纤输出的光功率；L 为光纤的长度（单位为 km）。

（二）色散特性

光纤的色散（Dispersion）是由于光纤所传信号的不同频率成分或不同模式成分的群速度不同，而引起信号畸变的现象。

光纤的色散会使光波信号传输后出现畸变。在传输数字信号时就表现为光波脉冲时间上展宽，即光脉冲的上升和下降时间拉长。严重时将使前后码元相互重叠，形成码间干扰。色散也随着传输距离的增加而愈发严重，从而限制了光纤传输的距离和码率。也就限制了信息传输容量。从脉冲展宽可折算频带宽度（MHz-km），这是表示码速限制和信息容量的另一侧面。所以说，色散、脉冲展宽和频带宽度表征的都是光纤的同一特性。色散对光纤传输系统的影响，在时域和频域的表示方法不同。如果信号是模拟调制的，色散限制带宽（Bandwith）；如果信号是数字脉冲，色散产生脉冲展宽（Pulse broadening）。所以，色散通常用 3dB 光带宽 f_{3dB} 或脉冲展宽 $\Delta\tau$ 表示。用脉冲展宽表示时，光纤色散可以写成：

$$\Delta\tau = (\Delta\tau_n^2 + \Delta\tau_m^2 + \Delta\tau_w^2)^{\frac{1}{2}} \tag{3-9}$$

式中：$\Delta\tau_n$、$\Delta\tau_m$、$\Delta\tau_w$ 分别为模式色散、材料色散和波导色散所引起的脉冲展宽的均方根值。

光纤色散主要包括模间色散和模内色散两类。

模间色散又称模式色散，是指在多模光纤中，不同的模式群速率不同，在传输相同距离时，产生时延差或脉冲展宽。

模内色散又称多色色散，是指每一个模式本身对多种波长的色散，主要是光纤的材料色

散和波导结构引起的色散。

材料色散——由于光源有一定的波谱宽度，光纤材料的折射率会随传输光波长而变化，对应不同的光频，折射率不同，传输速度也不同，从而产生的材料色散。

波导色散——由于光纤的结构、形状、相对折射率差等方面的原因，使光波的一部分在纤芯中传播，另一部分在包层中传播，由于包层和纤芯折射率不同，所以传输速度也不同，从而造成脉冲展宽，称为波导色散。

单模光纤中传导的模只有一个，如图 3-18（c）所示，因此不会产生模间色散。只有材料色散和波导色散。

模间色散对对光脉冲的影响要比材料色散大得多，所以，单模光纤的带宽要比多模光纤的带宽大得多。

研究表明，使脉冲信号的形状像反双曲余弦函数，可减少色散。一般来说，光纤三种色散的大小顺序是：模式色散＞材料色散＞波导色散

对于多模光纤，总色散等于三者相加，在限制带宽方面起主导作用的是模式色散，其他两个色散影响很小。对于单模光纤，因只有一个传输模式，故不存在模式色散，其总色散为材料色散和波导色散之和。对光纤用户来说，一般只关心光纤的总带宽或总色散。光纤光缆在出厂时，标明了光纤的总带宽或总色散。

3.3.5　光源和光发送机

一、光纤通信对光源的要求

在实际的光纤通信系统中，为了保障信息的传输质量，对通信光源提出了较高的要求。

（1）光源的发射光谱应该符合光纤的传输窗口，即发光波长应在光纤的损耗和色散最低的波长处。且光源的谱线宜窄；

（2）要有足够的输出功率以满足系统的要求；

（3）耦合效率高；

（4）电光转换效率高；

（5）可直接调制，光源和调制器便于耦合；

（6）工作寿命长、稳定性好（寿命$\geqslant 10^6$ 小时）；

（7）体积小、质量轻；

（8）可批量生产。

目前光纤通信用的光源主要有两种：一种是半导体发光二极管（LED），另一种是半导体激光二极管（LD）。

二、半导体激光二极管 LD

半导体激光器 LD 具有输出功率高、调制频带宽、发光谱线窄等特点，适用于长距离大容量的光纤通信系统。

（一）激光器的工作原理

半导体激光器的工作原理是向半导体 PN 结注入电流，实现粒子数反转分布，产生受激辐射，再利用谐振腔的正反馈，实现光放大而产生激光振荡输出激光。

1. 激光器的物理基础

（1）光子的概念。

光量子学说认为，光是由能量为 hf 的光量子组成的，其中 $h=6.628\times10^{-34}$ J · s（焦耳 ·

秒），称为普朗克常数，f 是光波频率，人们将这些光量子称为光子。当光与物质相互作用时，光子的能量作为一个整体被吸收或发射。

（2）原子能级。

物质是由原子组成，而原子是由原子核和核外电子构成。原子有不同稳定状态的能级。

最低的能级 E_1 称为基态，能量比基态大的所有其他能级 E_i（$i=2$，3，4，…）都称为激发态。当电子从较高能级 E_2 跃迁至较低能级 E_1 时，其能级间的能量差为 $\Delta E=E_2-E_1$，并以光子的形式释放出来，这个能量差与辐射光的频率 f_{12} 之间有以下关系式

$$\Delta E = E_2 - E_1 = hf_{12} \tag{3-10}$$

式中：h 为普朗克常数；f_{12} 为吸收或辐射的光子频率。

当处于低能级 E_1 的电子受到一个光子能量 $\Delta E=hf_{12}$ 的光照射时，该能量被吸收，使原子中的电子激发到较高的能级 E_2 上去。光纤通信用的发光元件和光检测元件就是利用这两种现象。

（3）光与物质的三种作用形式。光与物质的相互作用，可以归结为光与原子的相互作用，将发生受激吸收、自发辐射、受激辐射三种物理过程，如图 3-21 所示。

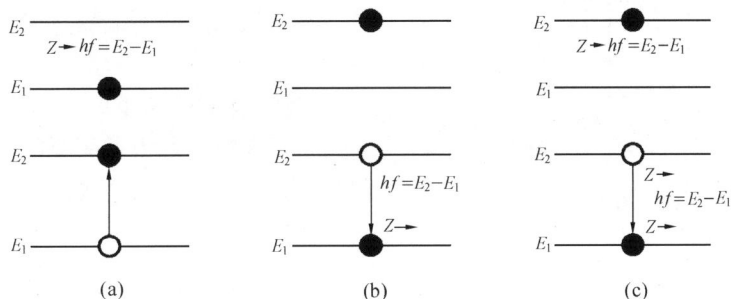

图 3-21　能级和电子跃迁

（a）受激吸收；（b）自发辐射；（c）受激辐射

1）在正常状态下，电子通常处于低能级（即基态）E_1，在入射光的作用下，电子吸收光子的能量后跃迁到高能级（即激发态）E_2，产生光电流，这种跃迁称为受激吸收，如光电检测器。

2）处于高能级 E_2 上的电子是不稳定的，即使没有外界的作用，也会自发地跃迁到低能级 E_1 上与空穴复合，释放的能量转换为光子辐射出去，这种跃迁称为自发辐射，如发光二极管。

3）在高能级 E_2 上的电子，受到能量为 hf_{12} 的外来光子激发时，使电子被迫跃迁到低能级 E_1 上与空穴复合，同时释放出一个与激光发光同频率、同相位、同方向的光子（称为全同光子）。由于这个过程是在外来光子的激发下产生的，所以这种跃迁称为受激辐射，如激光器。

注：受激辐射光为相干光，自发辐射光是非相干光。

（4）粒子数反转分布与光的放大。受激辐射是产生激光的关键。如设低能级上的粒子密度为 N_1，高能级上的粒子密度为 N_2，在正常状态下，$N_1 > N_2$，总是受激吸收大于受激辐射。即在热平衡条件下，物质不可能有光的放大作用。

要想物质产生光的放大，就必须使受激辐射大于受激吸收，即使 $N_2 > N_1$ （高能级上的电子数多于低能级上的电子数），这种粒子数的反常态分布称为粒子（电子）数反转分布。粒子数反转分布状态是使物质产生光放大而发光的首要条件。

2. 激光器的工作原理

激光器正常工作的必要条件如下：

必须有产生激光的工作物质（激活物质）；即处于粒子数反转分布状态的工作物质，称为激活物质或增益物质，它是产生激光的必要条件。

必须有能够使工作物质处于粒子数反转分布状态的激励源（泵浦源）；使工作物质产生粒子数反转分布的外界激励源，称为泵浦源。物质在泵浦源的作用下，使得 $N_2 > N_1$，从而受激辐射大于受激吸收，有光的放大作用。这时的工作物质已被激活，成为激活物质或增益物质。

必须有能够完成频率选择及反馈作用的光学谐振腔。激活物质只能使光放大，只有把激活物质置于光学谐振腔中，以提供必要的反馈及对光的频率和方向进行选择，才能获得连续的光放大和激光振荡输出。激活物质和光学谐振腔是产生激光振荡的必要条件。

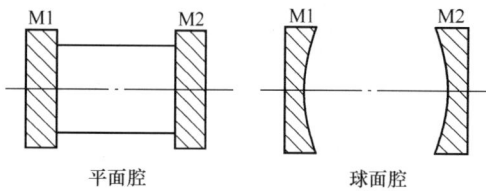

图 3-22　光学谐振腔的结构

（1）光学谐振腔的结构。

在激活物质的两端的适当位置，放置两个反射率分别为 R_1 和 R_2 的平行反射镜 M1 和 M2，就构成了最简单的光学谐振腔。如果反射镜是平面镜，称为平面腔；如果反射镜是球面镜，则称为球面腔，如图 3-22 所示。对于两个反射镜，要求其中一个能全反射，另一个为部分反射。

（2）谐振腔产生激光振荡过程。

图 3-23 所示，当工作物质在泵浦源的作用下，已实现粒子数反转分布，即可产生自发辐射。如果自发辐射的方向不与光学谐振腔轴线平行，就被反射出谐振腔。只有与谐振腔轴线平行的自发辐射才能存在，继续前进。当它遇到一个高能级上的粒子时，将使之感应产生受激跃迁，在从高能级跃迁到低能级中放出一个全同的光子，为受激辐射。这两个光子继续运动，在激活物质中穿行。当受激辐射光在谐振腔内来回反射一次，相位的改变量正好是 2π 的整数倍时，则向同一方向传播的若干受激辐射光相互加强，产生谐振。达到一定强度后，就从部分反射镜 M2 透射出来，形成一束笔直的激光。当达到平衡时，受激辐射光在谐振腔中每往返一次由放大所得的能量，恰好抵消所消耗的能量时，激光器将保持稳定的输出。

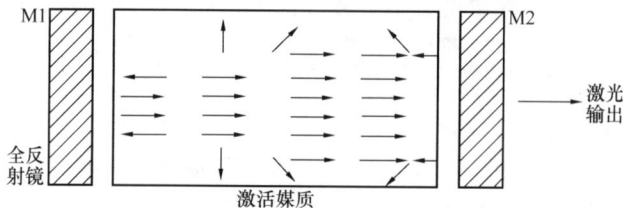

图 3-23　激光器示意图

（3）谐振腔的谐振条件与谐振频率。

设谐振腔的长度为 L，则谐振腔的谐振条件为

$$\lambda = \frac{2nL}{q} \tag{3-11}$$

或

$$f = \frac{c}{\lambda} = \frac{cq}{2nL} \tag{3-12}$$

式中：c 为光在真空中的速度；λ 为激光波长；n 为激活物质的折射率；L 为光学谐振腔的腔长，$q=1，2，3，\cdots$，称为纵模模数。

谐振腔只对满足式（3-11）的光波波长或式（3-12）的光波频率提供正反馈，使之在腔中互相加强产生谐振形成激光。

（4）激光器起振的阈值条件。

激光器能产生激光振荡的最低限度称为激光器的阈值条件。其起振的阈值条件是

$$G_{th} = \alpha - \frac{1}{2L}\ln(R_1 \times R_2) \tag{3-13}$$

式中：G_{th} 为阈值增益系数；α 为谐振腔内激活物质的损耗系数；L 为谐振腔的长度；R_1，$R_2 < 1$ 为谐振腔两个反射镜的反射率。

3. 半导体中光的发射原理

（1）半导体的能带结构。

半导体是由大量原子周期性有序排列构成的共价晶体，其原子最外层电子轨道互相重叠，从而使其分立的能级形成了能级连续分布的能带。根据能带能量的高低，有导带、禁带和价带之分。能量低的能带是价带，相对应于原子最外层电子（价电子）所填充的能带，处在价带的电子被原子束缚，不能参与导电。价带中电子在外界能量作用下，可以克服原子的束缚，被激发到能量更高的导带之中去，成为自由电子，可以参与导电。处在导带底 E_c 与价带顶 E_v 之间的能带不能为电子所占据，称为禁带，其能带宽度称为带隙 $E_g(E_g = E_c - E_v)$。半导体光源的核心是 PN 结。将 P 型半导体与 N 型半导体相接触就形成 PN 结。本征半导体中掺入施主杂质形成 N 型半导体，过剩的电子占据本征半导体中空的导带，处在高能级的电子增多，其费米能级就较本征半导体的要高。当杂质浓度增大时，费米能级向导带移动，在重掺杂情况下，费米能级可以进入导带，称为兼并型 N 型半导体。

本征半导体中掺入受主杂质形成 P 型半导体，其费米能级就较本征半导体的要低，当杂质浓度增大时，费米能级向价带移动，在重掺杂情况下，费米能级可以进入价带，称为兼并型 P 型半导体，如图 3-24 所示。

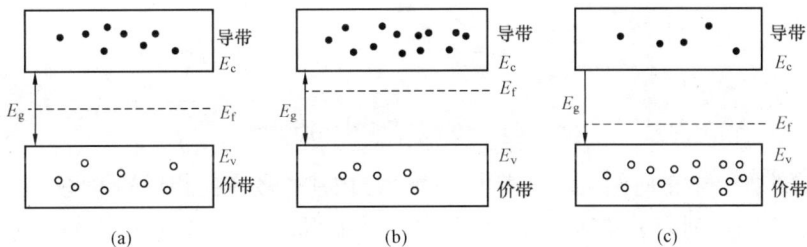

图 3-24　半导体能带图

（a）本征半导体；（b）N 型半导体；（c）P 型半导体

（2）半导体 PN 结光源。

在形成 PN 结之前，重掺杂的 N 型半导体和 P 型半导体的能带分布如图 3-25（a）所示，费米能级分别进入导带和价带。由于选用同种材料，N 型半导体和 P 型半导体的禁带宽度大致相同。当 P 型半导体与 N 型半导体相接触形成 PN 结时，由于存在电子与空穴的浓度差，电子从 N 区向 P 区扩散，空穴从 P 区向 N 区扩散，因此使 N 区的费米能级降低，P 区的费米能级升高。当 P 区的空穴扩散到 N 区后，在 P 区留下带负电的离子，形成一个带负电荷区域；当 N 区的电子扩散到 P 区后，在 N 区留下带正电的离子，形成一个带正电荷区域。由于这两个正负电荷区域的存在，出现了一个由 N 区指向 P 区的电场，称为内建电场，如图 3-25（b）所示。在内建电场作用下，出现了电子从 P 区向 N 区移动、空穴从 N 区向 P 区移动的与扩散相反的漂移运动。同时，内建电场使 P 区与 N 区出现势垒，阻止电子从 N 区向 P 区的扩散。开始时，扩散运动占优势，但随着内建电场的加强，势垒的增高，漂移运动也不断加强，最后漂移运动完全抵消了扩散运动，达到了动态平衡，宏观上没有电流流过 PN 结。这时 N 区与 P 区的费米能级达到相等，从而使 PN 结的能带发生弯曲，如图 3-25（c）所示。PN 结外加一个足够大的正向偏压（即 P 接正、N 接负），P 区内的空穴大量注入 N 区，N 区的电子大量注入 P 区，这样，在 P 区与 N 区靠近界面的地方就产生了复合发光。PN 结在正向偏置时，N 区的电子及 P 区的空穴会克服内建电场的阻挡作用，穿过结区（扩散运动超过漂移运动），从 P 区到 N 区产生净电流。电子与空穴在扩散运动中产生复合作用，释放出光能，实现发光。这种发光是一种自发辐射，所以发出的是荧光。由于这种发光是正向偏置把电子注入到结区的，又称为电致发光。这就是发光二极管的工作原理。

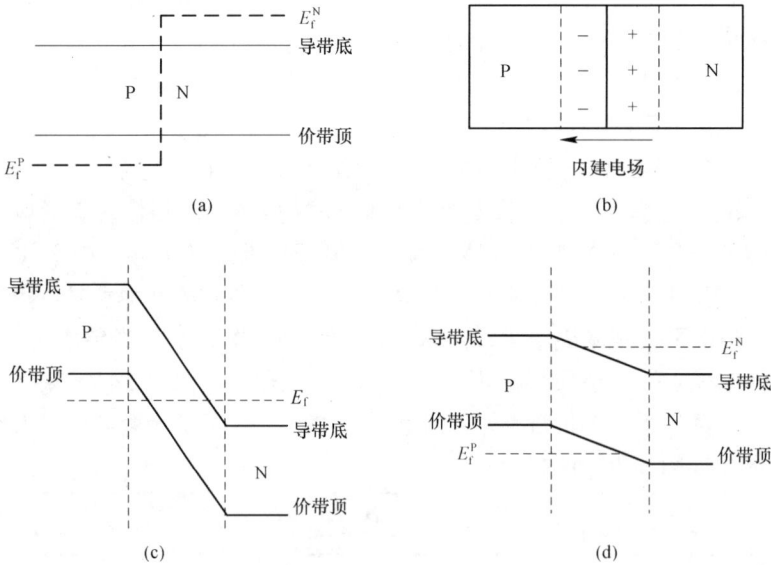

图 3-25　重掺杂下 PN 结能带图

当 PN 结外加一个正向偏压时，产生了一个与内建电场方向相反的电场，这个电场减弱了内建电场的影响，削弱了漂移运动，使扩散运动加强，整个 PN 结的平衡状态被打破，原来统一的费米能级发生分离，出现了 P 区和 N 区的两个准费米能级 E_f^P、E_f^N，如图 3-25（d）所示。这时，在 PN 结区，导带主要由电子占据，价带主要由空穴占据，即实现了粒子数反转分布的区域，称为有源区，这个有源区可以实现光的放大作用。由自发辐射产生的光子，在有源区由于受激辐射将不断得到放大。同时，如果利用半导体材料晶体的天然解理面构造光学谐振腔，那么，在有源区的放大补偿了各种损耗后，就会有稳定的激光输出，这就是半导体激光器的基本原理。

（二）常用半导体激光器

1. 半导体激光器的基本结构和工作原理

在半导体激光器中，从光振荡的形式上看，有两种方式构成的激光器：F-P 腔激光器和分布反馈型（DFB）激光器。F-P 腔激光器从结构上可分为 3 种，如图 3-26 所示。

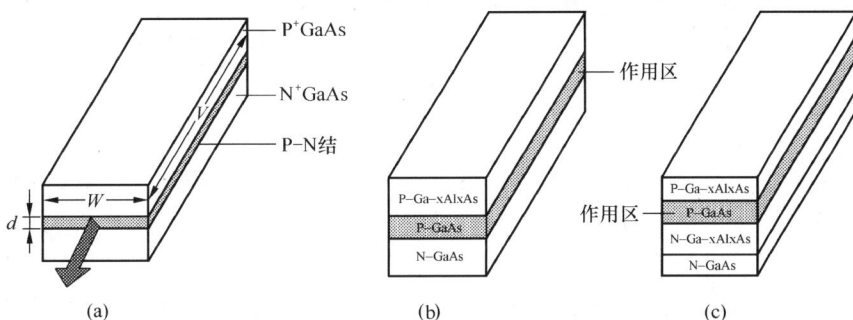

图 3-26　半导体激光器的结构示意图
(a) 同质结半导体激光器；(b) 单异质结半导体激光器；(c) 双异质结半导体激光器

（1）同质结半导体激光器。

其核心部分是一个 PN 结，由结区发出激光。缺点是阈值电流高，且不能在室温下连续工作，不能使用。

（2）异质半导体激光器。

异质半导体激光器包括单异质和双异质半导体激光器两种。

异质半导体激光器的"结"是由不同的半导体材料制成的，目的是降低阈值电流，提高效率。异质半导体的特点是对电子和光子产生限制作用，减少了注入电流，增加了发光强度。目前，光纤通信用的激光器大多采用如图 3-27 所示的铟镓砷磷（InGaAsP）双异质结条形激光器。n-InGaAsP 是发光的作用区，其上、下两层称为限制层，

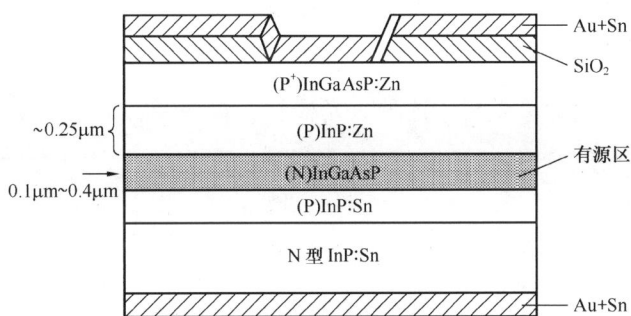

图 3-27　InGaAsP 双异质结条形激光器的基本结构

它们和作用区构成光学谐振腔。限制层和作用层之间形成异质结。最下面一层 n-InP 是衬底，顶层 P^+-InGaAsP 是接触层，其作用是为了改善和金属电极的接触。

（3）工作原理。

用半导体材料做成的激光器，当激光器的 PN 结上外加的正向偏压足够大时，将使得 PN 结的结区出现了高能级粒子多、低能级粒子少的分布状态，这即是粒子数反转分布状

态，这种状态将出现受激辐射大于受激吸收的情况，可产生光的放大作用。被放大的光在由 PN 结构成的 F-P 光学谐振腔（谐振腔的两个反射镜是由半导体材料的天然解理面形成的）中来回反射，不断增强，当满足阈值条件后，即可发出激光。

2. 半导体激光器的工作特性

（1）发射波长。半导体激光器的发射波长取决于导带的电子跃迁到价带时所释放出的能量，这个能量近似等于禁带宽度 $Eg(eV)$，由式（3-10）得

$$Eg(eV) = hf \tag{3-14}$$

式中：$f = c/\lambda$，$f(Hz)$ 和 $\lambda(\mu m)$ 分别为发射光的频率和波长，$c = 3 \times 10^8 m/s$，$h = 6.628 \times 10^{-34} J \cdot s$ 为普朗克常数，$leV = 1.60 \times 10^{-19} J$ 为电子伏特，代入式（3-14）得

$$\lambda = \frac{1.24}{Eg(eV)} (\mu m) \tag{3-15}$$

由于能隙与半导体材料的成分及其含量有关，因此根据这个原理可以制成不同发射波长的激光器。目前使用的半导体激光器材料有 GaAlAs-GaAs 材料（适用于 $0.85\mu m$ 波段）和 InGaAsP-InP 材料（适用于 $1.31 \sim 1.55\mu m$ 波段）。

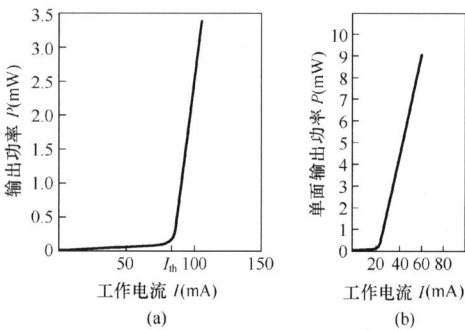

图 3-28　典型半导体激光器的输出特性曲线
（a）短波长 GaAlAs-GaAs；（b）长波长 InGaAsP-InP

（2）阈值特性。对于 LD，当外加正向电流达到某一数值时，输出光功率急剧增加，这时将产生激光振荡，这个电流称为阈值电流，用 I_{th} 表示。如图 3-28 所示，阈值电流越小越好。

（3）光谱特性。LD 的光谱随着激励电流的变化而变化。当 $I < I_{th}$ 时，发出的是荧光，光谱很宽，如图 3-29（a）所示。当 $I > I_{th}$ 后，发射光谱突然变窄，谱线中心强度急剧增加，表明发出激光，如图 3-29（b）所示。

随着驱动电流的增加，纵模模数逐渐减少，谱线宽度变窄。当驱动电流足够大时，多纵模变为单纵模，这种激光器称为静态单纵模激光器。当普通激光器工作在直流或低码

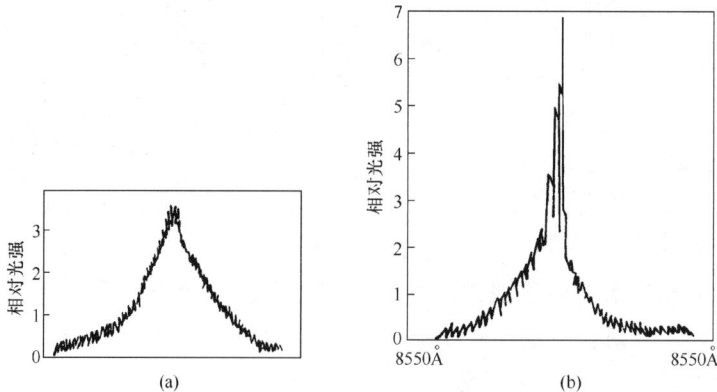

图 3-29　GaAlAs-GaAs 激光器的光谱
（a）低于阈值时；（b）高于阈值时

速情况下，它具有良好的单纵模谱线，所对应的光谱只有一根谱线，如图 3-30（a）所示。而在高码速调制情况下，其线谱呈现多纵模谱线，如图 3-30（b）所示。即该激光器在直流或低码速时为单纵模，但高码速调制时为多纵模。

一般，用 F-P 谐振腔可以得到的是直流驱动的静态单纵模激光器，要得到高速数字调制的动态单纵模激光器，必须改变激光器的结构，如分布反馈半导体激光器（DFB-LD）。

（4）转换效率。半导体激光器的电光功率转换效率常用微分量子效率 η_d 表示，其定义为激光器达到阈值后，输出光子数的增量与注入电子数的增量之比，其表达式为

$$\eta_d = \frac{(P-P_{th})/hf}{(I-I_{th})/e} = \frac{P-P_{th}}{I-I_{th}} \times \frac{e}{hf} \tag{3-16}$$

由此得

$$P = P_{th} + \frac{\eta_d hf}{e}(I-I_{th}) \tag{3-17}$$

式中：P 为激光器的输出光功率；I 为激光器的输出驱动电流；P_{th} 为激光器的阈值功率；I_{th} 为激光器的阈值电流；hf 为光子能量；e 为电子电荷。

（5）温度特性。激光器的阈值电流和输出光功率随温度变化的特性为温度特性。阈值电流随温度的升高而加大，其变化情况如图 3-31 所示。

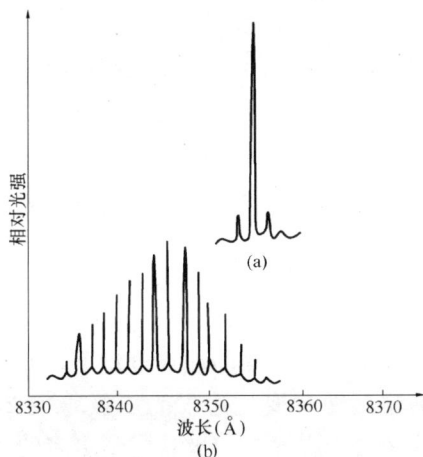

图 3-30　GaAlAs-GaAs 激光器的输出光谱
（a）单纵模输出光谱；（b）多纵模输出光谱

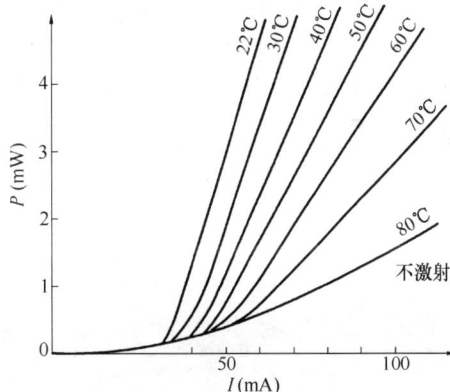

图 3-31　激光器阈值电流随温度变化的曲线

三、发光二极管 LED

发光二极管（LED）适用于短距离、低码速的数字光纤通信系统，或者是模拟光纤通信系统。其制造工艺简单、成本低、可靠性好。

1. LED 的工作原理

发光二极管（LED）是非相干光源，是无阈值器件，它的基本工作原理是自发辐射。发光二极管与半导体激光器在材料、异质结构上差别不大，所不同的是：发光二极管没有光学谐振腔，不能形成激光。仅限于自发辐射，所发出的是荧光，是非相干光。半导体激光器是

受激辐射，发出的是相干光。

2. LED 的结构

LED 的结构也与 LD 相似，多采用双异质结芯片，构成材料主要有 GaAs，InGaAsP，AlGaAs 等，不同的是 LED 没有解理面，即没有光学谐振腔。由于不是激光振荡，所以没有阈值。

LED 分为两大类：一类是面发光二极管，另一类是边发光二极管，其结构示意图如图 3-32 所示。

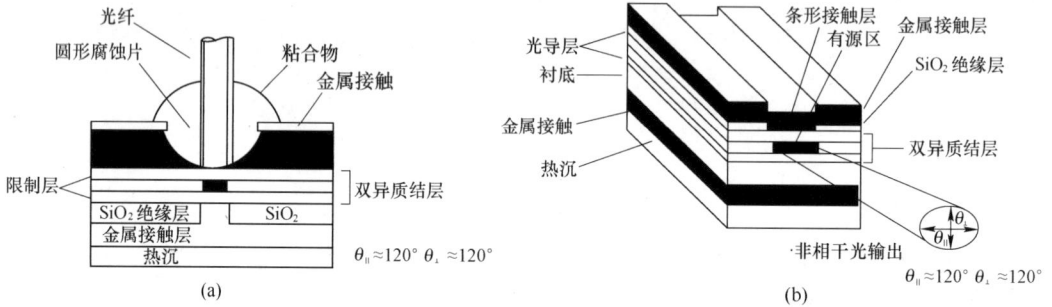

图 3-32   常用的两类发光二极管的结构
（a）面发光二极管的结构；（b）边发光二极管的结构

3. LED 的工作特性

（1）光谱特性。LED 谱线宽度 Δλ 比激光器宽得多，一般短波长 GaAlAs-GaAs LED 的谱线宽度约为 30~50nm，长波长 InGaAsPInP 发光二极管的谱线宽度约为 50~120nm。图 3-33 所示为 InGaAsP LED 的输出光谱。

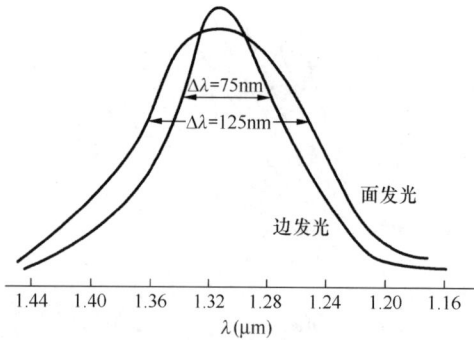

图 3-33   InGaAsP LED 的发光光谱

（2）输出光功率特性。两种类型的 LED 输出光功率特性如图 3-34（a）所示。驱动电流 I 较小时，$P\text{-}I$ 曲线的线性较好；当 I 过大时，由于 PN 结发热而产生饱和现象，使 $P\text{-}I$ 曲线的斜率减小。在同样的注入电流下，面发光二极管的输出功率要比边发光二极管大 2.5~3 倍，这是由于边发光二极管受到更多的吸收和界面复合的影响。在通常应用条件下，发光二极管的工作电流为 50~150mA，输出功率为几个毫瓦，但因其与光纤的耦合效率很低，入纤功率要小得多。

（3）温度特性。温度对发光二极管的 $P\text{-}I$ 特性也有影响，当温度升高时，同一电流下的发射功率要降低，如图 3-34（b）所示。发光二极管的温度特性相对较好，在实际应用中，一般可以不加温度控制。

（4）耦合效率。LED 发射出的光束的发散角较大，与光纤的耦合效率较低。一般只适于短距离传输。

（5）调制特性。调制频率较低。在一般工作条件下，面发光型 LED 截止频率为 20~

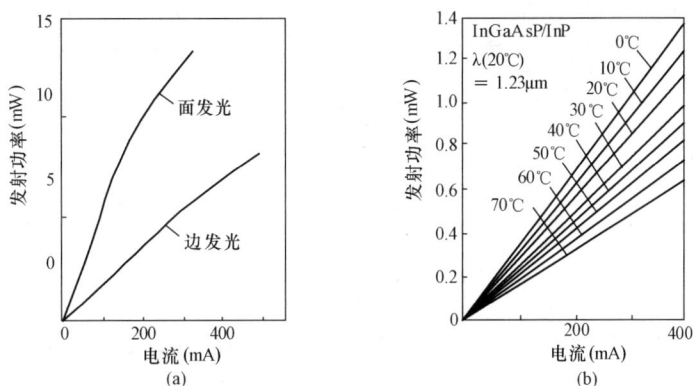

图 3-34　发光二极管的 P-I 特性及温度特性
(a) 输出光功率特性；(b) 温度特性

30MHz，边发光型 LED 截止频率为 $100\sim150$MHz。

综上所述，LED 与 LD 相比，LED 输出光功率较小，谱线宽度较宽，调制频率较低。但 LED 性能稳定，寿命长，使用简单，输出光功率线性范围宽，而且制造工艺简单，价格低廉。

LED 通常和多模光纤耦合，用于 $1.31\mu m$ 或 $0.85\mu m$ 波长的小容量、短距离的光通信系统。LD 通常和单模光纤耦合，用于 $1.31\mu m$ 或 $1.55\mu m$ 波长的大容量、长距离光通信系统。分布反馈半导体激光器（DFB-LD）主要也和单模光纤或特殊设计的单模光纤耦合，用于 $1.55\mu m$ 超大容量的新型光纤系统，这是目前光纤通信发展的主要趋势。

四、光发送机

光发送机的作用是将电信号变成适合于光纤传输的光信号，送入光纤中传输出去。

（一）光发送机组成

如图 3-35 所示，强—直光纤通信系统（PCM-IM）数字光发送机组成原理框图。各部分主要完成以下功能。

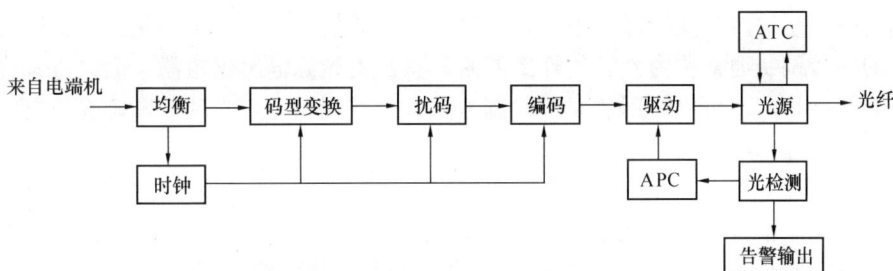

图 3-35　光发送机组成原理框图

（1）均衡：将 PCM 端机送来的 HDB_3 或 CMI 码流进行均衡，用于补偿由电缆传输产生的衰减和失真。

（2）码型变换：由均衡器输出的 HDB_3 或 CMI 码经码型变换电路变换以便适合光路传输，可将其变换为非归零码（即 NRZ 码）。

（3）扰码：为避免码流中出现长连"0"或长连"1"的情况，需加上扰码电路，它可以有规律地"破坏"长连"0"或长连"1"的码流，使0、1等概率出现。

（4）时钟提取：时钟提取电路提取时钟信号，供给码型变换和扰码电路使用。

（5）编码：对经过扰码以后的信码流进行信道编码，以便于不间断业务的误码监测、区间通信联络、监控及克服直流分量的波动。使之成为适合光纤线路传送的线路码型。

（6）驱动电路：用经过编码以后的数字信号来调制发光器件的发光强度，完成电/光变换任务。

（7）自动光功率控制电路（APC）：其作用是稳定光输出功率。

（8）自动温度控制电路（ATC）：半导体光源的特性会随着温度的变化而发生变化，尤其是LD，随着温度的升高，阈值电流增加，发光功率降低。在实际使用当中，必须对这些影响进行控制，以保证器件工作状态的稳定、可靠。ATC电路用以进行光源的温度补偿。

（9）其他保护、监测电路：监测光电二极管用于检测激光器发出的光功率，经放大器放大后控制激光器的偏置电流，使其输出的平均功率保持恒定。当光发射机电路出现故障时，或输入信号中断，告警电路发出告警指示。

（10）光源：是光发送机的核心，它是组成光纤通信系统的重要器件。目前光纤通信用的光源主要有两种，分别是半导体发光二极管（LED）和半导体激光二极管（LD）。

（二）光调制

实现光纤通信，首先要解决的问题是如何将电信号加载到光源的发射光束上变成光信号，即需要进行光调制。根据调制与光源的关系，光源的调制可以分为直接调制和间接调制两大类。从调制信号的形式来说，光源的调制又可分为模拟信号调制和数字信号调制。

1. 直接调制与间接调制

光源的直接调制又称为光源的内部调制，它将调制信号直接作用在光源上，把要传送的信息转变为电信号注入LD或LED，获得相应的光信号。直接调制具有简单、经济、容易实现等优点，是目前光纤通信系统中广泛采用的调制方式。但在高码速下采用这种调制方式时，其瞬态特性会出现许多复杂现象，将使光源的性能变坏，如使光源的动态谱线变宽，造成在传输时色散增加，导致光纤中所传脉冲波形展宽，限制了光纤的传输容量。因此，在高速强度调制—直接检波的光纤通信系统，或外差光纤通信系统中，可采用光源的间接调制。

光源的间接调制通常称为光源的外部调制，它是由光源输出恒定激光后，外加光调制器对光进行调制。目前，可以使用的间接调制方式有电光调制、声光调制和磁光调制。电光调制最容易实现，在光纤通信系统广泛使用。

2. 模拟信号与数字信号的直接调制

模拟信号调制是直接用模拟信号对光源进行调制，这类调制要考虑到非线性失真的问题。数字信号调制是直接用数字信号对光源进行调制，数字信号的"1"码是有光的状态，而"0"码是无光的状态。图3-36所示为发光二极管的调制原理图。

图3-37所示为半导体激光器的直接调制的原理图。与发光二极管的调制不同的是，由于存在阈值电流，在实际的调制电路中，为提高响应速度及不失真，需要进行直流偏置处理。

在高速调制情况下，半导体激光器会出现许多复杂动态性质，如出现电光延迟、张弛振荡和自脉动等现象。这些特性会对系统传输速率和通信质量带来影响。

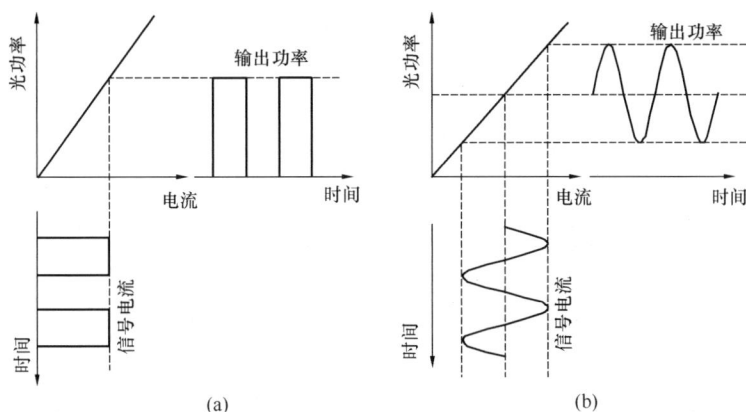

图 3-36　发光二极管的调制原理图
（a）数字调制；（b）模拟调制

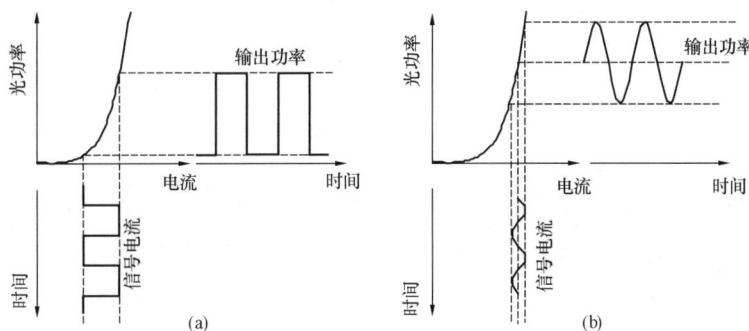

图 3-37　激光二极管的调制原理图
（a）数字调制；（b）模拟调制

3. 调制电路

光源的调制电路也称为驱动电路，光源的驱动就是根据输入的电信号产生相应的光信号的过程。根据器件不同、调制方式的不同、输入信号类型的不同，都会有不同的驱动方式。实际光纤通信系统中主要采用直接改变光源注入电流的内调制方式，使发出光信号的强度随输入电信号的变化而变化。这种内调制的驱动就是使光源的注入电流随着输入信号的变化而变化，从而使光源发出的光携带有输入电信号的特性。当然，对于 LED 与 LD 由于 P-I 特性存在差异，它们的驱动电路也就不同。

（1）LED 的驱动。LED 作为数字系统光源时，驱动电路要求提供几十到几百毫安的"开"、"关"电流。由于发光二极管的特性曲线比较平直，温度对光功率的影响也不严重，因此它的驱动电路一般比较简单，不需要复杂的温度控制和功率控制。图 3-38 所示为 LED 的三种典型的数字调制驱动电路，适用于不同的应用场合。

（2）LD 的驱动。与 LED 相比，LD 的驱动要复杂得多。尤其在高速调制系统中，驱动条件的选择、调制电路的形式和工艺、激光器的控制等都对调制性能至关重要。偏置电流的选择直接影响 LD 的高速调制特性。偏置电流的选择要兼顾电光延迟、张弛振荡、码型效应以及消光比等各种因素。图 3-39 所示为已应用在 44.7Mbit/s 的光发射机的 LD 驱动电路。

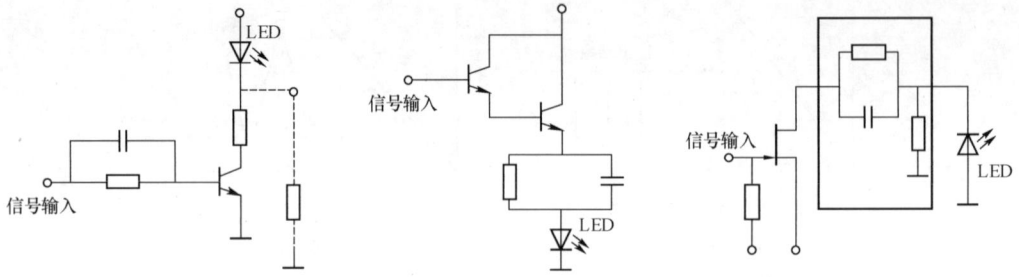

图 3-38 LED数字调制电路

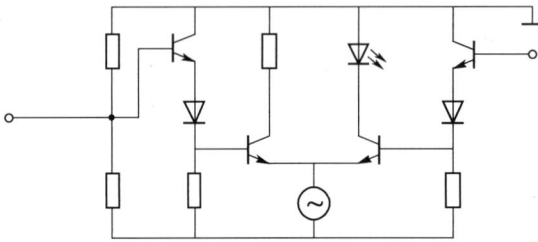

图 3-39 LD驱动电路

(三) 光发射机的指标

1. 合适的输出光功率

光发射机的输出光功率，通常是指耦合进光纤的功率，也称入纤功率。入纤功率越大，可通信的距离就越长，但光功率太大会使系统工作在非线性状态。光源应有合适的输出功率，一般在0.01~5mW。

2. 消光比 E_{xt}

消光比是指全 0 码时的平均光功率 P_0 与全 1 码时的平均光功率 P_1 之比。期望在全 0 码时没有光功率输出，否则它将使光纤系统产生噪声，使接收机灵敏度降低。一般要求 E_{xt} ≤10%。

3. 调制特性

所谓调制特性好，即要求调制效率和调制频率要高，以满足大容量、高速率光纤通信系统的需要。除此之外，要求电路尽量简单、成本低、光源寿命长等等。

3.3.6 光电检测器和光接收机

一、光电检测器

光电检测器的作用是检测光信号并将其转换为电信号。目前在光纤通信中广泛使用的光电检波器是半导体光电二极管，它具有尺寸小、灵敏度高、响应速度快以及工作寿命长等优点。光检测器也有两种：一种是 PIN 型光电二极管；另一种是 APD 雪崩光电二极管。它们都是加反向偏压的光/电转换器件。不同的是 APD 不仅有光/电转换作用，而且，因其有雪崩效应，还有内部放大作用。光纤通信系统对光电检测器有如下要求：

(1) 对系统工作波长响应度高，即光电检测器转变光功率为电流的效率高。

(2) 对光脉冲响应速度快，即响应时间短，或者说频带宽。

(3) 附加噪声小。

(4) 寿命长，性能稳定。

二、PIN 光电二极管

半导体光电检测器是利用半导体的光电效应制成的。半导体材料的光电效应是指当光照射到半导体的 PN 结上，若入射光子能量 hf 小于禁带宽度 E_g 时，不论入射光有多强，光电效应也不会发生，只有当光子能量 hf 大于禁带宽度 E_g 时，则半导体材料中价带的电子吸收光子能量，从价带越过禁带到达导带，在导带中出现光电子，在价带中出现光空穴，形成光电子—空穴对，又称作光生载流子，如图 3-40（a）所示。光生载流子在外加偏压和内建电场的作用下，电子向 N 区漂移，空穴向 P 区漂移，这样在外电路中出现光电流，如图 3-40（b）所示。由以上结论可知，产生光电效应必须满足以下条件

$$hf \geqslant E_g \qquad (3-18)$$

即光频 $f_c < E_g/h$ 的入射光是不能产生光电效应的，将 f_c 转换为波长，则 $\lambda_c = hc/E_g$。即只有波长 $\lambda < \lambda_c$ 的入射光，才能使这种材料产生光生载流子，故 λ_c 为产生光电效应的入射光的最大波长，又称为截止波长，相应的 f_c 称为截止频率。

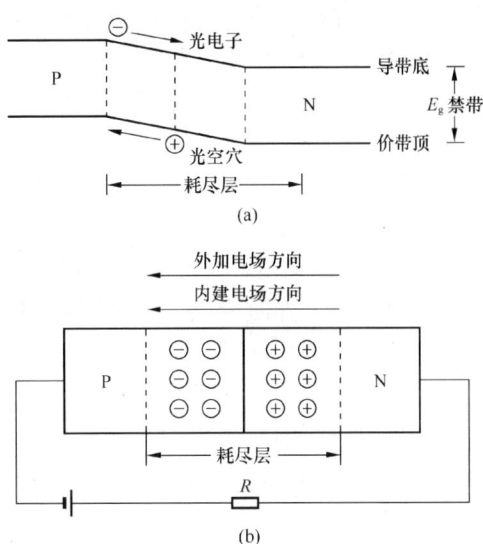

图 3-40　半导体材料的光电效应

利用光电效应可以制造出简单的 PN 结光电二极管。但其相应速度低，光电转换效率低，无法降低暗电流，器件的稳定性也差。实际应用中需要在 P 型、N 型半导体之间，加一层轻掺杂的 N 型材料来改善光检测的性能，如 PIN 光电二极管。

PIN 光电二极管是在掺杂浓度很高的 P 型、N 型半导体之间，加一层轻掺杂的 N 型材料，称为 I（Intrinsic，本征的）层。由于是轻掺杂，电子浓度很低，经扩散后形成一个很宽的耗尽层，如图 3-41（a）所示。这样可以提高其响应速度和转换效率，结构示意图如图 3-41（b）所示。

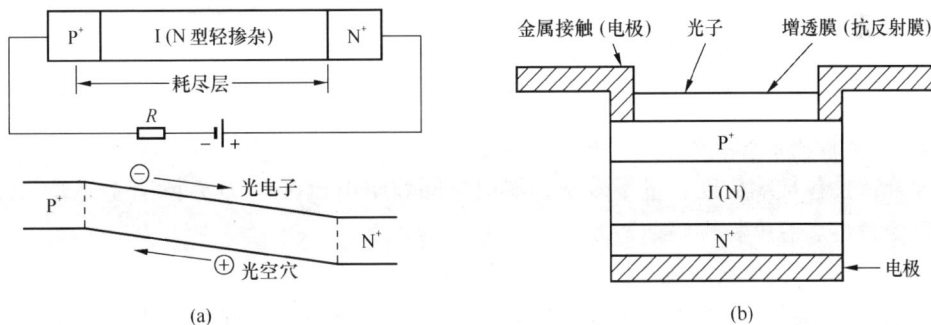

图 3-41　PIN 光电二极管
（a）能带图；（b）结构示意图

三、雪崩光电二极管

雪崩光电二极管（Avalanche Photo Diode，APD）。它不但具有光/电转换作用，而且具有内部放大作用，其放大作用是靠管子内部的雪崩倍增效应完成的。

（一）APD 的雪崩效应

APD 的雪崩倍增效应，是在二极管的 PN 结上加高反向电压（一般为几伏或几百伏），

在结区形成一个强电场；在高场区内光生载流子被强电场加速，获得高的动能，与晶格的原子发生碰撞，使价带的电子得到了能量；越过禁带到导带，产生了新的光电子—空穴对；新产生的光电子—空穴对在强电场中又被加速，再次碰撞，又激发出新的光电子—空穴对……如此循环下去，形成雪崩效应，使光电流在管子内部获得了倍增。

APD 就是利用雪崩效应使光电流得到倍增的高灵敏度的检测器。

（二）APD 的结构

目前 APD 结构型式，有保护环型和拉通（又称通达）型两种。

保护环型在制作时淀积一层环形 N 型材料，以防止在高反压时使 PN 结边缘产生雪崩击穿。

拉通型雪崩光电二极管（RAPD）的结构示意图和电场分布如图 3-17 所示。图 3-42（a）所示的是纵向剖面的结构示意图。图 3-42（b）所示的是将纵向剖面顺时针转 90°的示意图。图 3-42（c）所示的是它的电场强度随位置变化的分布图。

APD 随使用的材料不同有 Si-APD（工作在短波长区）、Ge-APD 和 InGaAs-APD（工作在长波长区）等几种。

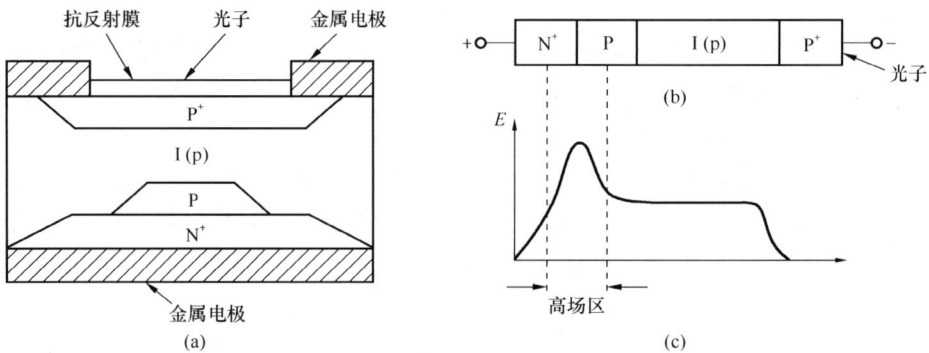

图 3-42　RAPD 的结构图和能带示意图
（a）结构图；（b）能带示意图；（c）电场强度随位置变化的分布图

（三）光电检测器的特性

PIN 管特性包括响应度、量子效率、响应时间和暗电流。APD 管除有上述特性外，还有雪崩倍增特性、温度特性等。

1. PIN 光电二极管的特性

（1）响应度和量子效率。响应度和量子效率表征了光电二极管的光电转换效率。

响应度定义为

$$R = \frac{I_p}{P_o} \tag{3-19}$$

式中：I_p 为光电检测器的平均输出电流；P_o 为光电检测器的平均输入功率，单位为 A/W。

量子效率表示入射光子转换为光电子的效率。它定义为单位时间内产生的光电子数与入射光子数之比，即

$$\eta = \frac{I_p/e}{P_o/hf} = \left(\frac{I_p}{P_o}\right)\left(\frac{hf}{e}\right) = R\left(\frac{hc}{e\lambda}\right) \tag{3-20}$$

式中：e 为电子电荷；hf 为一个光子的能量，

$$R = \frac{e \times \lambda}{h \times c}\eta \tag{3-21}$$

式中：c 为光速，$c = 3 \times 10^8 \, \mathrm{m/s}$；$h$ 为普朗克常数，$h = 6.628 \times 10^{-34} \, \mathrm{J \cdot s}$。

也就是说，光电二极管的响应度和量子效率与入射光频率（波长）有关。图 3-43 所示为硅 APD 雪崩管的量子效率与波长的关系。

（2）响应时间。响应时间是指半导体光电二极管产生的光电流跟随入射光信号变化快慢的状态。一般用响应时间（上升时间和下降时间）来表示。显然响应时间越短越好。

（3）暗电流。在理想条件下，当没有光照时，光电检测器应无光电流输出。但是实际上由于热激励等，在无光情况下，光电检测器仍有电流输出，这种电流称为暗电流。

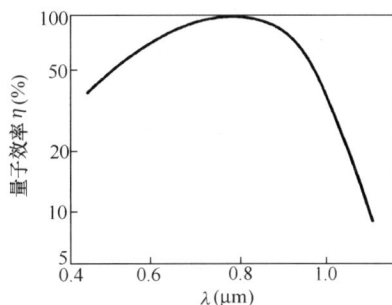

图 3-43　硅 APD 雪崩管的量子
效率与波长的关系

严格地说，暗电流还应包括器件表面的漏电流。暗电流会引起接收机噪声增大。因此，器件的暗电流越小越好。

2. APD 的特性

APD 除了 PIN 的特性之外还包括雪崩倍增特性、温度特性等。

（1）倍增因子。倍增因子 G 实际上是电流增益系数。在忽略暗电流影响的条件下，它定义为

$$G = I_M / I_P \tag{3-22}$$

式中：I_M 为有雪崩倍增时光电流平均值；I_P 为无倍增效应时光电流平均值。PIN 管由于无雪崩倍增作用，所以 $G = 1$。

（2）温度特性。随着温度的升高，倍增增益将下降。

（3）噪声特性。PIN 管的噪声，主要为量子噪声和暗电流噪声，APD 管还有倍增噪声。

四、光接收机

光接收机的作用是接收经光纤传输后被衰减、波形被展宽的微弱光信号，并从中检测出传送的信息，放大后处理，恢复为原来的信号。

1. 光接收机的组成

图 3-44 所示数字光接收机的原理图。

（1）光电检测器：光电检测器的作用是利用光电二极管将经光纤传送过来的光信号转换为电信号，实现光电转换。光电检测器常采用 PIN 型光电二极管和 APD 雪崩光电二极管。

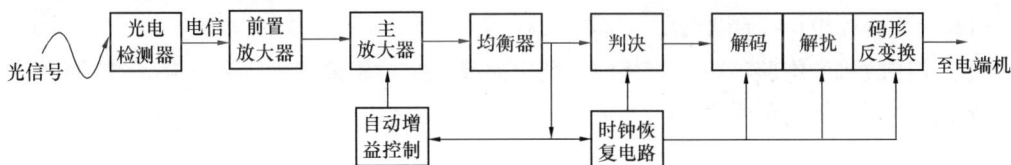

图 3-44　数字光接收机组成原理框图

（2）放大器：由前置放大和主放大器组成的放大电路，其中前置放大电路的作用是将光电二极管输出的微弱电流进行低噪声放大，送往主放大器，主放大器的作用是将信号进一步放大使之达到可判决电平。主放大器还具有自动增益控制功能，以便使主放大器的输出信号在一定范围内不受输入信号的影响。

（3）均衡器：均衡器的主要作用是使经过均衡器以后的波形成为有利于判决的波形，即对已产生畸变的波形进行补偿。

（4）判决器与时钟恢复电路：由均衡器输出的脉冲信号，将被送到判决器进行："判决"和"再生"。恢复为"0"或"1"的数字信号。为了解从均衡器的输出信号判决是"0"码还是"1"码，首先要设法知道应在什么时刻进行判决。也就是说要将"混在"信号中的时钟信号提取出来。再按照时钟信号所指定的瞬间来判决有均衡器送来的信号。若信号电平超过判决门限电平，则判为"1"码；反之，则判为"0"码。

（5）自动增益控制：用反馈环路来控制主放大器的增益，在采用 APD 雪崩管的接收机中还通过控制雪崩管的高压来控制其雪崩增益。从而使光接收电路在接收到的信号的电平发生波动时，到达判决器的信号相对稳定。自动增益控制的作用是增加了光接收机的动态范围。

（6）解码电路：信道解码电路包含解码电路、解扰电路和码型反变换电路。

（7）辅助电路：光接收机除以上介绍的部分外，还有一些辅助电路，以确保接收机的可靠工作。包括：温度补偿电路、报警电路等。

2. 光接收机的噪声

光接收机的噪声主要来自光接收机的内部噪声，包括光电检测器的噪声和光接收机的电路噪声。这些噪声的分布如图 3-45 所示。光电检测器的噪声包括量子噪声、暗电流噪声、漏电流噪声和 APD 的倍增噪声；电路噪声主要是前置放大器的噪声。前置放大器的噪声包括电阻热噪声及晶体管组件内部噪声。因为前置极输入的是微弱信号，其噪声对输入信噪比影响极大。

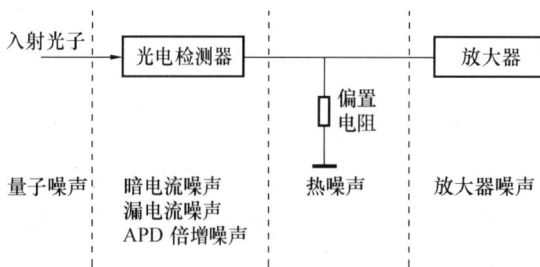

图 3-45　接收机的噪声及其分布

（1）量子噪声：是指当一个光电检测器受到外界光照，其光子激励而产生的光生载流子是随机的，从而导致输出电流的随机起伏，这就是量子噪声，量子噪声伴随着光信号而产生。是检测器固有的噪声。

（2）暗电流噪声：暗电流是指无光照射时光电检测器中产生的电流。由于激励中的暗电流是浮动的，就产生了噪声，称为暗电流噪声。

（3）雪崩管倍增噪声：由于雪崩光电二极管的雪崩倍增作用是随机的，这种随机性，必然要引起雪崩管输出信号的浮动，从而引入噪声。

（4）光接收机的电路噪声：光接收机的电路噪声主要指前置放大器噪声，其中包括电阻热噪声及晶体管组件内部噪声。

3. 光接收机的指标

（1）光接收灵敏度 P_r。

光接收灵敏度是指当接收机被调整到最佳状态时，在保证给定的误码率条件下，接收机接收光信号所需最低平均光功率。通常采用 dBm 来衡量灵敏度，即

$$P_r = 10\lg \frac{P_{\min}}{10^{-3}} \tag{3-23}$$

式中：P_r 为光接收灵敏度，dBm；$P_{\min}$ 为在满足给定的误码率条件下最低接收光功率，mW。

从物理概念上来看，上述这种灵敏度定义也是容易理解的：如果一部光接收机在满足给定的误码率指标条件下所需的平均光功率低，说明这部接收机在微弱的输入光条件下就能正常工作。显然，这部接收机的性能是好的，是灵敏的。

换言之，当光发射机输出的功率一定时，在给定的误码率指标条件下，灵敏度越高，中继通信距离越长。影响光接收机灵敏度的主要因素是噪声。

（2）接收机的动态范围 D。

接收机的动态范围是指在保证系统允许的误码率条件下，接收机的最低输入光功率和最大允许输入光功率之差（单位为 dB），即

$$D = 10\lg \frac{P_{\max}}{P_{\min}} \tag{3-24}$$

之所以要求光接收机有一个动态范围，是因为当环境温度变化时，光纤的损耗将产生变化；随着时间的增长，光源输出光功率亦将变化。也可能因一个按标准化设计的光接收机工作在不同的系统中，从而引起接受光功率不同。因此，要求光接收机有一个动态范围。低于这个动态范围的下限（即灵敏度），将会产生过大的误码；高于这个动态范围的上限，在判决时亦将造成过大的误码。显然，一部质量好的接收机应有较宽的动态范围。

3.3.7　无源光器件

无源光器件是除光源器件、光检波器件之外不需要电源的光通路部件，是构成光纤传输系统不可缺少的基本器件。

无源光器件可分为连接用的部件和功能性部件两大类。连接用的部件有各种光连接器，用做光纤和光纤、部件（设备）和光纤、或部件（设备）和部件（设备）的连接。功能性部件有分路器、耦合器、光合波分波器、光衰减器、光开关和光隔离器等，用于光的分路、耦合、复用、衰减等方面。感兴趣的读者可以查阅相关资料了解详细内容。

3.3.8　光纤通信系统

光发送机、光接收机和光纤光缆一起构成了光纤通信系统的主要组成部分。目前实用的光纤通信系统，普遍采用强度调度—直接检波光纤通信系统。它主要由 PCM 终端设备、数字复用设备、光端机、光纤和光中继设备组成。一个完整的光纤通信系统，还应包括光监控系统、脉冲复接和脉冲分离系统、告警系统以及电源系统等。如图 3-46 所示，这是一个完整的强度调制—直接检测光纤通信系统组成框图。

一、光中继器的作用

在光纤通信系统中，从发送机发出的光信号，经光纤传输一定的距离后，由于受光纤的损耗和色散的影响，将使光脉冲信号的幅度受到衰落，波形出现失真。这样，就限制了光脉冲信号在光纤中进行长距离的传输。因此，需要在光波信号传输一定距离以后，要加上一个光中继器，以放大衰减的信号恢复失真的波形，使光脉冲得到再生。

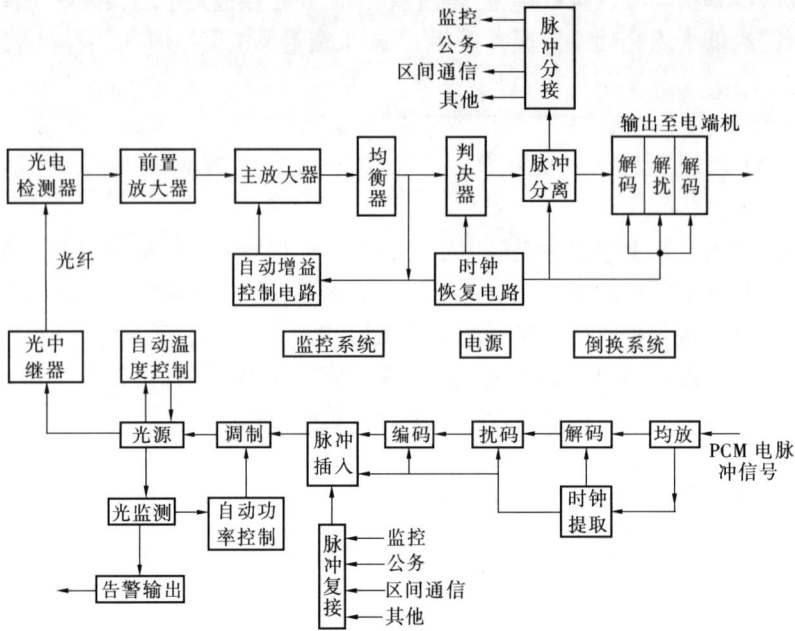

图 3-46　强度调制—直流检测光纤通信系统组成框图

光纤通信系统中的光中继器主要由光接收设备和光发送设备组成，如图 3-47 所示。此外，为了使光中继机便于维护，还应具有公务通信、监控、告警等功能。有些光中继器还有区间通信功能。

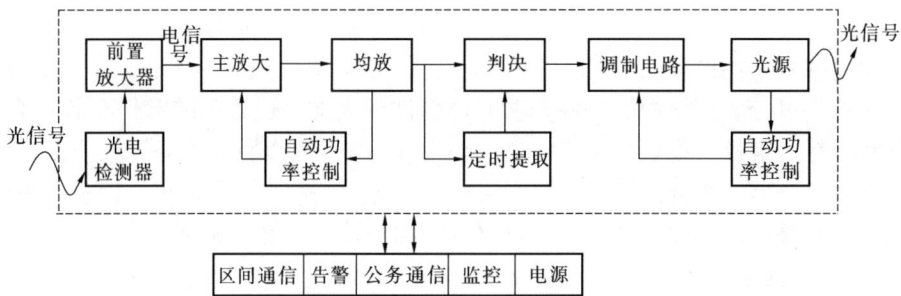

图 3-47　光中继器

二、监控系统的作用

在光纤通信系统中，为了保证通信的可靠和安全，监控系统是不可缺少的部分。光纤通信的监控系统中采用了计算机控制的智能设备。

1. 监测的主要内容

（1）系统误码率是否满足指标要求；

（2）各个中继器是否有故障；

（3）接收光功率是否满足指标要求；

（4）光源的寿命；

（5）电源是否有故障；

（6）环境的温度、湿度是否在要求的范围内。

2. 控制的内容

（1）在主用系统出现故障时，自动倒换至备用系统，将主用系统退出工作。当主用系统恢复正常后，系统自动从备用倒换回主用系统。

（2）当市电中断后，自动电源切换至备用电源；

（3）当中继站环境温度过高，湿度变化超标时启动调节系统进行调节。

3. 监控系统的基本组成

监控系统根据功能不同大致有三种组成方式：

（1）在一个数字段内对光传输设备和 PCM 复用设备进行监控；

（2）在具有多个方向传输的终端站内，对多个方向进行监控；

（3）对跨越数字段的设备进行集中监控。

4. 监控信号的传输

监控系统中监控信号的传输有两种方式：一种是在光缆中加金属导线来传输监控信号；另一种是由光纤来传输监控信号。

三、光纤通信系统中的码型

数字通信的编码分为信源编码和信道编码，在信道中传输的数字基带信号的信道码型即为线路码型。在光纤通信系统中，从电端机输出的是适合于电缆传输的双极性码（HDB_3 码或 CMI 码）。光源不可能发射负光脉冲，因此必须进行码型变换即线路编码，以适应于数字光纤通信系统传输的要求。此外，在光纤线路中还要传输除主信号以外的其他信号，如监控信号、区间信号、公务通信信号、数据通信信号，因此也需要重新编码，以增加信息余量（冗余度）。

在数字光纤通信系统中需要选择合适的线路码型，以保证传输的透明性。一般采用二电平码，以适应于对光源的调制；尽可能减少连"1"和连"0"的数目，便于时钟提取；能提供一定的冗余码，用于平衡码流、误码监测和公务通信。

四、光纤通信中常采用的码型

1. $mBnB$ 码

$mBnB$ 码是把原始信码流按 m 比特进行分组，记为 mB，再把每组码按一定规则变为 n 比特组，记为 nB，并在同一个时隙内输出。这种码型是把 mB 变换为 nB，所以称为 $mBnB$ 码，其中 m 和 n 都是正整数，$n > m$，一般选取 $n = m + 1$。$mBnB$ 码有 1B2B、3B4B、5B6B、8B9B、17B18B 等等。

2. 插入码

$mB1C$ 码的编码原理是，把原始信码流分成每 m 比特（mB）组，然后在每组 mB 码的末尾插入 1 比特补码，这个补码称为 C 码，所以称为 $mB1C$ 码。补码插在 mB 码的末尾，连"0"和连"1"的个数最少。常用的插入码是 $mB1H$ 码，有 1B1H 码、4B1H 码和 8B1H 码。

3.3.9　同步数字体系（SDH）

光纤通信的同步序列是指光纤通信的传输制式。它包括准同步数字序列（PDH）和同步数字序列（SDH）两种。其中，PDH 是传统的数字传输制式，它有两种基础速率：一种是以 1.554Mbit/s（PCM24 系统）作为基群速率，采用的国家有美国、加拿大、日本等；另一种是以 2.048Mbit/s（PCM30/32 系统）作为基群速率，采用的国家有欧洲各国、中国等。

20 世纪 80 年代中期以来，随着光纤通信的迅速发展和用户要求的不断提高，传统的 PDH 体系标准存在的一些固有的缺陷，已不能适应这种发展的要求。主要表现在：没有全球统一的速率标准，使国际间通信困难；没有标准规范的光接口，增加了互连的复杂性；准同步复接，信号上下电路需将所有高速信号进行复接和分接；网络结构缺乏灵活性，均为点对点的结构；辅助比特缺乏，限制了网络维护与管理（Operation Administration Maintenance，OAM）功能的改进与完善，更多的新业务只能人工维护和管理；无法满足新技术对传输的需要，如直接传输 ATM 信元。为解决 PDH 序列的这些缺点，ITU-T 以美国贝尔通信研究所首提出同步光纤网络（Synchronous Optical Network，SONET）为基础，经修改完善，形成了适应欧美各国的两种数字序列，并适用于光纤、微波及卫星等其他传输手段的同步数字序列（Synchronousdigital Hierarchy，SDH）。它不仅适用于并且使原有人工配线的数字交叉连接（DXC）手段可有效地按动态需求方式改变传输网拓扑，充分发挥网络构成的灵活性与安全性，而且在网路管理功能方面大大增强。因此，SDH 已成为 B-SDN 的重要支撑，是一种国际上公认的较为理想的新一代传送网（Transport Network）体制。

一、SDH 的特点

SDH 由一些基本网路单元（如复接/去复接器，线路系统及数字交叉连接设备等）组成在光纤、微波、卫星等多种介质上进行同步信息传输、复接/去复接和交叉连接，因而具有一系列优越性。其主要特点概括以下几点。

（1）它具有全世界统一的网络节点接口（NNI）。

（2）它具有一套标准化的信息结构等级，称为同步传送模块。分别是：STM-1（速率为 155Mbit/s）、STM-4（速率为 622Mbit/s）、STM-16（速率为 2488Mbit/s）。

（3）帧结构为页面式，用于维护管理的比特大约占 5%，具有强大的网络管理功能。

（4）由于将标准接口综合进各种不同网路单元，减少了将传输和复接分开的必要性，从而简化了硬件构成，同时此接口亦成开放型结构，从而在通路上可实现横向兼容，使不同厂家产品在此通路上可互通，节约相互转换等成本及性能损失。

（5）SDH 信号结构中采用字节复接等设计已考虑了网络传输交换的一体化，从而在电信网的各个部分（长途、市话和用户网）中均能提供简单、经济、灵活的信号互连和管理，使得传统电信网各部分的差别渐趋消失，彼此直接互连变得十分简单、有效。

（6）网路结构上 SDH 不仅与现有 PDH 网能完全兼容，同时还能以"容器"为单位灵活组合，可容纳各种新业务信号。充分考虑到未来的发展需要。

综上所述，SDH 采用同步复用、标准光接口和强大的网络管理能力等特点，在 20 世纪 90 年代中后期得到了广泛应用，正在逐步取代 PDH 设备。

二、SDH 的帧结构

按世界 ITU-T1995 年 G.707 协议规范，SDH 的数字信号传送帧结构安排尽可能地使支路信号在一帧内均匀地、有规律地分布，以便于实现支路的同步复接、交叉连接、接入/分出（上/下——Add/Drop），并能同样方便地直接接入/分出 PDH 系列信号。为此，ITU-T 采纳了以字节（Byte）作为基础的矩形块状帧结构（或称页面块状帧结构），如图 3-48 所示。

1. 段开销区域

段开销（Section OverHead）是 STM 帧结构中为了保证信息正常传送所必需的附加字节，主要是供网络运行、管理和维护使用的字节。

2. 信息净负荷区域（STM-N）

信息净负荷区域是帧结构中存放各种信息业务容量的地方。

3. 管理单元指针区域（AU PTR）

管理单元指针（位于帧结构左边的第 4 行）用来指示信息净负荷区域内的第 1 个字节在 STM-N 帧中的准确位置，以便在接收机能正确识别，实现帧同步和复用同步。

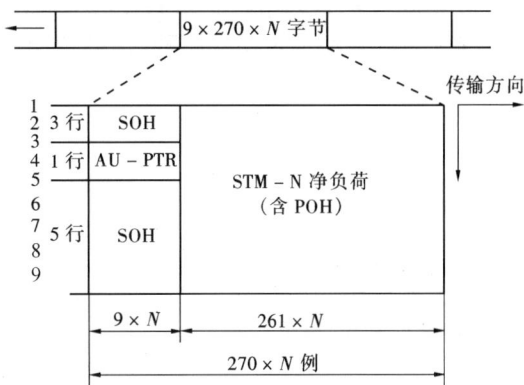

图 3-48　SDH 的帧结构

三、SDH 的复用原理

SDH 的一般复用映射结构如图 3-49 所示。所谓映射，就是把 PDH 系列各种速率数字信号和 ATM 信元经过适配处理进入虚容器 VC 的过程。

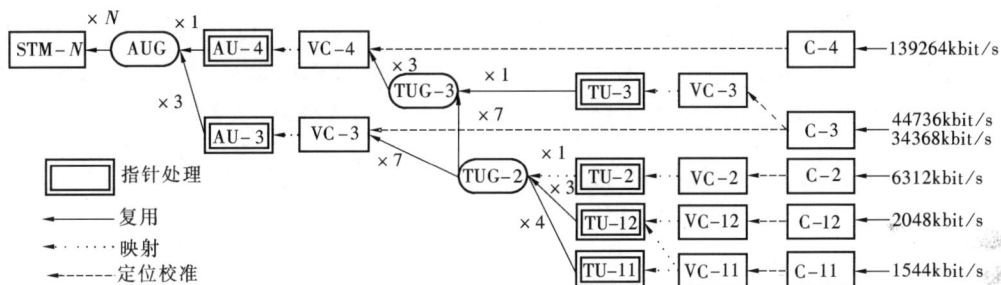

图 3-49　SDH 复用映射结构

SDH 的复用有 5 种标准容器是：C-11、C-12、C-2、C-3、C-4，分别用于接收 PDH 信号，其标准输入比特率分别为 1.544、2.048、6.312、34.368Mbit/s（或 44.736Mbit/s）和 139.264Mbit/s。容器主要完成速率调整等适配功能。由标准容器出来的数字流加上通道开销（POH）后就成了所谓的虚容器（Virtual Container，VC），虚容器主要支持通道层连接。虚容器的包封速率是与网络同步的，因而不同 VC 的包封是互相同步的，而包封的内部却允许装载各种不同容量的准同步支路信号，除了在 VC 的组合点和分解点外，VC 在 SDH 网中传输时保持完整不变，可以作为一个独立的实体在通道中任一点插入和取出，进行同步复用和交叉连接处理。

由 VC 出来的数字流再按图 3-49 中规定的路径进入管理单元（AU）或支路单元（Tributary Unit，TU）。AU 是一种为高阶通道层和复用段层提供适配功能的信息结构。它由高阶 VC 和 AU-PTR 组成。其中 AU-PTR 用来指明高阶 VC 在 STM-N 帧内的位置。可见，AU-PTR 本身在 STM-N 帧中的位置必须是固定的，而高阶 VC 在 STM-N 帧中的位置可以是浮动的。在 STM-N 帧中占有固定位置的一个或多个 AU 组成管理单元组（Administration Unit Group，AUG)，它由若干 AU-3 或单个 AU-4 按字节间插方式均匀组成。同理，TU 是一种为低阶通道层与高阶通道层提供适配的信息结构，它由低阶 VC 和 TU-PTR (Tributary Unit Point) 组成，在高阶 VC 净负荷中占有固定位置的一个或多个 TU 组成支路单元组（Tributary Unit Group，TUG）。在 AU 和 TU 中要进行速率调整。因而低一级数字流在高一级数字流中的起始点是浮动的。为了准确地确定起始点的位置，分别设置两种指针（AU-PTR 和 TU-PTR）对高阶 VC 在相应 AU 帧内的位置以及低阶 VC 在相应 TU 帧内的位置进行灵活动态的定位。在 N 个 AUG 的基础上再附加段开销（SOH）便形成了最终的 STM-N 帧结构。

从以上讨论可见，SDH 的同步复用结构也是分级的，在支路信号复用成 STM 帧时，实际等级信息单元是虚容器 VC 和支路单元组（TUG），但并非一定要逐级复用。同步复用结构又具有一定的灵活性，对同一种支路信号可以有多种复用方法。

分插复用器将同步复用和数字交叉连接功能综合在一起，具有灵活地分插任意支路信号的能力，它可以利用软件直接从 140Mbit/s 码流中分插一个 2Mbit/s 支路信号。如果用 PDH，则要完成图 3-50 所示的多次分插，即需经过 140/34Mbit/s、34/8Mbit/s、8/2Mbit/s 三次分接

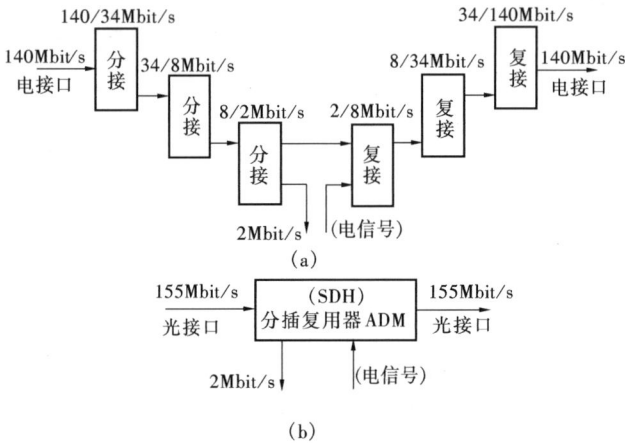

图 3-50　分插信号流图比较
(a) PDH；(b) SDH

和复接，可见用 SDH 要简单得多。

四、SDH 的应用

SDH 可用于点对点传输、链形网和环形网，如图 3-51 所示。SDH 环形网的一个突出优点是具有"自愈"能力。当某节点发生故障或光缆中断时，仍能维持一定的通信能力。所以，SDH 环网目前得到广泛的应用。由于 SDH 光纤通信网具有这种自愈能力强的特点，被广泛应用于电力系统通信网。

3.3.10　光纤通信系统的工程设计

对于一个数字光纤通信系统的设计可以有多种选择。一般应根据用户对传输距离和传输容量（话路数或比特率）及其分布的要求，按照国家相关的技术标准和当前设备的技术水平，经过综合考虑各种因素，选择最佳路由、传输体制和传输速率以及光纤光缆和光端机的基本参数和性能指标，以使系统的配置达到合理的性能价格比。

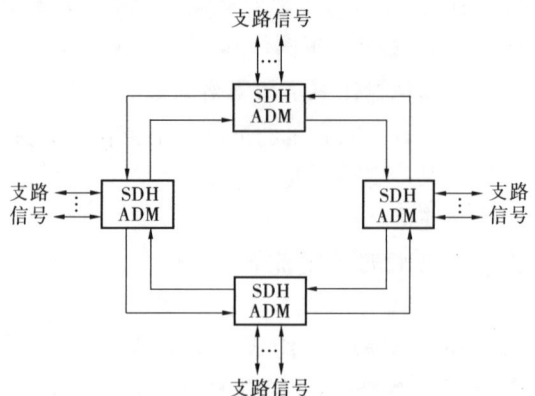

图 3-51　SDH 环形网（双环）

实际的设计中涉及许多问题，如系统配置、路由选择、光缆选择、端机的选择及供电等。这里只讨论光纤系统设计中的几个主要问题。

一、系统部件的选择

1. 工作波长

目前，多数系统均采用 $1.31\mu m$ 或 $1.55\mu m$ 的波长系统，并且多采用单模光纤。

2. 光源的选择

目前光纤通信用的光源主要有两种；一种是半导体发光二极管（LED），另一种是半导体激光二极管（LD）。通常 LED 用于短距离、小容量传输系统。而 LD 一般适用于长距离、大容量的传输系统。

3. 光电检测器的选择

光检测器也有两种：一种 PIN 型光电二极管，另一种是 APD 雪崩光电二极管。采用 APD 的系统，可使接收机灵敏度高于采用 PIN 的系统。但其成本亦高。

4. 光纤的选择

多模光纤中传输光波的模式很多，其带宽不是很宽，适用于中小容量、中短距离通信。单模光纤中传输光波的模式仅一个。带宽极宽，适用于大容量、长距离通信。

二、光纤通信系统的工程设计－中继距离的估算

在技术上，系统设计的主要问题是确定中继距离，尤其对长途光纤通信系统，中继距离设计是否合理，对系统的性能和经济效益影响很大。中继距离受光纤线路损耗和色散（带宽）的限制，明显随传输速率的增加而减小。中继距离和传输速率反映着光纤通信系统的技术水平。

1. 中继距离受损耗的限制

最大中继距离是指光发射机和光接收机之间不设中继器的最大传输距离。如果系统传输速率较低，光纤损耗系数较大，中继距离主要受光纤线路损耗的限制。在这种情况下，要求发送端和接收端两点之间光纤线路总损耗必须不超过系统的总功率衰减，即

$$L(\alpha_f + \alpha_s + \alpha_m) \leqslant P_s - P_r - 2\alpha_c - M_e \tag{3-25}$$

式中：P_s 为平均发射光功率，dBm；P_r 为接收灵敏度，dBm；α_c 为连接器损耗，dB/对；M_e 为系统余量，dB；α_f 为光纤损耗系数，dB/km；α_s 为每千米光纤平均接头损耗，dB/km；α_m 为每千米光纤线路损耗余量，dB/km；L 为中继距离，km。

式中参数的取值应根据产品技术水平和系统设计需要来确定。

（1）平均发射光功率 P_s 取决于所用光源，对单模光纤通信系统，LD 的平均发射光功率一般为 $-3 \sim -9$ dBm，LED 平均发射光功率一般为 $-20 \sim -25$ dBm。

（2）光接收机灵敏度 P_r 取决于光检测器和前置放大器的类型，并受误码率的限制，随传输速率而变化。

（3）连接器损耗 α_c 一般为 $0.3 \sim 1$ dB。

（4）设备余量 M_e 包括由于时间和环境的变化而引起的发射光功率和接收灵敏度下降，以及设备内光纤连接器性能劣化，M_e 一般不小于 3B。

（5）光纤损耗系数 α_f 取决于光纤类型和工作波长，例如单模光纤在 1310nm，α_f 为 $0.4 \sim 0.45$ dB/km；在 1550nm，α_f 为 $0.22 \sim 0.25$ dB/km。

（6）光纤损耗余量 α_m 一般为 $0.1 \sim 0.2$ dB/km，但一个中继段总余量不超过 5dB。

（7）平均接头损耗 α_s 可取 0.05dB/个。每千米光纤平均接头损耗 α_s 可根据光缆生产长度计算得到。

2. 中继距离受色散（带宽）的限制

如果系统的传输速率较高，光纤线路色散较大，中继距离主要受色散（带宽）的限制。我们要讨论的问题是，对于一个传输速率已知的数字光纤线路系统，允许的线路总色散是多少，并据此计算中继距离。

对于数字光纤线路系统而言，色散增大，意味着数字脉冲展宽增加，因而在接收端要发生码间干扰，使接收灵敏度降低，或误码率增大。严重时甚至无法通过均衡来补偿，使系统失去设计的性能。

一般情况下，往往给出光纤的带宽参数。因此，可以从光纤带宽对脉冲信号的影响考虑带宽限制工作条件。假定 B 为长度等于 L 的光纤线路总带宽，它与单位长度光纤带宽的关系为

$$B = B_1/L^r \tag{3-26}$$

式中：B_1 为 1km 光纤的测试带宽。r 为距离指数，$r=0.5\sim1$，取决于系统工作波长，光纤类型和线路长度。

当光纤线路总带宽 B 和速率 f_b 的关系满足式 $B \geqslant Df_b$ 时，说明设计满足要求。其中，D 可取 $0.5\sim0.9$，一般取 $D \geqslant 0.6$。结合以上两式得到

$$B_1/L^r \geqslant Df_b \tag{3-27}$$

由此式可以求出带宽限制的中继距离 L。

3. 系统设计流程

据以上讨论的损耗限制系统和色散限制系统，数字光纤通信系统的设计方法可以按一下流程进行：

（1）根据损耗限制条件计算中继距离 L_1；

（2）根据色散限制条件计算中继距离 L_2；

（3）比较和选取其中较小的一个值为系统设计中继距离。并以此确定各器件参数。

3.3.11　光纤通信新技术

一、相干光通信技术

目前实用化的光纤通信系统都是采用光强调制/直接检测（IM/DD）方式。这种方式的优点是调制和解调简单，容易实现，因而成本较低。但是这种方式没有利用光载波的频率和相位信息，限制了系统性能的进一步提高。

相干光通信系统是利用先进的调制方式（ASK、FSK 和 PSK）和外差接收构成的一种新型系统。相干光通信系统与 IM-DD 系统比较，主要有以下优点：

（1）光接收机灵敏度高，中继距离长；

（2）频率选择性好，通信容量大；

（3）具有多种调制方式。

1. 相干检测原理

图 3-52 所示为相干检测原理框图，光接收机接收的信号光和本地振荡器产生的本振光经混频器作用后，由光检测器检测，经处理后，以基带

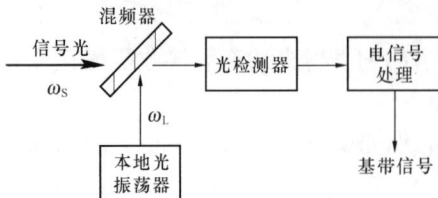

图 3-52　相干检测原理框图

信号的形式输出。

2. 相干光通信系统的组成与基本原理

相干光通信系统由光发射机、光纤和光接收机组成。

（1）光发射机。

光发射机的组成框图如图 3-53 所示。

1）调制方式。相干光通信系统中，光发射机中的光调制器根据调制方式的不同，可分为 ASK、FSK 和 PSK3 种形式，这三种形式的已调光波图如图 3-54 所示。

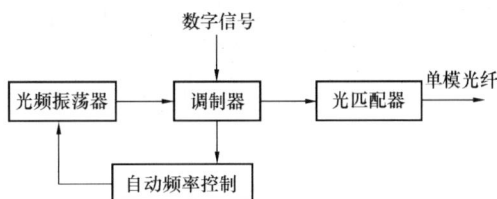

图 3-53　光发射机组成框图

2）调制方式的比较。ASK 方式最简单，缺点是要损失一部分光源功率，通断消光比不理想，耦合时所附加的插入损耗较大。FSK 方式的一个突出优点是无需外部调制器，可对半导体激光器进行直接注入电流调制，但这种方式对激光器要求较高。PSK 方式的接收灵敏度最高可达 20 光子/比特，适用于长距离无中继传输，但它对光源的线宽要求极高。

（2）光纤。

单模光纤作为一种传输媒介，其作用是将已调光波从发送端传送到接收端，传送模式为基模。在整个传输过程中，光波的幅度被衰减，相位被延迟，偏振方向也可能发生变化。

（3）光接收机。

光接收机的组成框图如图 3-55 所示。

二、光孤子通信技术

1. 光孤子通信的概念

孤子（Soliton）又称孤立波，是一种特殊形式的超短脉冲，或者说是一种在传播过程中形状、幅度和速度都维持不变的脉冲状行波。

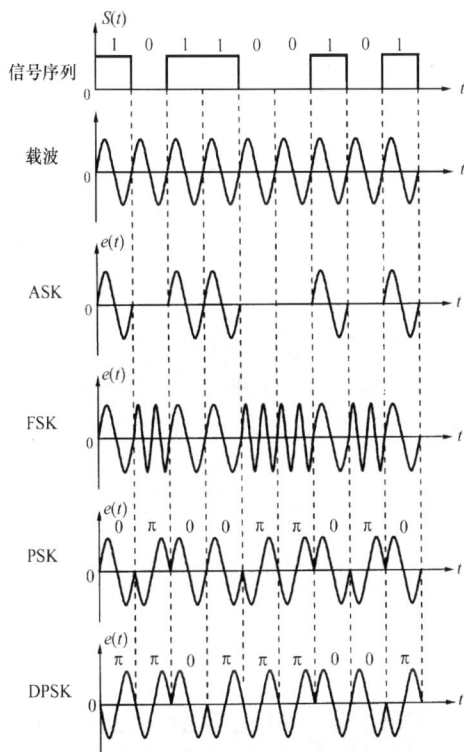

图 3-54　各种调制方式的波形

有人把孤子定义为：孤子与其他同类孤立波相遇后，能维持其幅度、形状和速度不变。

1973 年，Hasegawa 与 Tappert 一起从理论上证明了光孤子脉冲能在光纤中保形传输这

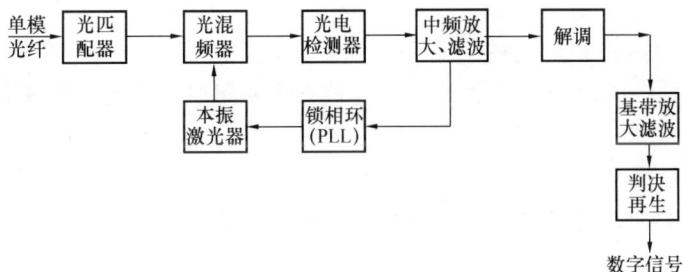

图 3-55　光接收机组成框图

一现象，这种发现诱发了人们将光孤子作为一种信息载体用于高速通信的遐想。

2. 光孤子通信技术的基本原理

光孤子（Optical Soliton）就是一种具有双曲正割形状的光脉冲，这种脉冲在光纤中传输是利用光纤的群速度色散（GVD）和非线性作用中的自相位调制（SPM）两种影响达到平衡的情况下，从而能保持原来的形状传输。利用光孤子的这种特性，可以实现超长距离、超大容量的光通信。

3. 光孤子通信实用化研究进程

20世纪90年代前，孤子技术在实验室完成的，1995年后开始现场试验和实用化研究。现已经日趋成熟并已引起工业界和电信运营商的高度重视，它将是下一代光纤通信的主流方式。光孤子通信具有超大容量和超长距离传输的潜力，有着光明的发展前景。

三、全光通信网

1. 全光网的概念

全光网（AON）是指用户与用户之间的信号传输与交换全部采用光波技术，即数据从源节点到目的节点的传输过程都在光域内进行，而其在各网络节点的交换则使用高可靠、大容量和高度灵活的光交叉连接设备（OXC）。在全光网中，由于没有电的处理，所以容许存在各种不同的协议和编码形式，使信号传输具有透明性。

2. 全光网的基本结构

全光网络是指以光纤为基础传输链路所组成的一种通信体系网络结构。目前所谓的光网络不是一种纯光的光网络，它的控制、管理以及处理仍是由电层来完成的，全光网的基本结构主要由骨干网、城域网和光接入网三层组成，每层都是由波分复用系统、光放大器、光分插复用器、光交叉连接设备组成和光线路终端系统系统组成。全光网的基本结构如图3-56所示，它可以分为光网络层和电网络层。光网络层的拓扑结构可以是环形、星形和网孔形

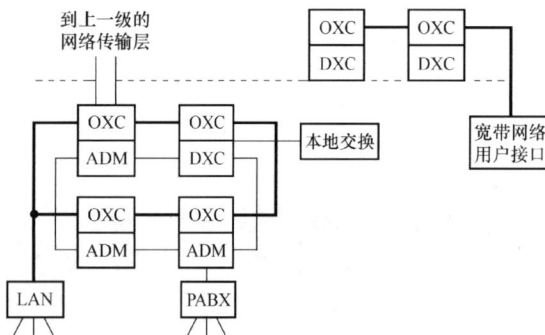

图 3-56　全光网的基本结构

等，交换方式各采用空分、时分或波分光交换。目前国际上所试验的全光网更注重于波分光交换的应用。

3. 全光网络中涉及的关键技术

全光网络中涉及的关键技术有光交叉连接设备（OXC）、光分插复用器（OADM）、掺铒光纤放大器（EDFA）和全光网的管理、控制和运作。全光网的管理、控制和运作又包括：网络层与传输层一致的问题；使用新的监控方法的问题；协调处理好不同系统、不同传输层之间关系的问题。

4. 全光网的特点

（1）全光网通过波长选择器来实现路由选择，即以波长来选择路由，对传输码率、数据格式以及调制方式具有透明性的优点。

（2）全光网不仅可以与现有的通信网络兼容，而且还可以支持未来的宽带综合业务数字

网以及网络的升级。

（3）全光网络具备可扩展性。可同时扩展用户、容量和种类。

（4）全光网还具备可重构性，动态地改变网络结构，可为突发业务提供临时连接，从而充分利用网络资源。

（5）全光网的光网络层有许多光器件，可靠性高，维护费用低。

3.3.12　光纤通信在电力系统的应用

从电力系统对通信的要求可知，电力部门要求拥有对整个电网用的，站站之间用的，建筑物内和各种设备用的，各种运行、保护、维护的信息系统。这些信息系统应用光纤通信具有很多优点。首先，不受频率分配的限制，可以按照需求组网，完全满足生产经营管理对通信的需求。其次，有利于组建跨省的大电网的长距离干线通信网，满足低噪声长距离传输。且光纤通信不受电磁干扰，解决了传统的电力线载波通信和同轴电缆通信受到严重的电磁干扰所带来的各种问题，如杂音多、误码率高等问题。再者，光纤体积小、质量轻、可绕性好。便于敷设。可采用架空光缆和电力线并行或采用复合光缆架空地线（OPGW）等，和电力线同杆架设。节省投资和工期。此外，光纤通信受地形限制少，可以方便地与电厂，变电站相结合。便于建设与维护。随着通信网络光纤化趋势进程的加速，我国电力专用通信网在很多地区已经基本完成了从主干线到接入网向光纤过渡的过程。

目前，电力系统光纤通信承载的业务主要有语音、数据、宽带业务、IP 等常规电信业务；电力生产专业业务有保护、安全自动装置和电力市场化所需的宽带数据等。特别是保护和安全自动装置，对光缆的可靠性和安全性提出了更高的要求。可以说，光纤通信已经成为电力系统安全稳定运行以及电力系统生产生活中不可缺少的一个重要组成部分。

近年来，随着电网自动化水平的不断提高，对通信网络提出了更高的要求，不论是在配电网综合自动化系统中还是在变电站综合自动化系统中，光纤通信技术都得到了广泛的应用。

利用已有的输电线路敷设光缆是最经济、最有效的。我国具有丰富的电力线路资源。全国 500kV 和 330kV 的电力线路有 25 094.16km，220kV 线路 107 348.06km，连上 110kV 线路共计 310 000 多千米。在电力输电线路上架设电力系统特殊光缆主要有以下几种方式。

（1）光纤复合架空地线（OPGW）。这种光缆结构主要分为两部分，光纤单元和铠装外层。光纤单元被覆在架空地线的内部。光纤复合架空地线的可靠性最高，但相比其他几种而言，价格较贵，适合于新建的输电线路或者需要更换地线的老输电线路。

（2）全介质自承式光缆（ADSS）。这种光缆全部采用非金属材料，安装时不需要停电，而且通信系统与输电线路相对独立，可以提供数量比较多的光纤芯数，光缆的重量比较轻，价格比光纤复合架空地线相对便宜，安装和维护都比较方便，适合于在原有的输电线路上架设。

（3）架空地线缠绕光缆（GWWOP）。与其他光缆相比，该光缆应用比较早，这种光缆线径较细，芯数少，用专用的机械把光缆缠绕在架空输电线路的地线上，价格相对比较便宜，但由于一些原因，国内在运行中出现过一些断缆事故，因此，目前新上的光缆通信系统应用缠绕光缆的较少，主要应用在一些特殊的环境或修复线路等。

（4）其他。如（AD-Lash）该光缆与架空地线缠绕光缆相似，不过是用专用的机械把光缆捆绑在架空地线或者相线（35kV）上，光缆线径较细，芯数少，价格也比较便宜，主要应用在一些低压输电线路上和特殊的环境以及修复线路等。

（5）相线复合光缆（OPPC）。这种复合光缆是将光纤复合在输电相线中的光缆。OPPC是电力光缆的一种新兴产品，具有电力架空相线和光纤通信的双重功能，由于具备安全可靠、节能环保等特性，在欧美发达国家有着较广泛的应用。它将传统输电线中的一根或多根钢丝替换为不锈钢管光单元，使不锈钢管光单元与（铝包）钢线绞合成为中心加强芯，外层绞合铝（合金）线成为导电基体。实现导电与通信的双重功能。

目前，OPPC光缆已经成功应用于我国城乡电网改造中，并得到了业界认可。按照国家电网关于电网通信规划设计中优化电网结构，提高供电的可靠性、安全性和经济性的要求，OPPC光缆为实现我国变电站和配电站无人值守、远程监控提供了新的解决方案。

在光纤技术的选择方面，应根据系统的具体情况和发展规划的容量综合考虑。国家电力公司级一级主干通信网选择光纤时将考虑以下原则：①光纤的工作波长应当从1310nm窗口移到1550nm波长窗口；②一般的线路仍然继续采用G.652光纤；③在国家主干线建设中，考虑到以后业务的发展可以在部分关键的线路中建设G.655光纤等。

随着技术的不断发展，作为电力系统通信中最富特色的电力特种光缆技术，也在不断发展和完善，新的光缆结构也不断出现在我们的面前；同时，人们对特种光缆的需求也趋向多元化、高标准。可以预见，在未来相当长一段时间内，电力特种光缆将在电力通信网中大规模使用。

3.4　移　动　通　信

3.4.1　简述

所谓的移动通信是指在运动中实现的通信。此时，通信双方或一方式处于运动状态。移动通信包括移动台（汽车、火车、船舶、飞机等移动体）与固定台之间的通信、或移动台之间的通信以及移动台通过基站与有线用户的通信等。

移动通信应用广泛，特别是在有线通信难以实现的情况下，移动通信的优越性更为突出。移动通信几乎集中了有线和无线通信的所有最新技术成果，使其传输功能大大增强，不仅传输语音信息，而且传输数据、图像和多媒体等信息。由于采用无线方式通信，并且通信是在运动中进行的，与有线通信和固定无线通信方式相比，它有许多特点。

3.4.2　移动通信的特点

移动通信与固定通信相比移动通信具有以下特点。

（1）电波传播环境复杂。移动通信采用无线电波进行信息传输，信号极易受地形地物、气候等因素的影响，传播条件恶劣。再者，移动台常在城区、丘陵、山区等环境中移动工作，使接收信号的强度和相位随时间、地点的变化而变化，产生所谓的"衰落"现象。移动无线电波受地形、地物的影响，产生散射、反射和多径传播，形成瑞利衰落，其衰落深度可达30dB。

（2）干扰和噪声比较严重。在移动通信系统中，经常是许多移动台同时工作，不可避免地会产生严重的相互干扰；在服务区内还存在着许多其他移动通信系统，也会产生系统之间电台的干扰，如同频干扰、邻道干扰、互调干扰等，此外，服务区内的汽车点火系统引起的噪声和大量工业干扰也十分严重。因此要采取各种抗干扰措施，确保移动通信质量。

（3）移动通信可利用的频谱资源有限。在无线网中，频率资源是有限的，ITU 对无线频率的划分有严格的规定。有限的频率资源决定了信道数目是有限的，这和日益增长的用户量形成了一对矛盾。如何提高系统的频率利用率是移动通信系统的一个重要课题。

（4）多普勒效应。由电磁学基本理论可知，当发射机和接收机的一方或多方均处于运动时，将使接收信号的频率发生偏移，即产生所谓"多普勒效应"。移动速度越快，多普勒效应影响越严重。

（5）交换控制、网络管理系统复杂。移动台在服务区内始终处于不确定的运动之中，这种不确定运动可能还要跨越不同的基站区；还有移动通信网络与其他网络的多网并行，需同时实现互联互通等。这样移动通信网络就必须具有很强的管理和控制功能，如用户的登记和定位，信道资源的分配和管理，通信的计费、鉴权、安全、保密管理以及用户越区切换和漫游访问等跟踪交换技术。

（6）可靠性及工作条件要求较高。移动台必须适于在移动环境中使用，应具有小型、轻便、低功耗、操作和维修方便等特点，必要时，还应能在高低温、震动、尘土等恶劣的条件下稳定可靠地工作。

3.4.3　移动通信系统的分类

移动通信的种类繁多，其分类方法也是多种多样。按设备的使用环境分类有陆地、海上、空中三类移动通信系统；按服务对象分类有公共和专用移动通信系统之分；按信号性质分类有模拟和数字移动通信系统之分；按覆盖方式分类有大区制和小区制移动通信系统之分；而更多是按系统组成结构分类，可分为以下几类：

（1）蜂窝移动通信系统，蜂窝状移动电话是移动通信的主体，是全球性的用户容量最大的移动电话网；

（2）集群移动通信，是指系统所具有的可用信道为系统的全体用户共用，具有自动选择信道的功能，是共享资源、分担费用、共用信道设备及服务的多用途和高效能的无线调度通信系统；

（3）公用移动通信系统是指给公众提供移动通信业务的网络，这是移动通信最常见的方式，这种系统又可以分为大区制移动通信和小区制移动通信，小区制移动通信又称蜂窝移动通信；

（4）无绳电话系统，对于室内外慢速移动的手持终端的通信，一般采用小功率、通信距离近、轻便的无绳电话机，通过无绳电话的手机可以呼入市话网，也可以实现双向呼叫。其特点是只适用于步行，不适用于乘车使用；

（5）卫星移动通信，利用卫星转发信号实现的移动通信，对于车载移动通信可采用同步卫星，而对手持终端，采用中低轨道的卫星通信系统较为有利；

（6）无线寻呼系统，这是一种单向传递信息的移动通信系统，它是由寻呼台发信息，寻呼机收信息来完成的。

3.4.4　移动通信的发展

现代移动通信的发展始于 20 世纪 20 年代，而公用移动通信是从 20 世纪 60 年代开始的。移动通信系统的发展至今经历了第一代（1G）和第二代（2G），正在向第三代（3G）

发展。

一、第一代移动通信系统 (1G)

第一代移动通信系统为模拟移动通信系统，以美国的 AMPS（IS-54）和英国的 TACS 为代表，采用频分双工、频分多址制式，并利用蜂窝组网技术以提高频率资源利用率，克服了大区制容量密度低、活动范围受限的问题。虽然采用频分多址，但并未提高信道利用率，因此通信容量有限；通话质量一般，保密性差；制式太多，标准不统一，互不兼容；不能提供非话数据业务；不能提供自动漫游。因此，已逐步被各国淘汰。

二、第二代移动通信系统 (2G)

第二代移动通信系统为数字移动通信系统，是目前移动通信发展的主流，以 GSM 和窄带 CDMA 为主，第二代移动通信系统中采用数字技术，利用蜂窝组网技术。多址方式由频分多址（FDMA）转向时分多址（TDMA）和码分多址（CDMA）技术，双工技术仍采用频分双工。2G 采用蜂窝数字移动通信，使系统具有数字传输的种种优点，克服了 1G 的缺点，通话质量及保密性能均大幅提高，可实现自动漫游。不足之处是带宽有限，限制了数据业务的发展，尚无法实现移动通信的多媒体业务。且各国标准不一，无法实现全球漫游。

三、第三代移动通信系统 (3G)

早在 1985 年 ITU-T 就提出了第三代移动通信系统（3G）的概念，工作的频段在 2000MHz，且最高业务速率为 2000kbit/s，1996 年正式命名为 IMT-2000（International Mobile Telecommunication-2000）。第三代移动通信系统的目标是能提供多种类型、高质量的多媒体业务；能实现全球无缝覆盖，具有全球漫游能力；与固定网络的各种业务相互兼容，具有高服务质量；与全球范围内使用的小型便携式终端在任何时候任何地点进行任何种类的通信。为了实现上述目标，对第三代无线传输技术（RTT）提出了支持高速多媒体业务（高速移动环境：144kbit/s，室外步行环境：384kbit/s，室内环境：2Mbit/s）的要求。

1999 年 11 月 5 日，国际电联 ITU-RTG8/1 第 18 次会议通过了"IMT-2000 无线接口技术规范"建议，其中我国提出的 TD-SCDMA 技术写在了第三代无线接口规范建议的 IMT-2000 CDMA TDD 部分中。3G 作为第三代移动通信的标准，国际标准国际电信联盟（ITU）在 2000 年 5 月确定 WCDMA、CDMA2000 和 TD-SCDMA 三大主流无线接口标准，写入 3G 技术指导性文件《2000 年国际移动通讯计划》。目前在我国投入研究的第三代移动通信系统除了采用 WCDMA 和 CDMA2000 体制外，还有 TD-SCDMA，其中以采用 WCDMA 体制的厂商最多。

WCDMA（Wideband Code Division Multiple Access）由欧洲标准化组织 3GPP 所制定，将成为未来 3G 的主流体制。WCDMA 的支持者主要是以 GSM 系统为主的欧洲厂商，日本公司也或多或少参与其中，包括欧美的爱立信、阿尔卡特、诺基亚、朗讯、北电，以及日本的 NTT、富士通、夏普等厂商。

CDMA2000 也称为 CDMA Multi-Carrier，由美国高通北美公司为主导提出，摩托罗拉、Lucent 和后来加入的韩国三星都参与其中，韩国现在成为该标准的主导者。这套系统是从窄频 CDMAOne 数字标准衍生出来的，可以从原有的 CDMAOne 结构直接升级到 3G，建设成本低廉。但目前使用 CDMA 的地区只有日、韩和北美，所以 CDMA2000 的支持者不如 W-CDMA 多。

TD-SCDMA（Time Division Synchronization CDMA）是由中国内地独自制定的 3G 标准，1999 年 6 月 29 日，由中国原邮电部电信科学技术研究院（大唐电信）向 ITU 提出。该标准将智能无线、同步 CDMA 和软件无线电等当今国际领先技术融于其中，在频谱利用率、对业务支持具有灵活性、频率灵活性及成本等方面的独特优势。

表 3-1　　　　　　　　　　　　　　　3G 三种主要技术体制特性

体制	WCDMA	CDMA2000	TD-SCDMA
接收机结构	RAKE	RAKE	RAKE
闭环功率控制	支持	支持	支持
越区切换	软、硬切换	软、硬切换	软、硬切换
解调方式	相干解调	相干解调	相干解调
码片速率	3.84Mcps	N×1.2288Mcps	1.28Mcps
发射分集方式	TSTD、STTD、FBTD	OTD、STS	无
同步方式	异步	同步	异步
核心网络	GSMMAP	ANSI-41、MIP	GSMMAP
功率控制	快速功控、开环、闭环、外环	快速功控、开环、闭环、外环	开环、闭环、外环
最高移动速度	500km/h	500km/h	100km/h
最大接入速率	2Mbps	1x—435Kbps 1xDo—2.4Mbps 3x—2Mbps	2Mbps

四、第四代蜂窝移动通信系统（4G）

国际电信联盟（ITU）早在 1999 年 9 月把"第三代之后"移动通信系统的标准化问题提上了日程，在 ITU-R 的工作计划中列入了"IMT-2000 及其以后的系统"，ITU 有关 4G 的提法是 Beyond IMT-2000（3G），并提议各会员国于 2010 年实现 4G 的商用。但到现在 4G 也仅是一个基本的框架而已，定义并不明晰。

3.4.5　移动通信系统的组成

陆地移动通信系统一般由移动台 MS（Mobile Set）、基站 BS（Base Station）、移动业务交换中心 MSC（Mobile Switch Center）等组成移动通信网（PLMN），移动通信网又通过中继线与市话通信网（PSTN）连接，在此系统中，移动部分体现在基站与移动台之间，这是移动通信的主体部分，如图 3-57 所示。

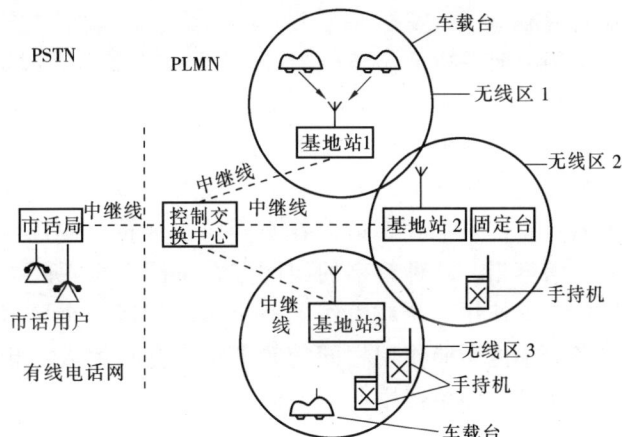

图 3-57　移动通信系统的组成

一、移动台 MS

如手机或车载台,移动台是移动网中的终端设备,它将用户的话音信息进行变换并以无线电波的方式进行传输。

二、基站 BS

与本小区内移动台之间通过无线电波进行通信,并与 MSC 相连,以保证移动台在不同小区之间移动时也可以进行通信。采用一定的多址方式可以区分一个小区内的不同用户。

三、移动业务交换中心 MSC

MSC 是蜂窝通信网络的核心。MSC 负责本服务区内所有用户的移动业务的实现,一般来说,MSC 作用有:信息交换功能;集中控制管理功能;通过关口 MSC 与公用电话网相连。

四、中继传输系统

在 MSC 之间、MSC 和 BS 之间的传输线均采用有线方式。

五、数据库

数据库是用来存储用户的有关信息的。数字蜂窝移动网中的数据库有归属位置寄存器 HLR（Home Location Register）、访问位置寄存器 VLR（Visitor Location Register）、鉴权认证中心 AUC（Authentic Center）、设备识别寄存器 EIR（Equipment Identity Register）等。

基站和移动台设有收、发信机和天线等设备。每个基站都有一个可靠的通信服务范围,称为无线小区（通信服务区）。无线小区的大小,主要由发射功率和基站天线的高度决定。依据服务面积的大小将移动通信网分为大区制、中区制和小区制（Cellular System）三种。

1. 大区制

大区制是指在一个基站天线覆盖区内的移动用户,只能在此区域完成联络与控制。此时基站发射功率很大（50W 或 100W 以上,对手机的要求一般为 5W 以下）,覆盖面积大,无线覆盖半径可达 25km 以上。其基本特点是:设备较简单、投资少、见效快,但频率利用率低,扩容困难,不能漫游。为了适合更大范围（大城市）、更多用户的服务,必须采用小区制。

2. 小区制

小区制一般是指覆盖半径为 2～10km 的多个无线区链合而构成整个服务区的制式,每个小区设置一个基站,此时的基站发射功率很小（8～20W）。由于通常将小区绘制成六角形（实际小区覆盖地域并非六角形）,多个小区结合后看起来很像蜂窝,因此称这种组网为蜂窝网。这种组网方式可以构成大区域大容量的移动通信系统,小区制具有频率再用的特点,即一个频率可以在不同的小区重复使用。因此,小区制可以提供比大区制更大的通信容量。几种频率的组网方式见图 3-58 所示。图中每个六边形表示一个小区,一个数字表示使用一个频率组,七个小区构成一个区群,为了防止同频干扰,在一个区群中的各个小区不能使用相同的频率组,在其他区群相应的小区则可以重复使用同一频率组,即所谓的频率再用。

3. 中区制

中区制则是介于大区制和小区制之间的一种过渡制式。

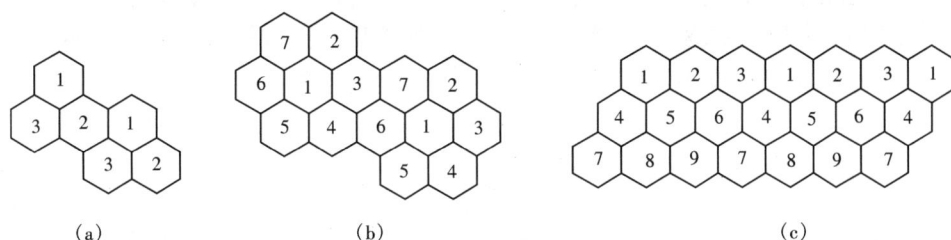

图 3-58　几种小区组网图案（频率再用）

(a) 3 频率组网方式；(b) 7 频率组网方式；(c) 9 频率组网方式

3.4.6　移动通信网中的基本技术

一、移动通信系统使用的频段

移动通信属于无线通信的范畴。根据其工作频段分为短波、超短波、微波到毫米波、红外和超长波。按照无线电频率的划分，属于 VHF（甚高频）和 UHF（特高频）直至微波频段，一般的分配为 150、450、800 和 900MHz 以及 1.8GHz 等为公用移动通信使用频段。其中，800MHz 供军队使用。在民用的移动通信中，频段使用分配为低频段、150、450MHz，用于无线传呼和集群通信。900MHz 和 1.8GHz 用于蜂窝移动通信。

二、多址方式

当把多个用户接入一个公共的传输媒质实现相互间通信时，需要给每个用户的信号赋以不同的特征，以区分不同的用户，这种技术就称为多址技术。多址技术是移动通信的基础技术之一。

多址方式的基本类型有频分多址方式 FDMA（Frequency Division Multiple Access）、时分多址方式 TDMA（Time Division Multiple Access）、空分多址方式 SDMA（Space Division Multiple Access）、码分多址方式 CDMA（Code Division Multiple Access）等。目前移动通信系统中常用的是 FDMA、TDMA、CDMA 以及它们的组合。

（一）频分多址方式（FDMA）

频分多址为每一个用户指定了特定信道，这些信道按要求分配给请求服务的用户。在呼叫的整个过程中，其他用户不能共享这一频段。FDMA 是最经典的多址技术之一，在第一代蜂窝移动通信网（如 TACS、AMPS 等）中使用了频分多址。其特点是技术成熟，对信号功率的要求不严格。但基站需要多部不同载波频率的发射机同时工作，设备多且容易产生信道间的互调干扰，信道效率很低。因此现在国际上蜂窝移动通信网已不再单独使用 FDMA，而是和其他多址技术结合使用。FDMA 示意图如图 3-59 所示。

（二）时分多址方式（TDMA）

时分多址是在一个宽带的无线载波上，把时间分成周期性的帧，每一帧再分割成若干时隙（无论帧或时隙都是互不重叠

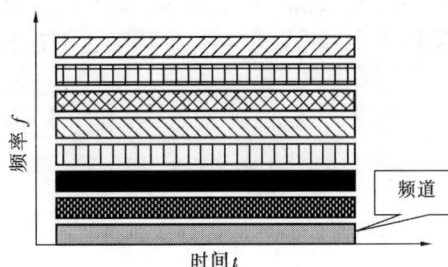

图 3-59　FDMA 示意图

的），每个时隙就是一个通信信道，给每个用户分配一个时隙，系统根据一定的时隙分配原则，使各个移动台在每帧内只能按指定的时隙向基站发射信号。在满足定时和同步的条件下，基站可以在各时隙中接收到各移动台的信号而互不干扰。TDMA 示意图如图 3-60 所示。

TDMA 技术广泛应用于第二代移动通信系统中。在实际应用中，综合采用 FDMA 和 TDMA 技术的，即首先将总频带划分为多个频道，再将一个频道划分为多个时隙，形成信道。例如 GSM 数字蜂窝标准采用 200kHz 的 FDMA 频道，并将其再分割成 8 个时隙，用于 TDMA 传输，如图 3-61 所示。

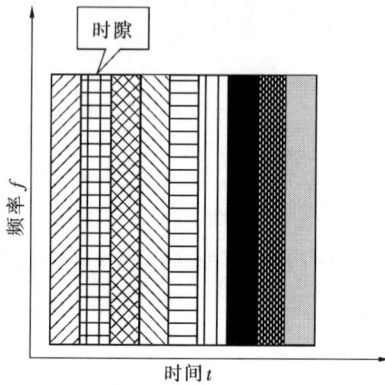

图 3-60　TDMA 示意图　　　　　　　图 3-61　FDMA/TDMA 示意图

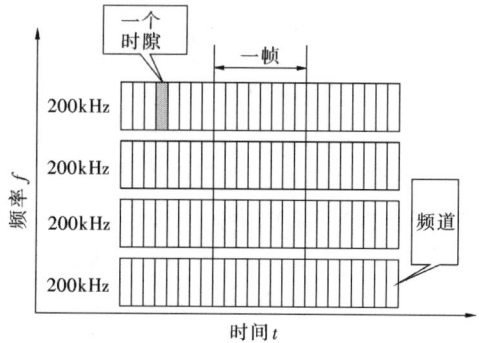

（三）码分多址方式（CDMA）

CDMA 系统采用码分多址技术及扩频通信的原理，可在系统中使用多种先进的信号处理技术，为系统带来更多优点。CDMA 系统为每个用户分配了各自特定的地址码，利用公共信道来传输信息。CDMA 系统的地址码相互具有准正交性，以区别地址，而在频率、时间和空间上都可能重叠。也就是说，每一个用户有自己的地址码，这个地址码用于区别每一个用户，地址码彼此之间是互相独立的，也就是互相不影响的。CDMA 系统中常采用直接序列扩频方式，它是指在发送端直接用一个宽带的扩频码序列和原始信号相乘，以扩展信号的带宽，而在接收端则用相同的扩频码和宽带信号相乘进行解扩，从中还原出原始的信息，如图 3-62 所示。CDMA 中采用伪随机序列（称为 PN 码）作为扩频码，因为伪随机序列具有近似白噪声的特性，所以具有良好的相关性。CDMA 系统中采用的伪随机码有 m 序列、Walsh 函数等；在 CDMA 通信系统中，所有用户使用所有频率和所有时间上都是重叠的，系统用不同的正交编码序列来区分不同的用户，如图 3-63 所示。CDMA 中，不同的移动台共同使用一个频率，但是每个移动台都被分配带有一个独特的码序列，与所有别的码序列都

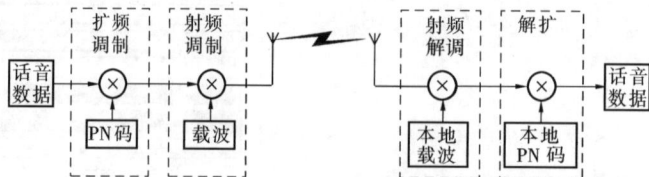

图 3-62　直接序列扩频实现框图

不相同，所以各个用户之间没有干扰。这种多址技术因为是靠不同的码序列来区分不同的移动台，所以叫做码分多址技术。

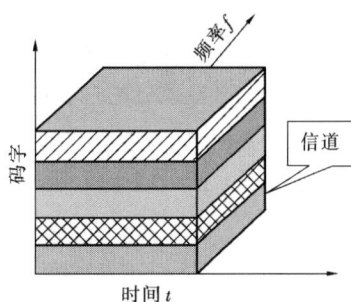

图 3-63　CDMA 示意图

在实际应用中，是综合采用 FDMA 和 CDMA 技术的。例如，窄带 CDMA 中，采用 1.25MHz 的 FD-MA 频道，将其再进行码字的分割，形成 CDMA 信道。

CDMA 蜂窝移动通信系统与 FDMA 系统或 TD-MA 系统相比具有系统容量更大、话音质量更好以及抗干扰、保密等优点，因此受到了各国的普遍重视和关注。在第三代数字蜂窝移动通信系统中，无线传输技术将采用 CDMA 技术。

由上可见，蜂窝结构的通信系统特点是通信资源的重用。频分多址系统是频率资源的重用；时分多址系统是时隙资源的重用；码分多址系统是码型资源的重用。在实际应用中，一般是多种多址方式的结合使用。例如，GSM 系统中，是 FDMA/TDMA 的结合使用；窄带 CDMA 系统（IS-95）和 3G 中的宽带码分多址（WCDMA）中，采用的则是 FDMA/CDMA 方式。

3.4.7　移动通信系统的工作方式

移动通信系统的工作方式可以分为单工通信方式、半双工通信方式和全双工通信方式。

一、单工通信方式

单工通信方式是指通信双方在某一时刻只能处于一种工作状态：发信或收信，而不能同时进行收信和发信。根据收、发频率的异同，又可分为同频单工和异频单工。通信双方收发使用同一频率的称为同频单工；收发使用不同频率的称为异频单工。单工通信方式如图 3-64 所示，一般适用于点对点通信，如对讲系统。

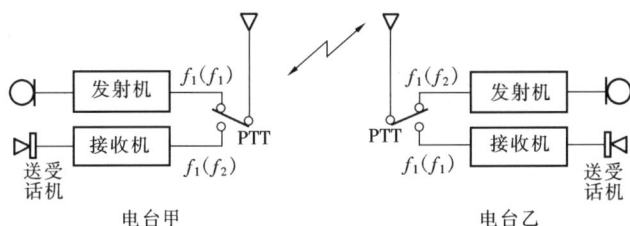

图 3-64　单工通信方式

通信双方利用按键控制收信和发信，任一时刻用户只能处于发信或收信状态。当甲方发话时，先按下"收发控制按钮"（简称 PTT），这时甲方发信机处于发射状态，乙方则应松开 PTT 处于接收状态才能收信。乙方回答时，则应乙方按下 PTT，甲方松开 PTT，乙方才能发话，甲方才能收听。

二、半双工通信方式

半双工方式是指通信中有一方（常指基站）可以同时收发信息，而另一方（移动台）则以单工方式工作（采用按键发话的异频单工制工作）。半双工通信方式如图 3-65 所示。半双工通信方式常用于专用移动通信系统，如调度系统。

三、全双工通信方式

全双工通信方式是指通信双方均可同时进行接收和发送信息。这种方式适用于公用移动通信系统，是广泛应用的一种方式，如图 3-66 所示。

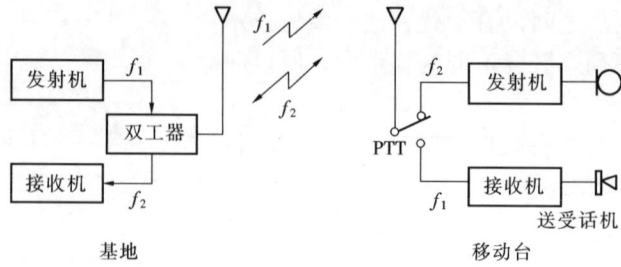

图 3-65　半双工通信方式

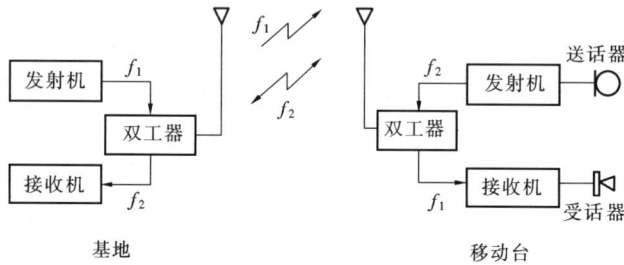

图 3-66　全双工通信方式

大多数全双工制系统收发使用相隔足够距离的不同频率工作,称为频分双工(FDD)。模拟蜂窝移动通信系统、GSM 及 CDMA 数字蜂窝移动通信系统等都采用了频分双工体制。

3.4.8　移动通信具有的主要功能

一、网络的控制和交换功能

移动通信网的功能是实现移动用户通过有限的无线信道与市话网中的固定用户自动接续或移动用户之间的自动接续,所以移动通信网络必须有控制和交换功能。

1. 无线信道的选取

在大、中容量移动通信网络中大都采用"专用呼叫信道"的选取方式。

2. 位置登记更新功能

移动台经常移动,必须自动将自己的位置登记到所属的移动通信交换局或被访的移动交换局的相应存储器,以便寻呼,实现漫游。

3. 监视和过界切换功能

过界切换越区切换(handoff)和越局切换(roaming)。所谓越区切换功能,是指移动台从一个小区驶向另一个小区时,由移动通信交换局监视信噪比或场强的变化,而自动切换到另一个小区并保持通信。越局交换是移动通信网中一种较新的技术,它必须要求在本局与被访局之间建立识别、查询及借给临时号码的功能。

4. 计费功能

移动用户不同于固定电话,计费方法较复杂。移动用户主收费区不确定,且无线信道又是由多个移动台所共用,仅靠判别主叫无线信道难以确定主叫用户,所以对于移动用户计费必须解决主叫收费区判别和主叫用户识别(即用户号码识别技术);同时还要确定是用何种计时计次的计费方式。

二、编号方式

号码设计是通信网中最基本的要素之一。移动通信网最基本的号码是："地区号码＋移动通信交换局号码＋移动用户号码"。另一种方案是："移动通信系统识别号码＋移动用户号码"。

三、信令方式

移动通信信令方式大致可分为以下几种。

（1）控制无线线路的信令。

（2）通信呼叫、应答、拨号、号码登记等信令。

（3）移动通信网和公用通信网的信令，有以下两种：

1）移动通信交换局与市话程控汇接局间的信令；

2）移动通信交换局与长途局间的信令。

（4）网内信令。

对信令的要求是有效可靠和简单。

四、网络性能

对移动通信网的质量及主要性能应有统一的规定和标准。

3.4.9　GSM 移动通信系统

一、GSM 系统简介

GSM 标准制式的数字蜂窝移动通信主要在欧洲开发和使用，1992 年开始投入商用。开放业务的国家主要集中在欧洲。我国也采用了 GSM 制式。我国参照 GSM 标准制定了自己的技术要求：使用 900MHz 频段，即 890～915MHz（移动台-基站）和 935～960MHz（基站、移动台），收发间隔 45MHz；载频间隔 200kHz，每载波信道数 8 个，基站最大功率 300W，小区半径 0.5～35km，调制类型 GM-SK，传输速率为 270kbit/s，手机的发射功率约为 0.6W。

二、GSM 通信系统的结构

GSM 通信系统结构如图 3-67 所示。其中包括移动台、基站收发信机、基站控制器、移

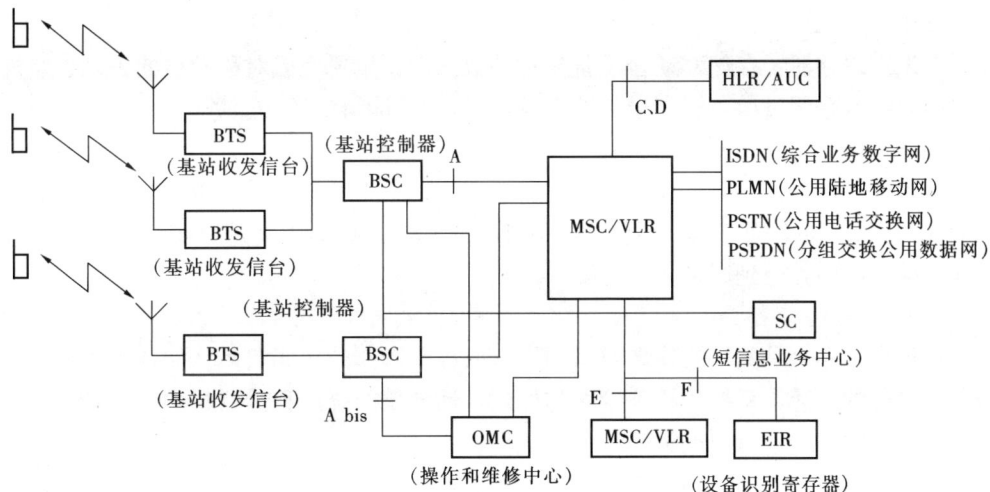

图 3-67　GSM 通信系统结构

动交换中心、外来用户位置寄存器、本地用户位置寄存器、鉴别中心、设备识别寄存器和操作维护中心等。

1. MS

MS 即移动台，是指个人手机、车载站、或船载站等。它包括移动设备（ME）和用户识别模块（SIM）。移动台有若干识别号码。作为一个完整的设备，移动台的正常工作由国际移动设备识别码（IMEI）提供保障。用户使用时，被分配一个国际移动用户识别码（IMS），并通过用户识别卡（SIM 卡）实现对用户的识别。

2. BSS

基站系统，它由基站控制器 BSC 和基站发射 BTS 两部分构成。BSS 由移动交换中心 MSC 控制，而 BTS 受 BSC 控制。BSC 是 BTS 与 MSC 之间的连接点，为 BTS 与 MSC 之间交换信息提供接口，BSC 主要功能是进行无线信道管理，实施呼叫和通信链路的建立及拆除，并为本控制区内移动台的过区切换进行控制。BTS 包括无线传输所需的各种硬件和软件，如发射机，接收机，天线，接口电路及检测和控制装置。

3. MSC

移动业务交换中心，它是蜂窝通信网络的核心。在它所覆盖的区域中对 MS 进行控制，是交换的功能实体，也是移动通信系统与其他公用通信网之间的接口。它要完成移动通信系统的用户信号交换、号码转换、漫游、信号强度检测、切换（交接）、鉴权、加密等多项功能。

4. VLR

外来用户位置寄存器，是漫游移动用户进网必须存储的有关数据的储存器，它是 MSC 区域的 MS 来去话需检索信息的数据库。用以存储呼叫处理存放数据、识别号码、用户号码等。

5. HLR

本地用户位置寄存器，它是管理部门用于移动用户管理的数据库。每个移动用户首先都要在原址进行位置注册登记。在此寄存器中主要存储两类信息：一是有关用户的参数；二是有关用户当前位置信息。以便建立至移动台的呼叫路由，如移动台的漫游号码。

6. EIR

设备识别寄存器，存储移动台设备参数的数据库，主要完成对移动台的识别、监视、闭锁等功能。只有登记过设备识别号（即有权用户），才能得到通话服务。

7. AUC

鉴权中心，是认证移动用户身份和产生相应鉴权参数（随机数 RAND，符号响应 SRES，密钥 Kc）的功能实体。AUC 对任何试图入网的移动用户进行身份认证，只有合法用户才能接入网中并得到服务。

8. OMC

操作维护中心，是网络操作者对全网进行监控和操作的功能实体。如：系统的自检、报警与备用设备的激活，系统的故障诊断与处理，话务量的统计和计费数据的记录与传递，以及各种资料的收集、分析与显示等。

通常，HLR、EIR 和 AUC 合置于一个物理实体中。VLR、MSC 合置于一个物理实体中。MSC、VLR、HLR、AUC、EIR 也可都设置在一个物理实体中。

三、GSM 系统的传输方式

GSM 系统主要采用了时分多址（TDMA）技术，TDMA 的基本思想是系统中各移动台占用同一频带，但占用不同的时隙，即在一个通信网内各台占用不同的时隙建立通信的方式。这些信号通过基站的控制在时间上依次排列、互不重叠；同样，各移动台只要在指定时隙内接收信号，就能从各路信号中把发给它的信号区分出来。实际上，在 GSM 系统中既采用了 TDMA 技术，也采用了 FDMA 技术。由此引出许多不同的特点，并为移动用户提供更为广泛的业务功能。

GSM 蜂窝通信网作为世界上首先推出的数字蜂窝通信系统，具有许多优点：频谱效率高、容量大、话音质量高、较好的安全性以及在业务方面具有一定的优势，如可以实现智能业务和国际漫游等。

我国自从 1992 年在嘉兴建立和开通第一个 GSM 演示系统，并于 1993 年 9 月正式开放业务以来，全国各地的移动通信系统中大多采用 GSM 系统，使得 GSM 系统成为目前我国最成熟和市场占有量最大的一种数字蜂窝系统。

3.4.10　CDMA 移动通信系统

一、CDMA 系统简介

随着社会经济技术的进步和发展，全球性的通信联络日益密切，相应地要求提供综合化的信息业务，如话音、图像、数据等，即具有多媒体特征的移动通信业务。为满足这种需求，第三代移动通信网络应运而生，其网络采用数字信令，并结合移动卫星系统，以不同的小区结构，形成覆盖全球的移动通信网络，提供全球话音及不同速率的数据业务等。CDMA 技术在全球范围得到普遍的发展。目前全球 6 大洲的 39 个国家和地区采用并开通的 CDMA 蜂窝或 PCS 网络已达 100 多个，且用户增长的速度惊人。我国也十分重视 CDMA 技术的发展，在"八五"和"九五"期间先后投入大量的人力和物力去研制 CDMA 数字蜂窝通信系统的技术。

二、CDMA 系统工作原理

CDMA 是一种以扩频通信为基础的调制和多址连接技术。扩频通信技术在信号发端用一高速伪随机码与数字信号相乘，由于伪随机码的速率比数字信号的速率大得多，因而扩展了信息传输带宽。在收信端，用相同的伪随机序列与接收信号相乘，进行相关运算，将扩频信号解扩。扩频通信具有隐蔽性、保密性、抗干扰等优点。CDMA 扩频通信系统原理如图3-68 所示。

扩频技术的更多讨论详见 3.7 节。

CDMA 系统的结构如图 3-69 所示。

三、CDMA 系统的传输方式

在 FDMA（频分多址）中，不同地址的用户占用信道不同的频带进行通信。在 TDMA

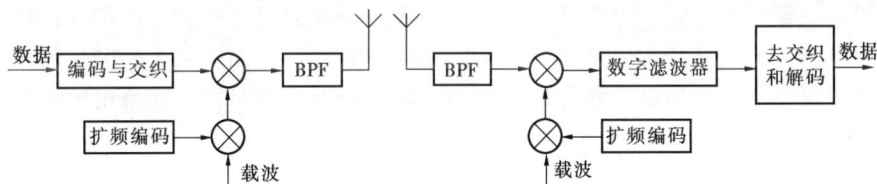

图 3-68　CDMA 扩频通信系统原理

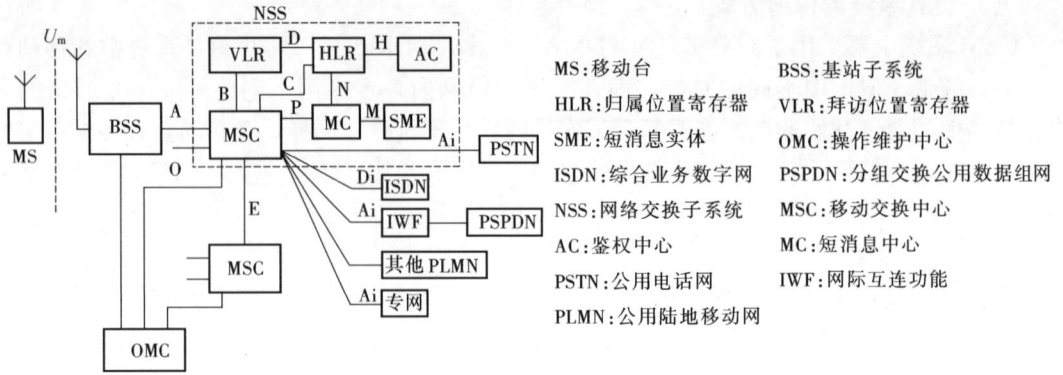

图 3-69　CDMA 系统结构

（时分多址）中，不同地址的用户占用信道的不同时隙进行通话。在 CDMA（码分多址）中，所有用户使用相同的频率和相同的时间在同一地区通信，不同用户依靠不同的地址码区分。这样，和其他几种多址方式比较，CDMA 多址方式就显得线路分配灵活，往返呼叫时间不会太长。

与其他多址方式相比，码分多址方式的主要特点在于，所传送的已调波的频谱很宽，功率谱密度很低，且各载波可共用同一时域、频域和空域，只是不能共用同一地址码，因此，码分多址具有如下几个优点：

（1）抗干扰能力强；

（2）较好的保密通信能力；

（3）实现多址连接较灵活方便；即将投入商用的第三代移动通信就是采用了码分多址方式。

四、CDMA 系统的主要特点

由于采用码分多址技术及扩频通信的原理，与使用 TDMA 方式的移动通信系统相比较，CDMA 系统具有以下特点。

1. 大容量

由理论计算以及现场试验证明，CDMA 系统的信道容量大约是模拟移动通信系统的 10~20 倍，是 TDMA 数字移动通信系统的四倍。

2. 软容量

软容量即容量不是定值，可以变动。在 CDMA 系统中，用户数目和服务质量之间可以相互折中，灵活确定。

3. 软切换

在 FDMA、TDMA 系统中，用户越区切换时是先断开原来的连接，在建立新的连接，即所谓硬切换，硬切换有时会引起乒乓噪声，严重时会造成通话中断。所谓软切换是指当移动台需要切换时，先与新的基站连通，再与原基站切断联系，而不是先切断与原基站的联系再与新的基站连通。软切换可以有效地提高切换的可靠性，同时，软切换可以提供分集，从而保证通信的质量。

4. 通话质量好

由香农公式可知，在信道容量一定的情况下，信道带宽和信噪比可以互换，若加大信道带宽，则可适当地减小信号功率。CDMA 所采用的扩频通信原理正是基于这一点，它将信号带宽扩展从而降低了对信号功率的要求。

5. 话音激活

统计表明，人类通话过程中话音是不连续的，话音停顿以及听对方讲话等待时间占了讲话时间的 65% 以上。CDMA 系统因为使用了可变速率声码器，在不讲话时传输速率降低，减轻了对其他用户的干扰，这即是 CDMA 系统的话音激活技术。

6. 功率控制

在 CDMA 系统中，同一小区各个用户使用同一频率，共享一个无线频道。由于路径远近不同（造成路径衰耗不同），距基站近的移动台所发射的信号有可能将距基站远的移动台所发送来的信号完全淹没，这就是"远近效应"，即距接收机近的用户对距接收机距离远的用户的干扰。功率控制是 CDMA 系统中的关键技术之一，CDMA 系统通过正向功率控制和反向功率控制的方法，使远、近的所有移动台的接收信号功率和发射到达基站的信号功率基本相等。从而提高了通信质量。

此外，CDMA 系统是以扩频技术为基础的，因此具有抗干扰、抗多径衰落、保密性强等其他系统不可比拟的优点。

3.4.11　集群系统

一、集群系统的概念

集群系统（Trunking System）是一种专业的无线电调度系统，所谓集群（Trunking）是指系统所具有的可用信道是由系统的全体用户群共同使用。换而言之，集群通信系统是一种共用信道的无线电调度系统。它具有自动选择信道功能，可以实现共享频谱资源，分担组网费用，共用信道设备及服务的多用途高效能而廉价的无线电调度通信系统。成为专用移动通信网的一个发展方向。

随着技术的发展，集群系统大都采用了微机控制，使其具备了许多程控电话的功能，如优先等级、会议电话等等。集群系统已发展成为一种先进的、较经济的多功能无线调度电话系统，集群系统可工作在 VHF 和 UHF 波段上。为了避免与蜂窝网的频率相干扰，国际上规定 800MHz 的集群系统应在 806～821MHz（移动台发），851～866MHz（基台发）工作，收发频率间隔为 45MHz，信道间隔为 25kHz，总共有 600 个信道。由于现在最大的系统为 20 个信道，所以按 20 个信道为一组频率，又再分为 4 个小组，每 1 小组有 5 信道，这是考虑了最小的系统为 5 个信道的缘故。为了减小相互干扰，信道间要有一定的频率间隔，这也有利于共用天线。我国规定与国际上相同，但信道序号与频率高低正相反（高频率对应高信道序号。例如，我国的 1 号信道频率为 806.0125MHz，而该频率对应的国际信道序号是 600；而我国的 600 号信道频率为 820.9875MHz，对应的是 1 号国际信道）。指配频率时按组或小组来指配。400MHz 及 150MHz 频段的集群系统则不分组，由各地无线电管理委员会进行指配。

集群移动通信系统可以实现将几个部门所需要的基地台和控制中心统一规划建设，集中管理，而每个部门只需要建设自己的调度指挥台（即分调度台）及配置必要的移动台，就可以共用频率、共用覆盖区，即资源共享、费用分担，使公用性与独立性兼顾，从而获得最大的社会效益。

二、集群系统的组成

一个集群通信系统一般由控制中心、基站、调度台、移动台组成。这是一种在一定范围内使用的移动通信系统,通常采用大区制覆盖,和大区制移动通信网的组成很类似,如图3-70所示。该系统是独立的专用系统。如各种车辆调度系统,公安、交警等部门自己安装的系统。

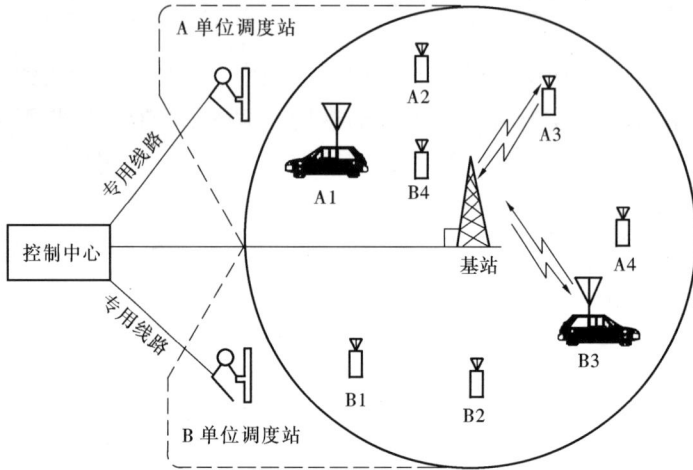

图3-70　集群系统的组成

三、集群系统的分类

集群通信系统的种类繁多,通常有以下几种分类方式:

(1) 按信令方式可分为共路信令方式和随路信令方式。

(2) 按信号的类型可分为模拟集群和数字集群两种。

(3) 按通话占用信道可分为信息集群(亦称消息集群)和传输集群之分。

(4) 按控制方式可分为集中控制方式和分散控制方式。

(5) 按覆盖区域可分为单区单中心制和多区多中心制。

单区单中心制是集群系统的一种基本结构,如图3-71所示。这种网络适用于一个地区

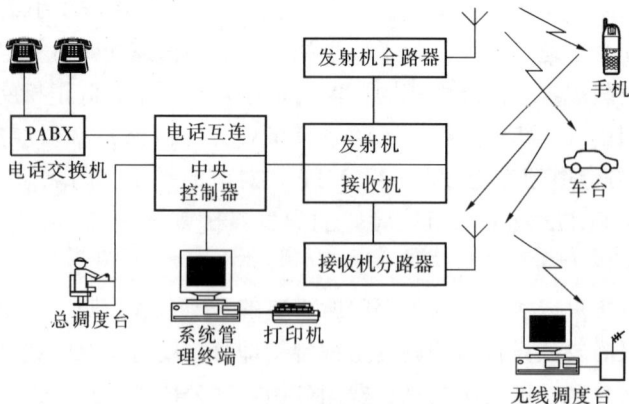

图3-71　集群系统的基本结构

内、多个部门共同使用的集群移动通信系统，可实现各部门用户通信，自成系统而网内的频率资源共享。

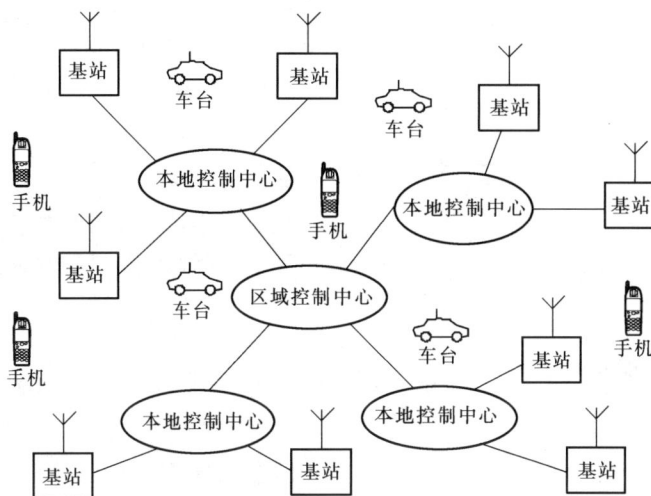

图 3-72　多区多中心制集群网结构

为扩大集群网的覆盖，单区制集群系统可相互连成多区多中心的区域网，区域网由区域控制中心、本地控制中心、多基站组成而形成整个服务区。各本地控制中心通过有线或无线传输电路连接至区域控制中心，由区域控制器进行管理，其结构如图 3-72 所示。

四、集群系统的用途和特点

（1）集群通信系统属于专用移动通信网，适用于在各个行业中间进行调度和指挥，对网中的不同用户常常赋予不同的优先等级。

（2）集群通信系统根据调度业务的特征，通常具有一定的限时功能，一次通话的限定时间为 15～60s（可根据业务情况调整）。

（3）集群通信系统的主要服务业务是无线用户和无线用户之间的通信。

（4）集群通信系统一般采用半双工（现在已有全双工产品）工作方式，因而，一对移动用户之间进行通信只需占用一对频道。

（5）集群系统中，主要是以改进频道共用技术来提高系统的频率利用率。

（6）集群系统成本较低，按单个用户计，成本明显地低于常规调度系统。集群系统的主要缺点是：由于在通话中可能碰到信道全忙，需要排队等待的情况，因此会产生迟延，使人有说话不连续的感觉。

总之，集群系统属于专用调度移动通信系统，在集群无线通信系统中，系统中的每一个信道都可以为大量用户所使用，系统可以将有限的信道自动分配给大量的用户。它的工作方式为半双工（异频单工）、大区制，可以覆盖较大范围，一般半径为 30～40km。但由于现在使用单位较多，已不限于只作调度使用了。一般还要求它能与市话网互连，有的还要求双工工作，或扩大覆盖范围，多个小区工作等。

3.4.12　无线寻呼系统

一、无线寻呼系统简介

无线寻呼的英文为 Paging，它是由 Page "呼叫找人" 这个词意演化来的。无线寻呼系统（Radio Paging System）是一种单向传输指令的选择呼叫系统，属于一种费用低廉，使用方便，易于普及的个人移动通信业务系统。我国则称之为"寻呼"。图 3-73 所示为无线电寻呼

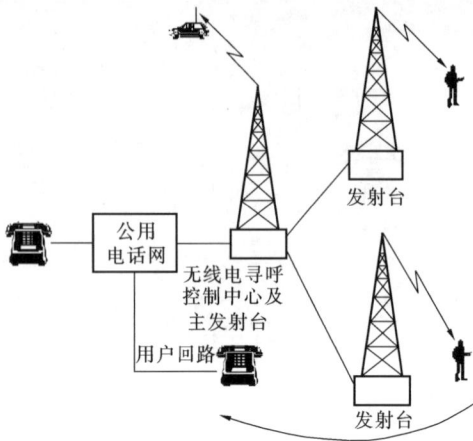

图 3-73　无线电寻呼系统组成示意图

系统的组成示意图。这是一种单向通信系统，既可公用也可专用，仅规模大小有差异而已。专用寻呼系统由用户交换机、寻呼控制中心、发射台及寻呼接收机组成。公用寻呼系统由与公用电话网相连接的无线寻呼控制中心、寻呼发射台及寻呼接收机组成。寻呼系统有人工和自动两种接续方式：人工方式由话务员将主呼用户需要寻找的寻呼机和需要传递的信息编成信令和代码，代用户搜索被寻呼者；在无线寻呼业务的发展初期，人工方式对用户比较方便，故被广泛应用。但在无线寻呼业务已有相当发展的今天，用户的兴趣已转向自动寻呼。

我国第一套为公众提供服务的无线寻呼系统于 1984 年 1 月在上海开通。据统计，截至 1993 年 6 月，全国已有 1476 个城镇有寻呼服务。不仅有邮电部门的公共传呼网（统一的专用电话号为 126 及 127），还有许多专用网。总计寻呼机用户达到 395 万个。我国无线寻呼的发展方向是自动化、数字化、多功能和汉字显示。

二、无线寻呼系统工作过程

寻呼通信的工作过程是这样的：当你要寻呼持有寻呼机的某人时，必须先向寻呼中心拨电话，告知值机员你要寻呼的这个人的寻呼机号码，同时报上自己的电话号码（现在也可以不用告知，寻呼系统可以自动将你拨打的电话号码记下并发送出去）；值机员即可通过控制台向寻呼发射机发出寻呼信息；寻呼发射机发出的无线电波被寻呼人的寻呼接收机收到并确认是寻呼自己号码的信息后，即发出 Bi-Bi 响声，告知持机人（机主）有人找他，并在寻呼机的显示屏显示出呼叫者的电话号码或其他信息，一次寻呼（单向通信）即告完成。从发信与收信的工作原理上讲，无线寻呼系统与我们所熟知的无线电广播很类似，所不同的是，在形式上广播是点到多点的通信，而寻呼是点到点的通信。（实际上寻呼台发出的信号被所有寻呼机接收，而只有号码符合的寻呼机才有响应。）

3.5　数字微波中继通信

3.5.1　简述

微波是指频率为 300MHz～300GHz 或波长为 1mm～1m 范围内的电磁波。微波频段可细分为特高频（UHF）频段/分米波频段、超高频（SHF）频段/厘米波频段和极高频（EHF）频段/毫米波频段。微波通信就是利用该波段的电磁波进行的通信方式。与短波相比，这种传播方式具有传播较稳定，受外界干扰小等优点，但在电波的传播过程中，却难免受到地形，地物及气候状况的影响而引起反射、折射、散射和吸收现象，产生传播衰落和传播失真。在微波波段，电磁波的功率在视距范围的空间是按直线传播的，考虑到地球表面的

弯曲，通信距离一般只有几十千米，要进行长距离通信，须采用中继传输方式，将信号多次转发，才能到达接收点。数字微波通信是利用微波作为载体传送数字信息的一种通信方式。它兼有数字通信和微波通信两者的优点，被通信部门广泛应用。在电力系统，数字微波中继通信已成为干线调度通信的主要方式。

一、数字微波通信的特点

微波通信分为模拟微波通信系统和数字微波通信系统。

1. 微波中继通信系统的特点

（1）通信频段的频带宽。微波频段占用的频带约 300GHz，而全部长波、中波和短波频段占有的频带总和不足 30MHz，前者是后者的 10000 多倍。占用的频带越宽，可容纳同时工作的无线电设备就越多，通信容量也就越大。一套短波通信设备一般只能容纳几条话路同时工作，而一套微波中继通信设备可以容纳几千甚至上万条话路同时工作，并可传输电视图像等宽频带信号。

（2）受外界干扰的影响小。工业干扰、雷电干扰及太阳黑子的活动对微波频段通信的影响小（当通信频率高于 100MHz 时，这些干扰对通信的影响极小），但这些干扰源严重影响短波以下频段的通信。因此，微波中继通信信号比较稳定和可靠。

（3）通信灵活性较大。微波中继通信采用中继方式，可以实现地面上的远距离通信，并且可以跨越沼泽、江河、湖泊和高山等特殊地理环境，具有较大的灵活性。

（4）天线增益高、方向性强。中继通信可以减小对发射功率的要求而获得满意的通信效果。另外，由于微波具有直线传播特性，因此，可利用微波天线把电磁波聚集成很窄的波束，使微波天线具有很强的方向性，以减少通信中的相互干扰。

（5）投资少、建设快。在通信容量和质量基本相同的条件下，按话路公里计算，微波中继通信线路的建设费用不到同轴电缆通信线路的一半，而且还可以节省大量的有色金属，另外，建设时间也比后者短。

2. 数字微波通信系统的特点

（1）抗干扰能力强。要传输的数字信号，经中继站的多次转发，站上有再生中继器，经过一个中继段传输后，只要干扰噪声没有达到影响对信号判决的程度，经判决后，就可把干扰噪声消除掉，"再生"出与发端一样"干净"的波形，再继续传输，使得噪声不逐站积累，提高了抗干扰能力。

（2）保密性强，易于进行加密。

（3）便于组成数字通信网。

（4）终端设备便于采用大规模集成电路，因而体积小，功耗低，经济性较显著。

二、数字微波通信系统的构成

数字微波中继通信线路主干线可长达几千千米，由两端的终端站、若干个中继站构成。中继站又依据对信号处理的不同分为中间站和再生中继站，再生中继站又有上下话路和不上下话路站。

（1）终端站。是微波中继线路中两端的两个站，其是将数字终端设备送来的 PCM 信号经中频调制后再进行上变频为微波信号向另一端发射，同时接收该方向传来的微波信号，下变频为中频并解调成 PCM 信号送到数字终端设备。

（2）中间站。只对微波信号进行放大和转发。就是将一个方向来的微波信号接收下来变频成中频信号，经放大后再变频成微波信向另一方向发射，其是对两个方向进行微波信号的转发，转接点信号是中频信号，所以又称为中频转接。

（3）再生中继站。是将一个方向来的微波信号进行接收，并解调再生出数字信号送入另一方向的通道，再调制、变频成微波信号向另一方向发射出。转接点的信号为数字信号（基带信号），故称这种方式为再生转接（基带转接），再生转接可消除传输中的干扰和噪声，所以数字微波中继通信中大都采用这种转接方式。图 3-74 所示为微波中继通信线路组成框图。

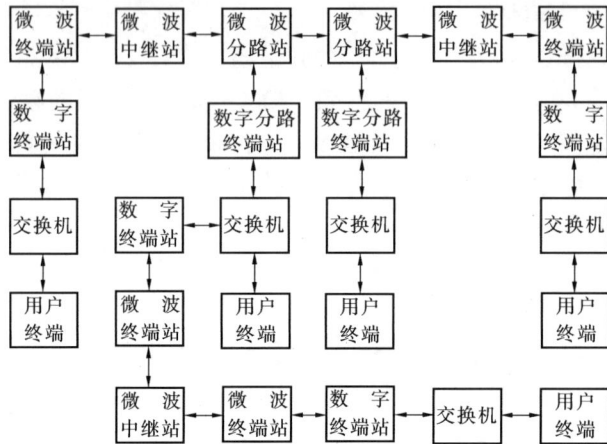

图 3-74　微波中继通信线路组成框图

3.5.2　数字微波设备和天馈线系统

一、发信设备

（一）组成

从目前使用的数字微波通信设备来看，有直接调制式发信机（微波调制）和变频式发信机。电力系统所引进的数字微波设备大多采用变频式发信机，用数字基带信号调制中频，再上变频到微波，可得到较好的调制特性和设备兼容性。图 3-75 所示为典型变频式发信机构成。

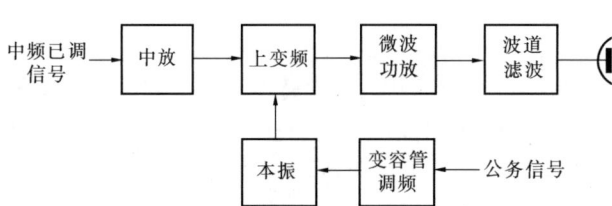

图 3-75　典型变频式发信机的构成

由调制机或收信机送来的中频已调信号经发信机的中频放大器放大后，送到变频器，进行上变频，使中频已调信号成为微波已调信号。由微波功率放大器把已调信号放大到额定电平，经波道滤波器送往天线。公务信号采用复合调制方式，通过变容二极管对发本振浅调频实现的，在没有复用设备的中继站也可用上、下公务信号。

（二）性能指标

1. 工作频段

目前我国基本使用 2、4、6、7、8、11GHz 频段。其中，2、4、6GHz 因电波传播比较稳定，用于干线通信，而支线或专用网常用 2、7、8、11GHz。

2. 输出功率

输出功率指发信机输出端口功率的大小，其与设备用途、站距、衰落及抗衰落方式等有关。数字微波在同等质量时比模拟微波功率要小。用场效应管作末级功放时，一般几十毫瓦到一瓦。

3. 频率稳定度

它是发信机工作波道对应的射频中心工作频率的稳定度，主要取决于发本振的频率稳定度。定义为

$$K = \Delta f / f_{\circ}$$

式中：K 为频率稳定度；$f_{\circ}$ 为标称中心工作频率；Δf 为实际工作频率和标称工作频率的最大偏值。

对于采用 PSK 调制方式的数字微波，要求 K 值为 $1 \times 10^{-5} \sim 5 \times 10^{-6}$。

4. 发送功率谱框架

发送功率谱框架是对发信机输出信号功率谱进行限制的范围。

5. 非线性失真

非线性失真指微波发信通道输入与输出不成线性关系对通信产生的影响。不同的调制方式对它的要求不同。

二、收信设备

（一）设备的组成

数字微波的收信设备和解调设备组成了收信系统。这里所讲的收信设备只包括射频和中频两部分。目前收信设备都采用外差式收信方案，有带分集接收和不带分集接收，图 3-76 所示为不带分集接收的外差式收信机组成框图。

来自天线的微波信号经本波道的滤波取出该波道信号，进行低噪声放大，这种放大是由砷化镓场效应晶体管组成的放大器，其具有较低的噪声，并能使整机的噪声系数降低。

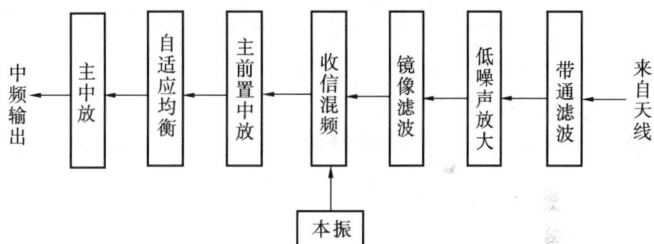

图 3-76 不带分集接收的外差式收信机框图

再经镜像滤波，防止镜像频率信号经混频后变为中频信号，产生干扰。下来进行混频得到中频输出信号。前置中放和主中放是整个收信机中放电路的核心部分，其几乎承担了整个放大任务，还决定整个收信机的通频带和频率响应特性。

为了更好地改善因多径衰落造成的带内失真，性能较好的设备中还要加入中频自适应均衡器和空间分集技术配合使用，可最大限度地减少通信中断时间。

（二）性能指标

（1）工作频段，收信机是与发信机配合工作的。对于一个中继段而言，前一个站的发信频率就是本收信机同一波道的收信频率。

（2）收信本振稳定度，收信设备的频率稳定度和发信设备的要求基本一致。要求较高的为 $1 \times 10^{-6} \sim 5 \times 10^{-6}$。

（3）噪声系数，数字微波收信机的噪声系数一般为 3.5～7dB。

（4）通频带，其宽度由中频放大器的集中滤波器决定。一般认为带宽取传输码元速率的 1～2 倍。

三、天线馈线系统

微波通信系统中，对天线馈线系统最基本的要求有足够的天线增益、良好的方向性、低损耗的馈线系统、极小的电压驻波比、较高极化去耦度和足够的机械强度。

微波通信中的馈线有同轴电缆型和波导型两种。在分米波频段（2GHz）采用同轴电缆馈线。在厘米波频段（4GHz）因同轴电缆损耗大，故采用波导馈线。波导型又分为圆波导馈线和矩形波导馈线系统。圆波导馈线可以传输相互正交的两种极化波，所以与双极化天线连接时，只要一根圆波导馈线。

微波天线有喇叭天线、抛物面天线、喇叭抛物面天线等。对天线总的要求是增益高、与馈线匹配良好，波道间寄生耦合小，此外应具有一定的抗风强度和防冰雪措施。

（1）天线增益。对于面式天线可由下式计算

$$G = 4\pi A \eta_A / \lambda^2 \tag{3-28}$$

式中：A 为天线的口面面积；λ 为波长；η_A 为口径利用系数或称天线效率，当口面场同相等幅时，$\eta_A = 1$，一般 η_A 在 $0.4 \sim 0.6$ 间。增益用电平值表示时，$G_{dB} = 10 \lg G$。对工作频率为 4GHz，站距为 50km 的线路，常用直径为 3.2m 至 4m 天线，其增益 $G_{dB} = 40 dB$ 左右。

（2）对主瓣宽度的要求。

在视距传输中，天线增益过高将使主瓣张角过小，当气象条件变化时，大风引起天线摆动，都会降低天线在通信方向的实际增益，所以不能认为主瓣张角越小越好，一般在 $1° \sim 2°$ 左右。

（3）天线与馈线应匹配良好。在整个工作频段内，要求天线与馈线应匹配连接，否则将造成反射，形成线路噪声。

3.5.3　数字微波中继通信

数字微波中继通信系统涉及的面很广，其包括通信设备研制与生产的设备总体设计和有关通信线路建设设计与使用的线路工程设计等方面的内容，这里仅对其基本理论及技术上的有关问题加以阐述。

一、中继站的转接方式

微波中继线路中，有大量的中继站，它们的工作方式是不同的，可分为再生转接、中频转接、微波转接三种。

1. 再生转接

频率为 f_1 的信号经天线馈线和低噪声放大后与接收机本振信号混频，输出中频调制信号经中放大后再解调，判决再生电路还原出数字基带信号。该基带信号又对中频进行调制，再变频到微波波段频率为 f_2 的信号经功率放大后由天线发射出去，如图 3-77（a）所示。这种转接是在数字基带接口进行的，也可直接上、下话路，可消除噪声的积累。是数字微波中继通信中常用的一种转接方式。用这种方式，终端站和中继站的设备可通用。

2. 中频转接

接收频率为 f_1 的信号经天线馈线和微波低噪放大后与收本振信号混频后得到中频调制信号，经中放放大到一定的电平后，再经功率中放，放大到上变频器所需的电平，然后和发本振上变频得到频率为 f_2 的微波调制信号，经功率放大由天线发射出去，如图 3-77（b）所示。中频转接采用中频接口，省去了调制、解调器，设备较简单。但不能上、下话路，不能消除噪声的积累，只起到增加通信距离的作用。

3. 微波转接

其和中频转接相似，只是微波转接在微波信号上进行，如图 3-77 （c）所示。为了使本站发射的信号不干扰本站收的信号，需有一移频振荡器，将接收信号为 f_1 的变换为 f_2 的信号发射出去。此外，为了克服传播衰落引起的电平波动，还需要在微波放大器上采取自动增益控制措施。这种转接的中继站，设备较简单，功耗小，和中频转接一样，不能上下话路，只延长通信距离。

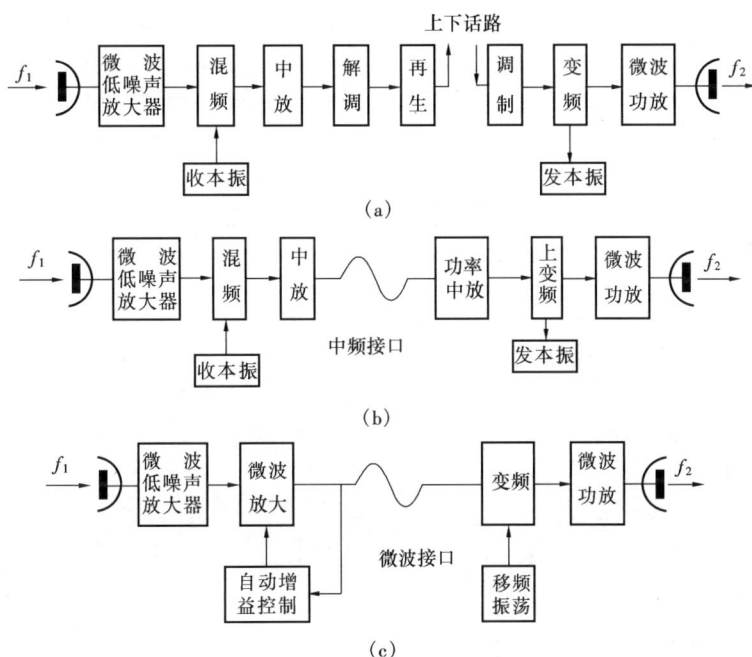

图 3-77　中继站的连接方式

（a）再生转接；（b）中频转接；（c）微波转接

此外，还有微波射频直放中继站和利用金属反射板改变波束方向的无源中继站，来延长微波通信距离，改善衰落储备或克服某些地形障碍。

二、射频波道的频率配置

为了减小波道间或其他路由间的干扰，提高射频频带的利用率，必须很好地选择和分配射频频率。

1. 频率配置的基本原则

（1）在一个中间站，一个单向波道的收信和发信必须使用不同频率，而且有足够大的间隔，避免发送信号被本站的收信机收到，干扰正常接收的信号。

（2）多波道同时工作时，相邻波道频率之间必须有足够的间隔，以免互相干扰。

（3）整个频谱安排必须紧凑，使给定的频段能得到经济的利用。

（4）因微波天线和天线塔建设费高，多波道系统要设法共用天线，所以频率配置方案有利于天线共用，达到建设费用低，又能满足技术指标。

（5）对于外差式收信机，不应产生镜像干扰，即不允许某一波道的发信频率等于其他波道收信机的镜像频率。

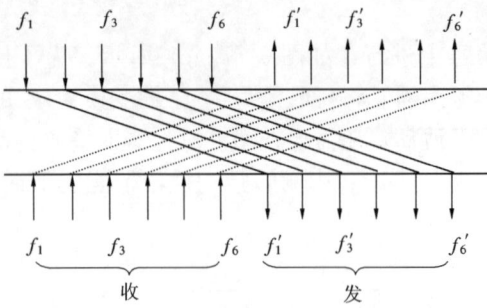

图 3-78　多波道的频率配置方案

根据上述的原则，当一个站上有多个波道工作时，为了提高频带利用率，对一个波道而言，宜采用二频制。即两个方向的发信使用一个射频频率，两个方向的收信使用另外一个射频频率。图 3-78 给出了多波道工作时二频制的集中排列方案。图中给了六个波道，每个波道都是二频制，若收信频率（用 f 表示）占用整个带宽的下半个频带，则发信频率（用 f' 表示）就占用上半个频带。对于同一波道而言，收信频率和发信频率是逐站更换使用的。

2. 射频波道的频率再用

射频频率再用，就是在相同或相近的波道频率位置，借助于不同极化方式来增加射频波道安排数的一种方式。它是提高射频频谱利用率的一种有效方法。我们知道微波的极化特性，利用两个相互正交的极化方式（水平与垂直极化），可以减少它们之间的相互干扰。通常有两种方案：一是同波道型频率再用，其主用与再用的波道频率是完全重合的，另一种是插入波道型频率再用，主用与再用波道频率是相互错开的。如图 3-79 所示。能否采用上述频率再生方案则取决于接收端天线的交叉极化鉴别率。

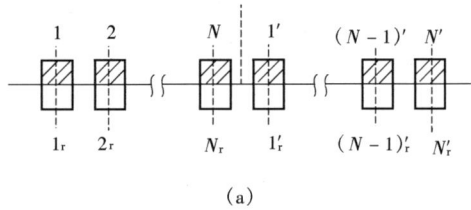

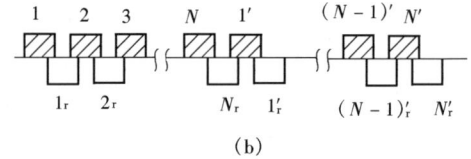

三、调制与解调技术

在数字微波通信系统中目前较常用的是移相键控（PSK），正交调幅（QAM）及正交部分响应技术（QPRS）等，其中数字调相（移相键控）是最基本的数字调制方式。

图 3-79　波道频率再用方案
(a) 同波道型配置；(b) 插入波道型配置

（一）二相调相

数字微波中继通信中的二相调相既可以在中频进行，也可以在微波进行。前者调制比较灵活，便于进行中频转发；后者设备简单，效率高。

1. 中频调相法

图 3-80 所示中频调相器框图，图中把来自终端设备的数字信号经过码型变换后，送到

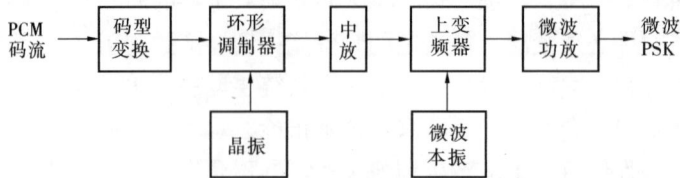

图 3-80　中频调相器框图

环形调制器中对中频载波（取 70MHz）进行平衡调制，得到中频调制的 PSK 信号，把该信号放大，变频和微波功率放大，变成所需的微波信号。

2. 微波调相器

图 3-81 所示为微波反射型调相器电路，图中，微波载波由 1 端进入环行器，在 2 端经传输线到达负载（即微波二极管），微波二极管受输入码元脉冲的键控，使二极管时而导通，时而截止，结果使反射波的相位时而为"π"，时而为"0"，形成了微波 PSK 信号，其从环形器的 3 端输出。这种电路简单，耗损小，是数字微波中常用的调相器。

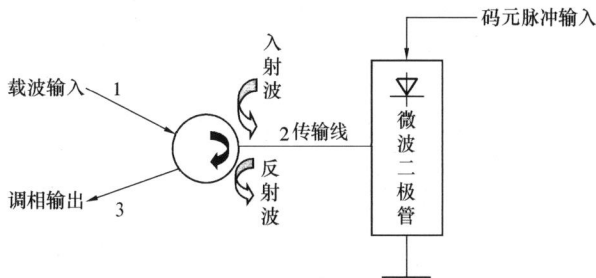

图 3-81　微波反射型调相器图

（二）四相移相键控

在数字微波传输系统中，为了提高系统的频带利用率，常采用多进制的调相技术，如四进制、八进制等。在相同码元速率下，可获得较高的信息速率。

四相绝对移相键控（4PSK 或 QPSK）是利用载波的四种不同相位来表示输入的数字信息和两位二进制信息码（AB）的组合（00、01、11、10）对应。若在载波的一个周期均匀地分成四种相位，可有两种方式，即（0、$\pi/2$、π、$3\pi/2$）和（$\pi/4$、$3\pi/4$、$5\pi/4$、$7\pi/4$）两种。所以相对应的四相调相电路就有 $\pi/2$ 调相系统和 $\pi/4$ 调相系统，其矢量图如图 3-82 所示。

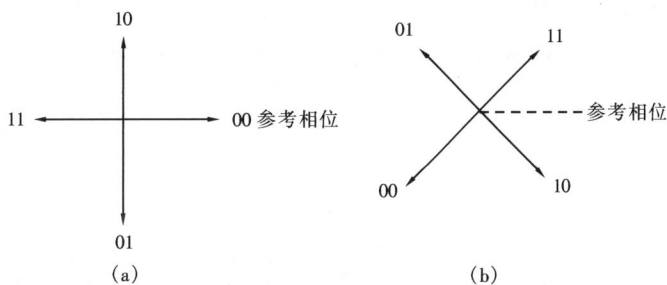

图 3-82　两种调相系统的矢量图
(a) p/2 调相系统；(b) p/4 调相系统

四相绝对调相电路，常用的有正交调制法和相位选择法。下面给出较为普遍的正交调制法（$\pi/4$ 系统）原理如图 3-83 所示。

输入的基带码经串并变换，变成并行的 A、B 码。A、B 码是双极性不归零码，分别被送至上下两个相乘器。f_c 为 70MHz 中频载波频率，由一个高稳定的晶体振荡器产生，被分为两路，一路为同相载波，另一路被移相 90°，称为正交载波分别送入两个相乘器。相乘器可以是环形调制器，双极性码脉冲 A 码和 B 码分别对两个正交的载波进行抑制的双边带调幅。

该系统合成的已调波 $S(t)$ 的四种相位状态：

【示例】　AB=11 码时，上面的相乘器输出 $S_1(t)$ 为 $\cos(\omega_c t + 0°)$；下面的相乘器输出

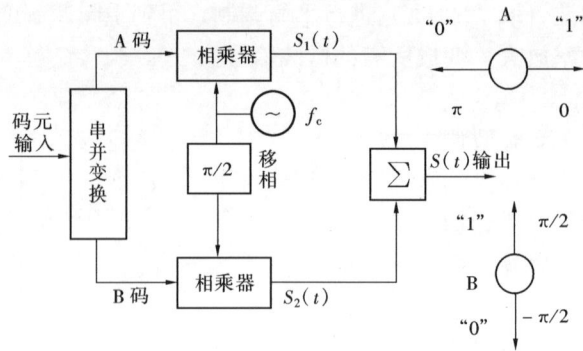

图 3-83　正交调制法（π/4 系统）原理框图

$S_2(t)$ 为 $\cos(\omega_c t + 0°)$，合成的四相调相已调波的相位为 $\cos(\omega_c t + \pi/4)$。

A	B	已调波	A	B	已调波
0	0	$\cos(\omega_c t + 5\pi/4)$	1	1	$\cos(\omega_c t + \pi/4)$
1	0	$\cos(\omega_c t + 7\pi/4)$	0	1	$\cos(\omega_c t + 3\pi/4)$

（三）二相调相信号的解调

目前对于二相移相键控信号常用的解调方式是相干解调和延迟解调两种。后者只能用于 2DPSK 信号的解调，下面只介绍 2PSK 的相干解调。

图 3-84 所示为二相绝对调相信号的解调图，当接收到的 2PSK 信号加到鉴相器（相乘器）的输入端，与载波恢复电路输出的本地载波信号进行相位比较（二者相乘），当输入信号与本地载波信号相位相同时输出为正，相位相反时输出为负，此信号经低通滤波器积分后，送入判决电路，在积分器输出最大值处进行取样判决，得到基带信号 $f(t)$。载波提取电是将调相波 $S(t)$ 经全波整流后，通过窄带滤波器（中心频率为 $2f_c$）将整流后得到的二次波成分（$2f_c$）滤出，然后对 $2f_c$ 信号限幅，二分频其输出就是提取出来的相干载波为方波。

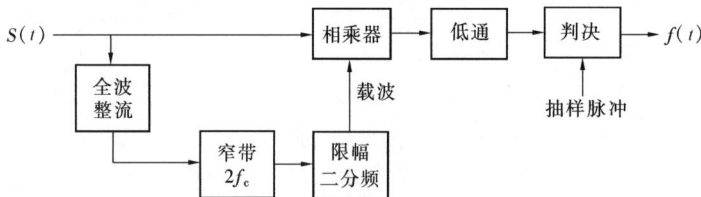

图 3-84　二相绝对调相信号的解调

（四）四相调相信号的解调

已调的四相调制信号可示为 $S(t) = g(t)\cos(\omega_c t + \varphi_k)$，$g(t)$ 是载波信号的包络，若为矩形，则是常数，是载波的调制相位由双比特码元状态决定，解调器框图如图 3-85 所示。

积分器的输出电压为

$$U_A = \int_0^T g(t)\cos(\omega_c t + \varphi_k)\cos\omega_c t\,dt$$

$$= 1/2\int_0^T g(t)\cos(2\omega_c t + \varphi_k)\,dt + 1/2\cos\varphi_k\int_0^T g(t)\,dt \qquad (3\text{-}29)$$

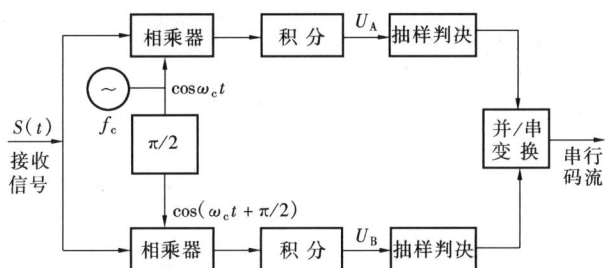

图 3-85　四相绝对调相信号的解调器框图

在 $t=T$ 时刻，取样器进行取样，前一项为零，后一项为

$$U_A = T/2\cos\varphi_k \quad (t=T)$$

同理，另一积分器输出电压为

$$U_B = T/2\sin\varphi_k \quad (t=T)$$

U_A 和 U_B 的正负将分别取决于 $\cos\varphi_k$ 和 $\sin\varphi_k$，而它们又取决于接收信号已调波调相角 φ_k 所在的象限，判决器按极性判决，正取样值判为"1"，负取样值判为"0"，将调相信号解调为相应的数字信号。由表 3-2 可见，判决器输出的是格雷码的码型，经格雷码——自然码的变换器，最后经并/串变换即可恢复出与发端完全相同的数字信息序列。

表 3-2　　　　　　　　　　　　QPSK 信号正交解调的判决规则

调相角 φ_k	$\cos\varphi_k$ 的极性	$\sin\varphi_k$ 的极性	判 决 器 输 出	
			A	B
$\pi/4$	+	+	1	1
$3\pi/4$	−	+	0	1
$5\pi/4$	−	−	0	0
$7\pi/4$	+	−	1	0

对于 2PSK、4PSK（QPSK）绝对调相信号的解调，必须采用相干解调，但在载波提取电路中，载波信号的相位有较大的不确定性，即恢复后的载波相位可能和信号载波同相，也可能反相。其结果使判决器恢复的数码变反，"1"变成"0"码，"0"码变成"1"码，这种现象称"倒 π"也称"相位模糊"。为了克服这种现象而造成严重的误码，目前在调相方式中，不使用绝对调相，而使用相对移相键控（相对调相），又称差分移相键控，如 2DPSK、4DPSK 等。

数字微波中继通信系统调制方式的选择需考虑以下诸因素：①频谱利用率；②抗干扰能力；③抗多径衰落能力；④对传输失真的适应能力；⑤设备的复杂程度等。

目前，2~11GHz 频段内数字微波中继通信系统中采用的调制方式，小容量（2Mbit/s，8Mbit/s）和中容量（34Mbit/s）系统以 4PSK 为主。在频谱利用率要求不高的场合，也可采用 2PSK，对于大容量（140Mbit/s）系统以 16QAM 为主。

四、视距传播特性

视距传播信道是指收发之间信号传播的空间通道，是微波中继通信信道的一个重要组成部分。视距信道具有传播性稳定，外界干扰小等优点；但视距信道由于受到大气和地面的影响，使接收信号电平产生衰落，对于数字微波中继通信影响比较大的，除信号电平衰落外，还有频率选择性衰落的影响。

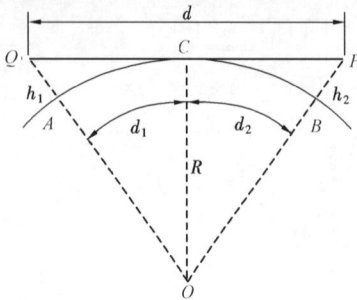

图 3-86　视距与天线的关系

（一）自由空间传播

1. 视距与天线的高度

视距传播的理想化几何模型如图 3-86 所示。

h_1、h_2 为保证地面上 A、B 两点间视距传播的最小天线高度。此时视距为 d，亦即收到电磁波的最远距离。设地球半径为 R，可得

$$d_1 = \overline{QC} = \sqrt{(R+h_1)^2 - R^2} = \sqrt{2Rh_1 + h_1^2}$$

由 $d_1 \ll R$，$h_1 \ll R$ 可得 $d_1 \approx \sqrt{2Rh_1}$

同理 $d_2 \approx \sqrt{2Rh_2}$

直线距离为

$$d = d_1 + d_2 = \sqrt{2R}(\sqrt{h_1} + \sqrt{h_2}) \tag{3-30}$$

取 $R = 6370\text{km}$，h_1、h_2 的单位为 m 代入得

$$d = 3.57(\sqrt{h_1} + \sqrt{h_2}) \quad (\text{km}) \tag{3-31}$$

若　$h_1 = h_2 = h$　则 $d = 7.14\sqrt{h}$　（km）

可以得出，天线的高度越高，传输的距离也就越远。下表 3-3 给出了不同的天线高度的最大视距距离。

表 3-3　　　　　　　　　　　　**不同天线高度下的最大视距**

h (m)	10	20	30	40	50	60	70
d (km)	23	32	39	45	50	55	60

以上是在理想情况下的结果，没有考虑大气和地面效应对传播的影响，只是估算。实际选择天线高度时，需对路由剖面、地面反射、大气折射等因素进行综合考虑，并常需要通过电波预测确定。

2. 自由空间传播损耗

无线电波在自由空间传播时，其能量因扩散而衰减，这种衰减称为自由空间传播损耗，用 L_p 来表示

$$L_p = (4\pi d/\lambda)^2 = (4\pi fd/c)^2 \tag{3-32}$$

式中：c 为光速，$c = 3 \times 10^8 \text{m/s}$；$f$ 为微波机发射频率，Hz；λ 为微波发射机的工作波长，m；d 为站距，m。

工程上为计算方便常用分贝表示

$$|L_p|_{\text{dB}} = 92.4 + 20\lg f + 20\lg d \tag{3-33}$$

式（3-33）中：f 的单位用千兆赫兹（GHz）；d 的单位用千米（km）。

例如 $f = 2\text{GHz}$，$d = 50\text{km}$　得 $|L_p|_{\text{dB}} = 92.4 + 20\lg 2 + 20\lg 50 = 132\text{dB}$

由公式可以看出 L_p 与 d 和 f 有关，若工作频率 f 提高一倍，或传输距离增加一倍，则自由空间传播损耗将分别增加 6dB。因此，对于发射频率很高的系统，或者传播条件比较恶劣地区，适当地缩短站间距离是提高传输信道可靠性的有效途径。

（二）视距传播的大气和地面效应

上述自由空间传播，是假定大气是均匀的和无吸收的，且地面离传播路径很远，忽略了反射影响。但实际上，对地面视距微波的传输必须考虑大气和地面的影响，故对其传播公式应作必要的修正。

1. 大气效应

大气中的氧分子和水蒸气分子都能从电磁波中吸收能量，产生吸收衰减，不过受它影响的信号频率都比较高。如图 3-87 所示水蒸气的最大吸收峰在 $\lambda=1.3\text{cm}$（$f=23\text{GHz}$）处，氧分子的最大吸收峰在 $\lambda=0.5\text{cm}$（$f=60\text{GHz}$）处。当微波频率为 12GHz 时（$\lambda=2.5\text{cm}$），大气吸收衰减小于 0.015dB/km，在 50km 传播距离下，总衰减小于 0.75dB，和自由空间传播相比，可以忽略不计。雨雾的小水滴还会散射电磁能量，形

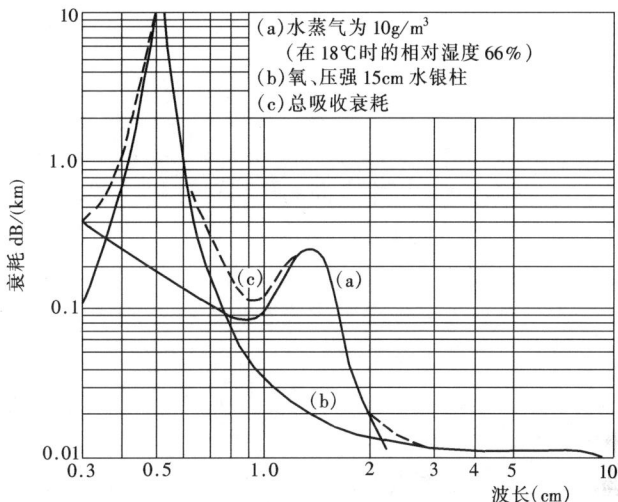

图 3-87　水蒸气和氧的吸收衰耗

成散射衰减，如图 3-88 所示。在浓雾情况曲线如图 3-88（e）所示，波长长于 4cm（$f<7500\text{MHz}$），跨距 50km 的散射衰减为 3.3dB。10GHz 以下频段。雨雾的散射衰耗还不太严重，衰减也只有几分贝。但在 10GHz 的频段，中继站之间距离将主要受降雨衰耗所限制。在 20GHz（$\lambda<1.5\text{cm}$）以上时，中继站距缩减到几千米。

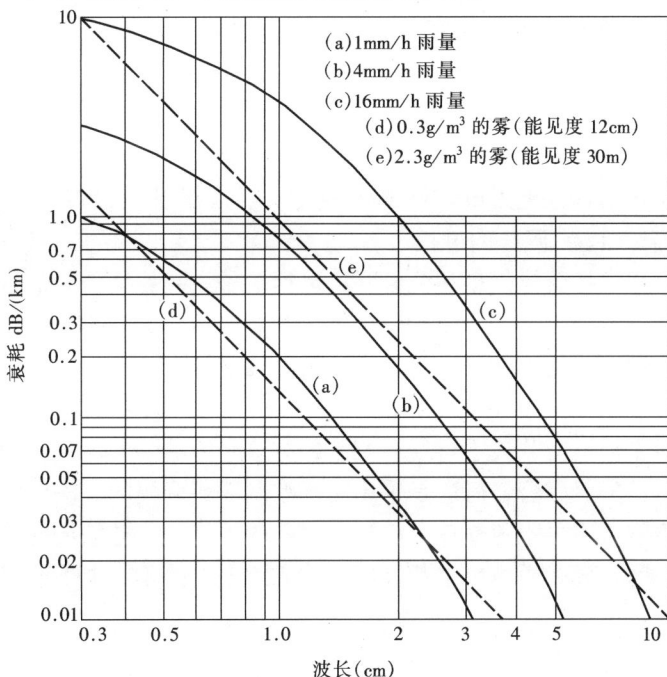

图 3-88　雨雾的散射衰耗

2. 地面效应

无线电波也受到两站间的地形和障碍物的影响，产生阻挡损耗和电波干涉现象，如树林、建筑物、山头等；同时地面还可以把一部分反射到接收天线，在接收端反射波和直射波矢量相加后产生干涉型衰落。例如平滑地面、水面、湖泊等；在对流层中，行程差是随 k 值（大气折射的重要参数）变化的，所以称 k 型衰落，也称多径衰落。这种衰落是数字微波中继线路中出现快速深衰落的主要原因。

（三）抗衰落技术

抗衰落的一个有效措施是采用分集接收技术，即设法取得衰落信道传输中的两个或者两个以上且是彼此衰落概率不同的信号，在接收端以一定的方式把这些信号合并起来。这样，当其中某一个信号衰落时，另外一个或多个信号却并不一定衰落。使接收端仍然有一定的收信电平，因而减小了衰落的影响。

目前，常用的分集接收技术有频率分集和空间分集，它们的理论基础都是相同的，都是假设在两个射频通道上不可能同时发生衰落。

频率分集是把同一数字信息送至两部发信机，其射频频率有较大的间隔。在接收端同时接受这两个频道的信号，合成并输出信号。由于工作频率不同，使各无线电波之间的相关性很小，其衰落的概率也不同，因而获得了较好的系统性能。

空间分集是采用空间位置相距足够远的两副天线，同时接收同一发射天线发出的信号。因为接收天线的角度不同，这样可以使无线电波经过不同的传输途径，它们的行程差也不一样。当某一副天线的电波产生衰落时，另一副天线收到的电波不一定同时发生衰落，即彼此的衰落是无关的。采用适当的信号合成方法，就可以克服衰落的影响。

五、监控系统

对于一条微波通信的传输信道（主用和备用）及设备运行情况的监视与控制就简称为"监控"。国内外的现代微波中继通信系统中，除有人值守的微波站，还有无人值守站。为了及时了解无人值守站设备的工作情况，就需要有集中监控系统。有人的站称为主控站，无人站称为被控站。主控站可借助于监控系统的遥测、遥信和遥控功能对无人值守站进行集中监控。遥测是主控站向被控站发出询问指令的过程。遥控是被控站执行控制指令而产生相应的开关机的动作过程。遥信是各无人值守站向主控站发送表示站上设备工作状态"正常"或"不正常"的二元信息（1、0码）的过程。

在数字微波中，通常把监控信息和公务联络电话信号一起称为公务信号，用专门的公务信道传输。其中，0.3～3.4kHz 为公务联络电话占用，4～12kHz 监控信息占用。目前常用的传输方式有复合调制法、插入数据通道、微波辅助波道等。

1. 复合调制法

复合调制法是对主信道的载波进行复合调制的方法来传输公务信号。若主信道是采用相移键控方式传输基带信号，而公务信道是采用对载波调频或调幅的方法传输公务信号。这种方式它们共用一个载波，不可避免地存在着相互之间的干扰，公务信道的传输容量也受到一定的限制。载波丧失时，公务通信也中断。但这种方式电路简单，上下话路方便，目前在中小容量的数字微波通信中普遍采用。

2. 插入数据通道

在主信道的信息码流中插入一定的公务时分脉码流来传送公务信号，有两种实现方法：

一种是加入复接单元，将公务信号与主信号进行数字复接，合并成一个基带信号进行传输；另一种是插入在 PCM 高次群的空比特位中进行传输。其优点在于附加电路少，可获得较大的传输容量和传输速度，抗干扰能力强，但其对主信道依赖性大，主信道出故障公务信号也将中断，且在非再生站无法上下公务信息。

3. 微波辅助波道

对于大容量的数字微波通信系统，除用以上两种方式传输公务信息外，还常采用微波辅助波道的方式来传输。这种方式是在波道分配时，在频段的两端或中间插入窄带的辅助波道作为公务信号的传输通道。例如，CCIR 建议：在 6GHz 频段，除配置 8 个双向主波道外，还分配两个辅助波道，除了天馈线共用外，其他设备（收发设备调制解调设备）都是独立的。可见，对主信道的依赖性降低了，但工作在同一频段，应防止中频干扰。

六、数字传输系统的质量要求和信道利用率

对于数字传输系统，其主要的质量指标有：传输容量、传输距离、传输设备、传输差错率及定时抖动等四项。但从性能上，却可归纳为传输容量和传输差错率两项。

1. 传输速率

信道的传输容量常用传输速率来表示，通常有码元速率和信息速率两种表示方法。

（1）码元速率（又称传码率或传符号率）是每秒钟传输的码元数。单位是波特（Baud）用 f_B 表示，M 进制的码元速率表示为 f_{BM}。

（2）信息速率（又称传信率）是每秒钟传送的信息量。单位是比特/秒(bit/s)，用 f_b 表示。

2. 传输差错率

传输差错率是衡量数字传输系统在正常工作情况下，传输信息可靠程度的一个重要指标，也有两种表示方式。

（1）码元差错率（符号差错率）简称误码率（p_e）指错误接收的码元数在传输总码元数中所占的比例，即

$$P_e = 错误接收的码元数 / 传输的总码元数 \qquad (3-34)$$

（2）比特差错率也称误比特率（p_b），指错误接收的比特数在传输信息的总比特数中所占的比例，即

$$P_e = 错误接收的比特数 / 传输信息的总比特数 \qquad (3-35)$$

3. 信道利用率

数字通信在信号传输时，传输速率越高，所占用的信道频带也越宽。为了能体现出信息的传输效率，说明传输数字信号时频带的利用情况，使用信道利用率这一指标，它表示单位频带的信息传输速率。单位为比特/秒/赫兹（bit/s/Hz）。

3.5.4　数字微波应用举例

西安—龙羊峡数字微波通信系统是 1987 年从意大利 TELETTRA 公司引进的。设备为 HA-6U/L-34，是意大利 TELETTRA 公司生产的全固态化数字微波通信设备，其射频波道工作于 6GHz（6.4～7.1GHz）频段，频率配置符合 CCIR384-3 号建议，是一种高性能，中等容量的微波通信设备。设备采用窄条机架，组合模块结构，并具有无人值守监控功能。

西安—龙羊峡数字微波通信系统线路总长度西安到西宁 854.83km，西宁到龙羊峡 113.27km（5 个站），微波站 28 个。西安为中心站，兰州为一枢纽站。（西安—兰州 585.76km、19 个站），在兰州与兰州—银川 2GHz 数字微波系统连接。

西安—龙羊峡数字微波通信设备性能及技术指标

一、技术特性

(温度从 0～+50℃时保证值在括号内表示出，未作专门指定的地方示出的是典型值)

(一) 收发机的电特性

工作频率范围　　6.4～7.1GHz

频道排列　　　　CCIR Rec 384-3

传输容量　　　　34.368Mbit/s (480 PCM 信道)

调制方式　　　　4QAM

辅助话务　　　　10PCM 信道 704kbit/s；4 * 64kbit/s (组合)

　　　　　　　　3 FDM 信道 0.3～12kHz (勤务 1：0.3～4kHz，监控 4～8kHz，

　　　　　　　　　　　　　　　　　　　　勤务 2：8～12kHz)

　　　　　　　　DSI (数字服务信息) 32kbit/s

发射功率(分路滤波器输出端)　　　+32dBm (+31dBm)

　　　　　　　　　　　　　　　　(有 RF 后置放大器的高功率组件)

　　　　　　　　　　　　　　　　+26dBm (+25dBm)

　　　　　　　　　　　　　　　　(平均功率)

射频信号(接收分路滤波器输入端)　　　−30dBm

中频　　　　　　　　　　　　　70MHz

发射机输入中频电平　　　　　　+1dBm±0.1dB

接收机输出中频电平　　　　　　+1dBm±0.5dB

中频输入和输出阻抗　　　　　　75Ω，不平衡

中频射频发射带宽　　　　　　　0.5(0.7)dB 之内，在 70±10MH 0.7(1)dB 之内，在
　　　　　　　　　　　　　　　70±10MHz

射频—中频带宽　　　　　　　　0.3(0.7)dB，在 70±10MHz

中频—中频带宽　　　　　　　　0.3(0.7)dB

中频—中频群延时　　　　　　　1(3)ns 在 70±8MHz

　　　　　　　　　　　　　　　3(6)ns 在 70±10MHz

　　　　　　　　　　　　　　　2(3)ns 在 70±8MHz

　　　　　　　　　　　　　　　8(12)ns 在 70±10MHz

接收机报警

射频输入功率门槛可调　　　　　−65dBm (门槛值)

磁滞　　　　　　　　　　　　　−2dB 或 6～9dB 可调

AGC 动态范围　　　　　　　　　最大增益≥60dB

本振频率稳定度　　　　　　　　30ppm

远距离报警　　　发射功率，接收功率

　　　　　　　　正常值=−72Vmax

集电极开路时 PNP 晶体管输出　≤1V，max 为 50mA

(二) 环境和电源特性

主电源电压　　　　　　　　　　−24～−60V (直流)，−15%，+20%

工作温度　　　　　　　　　　　　　0～50℃

（三）机架机械特性

高：2600mm（带分路设备）、2000mm（无分路设备）

宽：120mm

厚：225mm

质量：25kg

二、HA-6U/L-34 数字微波通信系统的主要特点

（1）收信机具有 IF 输入、输出，接外部调制解调器。

（2）调制解调器采用 4QAM 调制和相干解调。

（3）保护电路可采用单个 1+1 和空间分集的线路。

（4）FDM 信号采用附加调频方式传输。

（5）提供数字公务通路（由终端站的插入/抽取设备和中继站的插入/抽取设备进行 TDM 方式传输）。

（6）可以构成各种完整的微波站（它是由适当数量的条架连接在一起而成，构成典型的和中继型的结构）。

三、HA-6U/L-34 数字微波通信系统收发信机的单元电路特点

（1）微波本振采用高频率稳定度的谐振腔体作本振。

（2）单边带的上下变频器采用双平衡混频器（移相式混频器），这样可以做到使不需要的边带自动抑制，从而省去了微波滤波器。同时收信机的噪声系数也得到了改善，并且可以在较宽的频段使用。

（3）发射机的微波放大器使用装在微带电路上的 GaAs FET。

（4）中频单元采用厚膜电路。

四、HA-6U/L-34 数字微波通信系统收发信机的组成

（1）发信和收信的分波道装置；

（2）两个发信单元；

（3）两个收信单元；

（4）两个电源。

每一块组件上都提供测试点和可视指示用于检查线路的正常工作，故障是由一发光管指示并给出远端告警指示信号。这样在故障时只需简单地用维护中心提供的合格备件替换坏件即可，从而减少中断时间。

条架顶部还包括基础电源的引线端座。一组把线（沿着条架内侧布线，并焊接在单元的插座上）两个用于连接邻近架上辅助电源的插座。

3.6　卫　星　通　信

3.6.1　基本概念

卫星通信是利用人造地球卫星作中继站，在多个地球站之间进行的通信，它是在地面微波中继通信的基础上发展起来的，是微波中继通信的一种特殊方式，它实际上是将通信卫星作为空中中继站，将地球上某一地球站发射来的无线电信号转发到另一个或几个地球站，实

现两地或多地之间的通信。用于实现通信转发功能的人造地球卫星简称通信卫星，使用通信卫星作为中继站来完成的微波中继通信方式就简称为卫星通信。由于通信卫星所处的位置很高，所以卫星通信的距离可以很长。

卫星通信系统的组成如图 3-89 所示，从图中可以看到卫星通信的范围覆盖了陆地、海上和空中，基本上不受地形的限制。通信卫星按结构可分为有源卫星和无源卫星两种；按运行轨道划分可分为同步卫星（静止卫星）和异步卫星（运动卫星）两类；按卫星运行轨道离地面的高低可以将卫星分为高轨道卫星（高度大于20 000km)中轨道卫星（高度在 5000～20 000km 之间）和低轨道卫星（高度在 5000km 以下）。

所谓同步卫星就是卫星位于赤道上空 35 800km 圆形轨道上，轨道平面就是地球赤道平面，其运行周期和地球的自转周期一致，地球自转一圈，卫星也绕地球旋转一圈。从地面上看就好像静止不动，所以又称为静止卫星。由同步卫星做中继站组成的卫星系统称为同步卫星通信系统或静止卫星通信系统。

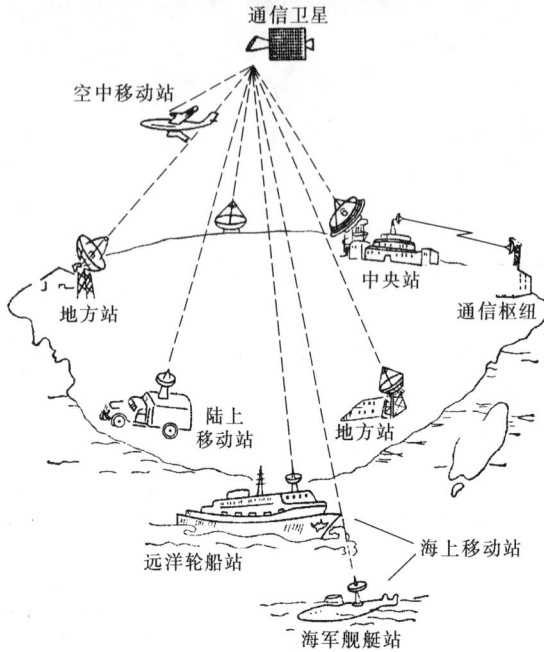

图 3-89 卫星通信系统组成

图 3-90 所示通过三颗同步卫星形成覆盖全球的通信网的示意图。从图中可以看到，在地球赤道上空等距离分布三颗同步通信卫星，每一颗卫星可以覆盖地球表面 1/3 的面积，三颗同步卫星可以形成覆盖地球上除了两极地区之外的所有地方的通信系统，两极地区就是同步通信的盲区。同时也可以看到三颗卫星之间有一些地区是共同覆盖的重叠区，在这些重叠区里可以同时看到两颗通信卫星，在这些区域设中继地球站就可以建立两颗卫星间的通信，

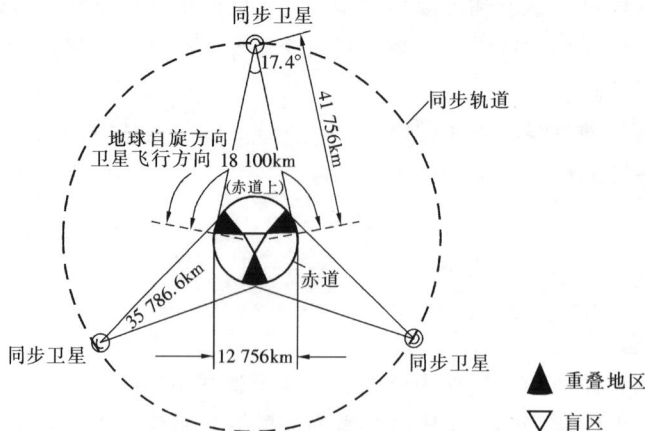

图 3-90 三颗同步卫星形成覆盖全球通信网示意图

从而使三颗同步卫星就可以建立覆盖全球的卫星通信网。

异步卫星就是运行周期与地球运行周期不同步的卫星，利用异步卫星进行的通信为移动卫星通信，异步通信卫星一般都运行在中低轨道上。

同步卫星通信和异步卫星通信相比，各自有不同的特点，所以现在两种通信系统都在使用。同步卫星由于是相对地球是不动的，所以地球站的天线在一次调整定位之后就不需要再调整，从而省略了复杂的跟踪系统，频率也比较稳定。而异步通信卫星是由于基本上都运行在中低轨道上，离地面的距离较近，所以传播损耗小，对地球站的发射功率和接收灵敏度都要求不高，从而使地球站的体积可以做得很小，便于移动。

一、卫星通信的电波传播

由于卫星处于外层空间，即电离层之外，地面上发射的电磁波必须能穿过电离层才能到达卫星；同样，从卫星到地面上的电磁波也必须能穿透电离层，而在无线电频段中只有微波频段恰好具备这一条件，因此卫星通信使用微波频段。目前大多数卫星通信系统选择在表3-4所示的工作频段工作。

表 3-4   卫星通信的主要工作频段

波段	L 波段	C 波段	X 波段	Ku 波段	Ka 波段
频率	1.6/1.5 GHz	6.0/4.0 GHz	8.0/7.0 GHz	14.0/12.0GHz 14.0/11.0GHz	30/20 GHz

由于 C 频段的频段较宽，又便于利用成熟的微波中继通信技术，且天线尺寸较小，目前，大部分国际通信卫星尤其是商业卫星使用 C 频段。为了避免 C 波段的拥挤，以及与地面网的干扰问题，目前也已开始使用 Ku 频段。

卫星通信的无线电波，主要在大气层以外的自由空间内传播，传输损耗主要取决于自由空间传播损耗，故卫星通信的电波传播信道是稳定的，可以看成是恒参信道。这和地面微波中继通信以及对流层散射通信系统不同。但是，有时根据情况还要考虑对流层等对电波传播的影响。另外，还存在着日凌中断及多普勒频移等现象。

当静止卫星和地心及太阳在一条直线上，且地球挡住太阳使卫星处于阴影区时，就称此为星蚀。星蚀一般发生在每年春分和秋分前后 23 天，当地的午夜时间前后，持续时间大约1h。这时，卫星上太阳能电池不能供电，只能依靠星载蓄电池或化学电池供电，也可以适当调整卫星位置。在这一直线上的另一种情况是，当太阳正对着卫星，地面站天线对准太阳，这时因太阳黑子产生的强大的太阳噪声干扰，会使通信短暂中断，这种现象称为日凌中断。这种现象也是发生在每年春分、秋分前后各 6 天左右。每次大概 6min，因此在通信中要尽量避免。

二、卫星通信的特点

卫星通信与其他通信手段相比，它具有以下一些优点。

（1）通信距离远，且建站费用与通信距离几乎无关。由图 3-90 可见，利用同步卫星通信，其最大通信距离可达 18 100km 左右。只要这些地球站与卫星间的信号传输满足技术要求，通信质量便有保证，地球站的建设费用不因通信站之间的距离远近、两通信站之间地面上自然条件的恶劣程度而变化。

（2）卫星通信覆盖面积大，便于实现多址通信。卫星通信由于是大面积覆盖，在卫星天线波束所覆盖的整个区域内的任一地点都可设置地球站，这些地球站可以共用一颗通信卫星来实现双边或多边通信。这种能同时实现多方向、多地点通信的能力称为"多址连接"，或者说多址通信。这使得卫星通信系统较其他系统灵活、机动得多。不仅大型地球站可通过卫星进行通信，而且飞机、汽车、轮船甚至行人均可利用自己的"小型地球站"通过卫星进行通信。

（3）工作频带宽，通信容量大，适用于多种业务传输。卫星通信由于也采用微波波段，可供使用的频带很宽，而且一颗卫星上可设置多个转发器。随着新体制、新技术的不断发展，卫星通信容量越来越大，传输的业务类型也就越来越多样化，这就为各种通信业务，例如电话、传真、电视、高速数据、Internet 接入等的传输创造了条件。除光缆、毫米波通信外，还没有其他通信手段能提供这样大容量的通信。

（4）通信线路稳定可靠，传输质量高。由于卫星通信的无线电波主要是在大气层以外的宇宙空间中传播，那里几乎是真空状态，电波传播非常稳定，而且通常情况下，只经过卫星一次转接，噪声影响小，所以通信质量高。

（5）机动灵活。卫星通信不仅能作为大型固定地球站之间的远距离干线通信，而且可以在车载、船载、机载等移动地球站间进行通信，甚至还可以为个人终端提供通信服务。

正是由于卫星通信与其他通信手段相比有上述一些突出的优点，经过 40 多年迅速的发展，已成为现代化通信的一种重要手段。

当然，利用静止卫星通信也还存在一些问题和不足：

（1）卫星通信需要高度可靠和长寿命的通信卫星。由于卫星发射过程及在轨道上所处环境极为恶劣，加之静止卫星处于离地球数万千米之外，作为中继站，既无人值守，更无人维修，在卫星上使用的都是经过精选的可靠性高、寿命长的元器件。即使如此，由于受太阳能电池的寿命以及控制用的燃料数量等的限制，通信卫星的寿命仍然有限，起初通信卫星的寿命约为三年，现在可以工作到十年以上。

（2）卫星通信要求地球站有大功率发射机和高灵敏度接收机。由于发射卫星运载工具能力的限制，因此卫星的重量和体积不能太大，这就限制了卫星的电源容量和发射功率，加上 3 万多千米的传播损耗，因此从卫星发出的信号到达地球站时已很微弱，这就要求地球站有大功率发射机和高灵敏度的接收机。

（3）卫星通信信号延迟较大。我们知道，电磁波以光速（$3 \times 10^8 \text{m/s}$）在自由空间传播。在静止卫星通信系统中，卫星与地球站之间相距约 36 000km，信号从一个地球站发射，经过卫星转发到另一个地球站时，单程远达 72 000km 左右。在进行双向通信的情况下，一问一答，往返共约 144 000km，电波传播需要 0.48s。因此，打电话时要得到对方的回话，必须额外等候 0.48s，给人以不习惯的感觉。

（4）通信安全性还有待加强。卫星通信的大覆盖也带来其信号容易被截获、容易受到攻击等问题。

3.6.2 卫星通信系统的构成

一个卫星通信系统通常由空间分系统、地球站分系统、跟踪遥控指令分系统和监控管理分系统四大部分构成，如图 3-91 所示。下面分别介绍各分系统的功能。

空间分系统即通信卫星，主要是包括通信卫星上用于完成通信任务的转发器、用于对卫星的运行状态进行控制的星体遥控指令、控制系统和提供后勤保障的能源系统等。通信卫星的主要作用是无线电中继站的作用，一个卫星可以包含一个或多个转发器，当每个转发器所提供的功率和宽带一定时，转发器越多，卫星的通信容量越大。

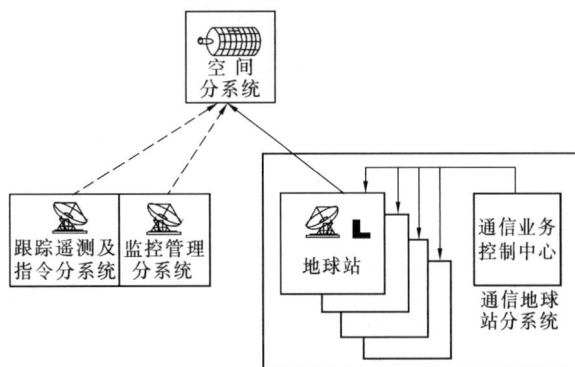

图 3-91　卫星通信系统的构成

地球站分系统群一般由中央站分系统和若干个地面、海上和空中地方站分系统构成。中央站除具有普通地球站的通信功能外，还负责通信系统中的业务调度与管理，对普通地球站进行监测控制与业务转接等。用户通过地球站接入卫星通信系统进行通信，相当于微波中继通信的终端站。一般来说，卫星地球站的天线口径越大，发射和接收能力就越强，功能也越多。

跟踪遥控指令分系统也称为测控站其任务是对卫星进行跟踪测量，控制卫星准确地进入运行轨道上的指定位置。待卫星运行正常后，定期对卫星运行轨道进行修正和位置保持。

监控管理分系统也称为监控中心，其任务是对已定点的卫星在业务开通前后进行通信性能的监测和控制。例如对卫星转发器功率、卫星天线增益以及各地球站发射信号的功率频率和带宽以及地球站天线的方向图等基本通信参数进行监控，以保证通信的正常进行。

3.6.3　卫星通信多址连接方式

所谓多址连接方式是卫星通信的一个特点，指的是通信卫星覆盖区内的多个地球站通过共同的通信卫星实现区域内相互连接，同时建立各自的信道而不需要其他的中转连接。

多址连接技术和多路复用技术有很多相似之处，但是又有各自的特点。多址连接技术是多个地面站的射频信号在射频信道中的复用，以达到相互之间多址通信的目的。多路复用技术是多路信号在一个通信站的中频信道上的复用，已达到两个站之间多路通信的目的。

为了保证通过同一通信卫星进行通信的多个地球站的信号之间不相互干扰，就必须让各地球站发出的信号与其他地球站发出的信号之间有比较明显的区别，一般可以考虑从信号的频率通过时间信号波束方向和数字信号的码型等方面进行区分，相应地就产生了频分多址（FDMA）、时分多址（TDMA）、空分多址（SDMA）和码分多址（CDMA）等多址连接方式。

一、频分多址（FDMA）方式

所谓频分多址连接方式，就是按照给不同的地球站分配不同的射频信号频率的方式来区别各自站址的一种多址连接方式。其基本原理是把卫星转发器的可用频带分割成互不重叠的子频带，并在各子频带间预留保护频带。然后把各子频带分配给不同的地球站做载波使用，从而达到区分各地球站的目的。频分多址连接方式如图 3-92 所示。

图 3-92 中，f_1，f_2，…，f_k 是各地球站发射的载波频率，B_{sat} 是卫星转发器的宽带。频分多址方式是最早投入使用的一种多址通信方式，由于可以直接采用微波中继通信的成熟的技术和设备，所以具有设备简单不需要网同步等优点，但也有一些固有的缺点，如容易产生互调干扰和串话。

频分多址方式有可分为以下几种。

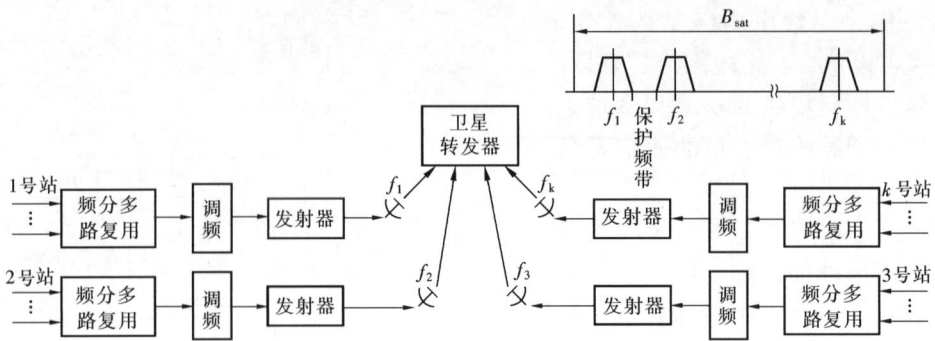

图 3-92 频分多址连接方式示意图

（一）预分配-调频-频分多址方式

预分配-调频-频分多址方式（FDM-FM-FDMA）是按频率划分，把各地球站发射的信号配置在卫星频带的指定位置上。为了使各载波间互不干扰，它们的中心频率必须有足够的间隔，而且要留有保护频带。这种方式具有技术成熟，设备简单、不需网同步、工作可靠，可直接与地面频分制线路接口，大容量工作时线路效率较高等优点，特别适用于站少而容量大的工作场合。但因转发器要同时放大多个载波，而容易产生交调干扰。为了减少交调干扰，只有降低转发器功率利用，因而降低了卫星通信容量。同时各上行信号功率电平要求基本一致，否则会引起强信号抑制弱信号的现象，导致大小站之间不易兼容，以及需要保护频带，致使频带利用不够充分。

（二）单路单载波-频分多址方式

单路单载波-频分多址（SCPC-FDMA）方式是在每一载波上只传输一路电话，因此又称为单路单载波。这种方式采用了"话音激活"（或称为"话音开关"）技术，不讲话时关闭所有载波，有话音时才发射载波，从而可节省卫星功率，增加了卫星通信容量。由于各载波独立工作，可以在一部分载波上进行模拟调制，在另一部分载波上进行数字调制，从而实现数模兼容，提高使用的灵活性。这种系统设计简单、经济灵活、线路易于改动，特别适用于站址多，业务量少的场合使用。

单路单载波方式系统既可以采用预分配方式，也可以采用按需分配方式。单路单载波-脉冲编码调制-按需分配-频分多址（SPADE）系统就是采用按需分配的典型代表。

（三）PCM-TDM-PSK-FDMA 方式

这是一种首先将话音信号进行脉冲编码调制（PCM），然后进行时分多路复用（TDM）使之变成 PDH 系列或 SDH 系列的数字信号，之后进行相移键控调制（PSK），最后以频率区分不同站址（FDMA）的多址通信方式。

二、时分多址（TDMA）方式

时分多址方式就是利用时间间隙来区分地球站的站址，各地球站的信号只能在规定的时间通过卫星转发器，其系统组成如图 3-93 所示。从图中可以看出，一个地球站发射一次信号所占用的时间称为一个时隙，各地球站工作的时隙分别为 ΔT_1、ΔT_2、…、ΔT_k，它们按顺序排列，互不重叠，共同组成一个 TDMA 帧。

采用 TDMA 方式工作时，转发器在每一时刻转发的都只是一个地球站的信号，这就允

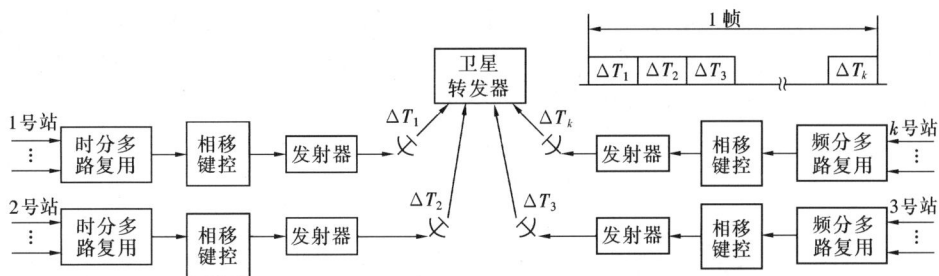

图 3-93　时分多址连接方式示意图

许每个地球站使用相同的载波频率，并可利用转发器的整个宽带。在采用单载波工作时，不存在 FDMA 的交调问题，从而可以允许行波管工作在饱和状态，有效地利用卫星转发器的功率和容量。

为使 TDMA 系统中各地球站能够按照指定的时隙传送信号，就需要一个时间基准。一般会安排某个地球站作为基准站，它周期性地向卫星发射射频脉冲信号，通过卫星转发给其他所有地球站，作为系统内各地球站共同的时间标准。各地球站以此为标准，按分配的时隙向卫星发射载波。

三、码分多址（CDMA）方式

码分多址方式就是利用发射信号的码型来区分各地球站的站址。前面介绍的 FDMA 和 TDMA 方式比较适合于大中容量的干线通信。对于容量小又要求与其他许多地球站进行通信的系统（如军事通信移动通信）来说，采用码分多址方式较为合适。

在 CDMA 方式中，每一地面站的发射时间都是任意的，同时发射的信号往往占用转发器的全部频带，各站所发射信号的时间和频率均可以重叠，各地球站依据码型的不同来区分各自的信号。某一特定码型的信号只有与之匹配的接收机才能监测出来。

在 CDMA 方式中，目前常用的有两种类型：一种是伪随机码扩频多址（CDMA/DS）方式，又称为直接序列码分多址方式；另一种是跳频码分多址（CDMA/FH）方式。

CDMA 方式已在移动通信领域中得到广泛应用，其工作原理我们已在介绍移动通信时加以讨论。

四、空分多址（SDMA）方式

所谓空分多址方式，就是以通信卫星天线不同的波束空间指向来区分不同地球站的站址。各地球站发射的电波在空间上不相互重叠，这样，在不同的区域内各地球站可以同时使用相同的频率工作，而相互之间不会造成干扰。使频率、时间都可以再用，从而可以容纳更多的用户。

空分多址方式有很多优点，卫星天线增益高，转发器功率可以得到充分的利用，可以与其他多址方式结合使用，提高频带的利用率。但这种方式对卫星的稳定性及姿态控制均有很高的要求，使得卫星的天线和馈线装置比较复杂，一旦出现故障，有较大的修复难度。

3.6.4　VSAT 卫星通信系统

VSAT 是 Very Small Aperture Data Terminal 的缩写，中文名称是小口径数据终端，是一种具有甚小口径天线的智能卫星通信地球站。VSAT 是在 20 世纪 80 年代出现的一种面向个人用户的新型卫星通信系统，用以支持大范围内的单向或双向综合电信和数据业务，它特别适用于银行、工商企业、信息和管理部门等的计算机通信业务，这些用户希望能组建一个自己的通信网，并且各自能直接利用卫星来进行通信。除了能在数据和话音通道工作外，还可以接入 ISDN 终端以充分发挥其机动灵活的优势来满足各种新业务的要求。VSAT 系统之所以有很强的生命力，是因为它具有两点独到之处：一是能够适应各种终端配置的数据传输规程和网络管理软件；二是采用前向纠错编码及韦特比（Viterbi）译码，保证了在小天线情况下的低误码率。它的出现是卫星通信技术的重大突破，改变了当时卫星通信行业的产品结构和规模，形成了新的组网概念。与传统的卫星通信系统相比，VSAT 网络具有以下特点。

（1）主要使用 Ku 波段工作，所以天线口径小，设备体积小、质量轻、耗电少、成本低、使用维护简便。可以很方便地安装在家庭或办公室的合适地点，如庭院、阳台、屋顶等处。

（2）组网灵活，接续方便。可以根据用户需要组合成各种拓扑结构的网络。同时为用户提供多种通信规程与接口，可以满足用户新增设备接入的需要。

（3）智能化管理。VSAT 将通信和计算机技术有机地结合在一起，在中枢站设有主计算机，各 VSAT 小站有小型计算机或微处理器。中枢站通过管理软件对整个 VSAT 通信系统进行管理和控制，可以改变通信网络的结构和容量，对关键电路进行监测和控制，实现网络的智能化管理。

（4）能满足话音、数据、视频图像、传真、计算机信息等多种信息传输业务的需要。

（5）可以方便地建立直接面对用户的通信线路，特别适用于用户分散，业务量适中的边远地区以及用户终端分布范围广的专用和公用通信网。

VSAT 卫星通信系统的组成如图 3-94 所示，通常由一个大型中枢站通信卫星和大量 VSAT 小站协同工作，组成 VSAT 网。

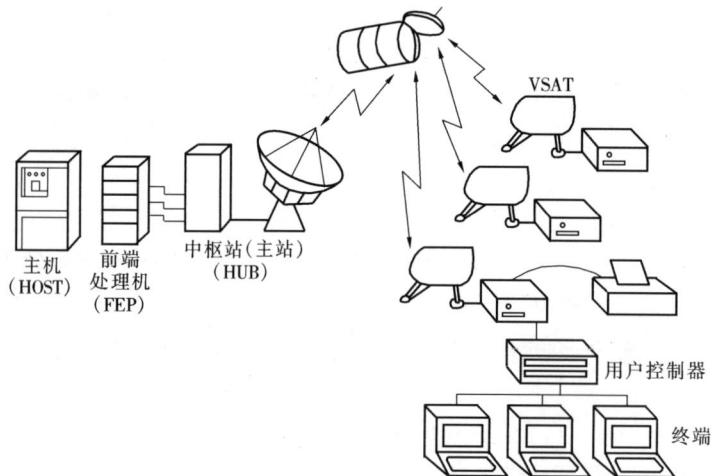

图 3-94　VSTA 卫星通信系统的组成

中枢站（Hub Earth Station）也称为主站中心站中央站等，是 VSAT 网络的心脏。它与普通卫星地球站一样，使用大型天线并配备有高功率放大器，低噪声放大器，上/下变频器调制解调器及数据接口设备等。为了对全网进行监测管理控制和维护，一般在中枢站内设有网络控制中心，以完成对包括中枢站和各小站在内的所有地球站的工作状况的实时监测与诊断，测试信道质量，负责信道分配计费等工作。

VSAT 小站由小口径天线室外单元和室内单元组成。室外单元主要由功率放大器、低噪声放大器、上下变频器、本振及正交模式转换器等组成。为减少高频馈线的噪声温度，一般把这部分电路安装在室外，故称为室外单元。室内单元包含了两个功能模块：中频调制解调器和基带处理器，中频调制解调器和室外单元相连，基带处理器与用户数据中断相连。

VSAT 通信卫星通常是 Ku 波段（或 C 波段）同步卫星。因为卫星转发器的造价较高，为节约成本，可以采用租用转发器的方式。而地面终端可以根据所用转发器进行设计与配置。

VSAT 网络与地面通信网路相比的优点是：它有能力提供宽带的点对多点的通信，比特率在 2.4、4.8、9.6kbit/s 到 1.544Mbit/s 的范围内，并且扩容时经济灵活。VSAT 网络的另一个优点是：它有能力通过单一的中枢站（hub）联接许多远地小站，并由中心站管理整个星形网络。

星形网络是一种非常灵活的网络型式，它能够提供单跳和双跳连接。在单跳连接中，数据在远地小站和中心站之间传送。在双跳连接中远地的各小站之间通过中心站转接，如果小站的信号功率足够大，可以被卫星接收，并且卫星也有足够的功率转发出信号，那么远地小站之间也可以在中枢站的控制下直接连接。考虑到经济性，要求小站使用小口径天线和低功率发射机，因此，要求远地小站之间直接连接的条件可能不满足。配备大天线的中心站能满足小站到中心站链路的要求，中心站能再生来自小站的信号，并由高功率发射机重新发射到其他的小站以满足中心站到小站链路的要求。中心站完成网络相互连接和业务路由的交换，然而，在传统的中继卫星中是不具备这些功能的。

卫星通信系统是一个非常复杂的通信系统，其中涉及了众多的通信技术，如多址技术、编码调制技术、信道分配技术、信号处理技术等。这些内容与前面的章节相似，这里就不再作介绍。

3.6.5　INTELSAT 卫星通信系统

国际通信卫星组织（International Telecommunication Satellite Organization，INTELSAT）是世界上最大的商业卫星组织。目前，有 141 个成员国，拥有 25 颗世界上最先进的连接全球进行商业运作的静止轨道卫星通信系统，可为约 200 个国家和地区提供相应国际/区域/国内卫星通信综合业务。具有参与全球竞争的丰富运营经验与财力。该组织积极引入各类卫星通信新业务、新技术，有效地利用卫星轨道、频谱及空间段，以其最佳服务和可靠性誉满全球。INTELSAT 卫星通信系统提供的业务种类有以下几种。

1. 电话业务

电话是卫星通信系统最早提供的业务，容量增长很快。1965 年第一颗辰鸟（Early Bird）卫星仅能提供 240 条电话通道，INTELSAT 第八代卫星和更新一代卫星能提供几十万条电话通道。

2. 视频广播业务

几乎所有的国际电视节目的传输都是有 INTELSAT 所承担的。在全球视频广播业务方面，INTELSAT 拥有世界上最强的实力。亚特兰大奥运会期间，INTELSAT 投入了 13 颗卫星全力以赴地进行 360°连接全球节目快速实时广播，使全球 35 亿电视观众大饱眼福，IN-

TELSAT 卫星系统的优良传输性能对此作出了卓越的贡献。1993 年，INTELSAT 首先在丹麦格陵兰地区大面积成功地使用了传输带宽仅为 5MHz 的数字压缩电视系统。INTELSAT 的数字电视业务宽带需求范围可以从 100kHz 扩展至 72MHz，从静止图像会议电视卫星新闻采集（SNG），直至 HDTV。

3. 商业业务（Intelsat Business Service，IBS）

是为满足商业通信的特殊需要而设计的，它是一个数字业务系统。该系统业务包括可视会议电话，高速、低速传真，高速、低速数据，分组交换，电子邮件、电子商务等。很多应用要求高质量的图像和视频。

4. 多媒体业务

话音数字形式的视频音频数据文本或图像等各种形式的信息的组合，通常称作多媒体，通过卫星能够以效益高而成本低的方式传送。多媒体非常有益于学校医院政府公司贸易工业和乡村社区。如远程教育远程医疗电子商务等。亚太地区卫星通信委员会在 1999 年 5 月就多媒体应用办了一次强化培训班。此后于 1999 年 10 月召开了"通过卫星提供多媒体应用业务的 Internet 协议"区域专家会议，并在 2000 年 3 月提出了通过卫星的多媒体应用研究课题。

INTELSAT 新一代卫星系统中引入了宽带 ISDN 同步传输所需的编码调制新技术，以便使卫星电路能支持全球信息高速公路（也称其为国际信息基础设施）的运行。这一编码调制新技术突破了原有 4QPSK 调制模式，上升为 8PSK 调制，并利用多维（6 维）网格编码调制与 R-S（里德-所罗门）外码技术级联，构成功率、频谱利用非常紧凑的有效传输手段。它可支持在一个 72MHz 标准卫星转发器中以 155Mbit/s 的高速率传输 B-ISDN/SDH STM-1 的综合业务，并且运行误码率可低达 10^{-10}，借助这一传输技术，一个单一 INTELSAT 转发器可传输 10 路高清晰度电视节目或 50 路常规广播质量的数字电视业务。

这类编码调制技术手段将在 INTELSAT 未来 HDR（高速率数字载波）IDR（中速率数字载波）SIBS（超级 INTELSAT 商用专线业务）SDH/ATM 等高质量新业务传输中全面推广应用。而且，在 INTELSAT 的积极倡导与推进下，ITU-T/R 已建议形成了卫星 SDH 的一整套同步数字传输系列。

为适应未来竞争的需要，INTELSAT 根据其实际市场需求，将在 21 世纪初发射 FOS-2 这一世界上最大的静止轨道卫星。它具有 92 个 36MHz 转发器单元（C 频段 74 个、Ku 频段 18 个），可提供各类 SDH/ATM 综合业务，已逐步替代进入倾斜状态的第 6 代卫星系列。从频段扩展方面来看，INTELSAT 拟采取逐步演进方式，即自然地根据市场需求由 C/Ku、Ku/Ka 向纯 Ka 频段方向迈进。此外，面对复杂的全球电信竞争环境，INTELSAT 一方面进行其自身改革，加强其快速市场响应能力，建立区域支持中心，另一方面拟对视频业务等接近用户的新业务，建立其新的子公司进行运营，加强其竞争灵活性，以期巩固其在卫星通信领域中的主导地位。

3.6.6 卫星定位技术

目前，世界上已经建成和正在建设的共有 4 大卫星导航系统，分别为美国的 GPS 卫星导航系统、俄罗斯的 Glonass 卫星导航系统、欧盟的伽利略卫星导航系统和中国的北斗卫星导航系统。除了 GPS 系统已经建成外，其他几个系统仍然处于建设阶段，而未来 10 年是各系统建设的关键时期。到 2020 年左右，我们的生活中将出现 4 大卫星导航系统并存的情况，共有 100 多颗卫星在空中为全球的民众提供卫星导航服务。这种局面的出现，对于全人类来说是巨大的福祉，我们的生活将变得更加便利。但是，卫星导航系统领域的竞争也会异常激烈，"技术和性能领先的系统将成为主导，而技术性能落后的系统将被逐渐边缘化。"

一、全球卫星定位系统（GPS）

全球定位系统 GPS 是基于无线电、具有全球性、全天候，连续的精密三维定位和导航能力的新一代卫星导航与定位系统。广泛的应用于船舶定位、海洋捕鱼、远洋轮导航、飞机导航、地质勘探等领域。近几年在电力、电信、公安交通、铁路运输等部门也得到应用。

GPS 系统中使用单向传输，即只有从卫星到用户的链路，所以用户不需要发射机，只需要一个 GPS 接收机。接收机唯一需要测量的量是时间，根据其可获得传输时延，因而可确定到每一颗卫星的距离。每个卫星都向地面连续不断的广播其星历表，根据它可计算出卫星的位置。直接序列扩频的一项重要应用是测距，利用扩频码跟踪发射机和接收机之间的传播延迟，确定两者之间的距离。GPS 系统是通过测量用户（接收机）到 4 个"导航星"（发射机）的距离来确定它们在地球表面或地面以上的位置的。

GPS 系统空间部分由分布在 6 个轨道上的 24 颗卫星组成，轨道高度约 20 000km。卫星周期 12 小时，这种配置可实现 24 小时全球覆盖，地球上任何地方的用户在任何时间至少能看到 4 颗卫星。每个卫星都向地面连续发射两种导航信号 L_1 和 L_2。它们都采用直接序列扩频调制，以便提高信号的抗干扰能力。L_1 和 L_2 的载波频率分别为 1575.42MHz 和 1227.60MHz，L_1 的扩频调制采用非平衡 QPSK，I—信道扩频码是长度为 1023 切普的 Gold 码，切普速率 1.023Gbit/s，周期为 1.0ms。各个卫星使用不同的 Gold 码，以便地面接收机能区别它们。这种短的扩频码叫做粗测码或 C/A（Clear/Acquisition）码。C/A 是明码，任何军事或民用用户都可使用，其定位精度 25m 以内。Q—信道扩频码是一种很长的非线性码，其速率为 10.23Gbit/s。这个码叫精测码或 P（Precise）码，周期以日来计量。各个卫星使用不同的长码相位。P 码是密码信号，只有经美国防部批准的有权用户才能使用（现已解密，不需授权就可使用），其定位精度在 1～10m 以内，且可以看到的卫星越多，精度越高。C/A 码还可以作为 P 码的搜索辅助码。C/A 码和 P 码两种信号都含有可向用户接收机提供所需的各卫星状态、系统时间、接收机正在跟踪的卫星的天文历（目前和将来位置）等信息的导航数据。

在电力系统中，利用 GPS 同步时钟，作为系统网同步的时间基准，在故障监测、继电保护、自动化、信息管理等方面得到广泛的应用；CDMA 通信系统，也是利用 GPS 同步时钟的时间作为全网的统一时间基准，保证整个系统有条不紊地进行信息的传输、处理和交换。

电网是一个巨大的系统工程，要确保电厂、变电站的设备运转同步进行，必须首先要确保设备内部时钟的一致性。为了统一内部时钟，目前我国电力系统不得不把美国的 GPS（全球卫星定位系统）作为主要的授时手段，通过 GPS 的民用频道向电力系统的电力自动化设备、微机监控系统、安全自动保护设备、故障及事件记录等智能设备提供授时信号，以实现电力系统的"同步"运行。但是，这一做法也存在着巨大的隐患。电力工业的安全生产关系国家能源安全和国民经济命脉，一旦发生紧急事态，GPS 信号关闭或调整，将引发我国电网系统的重大安全事故。目前，我国电网每年都有因 GPS 卫星授时不准而发生的事故，给国家带来了巨大的经济损失。

研制利用北斗卫星导航系统的电力授时系统，可以有效保障我国电力安全和国家安全。北斗卫星系统是我国自主研制的区域性卫星导航定位和通信系统，具有首次定位快、无通信盲区、保密性强等特点。我国已研发了"北斗电力全网时间同步管理系统"，结束了我国电力运行时间基准完全依赖美国GPS全球定位系统的历史。

二、北斗卫星导航系统

卫星导航系统是重要的空间基础设施，为人类带来了巨大的社会经济效益。中国作为发展中国家，拥有广阔的领土和海域，高度重视卫星导航系统的建设，努力探索和发展拥有自主知识产权的卫星导航定位系统。

北斗卫星导航系统是中国自行研制开发的区域性有源三维卫星定位与通信系统(CNSS)，是除美国的全球定位系统（GPS）、俄罗斯的GLONASS之后第三个成熟的卫星导航系统。北斗卫星导航系统致力于向全球用户提供高质量的定位、导航和授时服务，其建设与发展则遵循开放性、自主性、兼容性、渐进性这4项原则。

中国从1994年开始，启动建设北斗卫星定位试验系统。按照建设规划，我国卫星定位系统的建设被分为三步。第一步，北斗一号系统已于2003年建成并投入运营。第二步，北斗二号区域系统于2004年启动，预计2012年建成，届时将可以拥有向整个亚太地区提供服务的能力。第三步，预计2020年建成覆盖全球的高精度北斗二号全球卫星定位系统。

北斗卫星导航系统由空间端、地面端和用户端三部分组成，空间端包括5颗静止轨道卫星和30颗非静止轨道卫星，地面端包括主控站、注入站和监测站等若干个地面站，用户端由北斗用户终端以及与美国GPS、俄罗斯GLONASS、欧洲GALILEO等其他卫星导航系统兼容的终端组成。

北斗导航系统是覆盖中国本土的区域导航系统。覆盖范围东经约70°～140°，北纬5°～55°。GPS是覆盖全球的全天候导航系统，能够确保地球上任何地点、任何时间能同时观测到6－9颗卫星（实际上最多能观测到11颗）。北斗导航系统是主动式双向测距二维导航。地面中心控制系统解算，供用户三维定位数据。GPS是被动式伪码单向测距三维导航。由用户设备独立解算自己三维定位数据。"北斗一号"的这种工作原理带来两个方面的问题：一是用户定位的同时失去了无线电隐蔽性，这在军事上相当不利；另一方面由于设备必须包含发射机，因此在体积、质量上、价格和功耗方面处于不利的地位。北斗导航系统由于是主动双向测距的询问一应答系统，用户设备与地球同步卫星之间不仅要接收地面中心控制系统的询问信号，还要求用户设备向同步卫星发射应答信号，这样，系统的用户容量取决于用户允许的信道阻塞率、询问信号速率和用户的响应频率。因此，北斗导航系统的用户设备容量是有限的。GPS是单向测距系统，用户设备只要接收导航卫星发出的导航电文即可进行测距定位，因此GPS的用户设备容量是无限的。和所有导航定位卫星系统一样，"北斗一号"基于中心控制系统和卫星的工作，但是"北斗一号"对中心控制系统的依赖性明显要大很多，因为定位解算在那里而不是由用户设备完成的。为了弥补这种系统易损性，GPS正在发展星际横向数据链技术，使万一主控站被毁后GPS卫星可以独立运行。而"北斗一号"系统从原理上排除了这种可能性，一旦中心控制系统受损，系统就不能继续工作了。

"北斗一号"用户的定位申请要送回中心控制系统，中心控制系统解算出用户的三维位置数据之后再发回用户，其间要经过地球静止卫星走一个来回，再加上卫星转发，中心控制系统的处理，时间延迟就更长了，因此对于高速运动体，就加大了定位的误差。此外，"北斗一号"卫星导航系统也有一些自身的特点,其具备的短信通信功能就是 GPS 所不具备的。

2000 年以来,中国已成功发射了 5 颗"北斗导航试验卫星",建成北斗导航试验系统 (第一代系统)。这个系统具备在中国及其周边地区范围内的定位、授时、报文和 GPS 广域差分功能,并已在测绘、电信、水利、交通运输、渔业、勘探、森林防火和国家安全等诸多领域逐步发挥重要作用。

从 2007 年 4 月 14 日到 2010 年 8 月 1 日,中国已经成功发射了 5 颗北斗导航卫星。中国正在建设的北斗卫星导航系统空间端由 5 颗静止轨道卫星和 30 颗非静止轨道卫星组成,提供两种服务方式,即开放服务和授权服务(属于第二代系统)。开放服务是在服务区免费提供定位、测速和授时服务,定位精度为 10m,授时精度为 50ns,测速精度 0.2m/s。授权服务是向授权用户提供更安全的定位、测速、授时和通信服务以及系统完好性信息。

中国计划 2012 年左右,"北斗"系统将覆盖亚太地区,2020 年左右覆盖全球。我国正在实施北斗卫星导航系统建设,已成功发射 5 颗北斗导航卫星。根据系统建设总体规划,2012 年左右,系统将首先具备覆盖亚太地区的定位、导航和授时以及短报文通信服务能力;2020 年左右,建成覆盖全球的北斗卫星导航系统。

3.7 扩 频 通 信

3.7.1 简述
一、基本概念

扩频通信是一种新型的通信体制,由于它具有抗干扰能力强、截获率低、码分多址、保密等优点,一经出现便引起人们极大关注。使扩频技术的研究取得了迅速的发展。最早在军事通信中被应用。目前广泛应用于通信、导航、雷达、定位、测距、跟踪、遥控、航天、电子对抗、测试系统等领域。

扩频通信是一种工作在微波频段的无线通信方式,它用来传输信息的信号带宽远远大于信息本身带宽的一种通信方式。它具有如下两大特点。

(1) 传输信息的信号带宽与原始信号带宽无关。

(2) 解调过程是由接收信号和一个与发端扩频码同步的信号进行相关处理来完成的。

有许多调制技术所用的传输带宽大于传输信息所需要的最小带宽,但并不属于扩频通信。如宽带调频、低速率编码调制等。

若设系统带宽(信号带宽)为 B_c,原始信号带宽(信息带宽)为 B_m,则通常认为 $B_c/B_m = (1 \sim 2)$ 为窄带通信,50 以上为宽带通信,100 以上为扩频通信。显然,扩频通信属于宽带通信,其系统带宽一般为信息带宽的 $100 \sim 1000$ 倍。

扩频通信的特点从信息论的观点来讨论。根据香农(Shannon)信息理论的信道容量公式,对于连续信道,如信道带宽为 B,且受到加性白噪声的干扰,则信道容量 C 为

$$C = B \log_2(1 + S/N) \tag{3-36}$$

式中:N 为白噪声的平均功率;S 为信号的平均功率;S/N 就是信噪比。信道容量 C 是指信道可传输的最大信息速率(即信道能达到的最大传输能力)。

根据上述公式可得出一重要的结论:在保持信道容量 C 不变的条件下,可以用不同的带宽 B 和信噪比 S/N 的组合来传输。若减小带宽则必须增加发送的信号功率(即较大的 $S/$

N），或者若增加传输带宽，则同样的信道容量能够有较小的信号功率（较小的 S/N）来传送。这表明宽带系统表现出了较好的抗干扰能力。因此，当信噪比太小不能保证通信质量时，常采用宽带系统，也就是增加带宽（展宽频谱）来提高信道容量，以改善通信质量，这就是通常所谓用宽带换功率的措施。但是带宽和信噪比的互换过程并不是自动的，必须变换信号使之具有所要求的带宽。扩频通信就是将原始信号的频谱扩展 100～1000 倍，然后再进行传输，因而提高了通信的抗干扰能力，使之在强干扰情况下（甚至在信号被噪声淹没的情况下）仍可保持可靠的通信。

上述的香农公式是在一定的条件下得到的，其条件就是噪声和信号都是高斯分布。许多通信信道可以很精确地用平稳加性高斯白噪声信道来模拟。在这种环境下，一般的宽带通信系统可以十分有效地工作。但有一些重要的通信系统不符合这个模型。例如，军事通信系统在现代战争中，电子干扰不仅是战役战斗的保障手段，也是一种重要的作战手段。电子战干扰不可能用平稳高斯白噪声信道来模拟。另一类干扰，即收、发信机之间存在多径传播时，信号本身的多径干扰也不符合平稳高斯白噪声信道来模型。在这种环境下，一般的宽带调制系统不能很好地解决抗干扰问题。而扩频调制则是解决上述类型干扰有害影响的最有效的措施。

二、处理增益和干扰容限

在扩频通信系统中，经过对信息信号带宽的扩展和解扩处理，获得了处理增益。扩频通信系统的扩频部分是将一个带宽比信息信号带宽宽得多的伪随机码（PN 码）对信息数据进行调制；解扩则是将接收到的扩展频谱信号与一个和发端伪随机码完全相同的本地码相关来实现的。当收到的信号与本地码相匹配时，所要的信号就会恢复到其扩展之前的原始信号带宽，而任何不匹配的输入信号则被本地码扩展至本地码的带宽或更宽的频带上。解扩后的信号经过一个窄带滤波器，有用的信号被保留，干扰信号被抑制，从而改善了信噪比，提高了抗干扰能力。理论分析表明，各种扩频通信系统的抗干扰性能大体上都与扩频信号的带宽与所传信息带宽之比成正比。我们把扩频信号带宽 W 与信息带宽 B 之比称为处理增益 G_p。

$$G_p = W/B \tag{3-37}$$

它表明扩频通信系统信噪比改善的程度，是扩频通信系统一个重要的性能指标。例如，$W = 200\text{MHz}$，$B = 10\text{kHz}$，$G_p = 2000$（33dB），说明这个系统在接收机的射频输入端和基带滤波器输出之间有 33dB 的信噪比增益改善。

干扰容限是在保证系统正常工作的条件下（保证输出端一定的信噪比），接收机输入端能承受的干扰信号比有用信号高出的分贝（dB）数。其数学表达式为

$$M_j = G_p - [L_s + (S/N)_0]\text{dB} \tag{3-38}$$

式中：M_j 为干扰容限；G_p 为处理增益；L_s 为系统损耗，$(S/N)_0$ 为接收机输出端信噪比。

干扰容限直接反映了扩频通信系统接收机允许的极限干扰强度，它往往能比处理增益更确切地表征系统的抗干扰能力。

例如：某扩频通信系统的处理增益 $G_p = 33\text{dB}$，系统损耗 $L_s = 3\text{dB}$，接收机输出端信噪比 $(S/N)_0 \geqslant 10\text{dB}$，则该系统的干扰容限 $M_j = 20\text{dB}$。这表明该系统最大能承受 20dB（100倍）的干扰，也就是说，当干扰信号功率超过有用信号功率 20dB 时，该系统不能正常工作，而二者之差不大于 20dB 时，系统仍能正常工作。

三、扩频通信有如下几种基本类型

1. 直接序列（DS）系统

直接序列系统用一高速伪随机序列与信息数据相乘（或模 2 加），由于伪随机序列的带宽远远大于信息数据的带宽，从而扩展了发射信号的频谱。

2. 跳频（FH）系统

在一伪随机序列的控制下，发射频率在一组预先指定的频率上按照所规定的顺序离散地跳变，扩展了发射信号的频谱。

3. 脉冲线性调频（Chirp）系统

系统的载波频率在一给定的脉冲间隔内线性地扫过一个宽的频带，扩展发射信号的频谱。

4. 跳时（TH）系统

这种系统与跳频系统类似，区别在于一个是控制频率，一个是控制时间。即调时系统是用一伪随机序列控制发射时间（通常空度大，而持续时间短）和发射时间的长短。

此外还有由上述四种系统组合的混合系统。实际的扩频通信系统以前三种为主，主要用于军事通信，而在民用上一般只用前两种，即直接序列扩频通信系统和跳频扩频通信系统。

3.7.2 扩频通信系统的模型

图 3-95 所示为扩频通信系统的基本组成框图。发端简化为调制和扩频，收端简化为解扩和解调。此外，收、发两侧有两个完全相同的伪随机（PN）码发生器。正常工作时，要求接收端产生的 PN 码序列必须和接收信号中包含的 PN 码序列精确同步。为此，通常在传输信息之前，发送一个固定的伪随机比特图案来达到同步，该图案即使存在干扰，接收机也能以很高的概率识别出来。当收、发两端伪随机码发生器建立时间同步之后，信息传输就可开始。

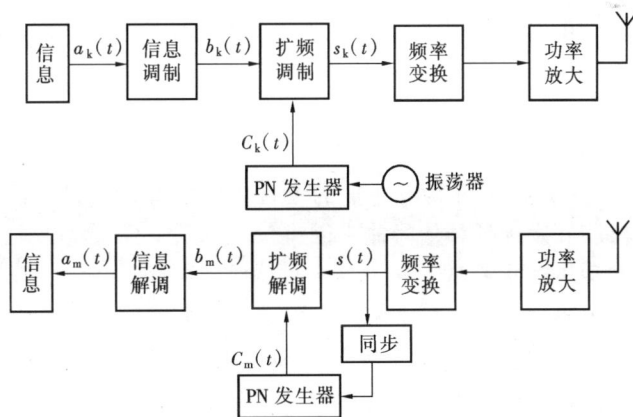

图 3-95 扩频通信系统组成框图

工作原理：在发送端，输入信息信号首先对某个载波 f_0 进行调制。调制方法没有限制，模拟信息一般采用 FM；对于数字信息可采用如下调制方式：

（1）相干二相移相键控（BPSK）；

（2）相干四相移相键控（QPSK）；

（3）差分相干二相移相键控（DPSK）；

（4）非相干 M 进制移频键控（MFSK）。

信息调制器的输出一般是窄带（或普通宽带）已调信号。然后将其进行扩展频谱处理。常用的扩频调制方法有如下几种：

（1）直接序列（DS）相干二相移相键控；

（2）直接序列相干四相移相键控；

（3）直接序列最小移频键控；

（4）非相干跳频。

这些扩频调制方式与上面所列信息调制方式的结合是现代扩频通信系统中典型的系统组成方案。

综上所述，扩频通信的基本原理为：利用一组速率远高于信号速率的伪随机噪声码（PN 码）对原信号码进行扩频调制，一般是将信号扩展至几兆赫宽的频带上，然后将扩频后的信号调制到空间传输的载频上进行发送，通常发射的载频是千兆赫的数量级。在接收端经解调后，利用相同的 PN 码进行解扩，把展开的信号能量从宽频带上收拢回来，凡与本地 PN 码相关的宽带信号经解调后还原为原来的窄带信号，而其他与 PN 码不相关的宽带噪声仍维持宽带，解调后的窄带信号再经窄带滤波后，分离出有用信号，大部分噪声信号则被滤掉，从而使信噪比得以极大地提高，误码率大大降低。

3.7.3　扩频通信的特点

扩频通信是一种新型的通信体制，是通信领域的一个重要发展方向。与传统的通信方式相比它具有以下优点。

一、抗干扰能力强

扩频系统的抗干扰能力是所有其他通信方式无法比拟的。特别是在电子对抗环境下，采用扩频技术是提高通信设备抗干扰能力的最有力的措施，它已在现代战争中发挥了巨大的威力，企图破坏和压制这种系统的通信是很困难的，因此，抗干扰能力强是扩频通信的最基本的特点。

二、信号功率谱密度低，有利于信号隐蔽

发射信号经扩频处理后，几乎均匀地分散在很宽的频带，功率频密度很低，近似于噪声特性（使之隐蔽起来）。这有利于对其他通信的干扰，同时降低了被窃听和被截获的机会，使敌方在背景噪声中检测和发现这种信号非常困难。

三、信息隐蔽，有利于防止窃听

由于扩频通信采用编码信号，窃听者不掌握发射信号所采用的伪码规律，就不能解出可懂信息，无法听懂发送的信息，这就防止了信息被窃听的危险，所以扩频体制具有通信安全、保密的特点。当然隐蔽程度和安全程度与所用的码序列有关。系统设计时按照对安全程度的不同要求适当地选择编码格式，就可以满足所提出的信息隐蔽的要求。

四、具有选择地址的能力

由于采用编码信号形式，对一个或一组接收机分配一规定的码组作为地址，而对其他接收机分配不同的码组。这样，用不同的编码序列去调制发射机，就能实现选择地址的目的。

五、可以采用码分复用实现多址通信

这种通信是许多用户（地址）可以同时使用相同的频率工作。但各自使用的码序列不同。并使它们之间的互相关系数很小，各用户之间互不干扰。这就构成了码分多址系统。这种多址方式比频分多址和时分多址能够更有效地利用信道和设备。码分多址系统可以做到各用户之间不需要任何转换和交换,直接沟通联络。在战争环境下,系统可靠、生存能力强。

用码分多址构成的通信网,不需要严格的网同步,用户可以随机入网,随时随地增减用户地址。

六、抗衰落能力强,信息传输可靠性高

扩频信号占据的频带很宽,当由于某种原因引起衰落时,只会使一小部分频谱衰落,而不会使整个信号产生严重畸变。故具有抗频率选择性衰落的能力。此外,在存在多径干扰的场合,由于伪随机码尖锐的相关特性使多径射束完全独立。只有当多径时延小于玛元宽度时,才发生轻度衰落。而当玛元很窄,伪码长度很长时,多径反射信号不会同时到达接收点。扩频系统将多径反射信号作为干扰声处理。故具有很强的抗多径干扰能力。

七、可进行高分辨率测距

直接序列扩频信号可以进行高分辨测距。这个性质是由于高速率码调制的结果。直接序列系统中,收发机是同步工作的。本地码序列和接收到信号的码序列可同步到一个比特范围内(实际可以同步到 $1/10 \sim 1/100$bit),所以,测距误差不会超过一比特时间 $T = 50$mμs,对应的距离为 15m。实际测距精度可达 1.5m 或更小。扩频系统测距的另一优点是测距精度很少受测量距离的影响。利用极长的 PN 码,可以克服测距模糊现象。这些特点对远距测量十分重要。PN 码测距已广泛应用于深空探测中。

八、能与传统的调制方式共用频段

扩频通信方式发射信号功率谱密度非常微弱,可与接收机热噪声电平相当。这就减少了干扰传统调制方式接收机的可能性。同时扩频接收机对采用传统调制方式发射的电波,也不易受到干扰。因此,就有了能利用同样频带的可能性。而传统调制方式的接收机,不具备解扩功能,不能接受扩频信号,故保密性较强。

九、频带容易监控

在传统的调制方式中,为了能使尽可能多的无线电台得到运用,而不产生干扰,就需要进行有限频带的监控和分配。

与此相反,在采用扩频通信的场合,若把某一频带指定为扩频方式使用的频带,则对使用这个频带的扩频电台而言,无需进行各种繁琐的频率分配操作。这也是它的一个优点。

总之,扩频系统具有一系列其他系统无法比拟的优点。它合理地解决了由于无线信道是开放信道而造成的变参,干扰强、保密差等弱点,一直受到世界各国的关注。尤其是近些年来,随着大规模、超大规模集成电路的发展;微机处理的广泛应用,以及一些新器件的研制成功,使扩频技术获得了极其迅速的发展。

3.7.4　直接序列扩频通信系统

一、直接序列扩频通信系统介绍

直接序列扩频(Direct Sequence Spread Spectrum)通信系统是直接扩频方式构成的扩展频谱通信系统,通常简称直扩系统,又称伪噪声(Pseudo-Noise,PN)系统。如前所述,它是直接用高速率伪随机码在发端去扩展信息数据的频谱。在收端,用完全相同的伪随机码进行解扩,把展宽的扩频信号还原成原始信息。前面图 3-95 所示即为直接序列扩频通信系统的基本组成框图。$b(t)$ 是窄带信号,经过高速伪随机码扩频后频谱被展宽了;在接收端,用完全相同的伪随机码进行解扩(相关解调)后,扩频信号恢复到原来的窄带信号。这里的

"完全相同"是指收端产生的伪随机码不但在码型结构上与发端的相同，而且在相位上也要一致（完全同步）。如果码型结构相同但不同步，也不能恢复成窄带信号，得不到所要发的信息。当接收端有干扰时，其频谱经解扩电路后也要被展宽，再经过与原始信息带宽相同的窄带滤波器后，干扰被抑制，达到抗干扰的目的。

二、码分多址直接序列扩频通信系统

如前所述，码分多址通信系统中的各个用户同时工作于同一载波，占用相同的带宽，这样各用户之间必然相互干扰。为了把干扰降到最低限度，码分多址必须与扩频技术结合起来使用。在民用通信中，码分多址主要与直接序列扩频技术相结合，构成码分多址直接序列扩频通信系统。该系统主要有下列两种方式。

（1）第一种系统构成简单框图如图 3-96 （a）所示。在这种系统中，发端的用户信息数据 d_i 首先与之对应的地址码 W_i 相乘（或模 2 加），进行地址码调制，再与高速伪随机码相乘（或模 2 加），进行扩频调制。在收端，扩频信号经过与发端伪随机码完全相同的本地产生的 PN 码解扩后，在于相应的地址码 （$W_k = W_i$）进行相关检测，得到所需的用户信息 （$r_k = d_i$）。系统中的地址码是采用一组正交码，例如，沃尔什（Walsh）码，每个用户分配其中的一个码，而伪随机码系统中只有一个，用于加扩和解扩，以增强系统的抗干扰能力。这种系统由于采用了完全正交的地址码组，各用户之间的相互影响完全可以除掉，提高了系统的性能，但是整个系统更为复杂，尤其是同步系统。

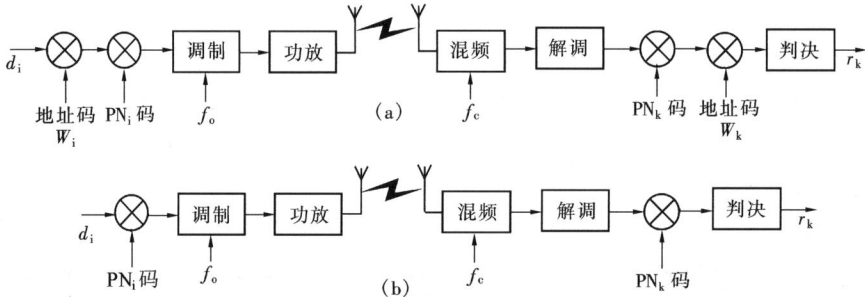

图 3-96　码分直扩系统

（2）第二种码分直扩系统构成简单框图如图 3-96 （b）所示。在这种系统中，发端的用户信息数据 d_i 直接与之对应的高速伪随机码（PN_i 码）相乘（或模 2 加），进行地址调制，同时又进行了扩频调制，在收端，扩频信号经过与发端伪随机码完全相同的由本地产生的伪随机码 （$PN_k = PN_i$）解扩，相关检测得到所需用户信息 （$r_k = d_i$）。在这种系统中，系统中的伪随机码不是一个，而是采用一组正交性良好的伪随机码，其两两之间的互相关值接近于 0。该组伪随机码既用做用户的地址码，又用于加扩和解扩，增强了系统的抗干扰能力。

这种系统较第一种系统，由于去掉了单独的地址码组，用不同的伪随机码来代替，整个系统相对简单一些。但是，由于伪随机码不是完全正交的，而是准正交的，也就是码组内任意两个伪随机码的互相关值不为 0，各用户之间的相互影响不可能完全除掉，整个系统的性能将受到一定的影响。

3.7.5　跳频扩频通信系统介绍

跳频通信是指传输信号载波按照预定规律进行离散变化的通信方式，即通信使用的载波频率受一组快速变化的伪随机码控制而随机跳变。这种载波变化的规律，通常叫做跳频"图案"。跳频实际上是一种复杂的频移键控，是一种用伪随机码进行多频频移键控的通信方式。

最简单的频移键控只有两个频率 f_1 和 f_2 称之为 2 元频移键控（2FSK），常常用于比较简单的系统，如模拟移动通信系统中信令的副载波调制，市话网中传真机信号的副载波调制等。而在调频扩频通信系统中，载波频率有几十个，甚至成千上万个，这就必须用复杂的伪随机码来控制频率的变化，这也是跳频系统与频移键控的不同之处。

跳频也是一种扩频技术，跳频系统的载波频率在很宽频率范围内按预定的图案（码序列）进行跳变。跳频系统的组成方框图如图 3-97 所示。在发送端，信息数据 d 经信息调制变成带宽为 B 的基带信号后，进入载波调制。产生载波频率的频率合成器在伪随机

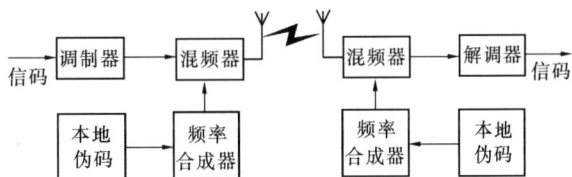

图 3-97　跳频系统原理框图

码发生器的控制下，产生的载波频率在带宽为 $W(W \gg B)$ 的频带内随机跳变，从而实现基带信号带宽 B 扩展到发射信号使用的带宽 W 的频谱扩展。在收端，为了解出跳频信号，需要有一个与发端完全相同的伪随机码去控制本地频率合成器，使本地频率合成器输出一个始终与接收到的载波频率相差一个固定中频的本地跳频信号，然后与接收到的跳频信号进行混频，得到一个不跳变的固定中频信号（IF），然后经过信息解调电路解调出发端所发送的信息数据。

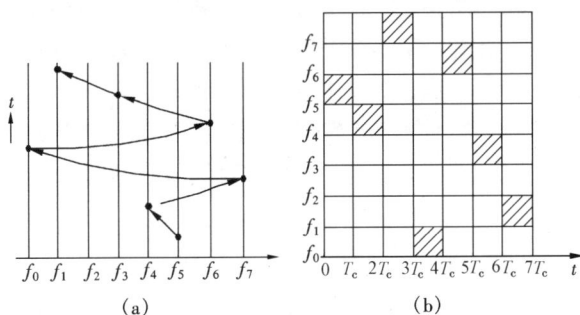

（a）　　　　　　　（b）

图 3-98　跳频信号的时-频矩阵图

从时域上看，跳频信号是一个多频率的频移键控信号；从频域上看，跳频信号的频谱是一个在很宽频带上随机跳变的不等间隔的频率信道如图 3-98（a）所示。图中载波频率跳变次序是：$\{f_5 \to f_4 \to f_7 \to f_0 \to f_6 \to f_3 \to f_1\}$。如果从时间-频率域来看，跳频信号是一个时-频矩阵如图 3-98（b）所示，每个频率持续时间为 T 秒。

跳频分慢跳频和快跳频。慢跳频是指跳频速率低于信息比特速率，即连续几个信息比特跳频一次；快跳频是指跳频速率高于信息比特速率，即每个信息比特跳频一次以上。也有人把每秒几十跳的跳频称为慢速跳频，每秒几百跳的跳频称为中速跳频，每秒几千跳的跳频称为快速跳频。

跳频速率应根据使用要求来决定。一般来说，跳频速率越高，跳频系统的抗干扰性能越好，但相应的设备复杂性和成本也越高。

为了提高频带的利用率，不但要尽量减小相邻频率的间隔，而且又要避免或减少邻近信道的干扰。这样，频率间隔应选择为 $1/T$（T 为频率停留时间，即跳频时间间隔），使一载波频率的峰值处于其他频率的零点，这就构成了频率正交关系，避免了相互干扰，便于信号分离。若取频率数为 N，则占用总的频带宽度为 $W = N/T$。

直接序列扩频系统一样，跳频系统也有较强的抗干扰能力。对于单频干扰和窄带干扰，跳频系统虽然不能像直扩系统那样把单频干扰和窄带干扰信号的频谱扩展，并靠中频滤波器

抑制通带外的频谱分量，但跳频系统减少了单频干扰和窄带干扰进入接收机的概率。假设跳频系统在其跳频图案中有 N 个不重复的频率，干扰总数为 J，并随机地散布在整个跳频频段中，那么，干扰落入某一频道中的概率是 $P=J/N$。所以从这个意义上讲，频率数 N 值越大，抗干扰能力越强。此外，在跳频过程中，即使某一频道中出现一个较强的干扰，也只能在某个特定的时间与所需信号发生频率碰撞。因此，跳频系统对于强干扰产生的阻塞现象和近电台产生的远近效应，都有较强的抵抗能力。

3.7.6　地址码和扩频码的生成及特性

地址码和扩频码的设计是码分多址体制的关键技术之一。具有良好相关特性即随机码的地址码和扩频码对码分多址通信系统是非常重要的，对系统的性能起决定作用。它直接关系到系统的多址能力，关系到抗干扰、抗噪声、抗截获；抗衰落的能力即多径保护能力，关系到信息数据的隐蔽和保密，关系到捕获与同步系统实现。理想的地址码和扩频码主要应具有以下特点：

（1）有足够多的地址码；

（2）有尖锐的自相关性；

（3）有处处为零的互相关特性；

（4）不同码元数平衡相等；

（5）尽可能大的复杂度；

（6）从工程上看，要容易实现。

然而要同时满足这些特性是目前任何一种编码所达不到的。就地址码而言，目前采用的是沃尔什码。该码是正交码，具有良好的自相关性和处处为零的互相关性。但是，该码组内的各码由于所占频谱带宽不同的原因，不能用作扩频码。作为扩频码的伪随机码（或同时用作地址码）具有类似白噪声的特性。因为真正的随机信号和噪声是不能重复再现和产生的，只能产生一种周期性的脉冲信号来近似随机噪声的性能，故称之为伪随机码或 PN 码。此类码具有尖锐的自相关特性和较好的互相关特性，同一码组内的各码占据的频带可以做到很宽并且相等。但是伪随机码由于其互相关值不是处处为零，同时用作扩频码和地址码时，系统的性能将受到一定影响。伪随机码有一个很大的家族，包含很多码组，如 m 序列、M 序列、Gold 序列、GL（Gold-like）序列、R-S 码、DBCH 序列等。但经常使用的主要有 m 序列和 Gold 序列两种，下面仅介绍 m 序列。

一、m 序列的生成

m 序列是最长线性移位寄存序列的简称，它的周期为 $p=2^n-1$，n 是移位寄存器级数的线性伪随机序列。m 序列是一伪随机序列，具有与随机噪声类似的尖锐自相关特性，但它不是真正随机的，而是按一定的规律形式周期性地变化。由于 m 序列容易产生，规律性强，有许多优良的特性，在扩频通信和码分多址系统中最早获得广泛的应用。

m 序列是有线性移位寄存器网络产生的，周期是 $p=2^n-1$，n 是移位寄存器级数。由于 n 级移位寄存器共有 2^n 个状态，除去全"0"（连续 n 个 0）状态外还剩下 2^n-1 种状态。产生 m 序列的移位寄存器的网络结构不是随意的，m 序列周期 P 也不是任意取值的，必须满足 $P=2^n-1$。下面详细讨论 m 序列生成的基本原理。

图 3-99 所示为一最简单的由三级移位寄存器构成的 m 序列发生器。图中，（1）（2）（3）为三级移位寄存器，⊕为模 2 加法器。该移位寄存器是 D 触发器，在时钟脉冲（CP）

的上沿时，输出 Q 等于输入 $D(Q=D)$。模 2 加法器的作用是做模 2 运算，即 $0+0=0$，$0+1=1$，$1+0=1$，$1+1=0$。图中第二、第三级移位寄存器的输出 Q_2 和 Q_3 经模 2 加电路后反馈到第一级移位寄存器的输入端 D_1 端，构成反馈电路。当初始状态 $Q_1Q_2Q_3$ 为 111 时（其他初始状态也是如此），在时钟脉冲的控制下，各输出端的输出数

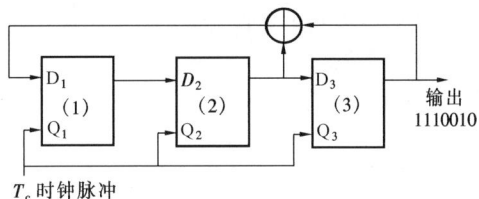

图 3-99　m 序列产生电路

Q_1	Q_2	Q_3
1	1	1
0	1	1
0	0	1
1	0	0
0	1	0
1	0	1
1	1	0
1	1	1

　　得到的输出周期为 $P=2^3-1=7$ 的码序列 1110010。在输出周期为 7 的码序列后，$Q_1Q_2Q_3$ 又回到 111 状态。在时钟脉冲的控制下，输出序列作周期性的重复。1110010 就是一个周期为 7 的 m 序列。

　　对于由 n 级移位寄存器产生 m 序列的反馈网络状态中可以用多项式来表示，一般形式为

$$G_n(x) = C_0X^0 + C_1X^1 + C_2X^2 + \cdots + C_nX^n \tag{3-39}$$

式中：C_0 和 C_n 必须为 1。图中电路的生成多项式为

$$G_3(x) = 1 + 0X^1 + 1X^2 + 1X^3 = 1 + X^2 + X^3$$

　　伪噪声编码理论指出：①一个生成多项式对应生成一个 m 序列；②在给定 n 的情况下，能产生 m 序列的 $G(x)$ 不只是一种；③能生成 m 序列的 $G(x)$ 必须满足一定理论要求。

　　以上介绍的 m 序列生成电路都是用分离的集成电路单元组成的，统称为简单型 m 序列发生器。当需要长周期的 m 序列时，往往需要参加反馈的移位寄存器的级数很多，也就是需要多个模 2 加法器串联起来组成反馈网络。由于每个模 2 加法器都有一定的时延，总的时延是每个模 2 加法器的时延相加之和，所有模 2 加法器时延的总和就限制了 m 序列发生器的工作速度。

　　例如，一个 m 序列发生器的移位寄存器级数 $n=10$，有 3 个模 2 加法器串联组成反馈网络，如果移位寄存器的时延 $T_R=15\text{ns}$，模 2 加法器的时延 $T_M=10\text{ns}$，则此 m 序列发生器的最高工作速度是：

$$f_{\max} = 1/(T_R + 3T_M) = 1/(15 + 3 \times 10) \approx 22.2\text{MHz}$$

　　通过理论分析和用计算机模拟，已经得出了移位寄存器级数 n 从 1 到 168（$1 \leqslant n \leqslant 168$）m 序列生成多项式的系数（即反馈开关系数），并已经造表供人们查用，需要时可查阅相应的数表，选出所需的 m 序列生成多项式。m 序列生成多项式决定了 m 序列的码型结构，即

决定了在某一时刻 m 序列的码元是 0 还是 1。通过选择不同的生成多项式，可以找出相关性较好的 m 序列码组。

如果图 3-100 的初始状态是 0 状态，即 000 状态，则电路输出一个全 0 序列。当电路初始通电或是由于干扰等原因而出现初始状态为全 0 时，m 序列产生电路不能正常工作，所以实际应用中还需有防全 0 电路。

码元时间宽度是由时钟脉冲决定的，时钟脉冲的时间宽度 T_c 决定了 m 序列的码元宽度，也决定了 PN 码速率 R_c（$R_c = 1/T_c$），同时也决定了扩频信号的频谱带宽。通过调整 PN 码速率 R_c 的大或小，能获得扩频信号的频谱的宽或窄。

对于不同的移位寄存器级数 n，所能产生的 m 序列数（生成多项式的个数）是一定的。一般来说 n 越大，所能产生的 m 序列数越多，其数量由下式决定

$$J_n = \Phi(p)/n = \phi(2^n - 1)/n \tag{3-40}$$

式中：$\Phi(p)$ 是欧拉函数，它的定义为：设

$$p = p_1^{a1} \times p_2^{a2} \times \cdots \times p_k^{ak}$$

式中：p_1，p_2，$\cdots$，p_k 是素数（即除了它本身和 1 以外，不能被其他数整除），则

$$\phi(p) = \phi(p_1^{a1} \times p_2^{a2} \times \cdots \times p_k^{ak})$$
$$= p_1^{a1-1}(p_1 - 1) \times p_2^{a2-1}(p_2 - 1) \times \cdots \times p_k^{ak-1}(p_k - 1) \tag{3-41}$$

例如，三级移位寄存器产生的 m 序列数：$n = 3$，$p = 7$，$\Phi(7) = 6$，则 $J_3 = 2$，也就是用三级移位寄存器只能产生两个 m 序列。

六级移位寄存器产生的 m 序列数：$n = 6$，$p = 63$，$\Phi(63) = \Phi(7 \times 3^2) = 36$，则 $J_6 = 6$，也就是用六级移位寄存器只能产生 6 个 m 序列。

表 3-5 的第三列给出了不同的移位寄存器级数 n 所能产生的 m 序列的 J_n 数。

表 3-5　　　　　　　　　　　　　　　　m 序列重要参数

n \ 参数	$p = 2^n - 1$	J_n	Q	Q/p	M_n	$t(n)$	$t(n)/p$
3	7	2	5	0.71	2	5	0.71
4	15	2	9	0.60	0	9	0.60
5	31	6	11	0.35	3	9	0.30
6	63	6	23	0.36	2	17	0.26
7	127	18	41	0.32	6	17	0.13
8	255	16	95	0.37	0	33	0.13
9	511	48	113	0.22	2	33	0.06
10	1023	60	283	0.37	3	65	0.06
11	2047	176	287	0.14	4	65	0.03
12	4095	144	1407	0.34	0	129	0.03
13	8191	630	>703	≥0.09	4	129	0.016
14	16383	756	>5673	≥0.34	3	257	0.016
15	32767	1800	>2047	≥0.06	2	257	7.8×10^{-3}
16	65535	2048	>4095	≥0.03	0	513	7.8×10^{-3}

表中：n 为移位寄存器级数；J_n 为 m 序列数；Q/p 为归一化最大互相关值；M_n 为具有优选对特性的序列数目；$t(n)$ 为优选对最大互相关值；$t(n)/p$ 为归一化优选对最大互相关

值；p 为 m 序列周期；Q 为最大互相关值。

二、m 序列的特性概括如下

（一）m 序列的性质

（1）m 序列一个周期内"1"和"0"的码元数大致相等（"1"比"0"只多一个）。这个特性保证了在扩频系统中，用 m 序列作平衡调制实现扩展频谱时有较高的载波抑制度。

（2）m 序列中连续为"1"或"0"称为游程。一个周期 $P=2^n-1$ 内，共有 2^{n-1} 个游程，其中长度为 1（单"1"或"0"）的游程占总游程的 1/2 长度为 2（"11"或"00"）的游程占总游程的 1/4，长度为 3（"111"或"000"）的游程占总游程的 1/8，长度为 k（$1 \leqslant k \leqslant n-2$），的游程占总游程的 $1/2^k$，只有一个包含（$n-1$）个"0"的游程，也只有一个包含 n 个"1"的游程。

（3）m 序列和其移位后的序列逐位模 2 加，所得的序列还是 m 序列，只是相位不同。例如，周期为 7 的一个 m 序列 $\{a_i\}=1110100$ 与向后移两位的序列 $\{a_{i+2}\}=1010011$ 逐位模 2 加得到的序列为 $\{a_i+a_{i+2}\}=0100111$，仍是该 m 序列，相当于向后移三位的序列。

（4）改变移位寄存器初始状态只改变 m 序列的初相 m 序列产生器中的初始状态总共只有 2^n 个，除全 0 状态以外，其他还有 2^n-1 种状态。例如，图 3-100 是周期为 7 的 m 序列产生器，3 个移位寄存器的初始状态依次是 111，011，001，100，010，101，110，在一个周期中各种状态只出现一次。显而易见，改变移位器初始状态只改变周期序列的起始相位，并且 $Q_3Q_2Q_1$ 输出相同的 m 序列亦只是初相不同。

（二）m 序列的自相关性

周期为 $P=2^n-1$ 的 m 序列 $\{a_i\}$，其归一化自相关函数（也称自相关系数）是

$$R_a(\tau) = \begin{cases} 1 & \tau = 0(2^n-1) \\ \dfrac{-1}{P} & \tau \neq 0(2^n-1) \end{cases} \tag{3-42}$$

设 m 序列 $\{a_i\}$（a_i 取值 1 或 0）与其后移 τ 位的序列 $\{a_{i+\tau}\}$ 逐位模 2 加所得的序列 $\{a_i+a_{i+\tau}\}$ 中，"0"的位数为 A（序列 $\{a_i\}$ 和 $\{a_{i+\tau}\}$ 相同的位数），"1"的位数为 D（序列 $\{a_i\}$ 和 $\{a_{i+\tau}\}$ 不相同的位数），则自相关函数的计算为

$$R_a(\tau) = \frac{A-D}{A+D} \tag{3-43}$$

显然 $$P = A+D = 2^n-1$$

例如，周期为 7 的一个 m 序列 $\{a_i\}=1110100$ 与向后移两位（$\tau=2$）的序列 $\{a_{i+2}\}=1010011$ 逐位模 2 加得到的序列为 $\{a_i+a_{i+2}\}=0100111$，则 $A=3$，$D=4$，$R_a(2)=-1/7$；当 $\tau=0$ 时 $\{a_i+a_{i+0}\}=0000000$，$A=7$，$D=0$，$R_a(0)=1$。

有时，伪随机码的码元用 1 和 -1 表示，与 0 和 1 表示法的对应关系是"0"变"1"，"1"变成"-1"，即 m 序列 $\{a_i\}$ 的取值是 -1 或 1，此时 m 序列的自相关函数的计算式为

$$R_a(\tau) = \frac{1}{P}\sum_{i=1}^{p} a_i \times a_{i+\tau} = \begin{cases} 1 & \tau = 0 \\ \dfrac{-1}{P} & \tau \neq 0 \end{cases} \tag{3-44}$$

上述两种计算方法的结果完全相同。图 3-100 给出了 m 序列自相关函数图。可以看出，当 $\tau=0$ 时，m 序列的自相关函数 $R_a(\tau)$ 出现峰值 1；当 τ 偏离 0 时，相关函数曲线很快下

降；当 $1 \leqslant \tau \leqslant P-1$ 时，相关函数值为 $-1/P$；当 $\tau=P$ 时，又出现峰值 1；如此周而复始。当周期 P 很大时，m 序列的自相关函数与白噪声的类似。这一特性很重要，相关检测就是利用这一特性，在"有"或"无"信号相关函数值的基础上来识别信号，检测或同步自相关函数值为 1 的码序列。因而，m 序列在 CDMA 系统中广泛应用。

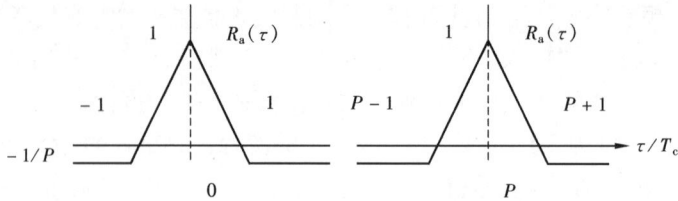

图 3-100　　m 序列自相关函数

（三）m 序列的互相关性

m 序列的互相关性是指相同周期 $P=2^n-1$ 两个不同的 m 序列 $\{a_i\}\{b_i\}$ 的相似程度。其互相关值越接近于 0，说明这两个 m 序列差别越大，即互相关性越弱；反之，说明这两个 m 序列差别较小，即互相关性较强。当 m 序列用做码分多址系统的地址码时，必须选择互相关值较小的 m 序列组，以避免用户之间的相互干扰。当收到不需要的地址码序列时，接收机不应该检测出来，但如果干扰地址码与本地码互相关值较大，接收端错误检测的可能性（概率）就会很大，所以不恰当地选择码序列组（地址码组），会造成通信网内接收间的相互串址，产生人为干扰。

设 m 序列 $\{a_i\}$ 与其后移 τ 位的序列 $\{b_{i+\tau}\}$ 逐位模 2 加得到的序列为 $\{a_i+b_{i+\tau}\}$ 中，"0"的位数为 A（序列 $\{a_i\}$ 和 $\{b_{i+\tau}\}$ 相同的位数），"1"的位数为 D（序列 $\{a_i\}$ 和 $\{b_{i+\tau}\}$ 不相同的位数），则互相关函数的计算式为

$$R_c(\tau) = \frac{A-D}{A+D} \tag{3-45}$$

显然有
$$P = A+D = 2^n-1$$

例如，周期为 7 的一个 m 序列 $\{a_i\}=1110100$ 与 $\{b_i\}=1110010$ 逐位模 2 加得到的序列为

当 $\tau=0$ 时，$\{a_i+b_i\}=0000110$，$A=5$，$D=2$，$R_c(0)=3/7$；

当 $\tau=1$ 时，$\{a_i+b_{i+1}\}=1001101$，$A=3$，$D=4$，$R_c(1)=-1/7$；

当 $\tau=5$ 时，$\{a_i+b_{i+5}\}=0111111$，$A=1$，$D=6$，$R_c(5)=-5/7$。

如果伪随机码的码元用 1 和 -1 表示，与 0 和 1 表示法的对应关系是"0"变成"1"，"1"变成"-1"，即 m 序列 $\{a_i\}$ 和 $\{b_i\}$ 的取值是 -1 或 1，此时这两个 m 序列的互相关函数的计算为

$$R_c = \frac{1}{P} \sum_{i=1}^{P} a_i b_{i+\tau} \tag{3-46}$$

上述两种计算方法的结果完全相同。

同一周期 $P=2^n-1$ m 序列组，其两两 m 序列对的互相关特性差别很大，有的 m 序列对的互相关特性良好，有的则较差不能使用。但是一般来说，随着周期的增加，其归一化的互相关值的最大值会递减（参见表 3-4）。通常在实际应用中，我们只关心互相关特性好的 m 序列对的特性。

对于周期 $P=2^n-1$ 的 m 序列组，其最好的 m 序列对的互相关函数值只取三个值，这三个值分别为

$$R_c(\tau) = \begin{cases} [t(n)-2]/P \\ -1/P \\ -t(n)/P \end{cases} \tag{3-47}$$

其中，$t(n)$ 定义为

$$t(n) = 1 + 2^{[(n+2)/2]}$$

式中：[ ] 表示取实数的整数部分。这三个值被称为理想三值。能够满足这一特性的 m 序列对被称为 m 序列优选对，它们可以应用到实际工作中去。对于不同的 n，表 3-4 中第 7，8 列给出了对应的 $t(n)$ 值和 m 序列对的互相关函数 $R_c(\tau)$ 绝对值的最大值 $t(n)/p$。

例如，$n=13$，$P=2^{13}-1=8191$ 的 m 序列，共有 $J_{13}=630$ 个 m 序列，从中至少可以找到一组 $M_{13}=4$ 的 m 序列，这 4 个 m 序列中的任意两个 m 序列都是优选对，其 $t(13)=129$，归一化最大互相关值是 $t(13)/P=0.016$。

对于不同周期 $P=2^n-1$ 的 m 序列，其中，具有优选对特性的序列数目不尽相同。例如，$n=7$，$P=127$ 的 m 序列，可以找出 $M_7=6$ 的 m 序列，这 6 个 m 序列中的任意两个 m 序列都是优选对；$n=9$，$P=511$ 的 m 序列，只能找出 $M_9=2$ 个的 m 序列，这 2 个 m 序列是优选对；而对于 $n=4，8，12，16，\cdots$（4 的倍数），找不到一对 m 序列满足上述特性。表 3-4 中的第 6 列给出了 m 序列具有优选对特性的序列对数目 M_n。

3.7.7 同步系统

扩频通信系统除了有一般数字通信系统的载波同步，位同步，帧同步外，还有它特有的码序列同步。即要求收发双方不仅时钟频率要对准，而且要求码序列起点要对齐。因此，扩频通信系统的同步问题较数字通信系统更为复杂。

收发双方之所以要建立同步，是客观上存在着许多事先无法估计的不确定因素，且具有随机性，不能预先补偿，只能通过同步系统来消除。因此，同步系统在扩频通信中是很重要的不可缺少的一部分。

现来分析同步不确定性的来源，表现为时间不确定和频率不确定因素，主要有以下几点：

时间不确定性因素：①收发点间电波传播的时延其多径传播；②收发双方启动码序列的时间差；③收发双方时钟的不稳定性。

频率不确定性因素：①收发双方基准频率源的不稳定性；②多普勒频移。

现代的稳频技术虽已经能够为收发双方提供高精度、高稳定度的频率源，使不确定性因素大为减少，但是以上几方面的影响仍然不容忽视。

下面我们主要讨论直接序列扩频系统的同步。在直接序列扩频系统中，发送端用 PN 码对传输数字信息扩展频谱，接收端利用本地 PN 码对扩频信号相关解扩，解出有用数字信息。同步就是要实现本地 PN 码与接收到的 PN 码在结构上、频率和相位上完全一致。

PN 码的同步分为两个步骤：一是捕获，是粗调本地 PN 码的频率和相位，是本地 PN 码与接收 PN 码相位差小于一个码元宽度 T_c；二是跟踪，自动调整本地码的相位，使其与接收的 PN 码频率和相位精确同步。

一、PN 码的捕获

(一)滑动相关捕获原理

捕获就是要解决接收 PN 码与本地 PN 码的起始同步或粗同步。在 CDMA 系统接收端,一般解扩过程都是在载波同步前进行的,所以捕获的实现都是利用非相干检测,如图 3-101 所示。图中的包络检波和积分就是对解扩(相关)信号的非相干处理。

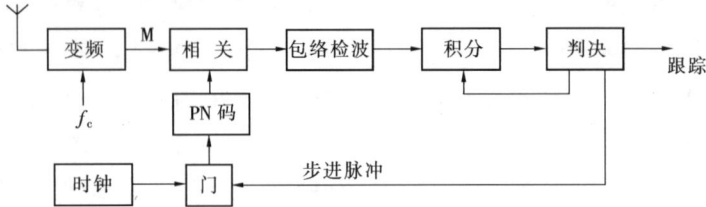

图 3-101　滑动相关捕获原理图

捕获的方法有多种,如滑动相关法、序贯估值法、匹配滤波法等,其中最基本和常用的是滑动相关法。在实际中,经常使用的伪随机码是 m 序列或 Gold 序列。PN 码有良好的自相关特性,当周期 P 很大时,自相关函数 $R_a(\tau)$ 很大且旁瓣很小,利用相关器计算出接收 PN 码与本地 PN 码的相关函数值,并据此判别相位差。当相位差大于 T_c 时,积分输出至判决器的信号地于判决门限 A,这时发出一个步进脉冲信号。当两码相对的时间差较小时,包络检波器的输出信号幅度很大,积分后的信号电平高于判决门限 A,判决电路判断后发出一个跟踪脉冲信号,表明收发两码的时间差处于可跟踪的范围,启动跟踪电路,同步系统处于跟踪状态。

滑动相关捕获法是对两个 PN 码的顺序相关计算法,比较简单。但其缺点是当两个 PN 码的时间或相位相差过大时,特别是对长 PN 码的捕获时间过长,因而必须采取措施限定捕获范围及加快捕获时间。

(二)长码的捕获

上面的活动相关法是在 PN 码周期内计算自相关函数值 $R_a(\tau)$,并由此确定和实现对 PN 码的捕获的。但是,在对长码进行滑动相关捕获时,必须在长码的一个完整周期中对接收码和本地码进行相关积分,并需逐步滑动以求取相关函数值峰值,由此带来的缺点是捕获时间太长及实现复杂。

二、PN 码的跟踪

当同步系统完成捕获过程后,同步系统转入跟踪状态。所谓跟踪,是使本地码的相位一直跟着接收到的伪随机码的相位而变,与接收到的伪随机码相位保持较精确的同步。

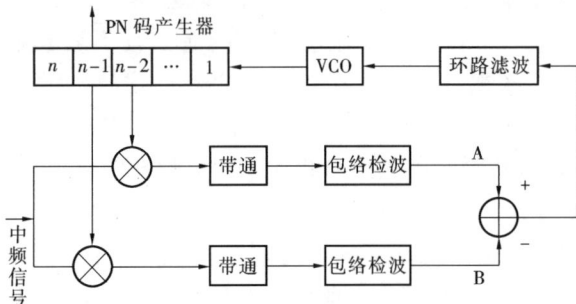

图 3-102　延迟锁相环原理图

跟踪的方法有多种,例如有延迟锁定法抖动跟踪法等。最基本的是延迟锁定跟踪法。延迟锁定跟踪法是采用延迟锁相环(DLL)。这种锁相环的形式有多种,在扩频通信中最常用的形式是包络相关跟踪环。

延迟锁相环示于图 3-102 中,中频信号取自图的 M 点当本地 PN 码产生器第 $(n-2)$ 和 n 级移位寄存器输出 PN 码相位超前接收到的伪随机码的相位时，即两码的相对时差 $0 < \tau < T_c$ 时，包络检波器输出端 B 的波形幅度大于输出端 A 的幅度，即 $R_a(\tau) - R_b(\tau) < 0$，则减法器输出的误差值为负值，经环路滤波器后，去控制压控振荡器（VCO），使本地码的速度放慢；当本地码的相位迟后接收到的伪随机码的相位时，即两码的相对时差 $-T_c < \tau < 0$ 时，包络检波输出端 A 的波形幅度大于 B 的幅度时，环路滤波器输出正电压，使 VCO 频率升高。稳定状态必然是 $R_a(0) - R_b(0) = 0$，本地 PN 码与接收 PN 码的精确同步。

3.7.8 扩频技术的应用

扩频通信是一种新型的通信体制，由于它具有抗干扰能力强、截获率低、码分多址、信号隐蔽、测距、保密和易于组网等许多独特的优点，其一经出现便引起人们极大关注。对扩频技术的研究取得了迅速的发展。扩频技术最早在军事通信中被应用，它合理的解决了由于无线信道是开放信道而造成的变参，干扰强、保密差等弱点。尤其是近些年来，随着大规模、超大规模集成电路的发展，微机处理的广泛应用，以及一些新器件的出现，使扩频技术的应用获得了极其迅速的发展。目前广泛应用于通信、导航、雷达、定位、测距、跟踪、遥控、航天、电子对抗、测试系统及移动通信等领域，下面简要介绍几个主要应用。

一、扩频通信在军事通信中应用

现代战争的最大特点之一是以电子战拉开序幕。电子对抗已成为现代战争的重要作战手段，而通信对抗是电子对抗中的一个极其重要的分支，是指挥控制通信和情报（简称 C³I）对抗系统中的核心部分。20 世纪 80 年代末，已经在战场网络无线通信中逐步推广使用，以替代原有的常规通信电台。人们认为："广泛使用跳频电台，是 80 年代 VHF 频段无线通信发展得主要特征。并且把跳频通信扩频通信自适应通信及高速数字数据通信统称为 20 世纪 90 年代的通信技术。目前，国外有 20 多家公司生产 HF/VHF/UHF 跳频电台。扩频体制已在海陆空三军通信中获得广泛应用，而在空海军中还可兼作控制测距测速雷达等其他用途。

在短波段中，大中功率短波单边带发射机中也普遍采用扩频技术来提高抗干扰性，但因短波靠电离层传播，是一种变参信道，信道瞬时可用带宽窄多径时延影响严重存在频率选择性衰落以及短波天险阻抗变化剧烈等特点，所以使用宽带不调谐输出技术难度较大，或者只能在很窄频段内不调谐，因此只能在低速和窄频带上工作。短波跳频除需要发展宽带放大和宽带天线外，为克服信号强度变化，接收机还需要采用特殊的 AGC 电路。此外，扩频技术在军用微波接力通信和对流层散射通信中也得到推广。

二、在民用移动通信中的应用

扩频通信从军用转入民用，主要是扩频技术有利于提高频谱利用率和实现码分多址。目前在移动通信中应用的多址方式有：频分多址（FDMA）、时分多址（TDMA）和码分多址（CDMA）以及它们的混合应用方式等。对于 FDMA、TDMA 来说，受带宽限制，容量较小，而 CDMA 主要受干扰限制，但可获得大的容量。

20 世纪 80 年代以来，移动通信在向数字化、综合化、智能化、宽带化和个人化发展。采用频分多址技术的模拟移动通信在系统容量、抗干扰性能和保密性越来越不能满足日益增多的通信业务要求。数字移动通信具有更大的系统容量，信息传输质量高，支持电话业务和非电话业务，设备轻便，易于实现移动性及安全性管理，更重要的是可建立开放的通信接口标准，与公众数字电话交换网（PSTN）、综合业务数字网（ISDN）、公众数据网（PDN）互通。

数字移动通信现阶段由时分多址的 GSM 系统和码分多址的 CDMA 系统并存。GSM 系统在系统容量，抗干扰性方面 是优于模拟移动系统的，CDMA 系统更是具有系统容量大，抗干扰性能优良，是数字移动通信发展的方向。

码分多址（CDMA）通信系统的三大关键技术如下：

（1）要达到多路多用户的目的就要有足够多的地址码，而这些地址码又要有良好的自相关特性和互相关特性，也就是具有强的自相关性和弱的互相关性，这是"码分"的基础；

（2）在码分多址通信系统中的各接收端，必须产生与发送端完全一致的本地地址码（包括码型结构与相位），用来对收到的全部信号进行相关检测，从中选出所需要的信号，这是码分多址的最主要环节；

（3）根据码分多址通信的特点，网内所有用户使用同一载波，各个用户可以同时发送或接收信号，这样在接收机的输入信号干扰比将远小于 1（负若干 dB），这使传统的调制解调方式无能为力。为此必须用地址码对发送信号进行扩频调制，并使发送的已调波频谱极大地展宽（几百倍以上），功率谱密度很低，为接收端分离信号完成实际性的准备。

可以看出，从实现技术来看，只有高速地址码才能支持大容量 CDMA 通信，因而 CDMA 必然采用扩频传输技术。码分多址也称为扩频多址。

三、在全球卫星定位系统中的应用

全球卫星定位系统 GPS 是基于无线电，具有全球性、全天候、连续的精密三维定位和导航能力的新一代卫星导航与定位系统，广泛地应用于船舶定位、海洋捕鱼、远洋轮导航、飞机导航、地质勘探等领域。近几年在电力、电信、公安、交通、铁路运输等领域也得到应用。直接序列扩频的一项重要应用是测距。全球定位系统是利用扩频码跟踪发射机和接收机之间的传播延迟，确定两者之间的距离。GPS 系统是通过测量用户（接收机）到 4 个"导航星"（发射机）的距离来确定它们在地球表面或地面以上的位置的。

在电力系统，利用 GPS 同步时钟，作为系统网同步的时间基准，在故障检测、继电保护、自动化、信息管理等方面得到广泛的应用；CDMA 通信系统，也是利用 GPS 同步时钟的时间作为全网的统一时间基准，保证整个系统有条不紊地进行信息的传输、处理和交换。

四、扩频通信在电力系统的应用

从 1995 年起在农网改造采用了扩频通信设备作为电力自动化系统的通信通道，实践证明，扩频通信从技术上完全能满足要求，还可与数字通信及话音信号复用，且价格合理，维护检修工作量小。随着技术的发展，扩频技术在电力系统的应用将更加广泛。

复 习 思 考 题

1. 何谓载波通信？
2. 简述电力载波通信的特点。
3. 电力载波通信的通信方式有几种？
4. 电力载波通信主要包含哪些设备？

5. 试结合图 3-24 简述电力载波通信的基本工作原理。

6. 光纤通信有何特点?

7. 简述光纤通信系统的基本组成。

8. 什么是损耗? 什么是色散?

9. 均匀 SI 光纤纤芯与包层的折射率分别为 $n_1 = 1.5$，$n_2 = 1.45$，试计算：Δ 及 NA。

10. 光缆的基本结构是什么?

11. 光发送机的主要技术指标有哪些?

12. 常用的光缆结构有哪几种形式?

13. 简述半导体光源及半导体光检测器的主要作用。

14. 什么是光接收机的灵敏度?

15. 光纤通信线路码选择时应考虑哪些因素?

16. 什么是损耗限制系统? 什么是色散限制系统?

17. PDH 主要有哪些缺点? SDH 网具有哪些主要特点?

18. 画出 SDH 的帧结构图，并说明各个区域的功能。

19. 简述光纤通信系统工程设计的基本流程。

20. 给定传输容量和传输距离，你怎样设计一个光纤通信系统。

　　(1) 简述设计步骤;

　　(2) 若已知 $P_s = -17\text{dB}$　　$f_b = 10\text{Mb/s}$

　　　　　$\alpha_c = 2\text{dB}$　　　　$P_e = 10^{-9}$

　　　　　$\alpha_s = 0.3\text{dB}$　　　$\alpha_f = 0.4\text{dB/km}$

　　　　　$M_e = 8\text{dB}$　　　　$r = 0.75$

　　　　　$P_r = -48\text{dB}$　　　$D = 0.9$

　　　　　$B_1 = 25\text{MHz}$, km

　　求系统中继距离 L。

21. 电力系统采用的特殊光缆主要有几种方式? 它们的特点是什么?

22. 什么是移动通信? 移动通信有哪几种工作方式?

23. 与固定通信系统相比移动通信具有哪些特点?

24. 简述移动通信发展的趋势。

25. 简述移动通信系统的组成。

26. 何谓大区制移动通信系统? 何谓小区制移动通信系统?

27. 简述移动通信的主要功能。

28. 简述 CDMA 系统的主要优点。

29. 简述集群系统的用途和特点。

30. 什么是微波通信? 为什么要采用中继通信方式?

31. 微波中继通信有何特点?

32. 微波中继通信中有几种转接方式?

33. 什么是卫星通信? 卫星通信系统有哪几种?

34. 同步卫星的特点是什么?

35. 一个卫星通信系统通常由哪几部分组成?

36. 为什么卫星通信工作于微波波段?

37. 在高斯噪声干扰信道中,要求在干扰噪声功率比信号平均功率大 100 倍的情况下工作,传输信息速率 $R_i = 3\text{bit/s}$,试求所需传输带宽为多少?

38. 设信道带宽 $B = 6\text{kHz}$,最大信息传输速率 $R_i = 1\text{Mbit/s}$,试求所需最小信噪比。

39. 用一码速率为 $R_c = 5\text{Mkbit/s}$ 的伪码序列,进行直接序列扩频,扩频后信号带宽是多少? 若信息码速率为 10kbit/s,则系统处理增益是多少?

第 4 章

计 算 机 网 络

引言：计算机网络是计算机技术和通信技术紧密结合的产物，计算机网络技术的发展不仅改变了计算机体系结构，同时也促进了通信技术的飞速发展。本章主要介绍计算机网络的基本概念和计算机网络的基本组成；局域网的基本结构、传输介质、访问控制、协议标准及网络设备；最后介绍网络操作系统、网络系统的集成和网络系统安全与管理等基本知识。

4.1 计算机网络的基本概念

4.1.1 什么是计算机网络

计算机网络是利用通信线路将分散在不同地点并且具有独立功能的多个计算机系统互相连接，实现资源共享的信息系统。在计算机网络中，计算机网络的各个设备之间除了必须存在相互连通的物理传输媒介外，如双绞线、同轴电缆、光纤等有线通信媒介和微波、卫星通信等无线通信媒介；它们还必须按照一定的规则发送和接收信息，用通信协议和网络协议来规范和约束各计算机之间的数据通信。

4.1.2 计算机网络的结构

计算机网络由计算机系统、通信链路（指通信线路和通信设备）和网络节点组成。以资源共享为主要目的的计算机网络从功能上可分为通信子网和资源子网两大部分，计算机网络组成如图 4-1 所示。

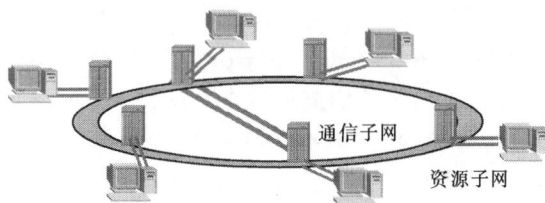

图 4-1 计算机网络组成示意图

一、通信子网

通信子网提供网络通信功能，完成主机之间的数据传输、交换、控制和变换等通信任务。通信子网由传输和交换两部分组成。传输部分是指高速传输线路，负责信息的传输；交换部分指节点处理机或分组交换机，负责数据的发送、接收与转发，它涉及到路由选择、避免堵塞及有效地使用资源等问题。

二、资源子网

资源子网主要由拥有资源的计算机系统和请求资源的用户终端、通信子网接口设备和软件等组成，它提供访问网络和处理数据的能力。

4.1.3 计算机网络的功能

（1）数据通信，该功能是计算机网络的基本功能。它实现计算机与计算机、计算机与终端的数据传输。

（2）资源共享，网络上的计算机用户彼此之间可以实现资源共享，包括硬件、软件和数据等。

（3）远程传输，分布在较远距离的计算机系统和用户终端可以互相传输数据、互相交流、协同工作。

（4）集中管理，计算机网络技术的发展和应用，已使得现代办公手段、经营管理方式等发生了重大变化。如 MIS 系统、OA 系统和电子商务等，通过这些系统可以实现日常工作的集中管理，提高工作效率，增加经济效益。

（5）实现分布式处理，计算机网络的发展，使得分布式计算成为可能，对于需要巨型机、大型机才能解决的大型课题，可以分解成许许多多的小题目，分发给计算机网络上的不同的计算机完成，然后集中起来，解决问题。

（6）平衡负荷，是指工作被均匀地分配给计算机网络上的各台计算机系统。网络控制中心负责分配和检测，当某台计算机负荷过重时，系统会自动转移负荷至负荷较轻的计算机系统去处理。

4.1.4　计算机网络的分类

计算机网络可以从不同的角度进行分类：

一、根据网络节点来分类

从网络节点的分布来看，可分为局域网、广域网和城域网。

（一）局域网

局域网（Local Area NetWork，LAN）是一种在小范围内实现的计算机网络。一般在一栋建筑物内或一个企事业单位等内部。局域网距离可在十几千米范围内，信道传输速率可达 1～100Mbit/s，结构简单，组网容易。

（二）广域网

广域网（Wide Area NetWork，WAN）范围很广，可以分布在一个省内、一个国家或几个国家。广域网的信道传输速率较低，一般只有 0.1Mbit/s 以下。

（三）城域网

城域网（Metropolitan Area NetWork，MAN）是在一个城市内部组建的计算机信息网络。

二、按交换方式来分类

根据交换方式不同，计算机网络可分为电路交换网络、报文交换网络和分组交换网络。

（1）电路交换是利用模拟信号来传输数据的，通常数字信号需要变换成模拟信号才能在线路中传输，电路交换方式类似传统的电话交换方式。

（2）报文交换是一种数字网络，作为源的计算机发出一个报文被存储在交换设备中，而报文是不定长的，交换设备根据报文中的目的地址选择合适的路径转发报文，又称存储—转发方式。

（3）分组交换是将不定长的报文划分许多定长的报文分组，以分组作为传输的基本单位，再将这些分组逐个由各中间节点采用存储—转发的方式进行传输，到达目的终端。这样大大简化了对计算机存储器的要求，加快了信息在网络中的传输速度。目前它已成为计算机网络的主流。

三、按网络拓扑结构来分类

按网络拓扑结构可分为星形网络、树形网络、总线型网络、环形网络和网状网络，拓扑结构如图 4-2 所示。

星形网络是最常见的局域网的拓扑结构，有一个中心节点，其他节点与其构成点到点的

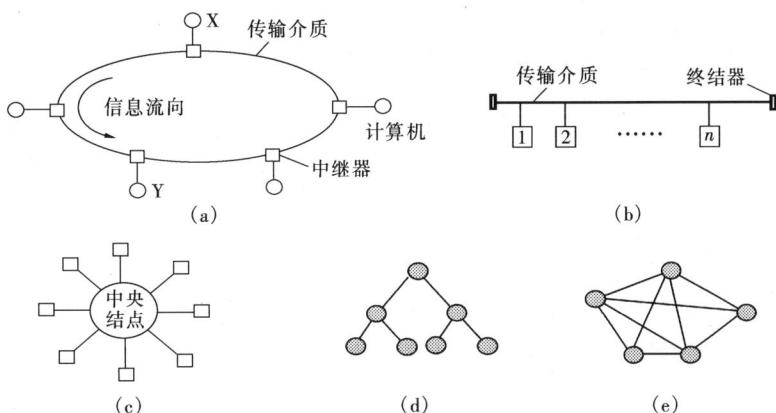

图 4-2 计算机网络拓扑结构

（a）环形拓扑；（b）总线型拓扑；（c）星形拓扑；（d）树形拓扑；（e）网状拓扑

连接。树形网络由一个根节点、多个中间分支节点和叶子节点构成。总线型网络是所有节点挂接到一条总线上，属于广播式信道，需要有介质访问控制规程以防止冲突。环形的所有节点连接成一个闭合的环，节点之间为点到点的连接，网状网络是点到点的全连接。

四、按网络应用环境来划分

根据网络的应用环境可分为公用网和专用网。公用网是为社会公众提供商业性和公益性的通信和信息服务的计算机网络。专用网是为政府、企业、行业和社会发展等部门提供具有部门特点的、具有特定应用服务功能的计算机网络。

4.2　计算机网络的基本组成

4.2.1　计算机网络的基本组成及其特点

一、局域网的组成

局域网主要由主机 Host，外围设备、网络设备、网络适配器和通信介质构成。

（1）主机 Host：包括服务器 Server 和客户机 Client。服务器在局域网中提供可共享的资源，如文件服务器、打印服务器等。

（2）外围设备：提供可共享的资源，如共享的输入输出设备、网络打印机等。

（3）网络设备：用于数据的转发，如集线器 HUB、交换机 Switch、路由器 Router 等。

（4）网络适配器（Network Interface Card，NIC）：实现物理连接与电信号匹配，接收和执行收到的各种命令，提供数据缓存功能。

（5）通信介质：提供数据传输。

二、广域网的基本组成

1. 通信部分

广域网的一个重要组成部分是通信子网，通信子网是传输线路、传输设备和交换设备构成的主干网。一般由公用网络系统充当通信子网，如公用数据网络 PDN、数字数据网 DDN、分组交换数据网（X.25）、帧中继（Frame Relay）、综合业务数据网（ISDN）和交换多兆位数据服务（SMDS）等组成。

2. 用户资源子网

用户资源子网由主机组成的局域网，通常是很多个局域网互联组成的一个大范围的网络。

4.2.2　计算机网络的参考模型

计算机网络的参考模型有许多，如 ISO/OSI 参考模型、TCP/IP 参考模型、X.25 参考模型、ISDN 参考模型和 ATM 参考模型等。目前最流行的网络参考模型是 ISO/OSI 参考模型和 TCP/IP 参考模型。

一、ISO/OSI 参考模型

开放系统互联参考模型（Open System Interconnection Reference Model，OSI/RM）是国际标准化组织 ISO 为解决异种机互联而制定的开放式计算机网络层次结构模型。它的最大优点是将服务、接口和协议三个概念明确区别开来。服务是说明某一层提供什么功能，接口是说明上一层如何使用下一层的功能，而协议涉及如何实现该层的服务。各层采用什么协议是没有限制的。

（一）OSI 参考模型的分层结构

OSI 参考模型是设计和描述网络通信的基本框架，采用 7 层层次结构，从高层到低层依次是应用层、表示层、会话层、传输层、网络层、数据链路层和物理层，如图 4-3 所示。

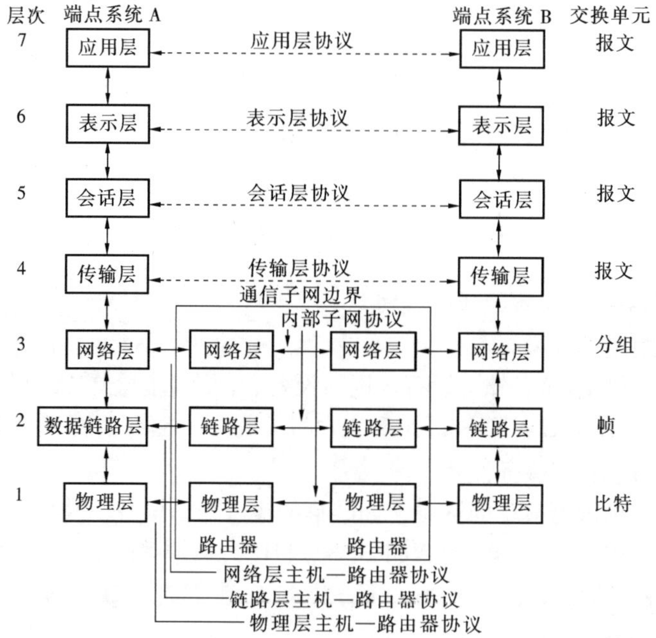

图 4-3　OSI 7 层模型

（二）OSI 模型各层的主要功能

1. 物理层

物理层是建立在传输介质上的，实现设备之间的物理接口。物理层提供的服务包括：定义通信设备与传输线接口硬件的机械、电气、功能和规程特性；定义电位的高低、变化的间隔、电缆的类型、连接器的特性等。物理层的主要功能是实现实体之间的按比特位传输，并保证按位传输的正确性，同时向数据链路层提供一个透明的位流传输。

2. 数据链路层

数据链路层是实现实体间数据的可靠传送。数据链路层的功能是实现网络系统实体间信息块的正确传送，为网络层提供可靠无错误的数据信息。数据链路层主要解决的问题有信息模式、操作模式、传输差错恢复、流量控制、信息交换过程控制和通信控制规程等。

3. 网络层

网络层又称通信子网层，是高层协议与低层协议之间的界面，用于控制通信子网的操作，是通信子网与资源子网的接口。网络层的功能是向传输层提供服务，同时接收来自数据链路层的服务。其主要功能是实现整个网络系统内的连接，为传输层提供整个网络范围内两个终端用户之间数据传输通路。网络层的主要功能是提供建立、保持和释放通信连接手段，包括交换方式、路径选择、流量控制、阻塞和死锁等。

4. 传输层

传输层是建立在网络层和会话层中间，它是计算机网络体系中高低层的接口，是整个分层体系协议的核心。传输层获得下层提供的服务有发送和接收顺序正确的数据包分组序列，并用其构成传输层数据；获得网络层地址，包括虚拟信道号和逻辑信道号。传输层向上层提供的服务包括：无差错的有序的报文收发；提供传输连接；进行流量控制。传输层的功能是从会话层接收数据，如果需要就把数据分成较小的数据块，并将数据传送给网络层。

5. 会话层

所谓会话层是用于建立、管理和终止两个应用系统之间的对话，它是用户连接到网络的接口。会话层的功能包括会话连接到传输连接的映射、会话连接的流量控制、会话连接恢复与释放、会话连接管理和差错控制。会话层提供的服务有数据交换、隔离服务、交互管理、会话连接同步和异常报告。

6. 表示层

建立表示层的目的是处理有关被传送数据的表示问题，由于不同的计算机产品可能使用不同的信息表示标准，如在字符编码、数值表示等方面存在的差异。通过在保持数据含义的前提下进行信息格式的转换，对数据格式的转换，一是转换成网络传输需要的格式，二是转换成计算机进行信息处理所需要的格式。表示层的主要功能有数据语法转换、数据语法的表示、对数据进行压缩和加密、字符集转换以及图形命令的解释等。

7. 应用层

网络应用层是通信用户之间的窗口，为用户提供网络管理、文件服务、事务处理等。它包括若干个独立的、用户通用的服务协议模块。它是 OSI 的最高层，也是功能最丰富、实现最复杂的一层。

二、OSI 模型中系统互联中的数据流动过程

OSI 模型中系统互联中的数据流动过程如图 4-4 所示。

（一）分析发送端数据的流动过程

如图 4-4 所示，发送端的应用进程 PA 将用户数据先送到应用层；应用层加上若干协议控制信息 PCI（Protocol Control Information）后，作为应用层的协议数据单元（Protocol Data Unit）传送到表示层；表示层接收到这个数据单元后，成为表示层的服务数据单元 SDU，再加上表示层的协议控制信息 PCI，成为表示层的协议数据单元，再交给会话层，成为会话层的服务数据单元 SDU，以此类推。

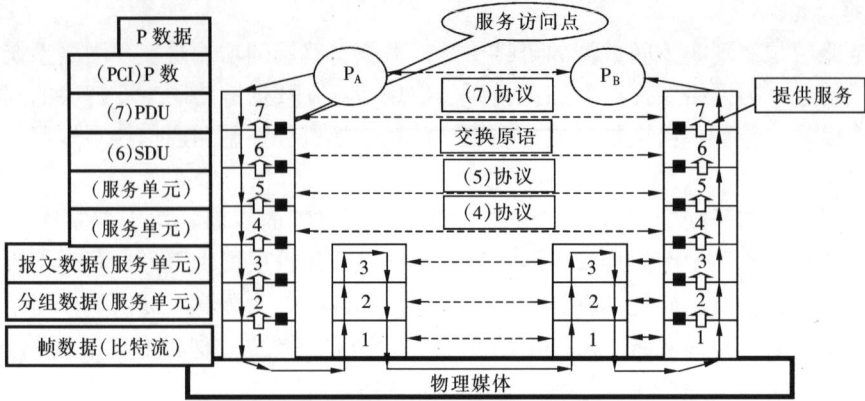

图 4-4　OSI 模型中系统互联中的数据流动过程

在数据链路层中，控制信息被分成两部分，分别加到本层服务数据单元的首部和尾部，成为数据链路层的协议数据单元 PDU（即帧），传送到物理层。物理层传输的比特流，不再加控制信息。

（二）分析接收端数据的流动过程

当比特流经第一个节点的物理层传送数据链路层，数据链路层根据控制信息进行必要的操作，去除控制信息，将余下的数据单元传送网络层，网络层根据本层的控制进行必要操作完成路由选择后，更新网络层的控制信息，传送数据链路层，在数据链路层中再加上该层的控制信息传送物理层。传送到第二个节点的接收端。在第 2 节点的物理层到应用层的过程，每层都去除该层的控制，将余下的数据单元交给上一层。

4.2.3　TCP/IP 参考模型

TCP/IP 是 Internet 所使用的网络体系，它分为应用层、传输层、Internet 层和网络接口层。严格地说，TCP/IP 协议只包含传输层、Internet 层和网络接口层，如图 4-5 所示。

应用层		Rlogin	FTP				
	SMTP	rsh		Telnet	DNS	SNMP	TFTP
传输层	TCP			UDP			
Internet 层	IP		ARP	RARP	ICMP		
网络接口层	硬件协议（链路控制与介质访问）						

图 4-5　TCP/IP 参考模型

一、网络接口层

它是把 IP 报文按照一定方式转换为比特流进行传输，或者把在物理网络中传输的比特流转换为有意义的数据帧，检查、纠正数据在传输过程中发生的差错，并负责提供数据帧的流控制功能。

TCP/IP 参考模型与 ISO/OSI 参考模型比较，TCP/IP 中的应用层对应于 ISO/OSI 中的应用层和表示层；TCP/IP 中的传输层和 Internet 层对应于 ISO/OSI 中的会话层、传输层、网络层和数据链路层；TCP/IP 中网络接口层对应于 ISO/OSI 中的物理层。

二、Internet 层

Internet 层（IP 层）负责提供不同机器（主机、路由器等网络设备）之间的通信服务，它通过 IP 地址识别不同的机器，使用某种路由算法为数据包选择通往目标机器的适当路径。

三、传输层

传输层协议负责为应用层提供端到端的数据传输服务，它通过用整数表示的"端口号"识别同一台主机上的多个应用程序，使它们能够独立地进行数据的发送和接收。其中，UDP 仅提供不可靠的无连接的数据报传输服务，没有报文到达确认、排序以及流量控制等功能；TCP 通过报文确认机制提供面向连接的数据传输服务，并提供信息校验，保证数据传输的正确性。

四、应用层

负责处理用户访问网络的接口问题，即向用户提供一套常用的应用程序。如许多 TCP/IP 工具和服务（如 FTP、Telnet、SNMP、DNS 等）。用户完全可以在 TCP/IP 之上建立自己的专用程序。

五、TCP/IP 参考模型的工作过程

TCP/IP 的工作过程是"自上而下，自下而上"。

（1）应用层将数据流传递给发送方的传输层。

（2）传输层将接收的数据流分解成以若干字节为一组的 TCP 段，并在每一段增加一个带序号的控制头，然后传递给网际 IP 层。

（3）IP 层在 TCP 段的基础上，再增加一个含有发送方和接收方 IP 地址的包头，同时还要明确接收方的物理地址及到达目的的主机路径，然后将此数据包和物理地址传递给网络接口层。

（4）在网络接口层接收 IP 数据包并通过特定的网络传输接收方计算机。

（5）接收方计算机，先把接收到的 IP 数据包的协议控制信息丢掉，再把它传送给 IP 层。

（6）在 IP 层，先检查 IP 包头的校验和，如果 IP 包头的校验和与 IP 层算出的检验和相匹配，那么取消 IP 包头，再把余下的 TCP 段传递给 TCP 层，否则舍弃此包。

（7）在 TCP 层，先检查 TCP 包头和数据的校验和，如果与 TCP 层算出的校验和相匹配，丢掉 TCP 包头，将真正的数据传递给应用层，否则舍弃此包。

4.2.4 计算机网络系统协议

一、协议的基本概念

协议是一组规则的集合，是进行交互的双方必须遵守的约定。协议由语义、语法和规则三要素组成。语义用于协议元素含义的说明；语法是用于规定将若干个协议元素和数据组合在一起来表达一个更完整的内容时所遵循的格式；规则却是规定了事件的执行顺序。

1. 协议堆栈

OSI 模型的不同层包含了各种各样的协议，OSI 模型中的某一层的功能正是由该层内的协议提供的。不同层的各种协议在一起协同工作，构成了"协议堆栈"或"协议套件"。

2. 网络数据包

网络的主要任务是发送和接收数据包。数据包在发送方堆栈依次向下移动时，网络协议对这些数据包进行构造、修改及分解处理，然后在网络里传输，最后在接收方堆栈里向上沿

反方向移动。

3. 数据包的结构

由信息头、数据和信息尾三个区域组成，它包含了一个标识发送方计算机的源地址、一个标识接收方计算机的目标地址、特殊指令、装配信息、数据和出错检查信息组成。

4. 数据包的装配

对于每一层添加的信息来说，其具体的含义将由目标计算机的 OSI 同层级来读解。

5. 路由选择

路由选择是通信子网中的中继节点在收到一个报文分组后，决定下一个转发的中继节点，通过哪一条输出链路传送所使用的方法。

6. 无连接和面向连接的服务

面向连接的服务又称虚电路服务，它具有网络连接建立、数据传输和网络连接释放三个阶段，是可靠的报文分组按顺序传输的方式，适用于定对象、长报文、会话型传输要求。

无连接服务是指两实体间通信不需要事先建立好一个连接。它有数据报（datagram）、确认交付（confined）与请求回答（request reply）三种类型。

二、协议的绑定

"协议的绑定"的含义是将协议堆栈与网卡的设备驱动程序连接起来。

4.2.5 OSI 模型的协议堆栈

一、物理层协议

物理层协议是计算机网络最底层协议，它是连接两个物理设备，为数据链路层提供透明位流传输所必须遵循的规则，有时称为物理接口。接口两边的设备被称为 DTE （数据终端设备）和 DCE （数据通信设备），而物理层协议主要提供在 DTE 和 DCE 之间的接口。

二、数据链路层协议

数据链路是在两个数据终端之间保证数据正常交换的通路。帧是数据链路层的传输单位。数据链路层是帧传送协议，主要保证相邻节点的数据正确传送。

（一）高级数据链路控制规程 HDLC

（1）HDLC 的主要功能是发送器可以发送连续的数据帧，直到接收端发出再传送请求时才中断原来的发送；它既可以全双工发送，也可以半双工发送；同时采用"0"插入法来实现信息的透明性传输。

（2）HDLC 的内容分为三个主要部分帧结构、操作要素和规程类型。HDLC 的帧结构如图 4-6 所示。

标志信号（F）：标志信号（F）由固定的 8 比特序列 01111110 组成，表示一帧的开始，又是上一帧的结束，同时并兼作同步信号用。

地址字段（A）：对于命令帧，是指接收端或复合地址；对于响应帧是指发送该响应帧的次站或复合地址。即主站把次站地址填入地址段中发送命令，次站则把本站地址放到地址段中以返回响应帧；在复合站时填入对方复合站地址发送命令帧，填入本站地址发送响应帧。

控制字段（C）：用来表示各种命令和响应，以便对链路进行监视和控制，是 HDLC 规程的关键。

信息字段（I）：存放所要传送的数据信息。

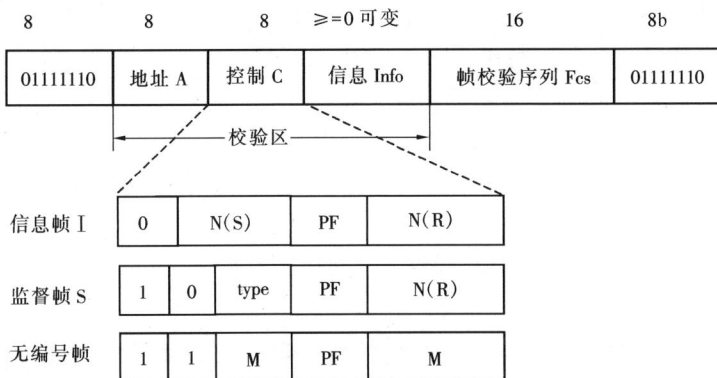

图 4-6 HDLC 的帧结构

帧校验序列（FCS）：HDLC 采用 16 位 CRC 校验码进行差错控制。

（二）串行线路因特网协议

因特网中的点对点通信主要有两种连接方式：路由器—路由器租用线路和拨号主机—路由器连接。所使用的是点对点的数据链路协议。主要有 SLIP 和 PPP 两种协议，由于 SLIP 存在许多问题，所以目前广泛使用 PPP 协议。

PPP 提供了串行点对点链路上传输数据报的方法，PPP 的帧结构如图 4-7 所示。

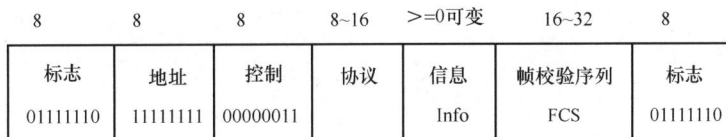

图 4-7 PPP 协议的帧结构

标志字段：所有的 PPP 帧是以标准的 HDLC 标志字节（01111110）开始的。

地址字段：总是设成 11111111，表明所有站的状态都是为了接收帧。

控制字段：其默认值为 00000011。此值是一个无序号帧。即在默认情况下，PPP 没有采用序列号和确认来进行可靠的传输。

协议字段：用以确定信息字段的分组方式。

信息字段：是可变长度的，默认情况下是 1500 字节，最多可达到商定的最大值。

帧校验字段（FCS）：通常情况是 2 个字节，也可以确定为 4 个字节。

三、网络层协议

网络层是 OSI 七层协议模型中的第三层，它是主机与通信子网的接口。其主要目的是：提供逻辑信道，复用物理链路，建立点到点间的网络连接，进行用户数据的传输；实现网络连接的重置，通知不可恢复的错误，实施流量控制和路径等。

网络层有代表性的标准协议是 CCITT 的 X.25 建议。它用于分组交换通信，是网络层的主要标准。X.25 由三级组成，第一级为物理级，提供同步的、全双工、点对点的串行比特流传输；第二级为链路级，它描述了 DTE 与 DCE 之间链路存取规程，采用平衡链路接入规程（LAPB）定义帧结构；第三级为分组级，它描述 DTE 与 DCE 之间分组级接口控制规程。

（一）LAPB 帧结构

LAPB 帧结构包括帧头、数据和帧尾，如图 4-8 所示。

标志域：标志 LAPB 帧的开始和结束。

地址域：指示帧中携带的是命令信息还是响应信息。

控制域：限定当前帧是命令帧还是应答帧，该域还包含当前帧的序号和它的功能。

数据域：包括分组形式封装的高层协议数据。

FCS 域：该域用于错误检测，保证数据传输的完整性。

（二）信息分组格式

分组在帧里是放在帧的信息域中，而数据分组本身又由分组头和用户数据两部分组成。分组头提供用于控制传输的各种信息，其长度随分组类型不同而异，通常包含一般格式标识、逻辑通道标识和分组类型标识，如图 4-8 所示。

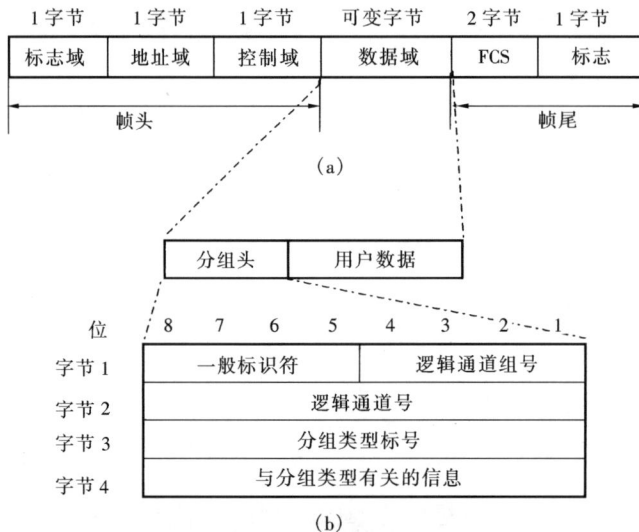

图 4-8　LAPB 帧结构和信息分组头结构
(a) LAPB 帧结构；(b) 分组头

（三）分组类型

X.25 规定了六种类型共 17 种分组，六种类型分别为呼叫建立与清除、数据与中断、数据报、流控制与重置、再启动、诊断或登记。17 种分组为呼叫指示、呼叫连接、清除指示、DCE 清除确认、DTE 数据、DCE 中断请求、DCE 中断确认、DCE 数据报、DCE RR、DCE RNR、DCE 重置指示、DCE 重置确认、DCE 再启动指示、DCE 再启动确认、诊断、登记请求或登记确认。

四、传输层协议

物理层、数据链路层和网络层属于通信子网的范畴，会话层、表示层和应用层则属于资源子网的范畴，传输层是介于资源子网和通信子网中的桥梁，是最关键的一层，负责总体数据传输和控制。传输层协议是端-端协议，基本内容如下。

1. 传输地址

传输层提供通信用的全部地址细节。例如，CCITT 建议，X.21 规定了 14 位十进制数字的地址。如图 4-9 所示。

其中：1、2、3 位是国家编号，4
位网络号，它们组成数据网的识别码；
5～14 位是国内网编号。

2. 其他内容

进行传输连接，实现传输层的正常
传送，处理低层不可恢复的错误和实施
流量控制等。

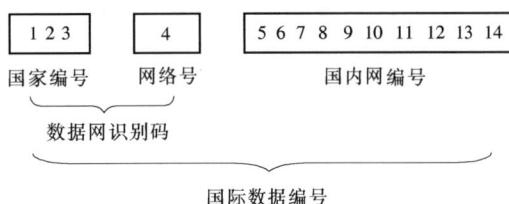

图 4-9　X.21 全球网络地址格式编码

五、对话层协议

对话层的任务是提供一种有效方法，以组织并协调两个表示层实体之间的对话，并管理它们之间的数据交换。协议的主要内容是：一是对话连接，完成为两个表示层实体间建立和拆除连接；二是控制它们之间的数据交换、同步和有限数据操作以及恢复下层不可恢复的错误。

六、表示层协议

表示层协议是为用户进程提供服务，协议内容主要包括文件密码和文件压缩等。还涉及虚拟终端协议、虚拟文件和信息包装/拆卸协议。

七、应用层协议

应用层协议大致可分为五组。第一组属于系统管理协议，主要内容为动作的管理、监控和差错控制；第二组属于应用管理协议，主要内容为所有权、存取控制、记账、死锁恢复以及提交协议等；第三组属于系统协议，主要内容为文件存取、远程作业输入和进程初始化等；第四组属于工业应用的协议；第五组属于企业方面的协议。

4.2.6　互联网协议 TCP/IP

构成 Internet 网的协议堆栈的基础是 TCP（传输控制协议）和 IP（互联网协议）等协议组合。其他还有 DNS、SMTP、ICMP、POP、FTP 和 Telnet 等。

因特网协议是根据它自己的模型定义的，即 Internet 和 DOD 模型。图 4-10 所示为

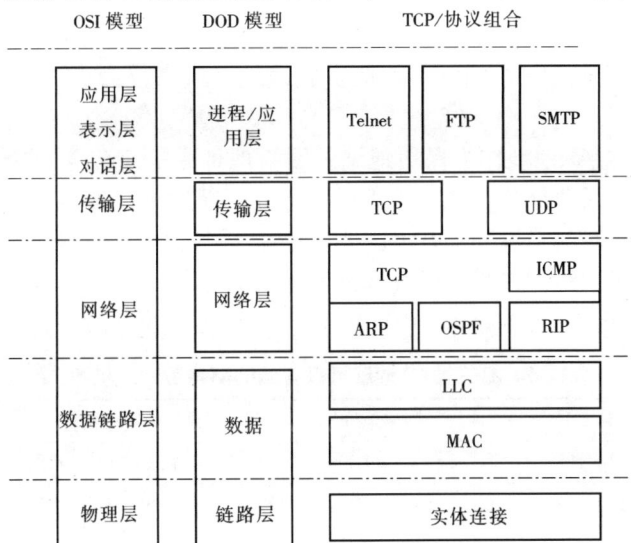

图 4-10　OSI 模型、DOD 模型与 TCP/IP 协议组合之间的关系

TCP/IP 与 OSI 参考模型、DoD 模型之间的关系。

一、IP 层协议

IP 层的协议有许多，常用的有 IP 协议、ARP 和 RARP 协议、ICMP 协议和 IGMP 协议等，其中 IP 协议 Internet 的互联网络协议，是 TCP/IP 协议组合的核心。

版本	头部长度	服务类型	总长度	
标识			标志	段偏移
生存时间		协议	报头校验和	
源IP地址				
目标IP地址				
选项			填充	
数据				

图 4-11　IP 报文的格式

（一）IP 协议

1. IP 数据报的格式

IP 报文是 IP 协议的基本处理单元。传输层的数据传给 IP 协议后，需要加上一个 IP 报文头，用于控制 IP 协议对数据的转发和处理。

IP 报文的格式如图 4-11 所示。IP 报文由报头（控制部分）和数据部分组成。报头的前 20 字节是固定，包括 IP 协议的版本号、报文长度、服务类型、报文总长度、标识符、段偏移、生存时间、报头校验及源 IP 地址和目标 IP 地址。此外，IP 还定义一些可选项，长度为 4 字节。

2. IP 地址

在 Internet 中，IP 地址是一个 32 位的二进制地址，为了便于记忆，以 X. X. X. X 格式表示，X 为 8 位，其值为 0～255。如 202.112.0.36 等。为了适应不同规模的网络，将 IP 地址分为 A、B、C、D 和 E 类地址。根据 IP 协议的规定，IP 地址由网络地址和主机地址组成，网络地址确定了能包含多少个网络，主机地址长度决定了每个网络能容纳多少台主机。

A 类地址：A 类地址高 8 位表示网络号，最高位为 0，起始地址为 1～127；其余 24 位为主机号，每一个网络大约有 1700 万个主机。

B 类地址：B 类地址高 16 位表示网络号，最高位为 10，起始地址为 128～191；其余 16 位为主机号，B 类地址允许 16 384 个网络，每一个网络大约有 65 000 个主机。

C 类地址：B 类地址高 24 位表示网络号，最高位为 110，起始地址为 192～223；其余 8 位为主机号，B 类地址允许大约 200 万个网络，每一个网络大约有 254 个主机。

D 类地址：D 类地址用于多目广播组。最高位为 1110，起始地址为 224～239。

E 类地址：E 类地址是一个通常不用的实验地址，最高位为 11110，起始地址为 240～247、248～254。

IP 地址中有一些特殊地址作为保留地址。网络地址是一个包含一个有效网络号和一个全"0"的主机号；广播地址分直接广播地址和有限广播地址，直接广播地址是包含一个有效网络号和一个全"1"的主机号，有限广播地址是一个 32 位全"1"的地址；回送地址为 127.0.0.1，主要用于网络协议测试以及本地机器通信测试。A、B、C 三类 IP 地址可以容纳的网络数和主机数见表 4-1，表 4-2 中列出了特殊的 IP 地址。

表 4-1　　　　　　　A、B、C 三类 IP 地址可以容纳的网络数和主机数

类型	第一字节	网络地址长度	最大的主机数目	适用的网络规模
A	1～126	1B	16 777 214	大型网络
B	128～129	2B	65 534	中型网络
C	192～223	3B	254	小型网络

表 4-2 特殊的 IP 地址

地址类型	用 途	网络地址描述	主机地址描述
网络地址	标识一个网络	网络	全 0
直接广播	在指定网络广播	网络	全 1
有限广播	在本地网广播	全 1	全 1
回 送	测 试	127	任意
本 机	启动时使用	全 0	全 0
主 机	标识本网络中的主机	全 0	主机

（二）ARP 协议

ARP 协议又称地址解析协议，IP 地址是人为指定的，并没有与物理上的硬件联系起来。ARP 协议是将一台计算机的 IP 地址映射成相对应的硬件地址的一种规范。在将 IP 地址解析成硬件地址的过程，选择什么样的算法和方案相当重要，大致有如下三种算法。

（1）查表法（Table Lookup）：将地址映射关系存放在一个特定的表中，解析时通过查表来实现地址间的转换。

（2）相近形式计算（Close-Form Computation）：在分配 IP 地址时就认真的根据情况挑选，使得每个网络节点的硬件的 IP 地址通过特定的布尔函数或数学函数计算得到。

（3）消息交换法（Message Exchange）：网络各节点通过网络交换消息来完成地址解析，当一个节点发出地址解析请求后，同相对应的节点就发出一个带硬件地址的回应消息。

（三）Internet 控制报文协议（ICMP）

IP 协议是一种尽力传送的通信协议，这就意味着数据报有可能丢失、重复、延迟或乱序。而 ICMP 是一种专门用于发送差错报文的协议，是一个完全标准的 IP 层协议的一部分。IP 在需要发送差错报文时要用 ICMP，而 ICMP 又是利用 IP 来传递报文。

ICMP 定义五种差错报文和四种信息报文，差错报文有：

（1）抑制——发送端速度太快，以致网络速度跟不上时产生；

（2）超时——一个数据包在网络中传输的周期超过一个预定的值时产生；

（3）目的不可达——数据包无法到达目的地时产生；

（4）重定向——当数据包的路由发生改变时产生；

（5）报文要求分段——数据包经过的网段无法在一个包中容纳整个数据包时产生。

信息报文有回应请求、回应应答、地址屏蔽码请求和地址屏蔽码应答。

二、TCP 协议

TCP 协议是 Internet 上使用的传输层协议，工作在 IP 协议之上，为应用层提供面向连接、端到端的可靠通信服务。由于 TCP 采用了重发（retrasmission）技术，具体实现方法是：在 TCP 传输过程中，发送端启动一个定时器，然后将数据包发出，当接收端收到了这个信息时就给发送端一个确认，而如果发送端在定时器的定时时间内未收到该确认信息，就重发这个数据包。

TCP 头包括一个 20 字节的固定长度及一个变长的选项部分，TCP 报文如图 4-12 所示。

UDP 协议又称用户数据报协议，是一种不可

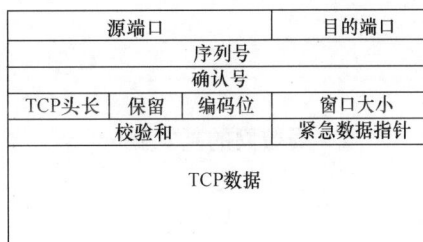

源端口	目的端口
序列号	
确认号	
TCP头长　保留　编码位	窗口大小
校验和	紧急数据指针
TCP数据	

图 4-12　TCP 报文的格式

靠的、无连接的协议。由于 TCP 协议采用重发技术，虽然是一种可靠的传输协议，但在网络传输的可靠性很高的情况下，降低了网络的通信。由于 UDP 协议比较简单，在某些数据传输的可靠性要求不高，而数据传输速率要求较高的场合，有它广泛应用前景。如语音通信。

三、高层协议

（一）域名服务系统（DNS）

在网络中，每一个节点都有一个唯一的 IP 地址。由于 IP 地址的无规律，使用极为不便，如果使用一串有规律的字符串来作为唯一标识网络节点的名字，使用起来虽然方便，但要计算机上实现十分困难。域名服务系统（DNS）实现字符串名称与 IP 地址的相互转换。例：清华大学网络节点的 IP 地址为 166.111.4.100，字符串名称（域名）为 www. tsinghua. edu. cn，美国哈佛大学网络节点的 IP 地址为 128.103.15.126，字符串名称（域名）为 www. harvard. com。

（二）WWW 服务

WWW 是一个支持交互式访问的分布式超文本、超媒体系统。在这个系统中，信息被作为一个文档（WEB 文档）而存储起来。WEB 文档是用超文本标记语言（HTML）来编写，在页面上可以包括文本、图形、图像、音频、视频等各种多媒体信息。

（三）电子邮件服务（E-Mail 服务）

电子邮件的工作机制是模拟邮政系统，使用"存储-转发"的方式将用户的邮件从用户的电子邮件信箱转发到目的地主机的电子邮件信箱。E-Mail 实现非文本邮件的数字化传输，不但可以传输数字化文本，同时也可以传输数字化音频和视频，传输时间极短。

（四）文件传输（FTP）

FTP 称为文件传输协议，它允许 Internet 上的用户将一台计算机上的文件传送到远距离的另一台的计算机上，采用 FTP 协议几乎可以传送任何格式的文件。

（五）远程登录（Telnet）

在 Telnet 网络通信协议支持下，用户计算机通过 Internet 网暂时成为远程计算机的一个终端，用户登录成功后，可以实时使用远程计算机对外开放的全部资源。

（六）BBS 和 NEWS

BBS 又称电子公告牌，Usenet NEWS 又称网络新闻组。通过 BBS 实现信件交流、文件传输、资讯交流和经验交流等。而 Usenet NEWS 则更加开放，通过它可以讨论任何问题和发表任何消息。

除以上的高层协议外，还有电子商务（E-business）、查询用户（Finger Service）、网上聊天（Chat）、网络游戏（Game）等。

4.3 局 域 网 的 组 成

4.3.1 局域网的基本概念

1. 局域网的定义

一般来说，局域网就是指在较小的地理范围内，将有限的通信设备互联起来的计算机网络。局域网的通信设备除了计算机以外，还可以是终端、外围设备、传感器、电话机、传真机等。

2．局域网的特点

（1）地理范围较小，一般为 10m～10km。

（2）网络所连接的工作站点和设备的数目有限。所有的站点共享或独占较高的数据传输带宽，即较高的数据传输速率。一般情况下传输速率大于 10Mbit/s，最高可达 1Gbit/s。

（3）传输过程中的出错率低，在高负载情况下的稳定性、可靠性好。数据传输延迟低，约为几十毫秒。

（4）连入局域网的数据通信设备是广义的，包括计算机、终端和各种外围设备等。局域网能实现广播或组播功能。

（5）连入局域网的数据通信设备能充分共享包括通信媒体在内的网络资源。

（6）决定局域网特性的主要技术要素是网络拓扑结构、传输介质与介质访问及其控制方法。

3．局域网的发展过程

局域网技术发展十分迅速，其发展进程可用图 4-13 来描述。

4.3.2 局域网的拓扑结构

局域网的拓扑结构决定了局域网的工作原理和数据传输方法。一旦选定一种局域网的拓扑结构，则同时需要选择一种适合于该拓扑结构的局域网工作方

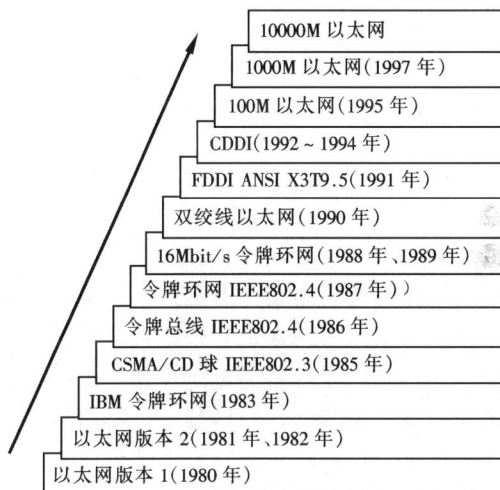

图 4-13 局域网技术发展进程

法和信息的传输方式。从网络布线方式来看，局域网的拓扑结构是将工作节点用传输介质在物理上或逻辑上连接在一起的布线结构。在局域网上广泛使用的拓扑结构有总线型、星型、环型、树型拓扑结构。

一、总线型拓扑结构

总线型拓扑结构多用于以太网上。

这种网络结构是用称为总线的同轴电缆或双绞线和集线器将服务器和工作站以线性方式连接在一起，如图 4-14 所示。在总线的两个末端，都有一个终端器。所有网络上的计算机通过合适的硬件接口连接在总线上，即网络上所有的节点共享这条公用通信线路。

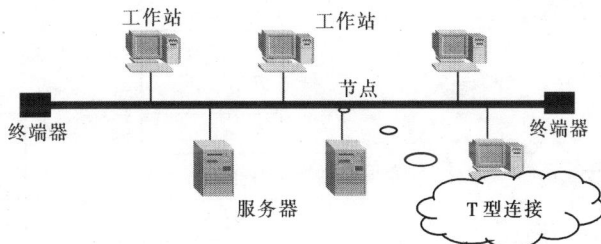

图 4-14 总线型网络

总线形拓扑结构的特点是：结构简单灵活，可靠性高，网络响应速度快；设备量少、价格低、安装使用方便；共享资源能力强。但是，若有一个链路层发生故障，将会破坏网络上所有节点的通信。

二、环形拓扑结构

环形拓扑结构是由许多分离的点对点的连接集合而成。连接在环上的每一个节点都有一个输入连接点和一个输出连接点，所以每个节点都与两个节点相连。如图 4-15 所示。

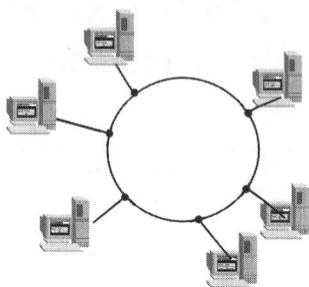

图 4-15　环形网络

从输入连接点接收到的信号，通过节点内部可实现转发（中继）功能。环上的数据流是单方向，在环路上的任一节点均可发送消息，当节点发送消息的一旦被批准，就可以向环路发送消息，当消息的目标地址与通过某节点的地址相符时，该消息就被此节点复制下来，然后消息继续向下传递，直到回到原发送消息的节点为止。如果节点存在故障（如掉电）时，就不能把输入端接收到的信号转发输出，整个环就会被破坏，一直要等到被破坏的节点被移走或恢复后，环上的数据才能重新进行传输。

环形拓扑结构的主要优点是：消息单向传输，不需要路径选择，网络的接入控制和接口调和简单；由于网络操作是分布式且非竞争性的，所以各个节点的传输时间固定；网络的性能比较稳定，能承受较重的负荷。其主要缺点是：为保证环内信号单向传输，每个节点的接口设备必须是有源器件，一旦某一个接口故障，就会引起全网瘫痪，这样就降低了网络可靠性；由于环路固定，网络的扩充不够方便。

三、星形拓扑结构

星形拓扑结构是网络的交换和控制集中在唯一的中心节点（交换机/集线器）上，如图 4-16 所示。

中心节点的主要功能：为需要通信的设备建立物理连接；为两台设备在通信过程中维持这一连接通路；在完成通信或通信不成功时，将拆除通道。

星形拓扑结构的特点是：网络结构简单，便于管理、集中控制，组网容易，可扩展性好；网络延迟时间短，误码率低；但网络共享能力较差，通信线路利用率不高，随网络节点的增加，中心节点的负担加重，通信效率降低。

4.3.3　局域网的参考模型

按照 IEEE 802 标准，局域网的体系结构如图 4-17 所示，它由物理层、介质访问控

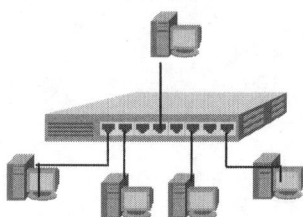

图 4-16　星形网络

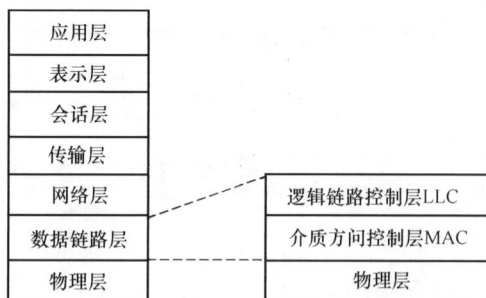

OSI模型	局域网模型
应用层	
表示层	
会话层	
传输层	
网络层	
数据链路层	逻辑链路控制层LLC / 介质方问控制层MAC
物理层	物理层

图 4-17　局域网参考模型与 OSI 参考模型的比较

制层和逻辑链路控制层三层构成。其中，介质访问控制层和逻辑链路控制层相当于 ISO/OSI 参考模型的第二层（数据链路层）。由于局域网中传送数据采用带地址的"帧"格式，不存在中间交换，所以不要求路由选择，对应 OSI 模型的网络层功能并不需要。

IEEE 802 局域网标准协议，该协议全面涵盖了局域网在各种传输介质下的各种网络拓扑结构的组成，这些标准也被国际标准化组织（ISO）采纳作为 OSI 802 标准，如图 4-18 所示。

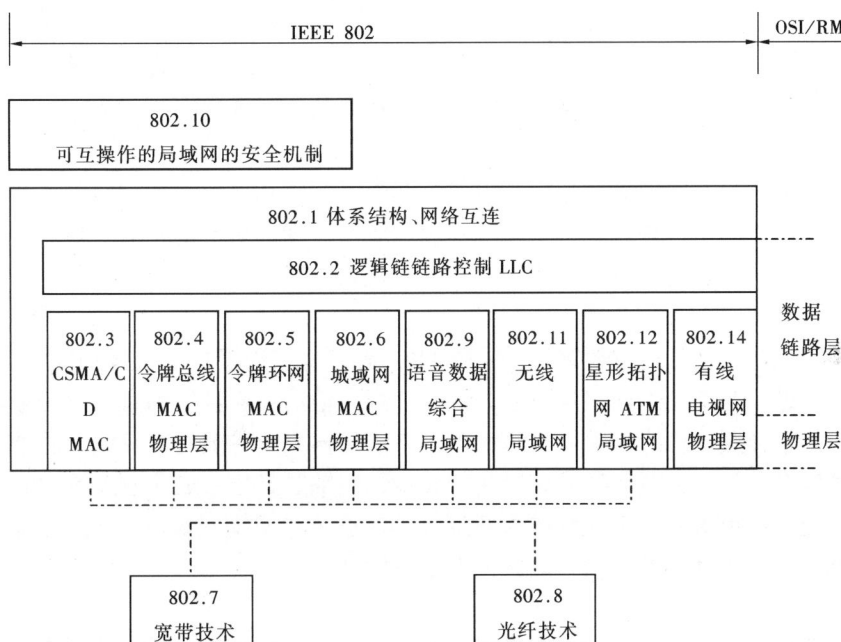

图 4-18　IEEE 802 标准

4.3.4　局域网的基本组成

局域网系统包括硬件系统和网络软件系统。

一、硬件系统

1. 网络服务器

网络服务器的最主要功能是运行网络操作系统。通过网络操作系统控制与协调网络各工作站的运行、处理和响应各工作站同时发来的各种网络操作；存储和管理网络中的共享资源、网络中共享的数据库、文件、应用程序等软件资源，大容量硬盘、打印机、绘图仪及其他设备等硬件资源；在网络服务器上通过网络管理机制，实现对各服务器的网络工作站的活动进行监视、控制及调整。

网络服务器的分类方法很多，若按网络服务器的应用分类，可分为文件服务器、应用程序服务器、打印服务器、邮件服务器、通信服务器、WEB 服务器、BBS 服务器等等，通常一台网络服务器可以充当多个服务器，如网络服务器在充当文件服务器的同时又作为打印服务器；若按照网络服务器的设计用途可分为专用网络服务器和通用网络服务器；若按照网络服务器的硬件结构可分为单处理器网络服务器和多处理器网络服务器。

对网络服务器的基本性能要求：高速度、大容量、安全可靠。

2. 工作站

在计算机局域网中，工作站是网络与客户交流的界面，用户通过工作站访问网络的共享资源。工作站可以是一台计算机，可能是 PC 机，也可能是其他设备，如图形工作站等。工作站分为有盘工作站和无盘工作站。通常用作工作站的是一般微机，它既安装自己单独的操作系统，可作为单机使用；又可以通过安装在工作站上的连接软件，形成专门的引导、连接程序，登录网络服务器，使用网络共享资源。

3. 网卡

网络接口卡，又简称网卡，是指插入与网络连接的 PC 机或工作站内的硬件设备。通过它将工作站或网络服务器连接到网络上，实现网络资源的相互通信。

网卡应具有的基本功能：一是网卡提供数据缓存能力及某些接口功能；二是网卡实现工作站与局域网传输介质之间的物理连接和电信号匹配，接收和执行工作站与服务器送来的各种控制命令，完成物理层的功能；三是网卡实现局域网数据链路层的一部分功能，包括网络存取控制、信息帧的发送与接收、差错控制及串并代码转换等。

4. 传输介质

传输介质是网络中信息传输媒体，是局域网网络通信的物质基础。传输介质的性能特点是对传输速率、通信距离、可连接的节点数目和数据传输的可靠性等均有很大的影响。传输介质分为有线传输介质和无线传输介质两大类。有线传输介质一般有双绞线、同轴线、光纤等，其中双绞线又分为非屏蔽双绞线和屏蔽双绞线；同轴线又分 50Ω 同轴线和 75Ω 同轴线；光纤分为多模光纤和单模光纤。光纤作为新型的传输介质，具有传输速率高、传输损耗小、抗电磁干扰能强、保密性好等优点，因此得到迅速发展。

二、软件系统

网络软件是局域网不可缺少的重要资源。网络软件所涉及和需要解决的问题要比单机系统中的软件都复杂得多，因此造成网络软件的多样化、难于标准统一。

根据网络软件在网络系统中所起的作用不同，可以大致分为五类：协议软件、通信软件、管理软件、网络操作系统软件和网络应用软件等。

1. 协议软件

协议软件用以实现网络协议功能的软件。协议软件非常多，不同体系结构的网络系统都有支持自身系统的协议软件，同一体系结构中的不同层又有不同的协议软件。如 IPX/SPX 协议、TCP/IP 协议等。

2. 通信软件

在网络系统中，主机与主机或主机与终端之间的连接有两种，一是通过通信接口连接，这种连接必须遵守协议所规定的接口关系进行；二是直接通过通信媒体相连接，由于计算机或终端的多样性，连接时不一定与网络协议规定相一致，所有保证主机与主机或主机与终端之间的正常通信，除配置实现网络通信的低级协议软件外，还需要为各种相边的终端或计算机配置相应的通信软件。

通信软件的目的就是使用户能够在不必详细了解通信控制规程的情况下，很容易地就能控制自己的应用程序，同时能对多个站点进行通信，并对大量的通信数据进行加工和处理。

3. 管理软件

管理软件主要功能是解决网络管理中的问题，如网络资源分配、网络资源使用的跟踪和统计网络资源的使用情况，解决服务器之间的任务冲突，检查和消除计算机病毒，运行路由器诊断程序等。

4. 网络操作系统和网络应用软件

网络操作系统是网络系统软件中最重要的软件。网络应用软件是在网络环境下直接面对用户的应用软件，随着网络应用的普及，各种应用软件都要适应在网络环境下使用。

4.4　局域网的介质访问控制

局域网的通信过程主要分成两部分：一是介质访问控制 MAC，只有通过它，节点才能够控制介质。二是数据通信协议，在节点已控制介质并能够传送数据时，传送数据的协议仍必须存在。

4.4.1　载波监听多路访问/冲突检测（CSMA/CD）

载波监听多路访问/冲突检测（CSMA/CD）的介质访问技术包括两个方面的内容：一是载波监听多路访问（CSMA）；二是冲突检测（CD），主要用于总线型局域网。

一、载波监听多路访问（CSMA）

在局域网中，每个节点发送消息前，用接收器收听总线上有无其他节点正在发送消息称为"载波监听"；同时有多个节点监听总线是否空闲和发送数据称为"多路访问"。由于局域网上的数据传输多采用自同步的曼彻斯特编码，每位比特信息都会有电平变化，在检测时，若总线上无电平变化，说明总线空闲，此时没有其他节点发送消息；若总线上有电平变化，说明总线正被其他节点占用。CSMA 根据监听策略的不同分为两个协议：非坚持 CSMA 和坚持 CSMA。

二、冲突检测（CD）

冲突有两种情况；一种是两个或两个以上的节点同时发现总线空闲，同时向总线发送消息；另一种是由于总线有一定的长度，信号传递会有一定的时延，即一个节点在发送消息时，另一个节点检测到这个消息载波将有一定时延，这个过程检测则认为总线是空闲的，而实际上总线已被其他节点占用。冲突检测的基本思想是：节点一边将数据注入总线，一边从总线接收，并将发送的数据和接收的数据进行比较，或两者一致，则没有冲突，否则可断定发生了冲突。各个节点通过其设置的冲突检测器检测，当检测到冲突，便停止发送数据，然后延迟一段时间再去抢占总线。各节点延迟时间采用"随机数"控制，获得延迟时间最小的那个节点先抢占总线。实现冲突检测的方法有：信号电平法、过零点检测法和自发自收法。

三、载波监听多路访问/冲突检测（CSMA/CD）

载波监听多路访问的基本原理是：当某个节点要发送数据时，它首先要侦听总线有无其他节点正在发送数据，若没有则立即发送；如果总线正忙，则等待直到总线空闲时再发送数据，并且在发送数据同时，进行冲突检测，一旦发现冲突，立刻停止发送数据，等待冲突平息以后，再进行 CSMA/CD，直到将数据成功发送出去。由于任何一个节点发送数据都要通过 CSMA/CD 方式争取到总线的使用权，从它准备发送，到成功发送的这一段发送等待延迟时间是不确定的，所以，载波监听多路访问/冲突检测（CSMA/CD）是一种随机争用型介质访问控制方式。

四、IEEE 802.3 的帧结构

IEEE 802.3 规定的介质访问控制 MAC 子层的帧结构如图 4-19 所示，它包括以下字段：

（1）前导码：由 7 个字节的 10101010 组成，用于使物理收发信号电路实现比特同步（局域网上所有其他节点达到同步）。

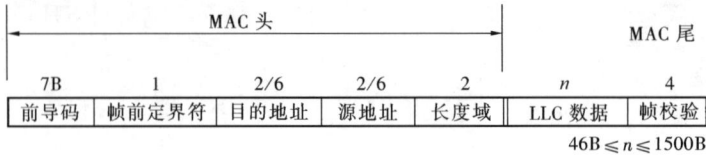

	MAC 头					MAC 尾	
7B	1	2/6	2/6	2	n	4	
前导码	帧前定界符	目的地址	源地址	长度域	LLC 数据	帧校验	

46B ≤ n ≤ 1500B

图 4-19　IEEE802.3 帧格式

（2）帧前定界符（SFD）：由一个字节组成，其比特序列为 10101011。前导码与帧前定界符构成 62 位 101010…10b 序列和最后两位的 11b 序列。规定前 62 位 1 和 0 交替的比特序列，其目的是使收、发双方进入稳定的比特同步状态。

（3）目标地址：目标地址 DA 为发送帧的接收节点地址，由 6B 组成。

（4）源地址：源地址 SA 为帧的发送帧的接收节点地址，由 6B 组成。

（5）帧长度：帧长度字段由两个字节组成，用来指示 LLC 数据字段长度。

（6）LLC 数据：LLC 数据字段用于传送逻辑链路控制子层 LLC 的数据。802.3 协议规定 LLC 数据的长度在 46～1500B 之间。如果数据的长度少于 46B，则把它填充到 46B。填充帧的作用在于保证帧有足够的长度，这样在发送帧的末尾之前，使目标地址字段到达最远的节点。

（7）帧校验：帧校验字段 FCS 采用 32 位的 CRC 校验。校验的范围是：目的地址、源地址、长度、LLC 数据等字段。

4.4.2　令牌环网的介质访问控制

令牌又称为"通行证"，通过令牌来控制一条环型信道上的多个设备对介质的访问。也是一个帧结构，如图 4-20 所示。

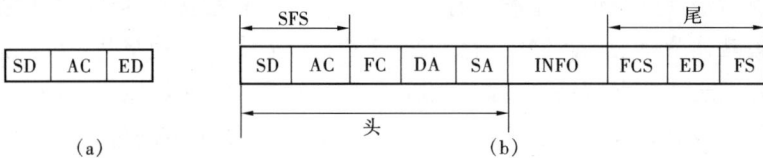

			SFS						尾		
SD	AC	ED		SD	AC	FC	DA	SA	INFO	FCS	ED	FS

头

（a） （b）

图 4-20　令牌环网令牌和帧结构
(a) 令牌帧；(b) 数据帧

令牌具有特殊的格式和标记，长度为 3 个字节，3 个优先位表示节点能否得到令牌，第 2 字节的第 4 位表示网络是否空闲，任何节点仅在获得令牌后，才能将信息发送到环路上。

一、帧的发送与接收

一个节点要发送数据时，要先将数据形成信息帧并存放在发送缓冲区中，并等待令牌的到来，当检测到一个经过它的空令牌且该节点的优先级高于空令牌的优先级时，则把令牌置为"忙"，并以"帧"为单位发送信息，每个后继节点转发帧直到该帧到达源节点。每次只能有一个帧在环路上循环，令牌环网允许一个节点可以连续发送多帧，只要不超过规定的占

用令牌的最大时间。若还需发送更多的数据，则要等待令牌再次循环到这个节点才能进行。节点把信息发送完后并不立即释放令牌，还须等待其所发出的帧返回源节点，才会释放该令牌。在环中不存在空闲的令牌时，其他希望发送的节点必须等待。

帧接收过程为每一个节点随时检测经过本站的帧，当检测到帧指定的目的地址与本站地址相符时，则复制全部信息，并继续转发该帧。环上的帧信息绕环路一周，由源发送点予以收回。按照这种方式工作，发送权一直在源节点控制之下，只有发送信包的源节点放弃发送权，把令牌置为"空"后，其他节点得到令牌才有机会发送自己的信息。

二、帧的撤销与重发

当环路中传送的帧返回源节点后，由源节点再次对该帧进行检查。如果发现该帧已被目标节点接收，便将它从环路中撤销，若此时已无数据帧要发送，便可将令牌传送给下一个节点。若发现目标节点因忙而未将帧复制下来时，源节点还应再次发送该帧。对于重发帧，目标节点在识别后，必须予以接收。显然，目标节点在将该帧复制后，必须在该帧当中置以标志。

三、监控功能

在令牌环网的帧在传送过程中，有如下几种情况需要认真对待，一是若目标地址有错，或因目标节点故障，造成某些帧在环路做无休止的循环；二是由于传输过程中出错，使得令牌丢失，造成环路上无信息传输，这样要求节点除具有正常功能外，还必须具有监控功能。

四、令牌环网的帧格式

在 IEEE802.5 标准中，MAC 帧被分成两类：令牌帧和数据帧，如图 4.20 所示。

（1）SD（开始定界符字节）：表示令牌帧的开始。

（2）AC（访问控制字段）：由优先级位（P 和 R）、监控位（M）、令牌位（T）组成，其格式为 PPPTMRRR。PPP 表示帧在环中传输时的优先级，RRR 是环内预约的优先级。

（3）FC（帧控制字节）：格式为 FF××××××，它表示是否包含有从上层传来的信息，或者链路层控制信息。

（4）DA（目标地址）：它包括节点地址或接收数据的节点地址，其长度为 16 位或 48 位。

（5）SA（源地址）：它包括发送节点的地址，其长度为 16 位或 48 位。

（6）INFO：令牌字段含有从高层来的数据或者是帧控制字段以外的附加控制信息。

（7）FCS（帧校验序列）：用来进行差错控制，它采用 32 位循环校验码。

（8）ED：结束定界符。

（9）FS：帧状态字节，其格式是 AC××AC××，其中 A 为目标地址识别位，C 为帧复制位。

4.4.3 令牌总线网的介质访问方法

令牌总线的基本原理是：把总线当成一个"逻辑环"来对待，在网络中设置一个令牌，令牌在网络中传递，每个节点把令牌传给它在逻辑环路上的后继节点；任何节点都仅在它获得令牌时才有权向总线发送数据，未获得令牌的节点，只能接收监听总线或从总线上接收数据。

一、令牌帧格式

在令牌总线网中，令牌帧是一种特殊帧，其格式如图 4-21 所示。

PRE	SD	00001000	NS	TS	默认	FCS	ED

图 4-21　令牌总线网令牌帧格式

其中，PRE 为前导码，SD 和 ED 分别为帧的起始定界符和结束定界符，TS 和 NS 为本节点和下一个节点的地址，00001000 为令牌帧的控制码，FCS 为帧校验码。

二、令牌传送方式

网络上各节点发送数据，首先获得令牌，数据传送完成后立即交出令牌给后续节点，令牌是从高地址节点传递到低地址节点，最后又返回到最高地址节点，构成一个"逻辑环"。每一个节点除知道本节点地址（TS）外，还需知道上一个节点地址（PS）和下一个节点地址（NS），以广播发送的形式将令牌发到总线，总线所有节点都能收到令牌，收到后将本节点地址与帧中的 NS 比较，相同收下令牌，否则放弃令牌。

三、系统重组

系统重组是破坏已建立的逻辑环，重新建立一个新的逻辑环。系统重组主要发生如下几种情况：

①有新的节点加入以及网上令牌丢失，由于在已建的逻辑中，令牌的传递顺序已经固定了，如果不打破原来的环，重建新的逻辑环，新加入的节点将永远无法获得令牌。

②源发送节点检测到还有其点节点占用总线，即网络存在发送冲突。

③持有令牌的节点突然故障以及其他情况造成令牌丢失，网络失去控制。

4.4.4　其他介质访问控制方式

一、FDDI 环网访问控制方式

光纤分布式数据接口（FDDI）起源于 ANSI（美国国家标准协会）X3T9.5 委员会制定的标准，该标准定义了传输速率为 100Mbit/s 光纤环网的 MAC 层和物理层标准，FDDI 介质访问子层 MAC 的作用与 IEEE802.5 的 MAC 子层相似。

FDDI 访问控制方式也采用令牌环网访问控制技术，但是 FDDI 使用了双环技术来解决节点故障造成信道中断问题：一个环顺时针传输，另一个环逆时针传输，其中一个作为主环，另一个作为备用环，如图 4-22 所示。

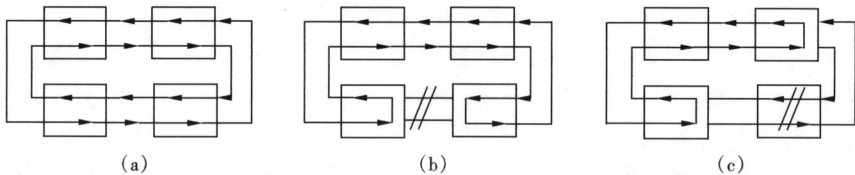

图 4-22　具有双环 FDDI
(a) 正常情况；(b) 链路出故障；(c) 站点出故障

FDDI 的工作原理是：在正常情况下，FDDI 采用令牌环技术使外环传输数据帧，而内环处于空闲；当网络中某节点出现故障时，外环上的令牌无法传递到下一节点，外环将内环自动连接，从而构成一个内环与外环剩余部分重构一个新环。

二、星型局域网访问控制方式

星型局域网采用中央控制的交换技术，交换机必须具有存放数据帧的缓冲区、地址匹配算法与地址表以及相应的数据发送和接收控制部分。

交换控制的基本思想是：将要发送数据帧中的目的地址与交换机中的地址表相比较，并找出相应的目的地址所对应站点接口后，由逻辑开关建立连接，使数据帧经过高速总线迅速转发到目的地。

三、以太网技术

1. 传统以太网

传统以太网（10Mbit/s 以太网系列）主要包括 10Base-5、10Base-2、10Base-T 和 10Base-F 以太网标准。在目前的局域网组网中，10Base-5 和 10Base-2 很少使用。10 表示传输速率为 10Mbit/s，Base 表示使用基带传输技术，5 表示最大电缆段长度为 500m。

10Base-T 为 10Mbit/s 双绞线以太网标准，该标准规定在无屏蔽双绞线介质上提供 10Mbit/s 的数据速率，每一个节点都需要通过无屏蔽双绞线连接到一个中心设备 HUB 上，构成星型物理拓扑结构。

10Base-F 为光纤以太网，它使用多模光纤介质，10Base-F 使用两芯光纤，一芯用于发送，一芯用于接收，通过多模光纤介质与光纤连接器把网络节点与光纤 HUB 相连，构成星型物理拓扑结构。

2. 快速以太网

快速以太网是采用 CSMA/CD 介质访问控制技术，并保留了以太网的帧格式，把速度提高到 100Mbit/s 的以太网技术。快速以太网规范和介质标准包括 100Base-TX、100Base-T4、100Base-FX。

3. 交换以太网

交换以太网是以数据链路层的帧或更小的数据单元（信元）为数据交换单元，以交换设备为基础构成的网络。交换式以太网的核心设备是以太网交换机。

以太网交换机的主要作用是在发送节点和接收节点之间建立一条虚连接和转发数据。具体操作是分析每个进来的帧，根据帧中的目的 MAC 地址，通过查询一个由交换机建立和维护的、表示 MAC 地址与交换机端口对应关系的地址表，决定将帧转发到交换机的哪个端口，然后在两端口之间建立一个虚连接，完成帧交换。

4. 高速以太网

随着计算机网络技术的快速发展，现在出现了 1000M 以太网和 10 000M 以太网等高速以太网技术。

四、ATM 局域网

ATM 又称异步传输模式。它是一种支持数据和实时语音、视频的网络技术，它既适合局域网又适合广域网。ATM 网利用交换机建立端到端的逻辑线路，由于 ATM 采用固定长度的信元来传输所有信息，固定长度的信元比长度可变的数据包传输速度快，ATM 的传输速度非常快，同时在 ATM 的逻辑线路中未用带宽可以被挪用。

五、无线局域网

无线局域网采用无线电技术传输数据，并采用高强度的加密技术。它适用于不便于架设电缆的网络应用环境中，解决某些特殊区域无法布线的问题。

1. 无线局域网的拓扑结构

无线局域网中只有星形和网状两种拓扑结构。星形结构包含一个通信用的中央计算机或称为存取节点，中央计算机用来当作与有线局域线的通信桥梁，并且用来存取其他有线客户端、互联网或是其他网络设备的数据等，数据包在源节点发出后，由中央计算机接收，并且转发到确定的无线目标节点，在使用软件桥接器的情况下，就可以使无线用户不需要特殊的硬件与有线客户端或有线服务端通信。

2. 无线局域网的工作方式

无线局域网主要由无线接入站和无线网卡组成，通过它们实现收发和转换数据。无线局域网的用户端有对等模式和构架模式两种工作方式。在对等模式中，PC 机安装基于 IEEE 802.11b标准的无线产品使它们相互之间联系起来。在构架模式中，用户是通过中央计算机或存取节点来发送和接收无线电信号。

3. 无线局域网的传输技术

无线局域网的传输技术主要有扩展频谱无线电技术、红外线技术和窄带无线电技术三种。

4. 无线局域网的标准

IEEE802.11 是第一代无线局域网标准之一，该标准定义了物理层和媒体访问控制（MAC）协议的规范，允许无线局域网及无线设备在一定范围内建立互操作的网络设备。在物理层定义了两个射频（RF）传输方法和一个红外线传输方法，RF 传输标准是直接序列扩频（DSSS）和跳频扩频（FHSS）。访问控制采用避免冲突（CA）协议，而不是冲突检测（CD）协议。

无线局域网的主要协议有 IEEE 802.11 系列（IEEE 802.11a、 IEEE 802.11b、 IEEE 802.11g）、直接序列展频、跳频式展频、HomeRF、蓝牙技术等。

4.4.5　计算机广域网简介

一、计算机广域网概述

广域网是覆盖地理范围相对较广的数据通信网络，它可分布在一个城市、一个国家或跨越多个国家。局域网与广域网的主要差别有：在层次上，局域网使用的协议主要在数据链路层，而广域网使用的协议主要在网络层；在网络互联上，广域网的构成与局域网是平等的，相距较远的局域网通过路由器与广域网相连组成互联网，两个相距较远的局域网通过广域网实现相互通信。

广域网的一般是由主机和通信子网组成，通信子网一般由公共网络组成，它包括传输线路和数据交换设备两个部分。传输线路用来实现计算机之间的数据传送，数据交换用于连接两条或多条传输线路，数据通过传输线路到达数据交换设备后，通过数据交换设备必须为其选择输出线路并将其输出。

广域网的通信子网向上提供的服务有两种：面向连接的网络服务和无连接的网络服务。面向连接的服务是在数据传送之前，在源节点和目的节点之间建立端到端的连接，这种连接称为虚电路；在无连接的网络服务中，数据传输不需要在数据进行传输前，在源节点和目的节点之间建立端到端的连接，数据通过网络会沿着最佳的路径进行传输，无连接服务有时又称数据报服务，IP 就是一个无连接服务实例。

二、广域网中的路由选择

广域网中最突出的问题就是路由选择，路由选择是一个十分复杂的问题。这种选择与速率、费用与安全等密切相关。其目的是解决分组在各交换机中应如何进行转发，即通过哪条通路将数据从源主机传送目的主机，路由选择主要取决于路由算法。路由算法有静态路由、动态路由、单路径/多路径路由、主机智能/路由器智能和最短路径优先/远距离矢量等分类。

三、广域网连接技术

广域网的连接不仅需要网桥、路由器、信道服务单元、数据服务单元、调制解调器、交换机，还需要利用线路进行远距离的连接。

1. 公共交换电话网（PSTN）

PSTN 是目前使用最广泛的网络系统，常用来连接远程端点。主要用于远程端点和本地局域网之间的互联、远程用户拨号上网以及专用线路的备份线路。在广域网中，利用 PSTN 的用户线路，通过调制解调器完成局域网与局域网之间的互联，或者个人用户通过调制解调器连接到 Internet。

2. 综合业务数字网（ISDN）

建立在标准非屏蔽双绞电话线基础上的 ISDN 是将增强的语音和图像特征连同高速数据和文件传输结合在一起。ISDN 具有两方面的特征：一是捆绑式服务，提供语音、视频、数据及其他信息的传输；二是定义了用户端到网络的标准接口协议，ISDN 协议主要规定了 ISDN 的一般结构、服务性能、网络概貌及功能、ISDN 用户与网络接口、网际接口及网络维护原则等。

3. X.25 分组交换网

通过公共数据网（PDN）实现广域网的连接一和通信，为了使用户设备经 PDN 连接实现标准化，特制定 X.25 规程，它定义了用户设备与网络设备之间的接口标准，称 X.25 网。

4. 帧中继（FR）

帧中继是在数字光纤传输线路代替模拟线路、用户终端日益数字化的基础上，由 X.25 分组交换技术发展起来的一种传输技术。帧中继网是属于分组交换网。

5. 数字数据网（DDN）

数字数据网是一种利用光纤、数字微波或数字卫星等数字传输通道和数字交叉复用设备组成的数字数据传输网，可以为用户提供各种速率的高质量数字专用电路和其他新业务。它主要由光纤或数字微波通信系统、智能节点或集线器设备、网络管理系统、数据电路终端、用户环路、用户计算机或终端设备等组成。

6. 交换式多兆位数据服务（SMDS）

SMDS 是一种城域网（MAN）服务，而非协议。SMDS 提供非连接的信元方式交换的数据传输服务。

7. 异步传输模式（ATM）

ATM 采用基于信元的异步传输模式和虚电路结构，为用户提供基本无限制的带宽，从根本上解决了多媒体的实时性及带宽问题。ATM 实现面向虚链路的点到点传输，通常提供 155Mb/s 的带宽，满足高清晰度电视或视频点播的需求，同时又汲取了电路交换中的有连接服务和服务质量保证、以太网和 FDDI 等传统网络中带宽可变的特点。是目前适应范围广、技术先进、传输效果理想的网络互联手段。

8. 宽带接入技术

宽带接入技术分为有线电视接入技术（CATV）、不对称数字用户线接入（ADSL）、高速用户线接入技术（xDSL）、电力载波线宽带接入技术（PLC）和无线宽带接入（GSM 和

GPRS、WAP、CDMA）等。

4.5　常用的网络设备

局域网络的物理层设备包括传输介质、网络设备和网络互联设备等。

4.5.1　局域网络的传输介质

局域网的传输介质根据其引导性质分为有线传输介质和无线传输两大类。

一、有线传输介质

1. 双绞线

双绞线是由一对或多对相互缠绕在一起的铜质导线组成，外形如图 4-23 所示。它既可以传输模拟信号，也可以传输数字信号，传输带宽取决于线的粗细和传输距离，它分为非屏蔽双绞线和屏蔽双绞线两大类。

(a)　　　　　　　　　(b)

图 4-23　双绞线外形
(a) 非屏蔽双绞线；(b) 屏蔽双绞线

（1）非屏蔽双绞线（UTP）：由于缺少金属丝编织的屏蔽层，因此，很容易受干扰，误码率较高，但价格便宜、安装简单。国际电气工业协会 EIA 为双绞线定义了五类质量标准：一类 UTP 用于音频传输；二类 UTP 的数据传输速率小于 4Mbit/s；三类 UTP 为音频电缆，可用 10M 以太网；四类 UTP 的数据传输率为 20Mbit/s，主要用于 16M 令牌网；五类 UTP 的数据传输率为 100Mbit/s，可用于 10/100M 以太网。还有超五类 UTP。

（2）屏蔽双绞线：是在电缆与外部塑料套之间有一个屏蔽层，以减少干扰与串音。

2. 同轴电缆

同轴电缆是在铜质芯线外包上一层绝缘材料，再包上网状的外部导体屏蔽层，最外层为塑料保护层。其主要特点是抗干扰能力强和高带宽，如图 4-24 所示。

（1）50 欧姆同轴电缆：仅用数据通信、传输基带信号，采用曼彻斯特编码，又称为基带同轴同轴电缆。传输可达到 50Mbit/s，误码率较低。常用的有 RG-85 以太细缆、RG-8 或 RG-11 以太粗缆。

（2）75 欧姆同轴电缆：为宽带同轴电缆，既可以传输模拟信号，也可以传输数字信号，常用为 RG-59。

3. 光纤

由单根玻璃纤维、紧靠纤芯的包层以及塑料保护涂层组成，如图 4-25 所示。光纤有单

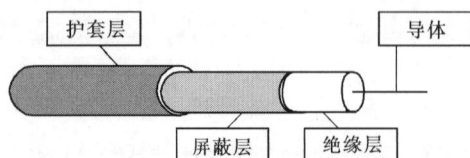

图 4-24　同轴电缆

图 4-25　光纤

模光纤和多模光纤两类，光纤具有传输速率高、频带宽、传输损耗小，抗干扰能力强等特点，是目前发展最迅速的传输介质。

二、无线传输介质

无线传输介质一般有无线电、微波与卫星通信、红外线通信等。

4.5.2 网络连接器件

网络连接器件是实现将传输介质与网络设备相连。其主要功能是接收和发送数据，实现数据到信号的转换；检测电缆上发生的冲突；并具有一定的故障诊断能力。

1. BNC 连接器

BNC 连接器与 T 型接头、终端匹配器一起用来连接细缆和带有 BNC 接口的网络设备，具体连接方法是：将所有靠细缆连接的网络设备都加上 T 型接头，被切断的细缆安装 BNC 连接器，将所有网络设备的 T 型头连接成一条总线。

2. 粗缆连接器

首先在粗缆的适当位置安装收发器，收发器与网络设备再通过收发器电缆相连。而粗缆接头只在两端安装，再连接粗缆终端器即可。

3. RJ-45 连接器

RJ-45 是一个具有 8 芯的连接器，在连接时，双绞四对铜芯在 RJ-45 连接器上都用到。国际标准的 RJ-45 接头电缆分配方法（EIA/TIA568B）规定了双绞线与 RJ-45 的连接标准。如图 4-26 所示。

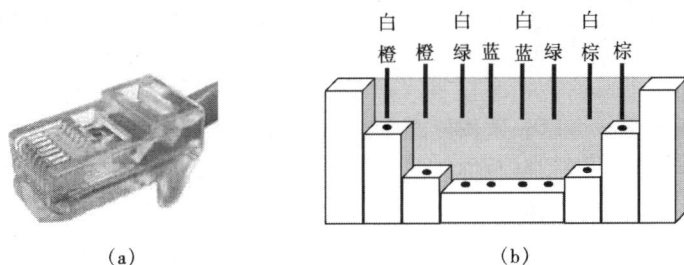

图 4-26 RJ-45 连接器

(a) RJ-45 连接器；(b) 连接到 RJ-45 头的双绞线

4. 光纤连接器

光纤连接器相对来说比较复杂。由于光缆的传输损耗很小，光纤连接器作为光缆和网络设备的连接部件，其传输损耗对网络的影响很大。因此光纤连接器的安装非常重要。

4.5.3 局域网的网络设备

一、网卡

网卡又称网络适配器或网络接口卡（Network Interface Card，NIC），它是实现工作站之间通信的关键设备。网卡以插件板的形式插入计算机的扩展槽中，然后通过收发器电缆连接到收发器上，收发器再和主机总线相连。对于局域网来说，网卡的主要作用是将工作站或其他网络设备发送的数据分割成数据段，加上必要的控制信息（如传送和接收者的地址及相关控制信号）组成数据包，送入网络，或从网络中接收其他设备发送的数据包还原成原来的数据，并送入工作站。

网卡的种类很多，根据总线类型分为 ISA、EISA、PCI、MCA 网卡等；根据介质访问方式分为以太网卡、快速以太网卡、令牌环网卡、FDDI 网卡、ATM 网卡等；根据接口类型分为 BNC、UTP、Fiber 网卡等。图 4-27 所示为网卡示意图。

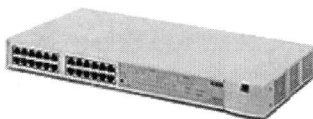

二、中继器

中继器又称重发器，是一种低层设备，在物理层实现互联。它主要完成放大、再生物理信号的功能。中继器可以连接局域网中的不同网段，也可以连接不同类型的介质。但不能连接不同的介质访问类型。同时，中继器只能在规定的信号延迟范围内进行有效的工作。

三、集线器

集线器的基本功能是信息分发，即从一个端口接收的信号向所有端口发送。集线器（HUB）是一种特殊的中继器，其性能类似于多端口中继器，用于连接双绞线或光纤介质的以太网，如图 4-28 所示。

图 4-27　网卡示意图　　　　　　图 4-28　集线器示意图

集线器可分无源（Passive）集线器，有源（Active）集线器和智能（Intelligent）集线器。无源集线器只负责把多段介质连接在一起，不对信号作任何处理，每一种介质段只允许扩展到最大有效距离的一半。有源集线器类似于无源集线器，但它具有对传输信号进行再生和放大从而扩展介质长度的功能。

集线器有多种的分类方法。根据总线带宽的不同，集线器分 10Mbit/s、100Mbit/s 和 10/100Mbit/s 自适应三种；根据配置形式的不同可分为独立型集线器、模块化集线器和堆叠式集线器三种；根据交换能力可分为交换式集线器与无交换式集线器。中继器、集线器均属互连设备。

4.5.4　网络互联设备

所谓网络互联，就是利用网络设备将不同的网络连接起来，让不同网络中的计算机能够相互通信。网络之间的差异主要表现有：

（1）传输介质多样性。当前常用的传输介质有双绞线、同轴电缆和光纤等。

（2）网络拓扑结构不同。例如，以太网使用总线结构，令牌环和 FDDI 使用环状结构，ATM 采用星型和网状结构等。

（3）介质访问控制方式不同，如 CSMA/CD、令牌环等。

（4）网络编码方式不同。

（5）不同的数据分组长度。

（6）有连接和无连接服务之间的区别。

（7）传输控制方式不同。

一、网桥

网桥又叫做"桥接器",它用于连接具有相同的类型但又使用不同的通信协议网络互连。网桥分类主要有透明网桥和源路由网桥两种。透明网桥是自己决定帧的路由,通常用于互联以太网的分段。源路由网桥依赖于主机来决定路由,常用于互联令牌环网的分段。

网桥具有执行筛选和向前发送 MAC 帧的功能。网桥判断收到的帧是否是发送产生该帧的网段,如果是,网桥便不向别的端口转发该帧(筛选功能),如果判断该帧的目标地址在另一个网段,则将该帧发送到对应的网段上(转发功能)。

二、交换机

交换机工作在数据链路层。它包含有很多高速端口,通过这些端口将局域网段或者端口到端口的设备连接。一个交换机将整个局域网的介质带宽都赋予一个端口。交换机也可以作为一种网段交换设备将几个局域网连接在一起,如图 4-29 所示。

三、路由器

路由器又称路径选择器,其功能是在多个网络和介质之间实现网络互联。路由器工作于网络层,是一种比网桥更复杂的网络互联设备。具有很强的异种网络互联的能力,如图 4-30 所示。

图 4-29　交换机示意图　　　　图 4-30　路由器示意图

其主要功能是:分组转发,提供最佳路径,将不同硬件的网络互联起来;提供隔离,划分子网,路由的每一个端口都是一个单独的子网;提供经济合理的广域网接入方式;支持备用网络路径。

四、网关

网关又称网间连接器、协议转换器。网关是在传输层上实现网络的互联,是最复杂的网络互联设备,仅用于两个高层协议不同的网络互联。其主要功能是将一种协议变成另一种协议;把一种数据格式变成另一种数据格式;把一种传输速率变成另一种传输速率。

4.6 Windows 2000 网络操作系统及其应用

4.6.1 概述

一般来说,计算机网络系统是由网络的软件系统和硬件系统组成,通常网络软件包括网络操作系统、网络协议软件、网络通信软件、网络管理软件和网络应用软件。其中,网络操作系统是整个网络软件最重要的软件,通过网络操作系统使网络中各计算机能方便有效地实现网络系统的数据通信和共享资源,并为网络用户提供操作所需的各种服务,实现网络管理。

网络操作系统许多种类,如 Unix、Windows NT/2000 Server、NetWare 和 Linux 等。

各种网络操作系统都有自己的显著特点，Unix 以性能安全可靠、应用广泛而闻名；NetWare 则以文件服务及网络打印管理名扬天下；Windows NT/2000 Server 支持多种硬件平台，为真正的 32 位操作系统，友好的用户界面深受人们的喜爱；而 Linux 则凭借其先进的设计思想和自由软件的扩展模式越来越引起人们的重视。

一个好的网络操作系统应具有如下特征：

（1）硬件独立性，即操作系统可以在不同的网络硬件平台上运行；

（2）支持多用户、多任务，即提供多用户多任务的进程运行和访问机制，给应用程序及其数据文件提供了多种操作；

（3）网络管理，即支持网络实用程序及其管理功能，如系统备份、安全管理等；

（4）安全性和存取控制，即对用户资源进行访问控制，并提供控制用户对网络的访问机制；

（5）提供丰富的用户操作界面，具有多种访问网络的方式。

通常，网络操作系统应具有如下功能：

（1）具有通常个人操作系统所具有的全部功能，如处理机管理、存储器管理、设备管理和文件管理等；

（2）提供高效可靠的网络通信能力，即在工作站与工作站之间、工作站与主机之间提供高效、可靠的网络通信；

（3）提供强大的网络资源管理能力，方便用户能有效地、可靠地使用网络共享资源；

（4）提供多种网络服务，如文件服务、打印服务、电子邮件服务、网络管理服务及其他各种网络应用服务等。

4.6.2 Windows 2000 网络操作系统概述

Windows 2000 网络操作系统是由美国微软公司推出新一代网络操作系统，它将 Windows 98 的即插即用功能和 Windows NT 的安全性、稳定性有效地结合起来，是架构在 Windows NT 内核上的 32 位操作系统。Windows 2000 有四个版本，分别针对不同用户。

（1）Windows 2000 专业版（Windows 2000 Professional）是 Windows NT 工作站的升级版。

（2）Windows 2000 标准服务器版（Windows 2000 Standard Server）是基于 Windows NT Server 4.0 开发的，主要作为服务器的操作系统，可为组织部门或中小企业提供文件服务、打印服务、软件应用、Web 服务和基于 Web 的通信服务等。

（3）Windows 2000 高级服务器版（Windows 2000 Advanced Server）提供了一个高可用性和伸缩性的操作系统，除了 Windows 2000 Server 所有功能和特性外，还提供了比之更强的功能特性，如对称多处理器（SMP）扩展能力、群集服务和网络负载平衡等。适合于中等规模、大规模网络及 ISP，着重于数据库的工作。

（4）Windows 2000 数据服务中心（Windows 2000 Datacenter Server）是功能最强大网络操作系统。专门用于数据仓库、经济分析、科学和工程的大规模仿真、在线事务处理、服务器合并项目及大规模 ISP 和 Web 站点驻留等。

1. 活动目录

活动目录（Active Directory）服务是 Windows 2000 Server 提供的服务之一，它为管理员提供了统一控制对网络资源访问的能力。一个目录服务由一个数据库和相应的服务组成，这个数据库存储了有关网络资源的信息，这些服务使得用户和相应的程序能够访问到这些信息。

活动目录采用组件的形式，它有两种不同类型的组件。

（1）对象（Object）：它是活动目录的一个基本组件，对象代表了网络的各种资源，如用户、计算机、应用程序、打印机等。

（2）组织单元（OU）：它也是活动目录的对象。但它能够包含其他对象，也能够包含其他组织单元。通常是把多个对象放在一起，组成一个组织单元。

2. 域和工作组

Windows 2000 Server 支持域（Domain）和工作组（Workgroup）两种类型的网络。

域是 Windows 2000 Server 目录服务的管理单元，即一个共享公共目录服务数据库的计算机和用户的集合。该目录数据库允许对域账名优先权、安全性和网络资源进行集中管理，它存储在域控制器中。一个域可有多个域控制器，用多个域控制器可以提供网络的高可用性和容错能力，活动目录支持在域中的域控制器之间目录数据进行多宿主方式进行复制，保证每一个域控制器上的目录数据同步。

域适合于稍大型的网络，其工作方式是集中运作的，在域中有一个中心节点，它控制整个网络的资源及安全。

3. 用户账号和权限

网络中的每一个用户都有一个账号名称，即用户账号（User Account）。其中包括用户的名称、密码。同时，在域系统中，用户存取数据与使用共享资源必须依据其所拥有的权限进行。

4. 组（Group）

在域系统中，每一个用户都拥有一个自己的账号和权限，若网络规模很大时，必然会带来管理上的不便，用组的形式，将具有相同性质的用户归到同一个组中，便于统一进行权限分配和管理。

5. 委托关系

委托关系也就是信任关系，是用来建立域与域之间的连接关系，它可以执行跨越域委托关系的登录审核工作。域之间经过委托后，用户只要在某个域内有一个用户账号，就可以访问 Windows 2000 网络中其他经过委托的域内的资源。

4.6.3　Windows 2000 Server 的安装与客户端的配置

一、安装前的准备工作

1. Windows 2000 Server 的系统需求

（1）133MHz 或更高的 Pentium 兼容的 CPU。

（2）专业版推荐 64MB 内容（最小支持 32MB）：服务器版及高级服务器版建议至少有用 256MB 的 RAM（最小支持 128MB）。

（3）2 GB 及以上的硬盘。

（4）VGA 或者更高分辨率的显示器。

（5）12 倍速及以上 CD-ROM 驱动器。

2. 选择安装方式

（1）光盘安装：该安装方式是最基本的安装方式。它要求每台客户机都具有光盘驱动器，安装过程在客户机上独立进行。通过运行光盘上 i386 目录下的 Winnt 或 Winnt32 来启动安装程序，其中 Winnt 用于 DOS 模式，Winnt32 用于 Windows 模式。

（2）网络安装：该安装方式是使用文件服务器将安装源程序发布在客户机可以访问的服务器上，客户机通过网络获得安装源程序。

（3）磁盘复制安装：该安装方式是借助第三方软件（如 Ghost），它适应于大规模且具有基本相同配置的客户机群，是最快最有效的安装方式。具体步骤如下：

1）在样本机上安装并设置 Windows 2000；

2）在样本机上安装并设置需要使用的应用程序；

3）使用 Sysprep. exe（附在 Windows 2000 安装光盘 \ Support \ Tools \ Deploy. cab 中）进行预安装的设置，删除 Windows 2000 中注册的用户信息；

4）重启动样本机，使用第三方磁盘复制软件将样本机的主分区复制成磁盘镜像文件；

5）磁盘镜像文件保存到网络上共享的文件夹或移动存储介质中；

6）将镜像文件复制到目标机展开，完成安装过程。

（4）远程安装：它可以在不复制安装源程序至本地的情况下直接通过网络进行 Windows 2000 的安装。但要求较高。

3. 确定系统参数

（1）文件系统格式：Windows 2000 文件系统格式分 NTFS、FAT 和 FAT32 格式。NTFS 文件系统格式可以根据用户的不同的权限控制对文件和文件夹的访问，具有很高系统安全性，同时支持磁盘压缩和硬盘加密。FAT 是 Windows 早期的文件分配表系统，FAT32 是它的增强型，它们允许被其他操作系统访问。当需要设置 Windows 2000 Server 和其他操作系统双引导，就要采用 FAT 或 FAT32 格式。但它的安全性较差。

（2）确定许可模式：客户访问许可协议（CAL），给予计算机连接到运行 Windows 2000 Server 的计算机的权力，从而使得客户有共享服务器资源的权力。

每客户许可：需要每一台用来访问 Windows 2000 Server 的客户机有一个单独的 CAL，如果一台客户机有一个 CAL，它就可以访问网络中的任何一台服务器。

每服务器许可：对于每服务器许可模式，CALs 是分配给了某一台服务器，每一个 CAL 只允许一台客户机跟这台服务器建立连接。在任意时刻，同时连接到服务器的最大连接数不能超过 CALs 的数目。

4. 确定是域方式还是工作组方式

（1）域方式：在安装 Windows 2000 Server 时，如果想把计算机加入到一个域中，成为一个成员服务器，必须要有一个域名称、一个计算机账号、一台域控制器和一个 DNS 服务器。

（2）工作组方式：在安装 Windows 2000 单机服务器，并且加入到一个工作组中，必须为该计算机分配一个工作组名称。

5. 确定计算机名称

要求该名称在域中或工作组中是唯一的。

6. 确定管理员的密码

7. 确定网络参数

根据网络服务的要求，确定安装的网络协议（如 TCP/IP、NetBEUI 等）、给 TCP/IP

协议网络分配 IP 地址、子网掩码、网关、DNS 服务器地址等参数。

二、安装 Windows 2000 Server

如直接从光盘启动计算机全新安装的具体操作步骤：

（1）Windows 2000 Server 系统光盘放入 CD-ROM，启动计算机。

（2）回车键开始进入字符界面安装程序。

（3）阅读 Windows 2000 Server 许可协议，同意，按 F8 键继续安装；不同意，将退出安装。

（4）对磁盘进行分区，选定系统分区并进行格式化。

（5）安装程序自动复制系统文件，复制完毕，计算机自动重启。

（6）系统自动初始化，然后进入图形界面安装程序。

（7）开始检测并且安装计算机设备。

（8）区域设备，一般选中文。

（9）输入您的姓名或公司或单位名称。

（10）输入产品密钥。

（11）输入授权模式："每服务器模式"或"每客户模式"，一般选"每服务器模式"，并输入同时连接客户的个数。

（12）输入计算机名称和管理员（Administrator）密码。

（13）选择需要安装 Windows 2000 组件，如 Internet 信息服务、管理和监视工具、附件等。

（14）设备日期和时间。

（15）选择终端服务安装程序，有远程管理模式与应用程序服务模式。

（16）网络参数设置，如 IP 地址、子网掩码、网关、DNS 服务器地址等。

（17）把该计算机加入工作组中或域中。可先把这台计算机作为服务器，选择工作组模式；安装完毕后，再将它升级域控制器。

（18）系统自动进行初始化。

（19）完成安装向导，重启计算机。

三、配置客户端网络参数

假设实验室环境中的内部网使用的网络地址是 210.31.56.0，子网掩码为 255.255.255.0，网络中各机器的有效地址范围为 210.31.56.1～210.31.56.254，网络的域名为 zyjf（专业机房），DNS 服务器的地址为 210.31.56.2，网关地址为 210.31.56.1。

1. 安装网络适配器

由于 Windows 2000 在硬件上支持即插即用，可以自动搜索硬件，所以安装过程比较简单，具体操作步骤如下：

（1）在"控制面板"中选择"添加/删除硬件"。打开"添加/删除硬件"窗口，选择"添加/删除硬件故障"，系统会自动搜索设备。

（2）屏幕上出现本机所有硬件设备的列表窗口，选择"添加新设备"，然后单击"下一步"。

（3）在出现的对话框中使用推荐的设置，单击"下一步"。系统会自动查找设备，如果找到了新的设备，就会在随后的列表框中列出来，供用户选择需要的安装。

（4）如选择"安装 NE 2000Compatible"，并单击"下一步"。如果是非即插即用的设备，需要安装驱动程序等。

2. 配置网络参数

在"控制面板"选择"网络配置"，或单击"开始"—"配置"—"网络与拨号连接"—"本地连接"—"属性"，如图 4-31 所示。然后在该窗口安装网络客户端、文件与打印机共享服务、网络协议 NetBEUI 和 TCP/IP。如选择"TCP/IP"，单击"属性"，就进入"TCP/IP"协议参数设备窗口，如图 4-32 所示。

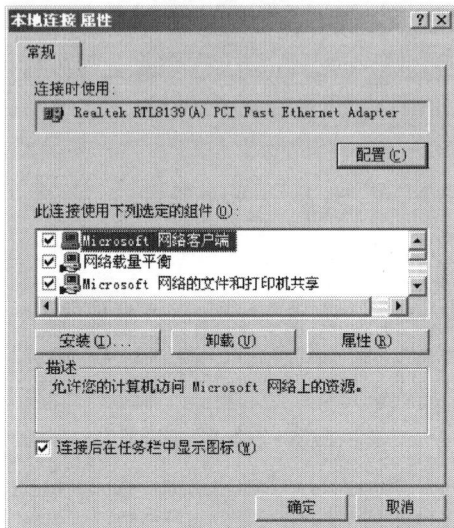

图 4-31　"本地连接属性"对话框　　　　图 4-32　"TCP/IP 协议属性"对话框

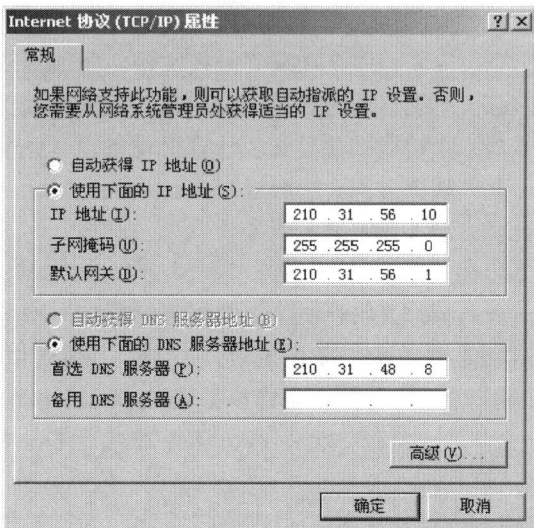

在该窗口中设置 IP 地址、子网掩码、网关、DNS 服务器地址等网络参数。

3. 网络连通性测试

上面的安装是否正确，可以经过适当的测试来验证。

（1）网络适配器验证。打开"网上邻居"，如果能够看到网络上的其他计算机，说明网络适配器安装正确。

（2）测试本机网卡。通过执行命令：ping 127.0.0.1 完成，如果出现如图 4-33 所示屏幕，表示连通正常。若出现如图 4-34 所示屏幕，则表示未连通。

（3）测试与网关的连通。通过执行命令：ping 127.0.0.1 完成。

（4）测试与某主机的连通。一是通过执行命令：ping 主机 IP 地址完成，二是通过执行命令：ping 主机域名，如执行命令：ping www.cepp.sgcc.com.cn 完成。

（5）本机 IP 地址。如果不知道本机的 IP 地址，可以执行命令：Ipconfig 得到，如图 4-35 所示。

4.6.4　服务器端的配置

一、活动目录的安装与配置

在安装 Windows 2000 时，系统并没有安装活动目录。如果用户将自己的服务器配置成域控制器，发挥活动目录的作用，必须安装活动目录。如果网络中没有其他域控制器，可将服务器配置为域控制器，并新建子域，新建目录树或目录林；如果网络中有其他域控制器，

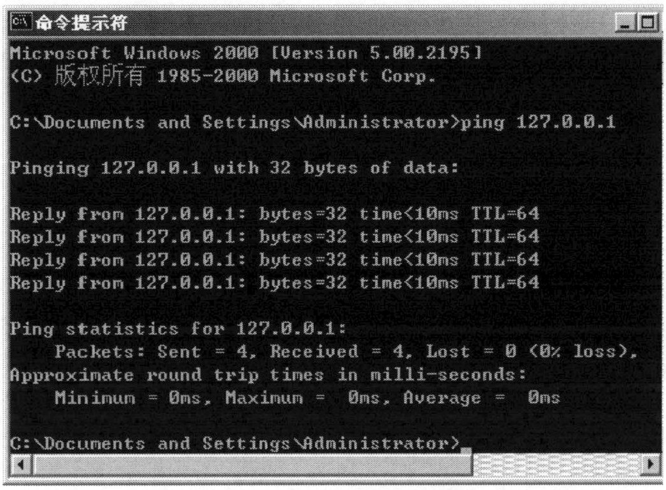

图 4-33　测试结果连通

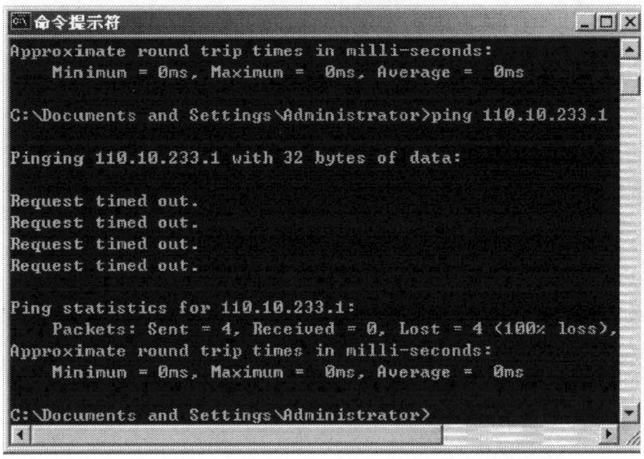

图 4-34　测试结果未连通

可将服务器配置为附加域控制器，并加入旧域，旧目录树或旧目录林。安装活动目录的操作步骤如下：

（1）单击"开始"—"程序"—"管理工具"—"配置服务器"，打开配置服务器对话框（如图 4-36 所示）。

（2）然后选择"Active Directory"项，然后单击"启动 Active Directory 向导"，并按提示进行安装，主要是设置域名等。

（3）安装后重启计算机，则在管理工具文件夹中增加了系统提供的三个活动目录管理工具："Active Directory 用户和计算机"、"Active Directory 域"和"信任关系和 Active Directory 站点和服务"。另外，管理文件夹中的"DHCP"、"DNS"以及"WINS"等管理工具都是与 Active Directory（活动目录）相关工具。

安装 Active Directory，磁盘中必须有一个 NTFS 文件格式分区。同时服务器的启动和关闭的时间变长，系统的执行速度变慢。

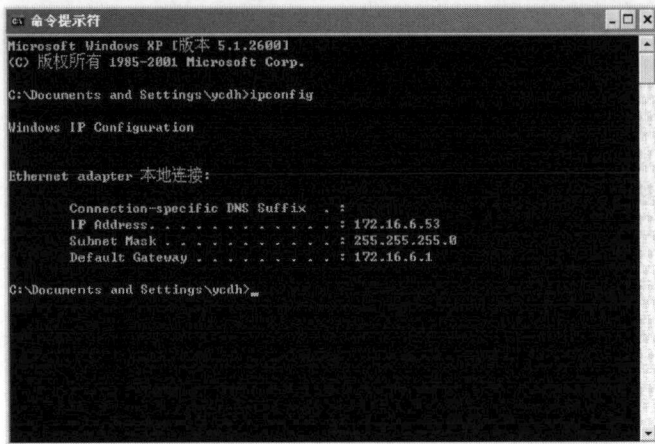

图 4-35　本机 IP 地址测试结果

图 4-36　配置服务器

删除"Active Directory"的方法是：打开"开始"菜单，单击"运行"，在"运行"对话框中输入：dcpromo，则打开"Active Directory 安装向导"，可按向导进行删除。

二、管理用户账号

1. 用户账号类型

域用户账号：域用户账号允许用户登录到域上访问网络上任意位置经过授权的资源。用户要在登录时用户账户和密码。

本地用户账号：本地用户账号只允许用户登录到创建有这个本地用户账户的计算机上，并只能访问这台计算机的资源。可以在运行 Windows 2000 Server 的服务器创建本地用户账号，但不能在域控制器上创建本地用户账户。

内建用户账号：Windows 2000 Server 自动创建的两个用户账号，包括管理员账号（Administrator）和客户账号（Guest）。内建用户账号可以更改，但是不能删除。Administrator 账号可以用来管理所有计算机和域的配置；Guest 可以为临时用户提供登录并访问资源的权利。

2. 在域上创建用户账号

创建用户账号的具体步骤如下：

（1）打开"Active Directory 用户和计算机"，单击"开始"—"程序"—"管理工具"—"Active Directory 用户和计算机"，如图 4-37 所示。

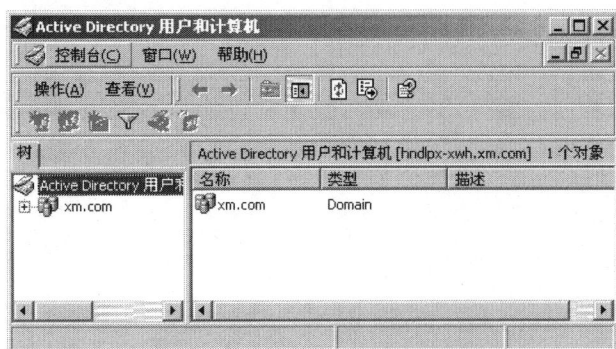

图 4-37　Active Directory 用户和计算机

（2）右键单击"users"，选择"新建"—"用户"，如图 4-38 所示。

图 4-38　"新建对象—用户"对话框

输入用户信息。如姓、名、姓名、用户登录名、密码、确认密码。

3. 设置用户账户属性

如图 4-39 所示，一是设置账户基本信息，包括常规、地址、电话、成员属于、单位等；二是设置账户属性，包括账户（如图 4-40 所示）、拨入、远程控制、环境、会话等。

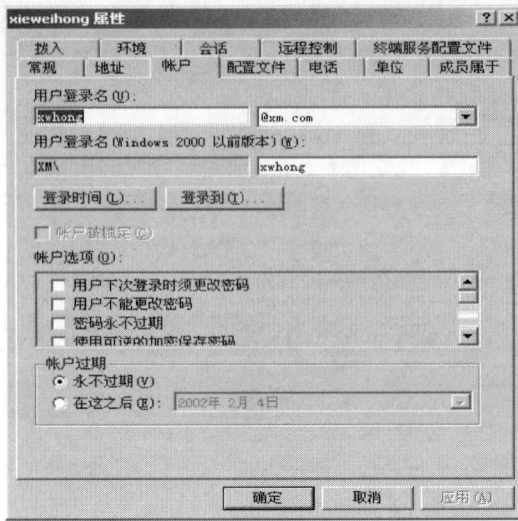

图 4-39　账户属性对话框　　　　　图 4-40　设置用户账户属性对

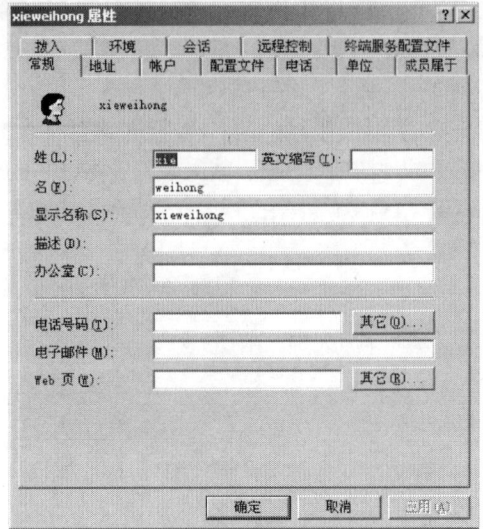

4. 修改用户账号

用户可以以系统管理员的身份修改用户账号，具体操作如下：

（1）选择要修改的域用户账号；

（2）单击右键，弹出菜单，可以选择"重设密码"、"重命名"、"停用账户"、"属性"等修改。

5. 删除用户账号

（1）选择要删除的域用户账号。

（2）单击右键，弹出菜单，可以选择"删除"，然后确认删除它。

三、管理组

Windows 2000 Server 有安全式和分布式两种类型的组。分布式组只是为了电子邮件分发列表进行设置的不采用安全措施的用户组；安全式组用于将用户、计算机和其他组收集到可管理的单位中。

组的作用范围有三种：域本地作用域、全局作用域和通用作用域。具有通用作用域的组的成员和全局作用域的组的成员可以在域树或林中的任何域中获得权限；具有域本地作用域的组的成员可以在本域中获得权限。

1. 创建组

创建组的操作步骤如下：

（1）单击"开始"—"程序"—"管理工具"—"Active Directory 用户和计算机"，如图4-41所示。

（2）用右键单击"users"，选择"新建"—"组"，如图 4-42 所示。

（3）输入组名，选定组作用域和组类型等。

2. 重命名、删除组

具体操作步骤：右键单击组名，打开组操作菜单，可执行"重命名"、"删除"等操作。

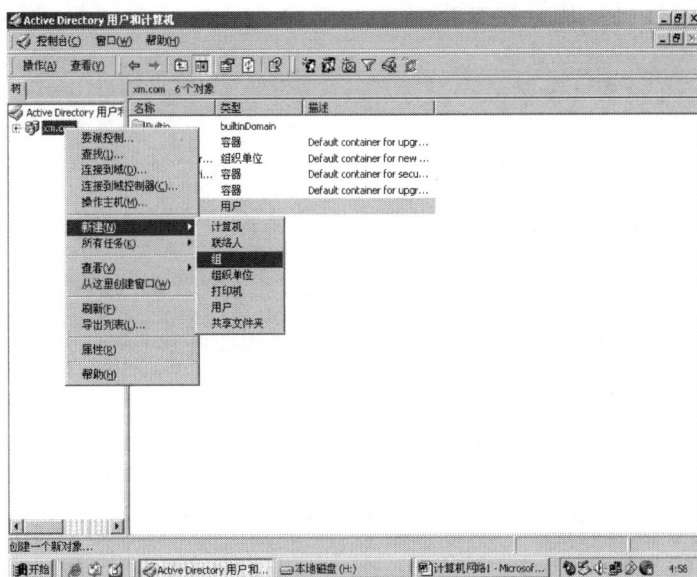

图 4-41 新建对象—组

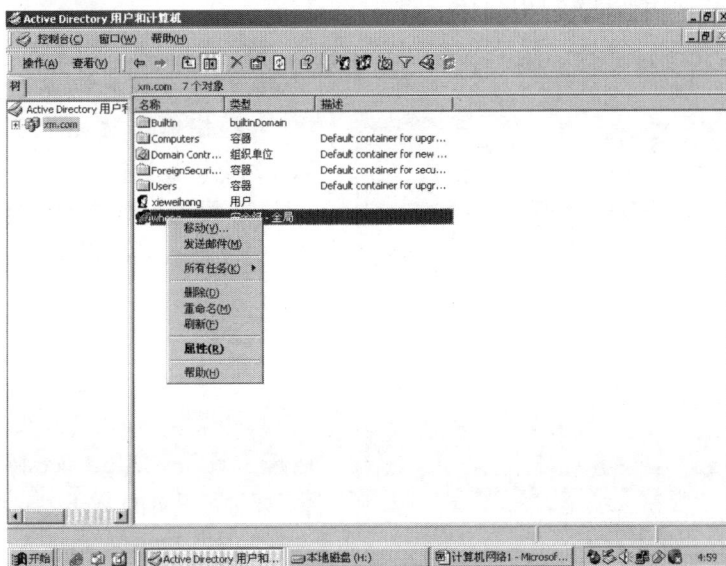

图 4-42 组属性

3. 设置组属性

右键单击组名，选择"属性"命令，打开设置窗口，如图 4-42 所示。常规选项卡用来
修改组的类型、作用域、描述信息等；成员选项卡用来为该组指定用户；成员属于选项卡用
来指定该组又从属于哪个组；管理者选项卡用于指定这个组的新管理者。

4. 内置组

安装 Windows 2000 Server 之后，系统自动创建的一些组。内置组的类型：内置全局组
（Domain Admins、Domain Users、Domain Guests 等）、内置本地域组（Account Opera-

tors、Administrators 等)、内置本地组 (Guests、Everyone、Power Users 等)。

四、创建 Internet 信息服务器

1. 安装 Internet 信息服务器

具体操作步骤:

(1) 打开"控制面板",双击"添加/删除程序"。

(2) 在"添加/删除程序"窗口中,单击"添加/删除 Windows 组件",打开"Windows 组件向导"对话框。如图所示。

(3) 选择"Internet 信息服务 (IIS)"。

(4) 单击"详细信息",选择全部内容安装或部分内容安装。

(5) IIS 安装完成后,单击"确定"。

2. 创建和配置 Web 站点

下面通过创建一个"教学管理网站"为例,介绍创建新的 Web 站点的操作步骤:

(1) 打开"Internet 服务管理器",右键单击服务器名,在快捷菜单中,选择"新建"—"Web 站点";

(2) 输入新 Web 站点说明,如"教学管理网站";

(3) 输入新 Web 站点的 IP 地址和端口号,IP 地址应添加为服务器的网卡分配的静态 IP 地址,端口号建议使用默认 80 端口;

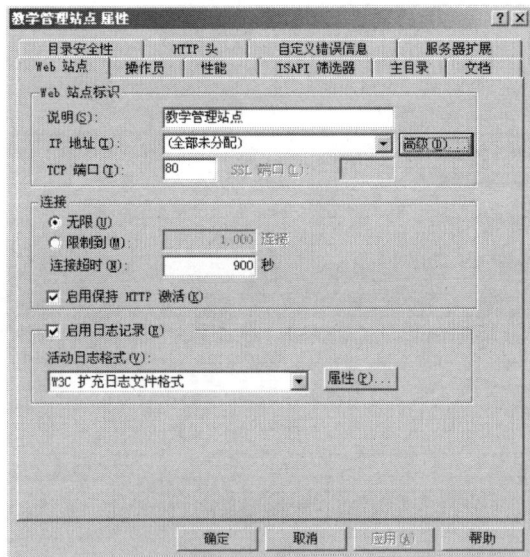

图 4-43　Web 站点属性

(4) 输入该 Web 站点的主目录路径,即添加"教学管理网站"页面的存储位置,并根据需要选择"允许匿名访问此 Web 站点"复选框;

(5) 设置主目录的访问权限,包括读取、运行脚本、执行、写入、浏览等,通常选择前两项;

(6) 单击"下一步",完成创建。

3. 配置 Web 站点属性

具体操作:单击"开始"—"程序"—"管理工具"—"Internet 服务管理器"。选择需要进行设置的 Web 站点单击右键,选中"属性",出现如图 4-43 所示窗口。

(1) 配置 Web 站点选项卡,主要用于设置 Web 站点标识、连接、启用日志记录功能。

(2) 配置操作员选项卡,主要用于设置哪些用户账号对站点有操作员的特权。默认情况下 Web 站点操作员是 Administrators。

(3) 设置性能选项卡,主要用于站点性能的调整、启用宽带限制与启用进程控制。

(4) 设置主目录选项卡,主要用于为 Web 站点设置主目录位置、访问权限、控制内容与应用程序设置等。

(5) 设置文档选项卡,用于指定 Web 站点的默认文档与文档脚注配置。

（6）目录安全选择卡设置，用于设置 Web 站点的匿名访问和验证控制、IP 地址及域名限制、安全通信。

（7）设置 HTTP 头选项，用于为 Web 站点设置启动内容失效、自定义 HTTP 头、内容分级与 MIME 映射。

4. 创建 Web 站点的虚拟目录

如果想通过 Web 站点访问的文件不在主目录及子目录下，而是在其他路径或其他计算机上，就必须创建虚拟目录将这些文件所在的目录包含到当前的 Web 站点中。

（1）创建虚拟站点。

打开"Internet 服务管理器"，找到需要创建虚拟目录的 Web 站点，单击右键，打开快捷菜单，选择"新建"—"虚拟目录"。然后输入虚拟目录的别名和虚拟目录映射的实际路径，并且为虚拟目录设置访问权限。

如果使用 NTFS，则可以通过"Windows 资源管理器"或"我的电脑"中创建虚拟目录。具体操作：右键单击某一目录，打开快捷菜单，单击"共享"，然后选择"Web 共享"选项卡进行设置。

（2）命名、删除、配置虚拟目录。

打开"Internet 服务管理器"，找到虚拟目录名，单击右键，打开快捷菜单，根据需要，可以对虚拟目录进行重命名、删除等操作。选择"属性"。打开虚拟目录属性设置窗口，可以对该虚拟目录进行安全性等方面的设置。

五、创建新的 FTP 站点

1. 创建和配置 FTP 站点

下面通过创建一个"教学资源"为例，介绍创建新的 FTP 站点的操作步骤：

（1）打开"Internet 服务管理器"，右键单击服务器名，在快捷菜单中，选择"新建"—"FTP 站点"。

（2）输入新 FTP 站点说明，如"教学资源"。

（3）输入新 FTP 站点的 IP 地址和端口号，IP 地址应添加为服务器的网卡分配的静态 IP 地址，端口号建议使用默认 21 端口。

（4）输入该 FTP 站点的主目录路径，即添加"教学资源"FTP 站点提供上传和下载文件的存储位置。

（5）设置主目录的访问权限，包括读取、写入。

（6）单击"下一步"，完成创建。

2. 配置 FTP 站点属性

具体操作：单击"开始"—"程序"—"管理工具"—"Internet 服务管理器"。选择需要进行设置的 FTP 站点单击右键，选中"属性"，出现如图 4-44 所示窗口。

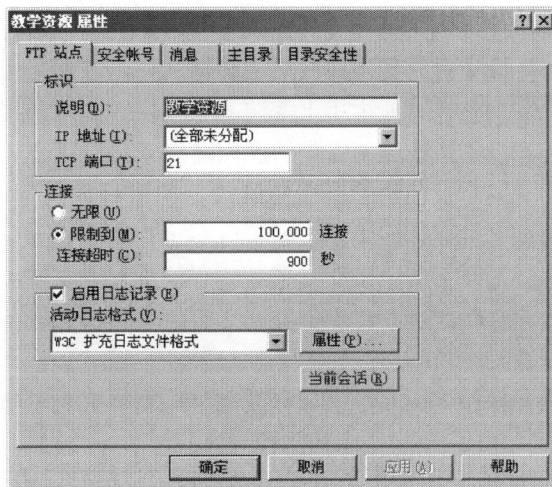

图 4-44 FTP 站点属性

（1）配置 FTP 站点选项卡。

它主要用于设置站点标识、连接、启用日志记录功能。

（2）配置安全账号选项卡。

它主要用于指定允许匿名连接与配置 FTP 站点操作员。默认情况下 FTP 站点操作员是 Administrators。

（3）设置消息选项卡。

它主要用于为 FTP 客户提供友好的信息提示，包括欢迎、退出和最大连接数。

（4）设置主目录选项卡。

它主要用于为 FTP 站点设置主目录位置、访问权限、目录列表风格设置等。

4.7　计算机网络安全与管理

随着计算机网络的不断发展，国家政治、经济、军事、文化和科学技术各个领域严重依赖于计算机网络，全球信息化已成为人类发展的大趋势。与此同时，网络上存在着信息的可信度、病毒、网络攻击等问题，严重影响着计算机网络安全。

4.7.1　计算机网络的安全基础

一、计算机网络安全的定义

所谓计算机网络安全是计算机网络系统资源和信息资源不受自然和人为有害因素的威胁和危害，即计算机、网络系统的硬件、软件及其系统中的数据受到保护，不会因偶然的或者恶意的原因而遭到破坏、更改、泄露，确保系统能连续地、可靠地正常运行。

二、影响计算机网络安全的原因

1. 操作系统的脆弱性

在计算机网络中，计算机系统的脆弱性主要来自于操作系统的不安全性和通信协议的不安全性。

操作系统的脆弱性主要表现在：

（1）操作系统结构本身的缺陷，操作系统的程序是可以动态连接的。I/O 的驱动程序与系统服务都可以用打补丁的方式进行动态连接。这种打补丁的方法同样可以被黑客利用。

（2）操作系统支持在网络上传输文件，在网络上加载与安装程序，包括可执行文件。黑客可以利用它在其他主机上安装恶意程序，如木马程序等。

（3）操作系统的不安全的原因还在于创建进程，甚至可以在网络的节点上进行远程创建和激活，同时被创建的进程还继承创建进程的权利，这样黑客可以在网络上传输可执行文件，再加上可以远程调用，就可以在远程服务器上安装"间谍"软件。

（4）操作系统中，通常有一些守护进程，它们也是系统进程，总是在等待一些条件的出现，一旦这些条件，程序便继续运行下去，这些软件常常被黑客利用。由于这些守护程序具有与操作系统核心层软件同等的权限。

（5）操作系统都提供远程调用（RPC）服务，而提供的安全验证功能却很有限。

（6）操作系统提供网络文件系统（NFS）服务，而 NFS 系统是基于 RPC 的网络文件系统。如果 NFS 设置存在重大问题，则系统的管理权就拱手让人。

（7）操作系统的 debug 和 wizard 功能，许多黑客利用 patch 和 debug，利用这两个工具，几乎可以随心所欲。

（8）操作系统安排的无口令入口，是为系统开发人员提供的边界入口，但这些入口也有可能被黑客利用。

（9）操作系统还有隐蔽的信道，存在着潜在的危险。

（10）尽管操作系统的缺陷可以通过版本升级的不断升级来克服，但系统的一个安全漏洞就会系统所有安全控制如同虚设。

2. 网络协议安全的脆弱性

由于 Internet/Intranet 出现，网络安全问题更加突出。由于使用 TCP/IP 协议的网络所提供的 FTP、E-mail、RPC 和 NFS 都包含许多不安全的因素，存在着许多漏洞。Internet 是一个不设防的开放大系统，通过未受保护的外部环境和线路谁都可以访问系统内部，随时可能发生搭线窃听、远程监控、攻击破坏。另外，数据处理的可访问性和资源共享的目的性之间是一对矛盾，就造成了计算机系统保密性难，复制数据信息可以很容易做到不留痕迹，一台远程终端的用户可以通过 Internet 连接其他任何一个站点，在一定条件下可在该站点内随意进行复制、删除和破坏。

三、计算机网络的安全威胁

1. 计算机网络的安全威胁的来源

计算机网络的安全威胁的来源主要有如下三个方面：天灾指不可控制的自然灾害，如地震、雷击等；人祸是指人为的恶意攻击和人为的无意失误，如中断、窃取、更改、伪装等属于有意，文件的误删除、输入数据的错误、操作员安全设置不当、用户口令失密等；系统本身的原因造成的威胁，如计算机硬件系统故障、软件的"后门"和软件的漏洞。

2. 计算机网络的安全威胁的表现形式

计算机网络的安全威胁的表现形式有：伪装、非法连接、非授权访问、拒绝服务、信息泄露、业务流分析、改动信息流、篡改或破坏数据、推断或演绎信息和非法篡改程序等。

四、计算机网络的安全防范技术

（一）利用加密技术实现数据的保密性、完整性和认证性

1. 加密模型

一般的数据加密模型如图 4-45 所示。通常一个完整密码体制要包括 P、C、K、E、D 几个要素。

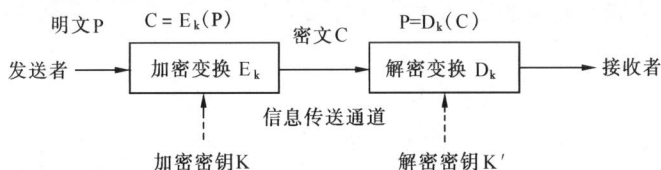

图 4-45　一般的数据加密模型

P 为可能明文的有限集，称为明文空间。

（1）C 是可能密文的有限集，称为密文空间。

（2）K 是一切可能密钥构成的有限集，称为密钥空间。

（3）对于密钥空间的任一密钥 $k \in K$，有一个加密算法 $E_k \in E$ 和相应的解密算法，使得 $E_k: P \rightarrow C$ 和 $D_k: C \rightarrow P$ 分别为加密解密函数，满足 $D_k(E_k(x)) = x$，这里 $x \in M$，如图

4-45所示。

一个密码体制要实际可用，必须满足如下特征：

(1) 每一个加密函数 E_k 和每一个解密函数 D_k 都能有效计算。

(2) 破译者取得密文后，将不能在有效的时间内破解出密钥 K 和明文 C。

(3) 一个密码系统安全的必要条件是穷举密钥搜索将不可行的，即密钥空间非常大。

2. 密码体制

密钥体制分为对称密码体制和非对称密码体制两大类。

(1) 对称密码体制的特征是用于加密和解密的密钥是一样的或者很容易推出，又称秘密密钥密码体制或单钥密码体制。

数据加密算法（DES）是目前最常用的对称密钥加密算法，其密钥有效长度为 56 位。后来将改进为 3DES 算法，其密钥的有效长度为 112 位，2000 年中期又出现高级加密算法 AES。

(2) 非对称密码体制，又称公开密钥密码体制，其加密和解密过程使用不同的密钥，而且，由解密密钥很容易计算出加密密钥，但由加密密钥很难或无法计算出解密密钥。加密密钥公开，任何人可以使用加密密钥加密消息，但只有拥有解密密钥的人才能解读消息。因此，加密密钥又称公开密钥，解密密钥又称私有密钥。

公钥密码体制有两种基本模型：一种是加密模型，另一种是认证模型。

（二）使用数字签名技术保证信息的完整性、真实性和不可否认性

数据签名的实现过程：发送方使用单向散列函数 H 对要发送的明文信息 M 进行运算，生成消息摘要；然后，发送方使用自己的私钥，利用公开密钥加密算法对生成的消息摘要进行数字签名，数字签名后再通过网络将信息本身和已进行数字签名的消息摘要发送到接收方；接收方使用与发送方相同的单向散列函数 H 对收到的信息本身进行操作，重新生成消息摘要 H，然后接收方使用发送方的公钥，利用公开密钥加密算法对消息摘要解密，最后将解密的消息摘要与重新生成的消息摘要进行比较，判别接收信息的完整性和真实性。图 4-46 所示为数字签名的实现过程。

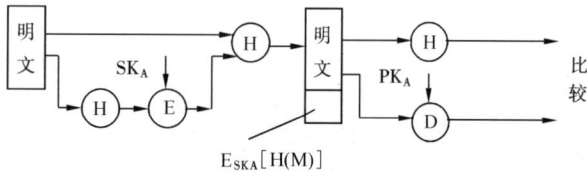

图 4-46 数字签名的实现过程

（三）利用防火墙实现控制

防火墙是一种高级访问控制设备，置于不同网络安全域之间的一系列部件的组合，它是不同网络安全域间通信的唯一通道，能根据访问控制策略对进出安全域的数据实现控制，如允许、拒绝、监视和记录。

防火墙可以分为包过滤型和代理型，包过滤型防火墙又可以分为静态包过滤型防火墙和状态监测型防火墙，代理型可以分为电路级网关防火墙和应用级网关防火墙。

（四）包过滤技术

为了防止网络系统中每台计算机都可以随意访问其他计算机以及系统中的各项服务，可以采用包过滤技术，包过滤是路由器的一部分。其功能是阻止数据包任意通过路由器在不同的网络之间进行传输。通过网络管理可以配置数据包过滤器，来对通过路由器的数据包进行

允许或不允许控制。

数据包过滤器的基本原理：检查每个数据包的头部中的有关字段，这些要检测的字段可以通过网络管理设置，同时设置处理的规则。如检测每个数据包的头部中的源地址和目的地址，可以控制两个网络的计算机之间的通信；除了源地址和目的地址之外，数据包过滤器还能检查出数据包中使用的上层协议，从而得知数据包所传输的数据是属于哪种服务，并通过网络管理实施控制，如过滤掉所有的 WWW 服务的数据包而让电子邮件的数据包实现较快的传输等。

（五）利用入侵检测系统实现安全预警

所谓入侵检测系统就是监视分析用户和系统的行为，审计系统配置和漏洞，评估敏感系统和数据的完整性，识别攻击行为，对异常行为进行统计，自动地收集和系统相关的补丁，进行审计跟踪识别违反安全法规的行为，使用诈骗服务器记录黑客行为等功能的总称。入侵检测系统是一种主动的安全防范技术，并在计算机系统受到危害之间进行拦截防卫。

入侵检测技术分为异常发现技术、误用发现技术和模式发现技术三种。其配置的方法有主机型、网络型和主机/网络型。

（六）利用备份与恢复技术实现系统容灾

（1）备份策略。

首先，选择备份的内容是很重要的，一般备份内容包括重要数据、系统文件、应用程序、分区信息和日志文件等，然后选择备份的时间和目的地、备份的层次、备份的方式和备份的类型。当灾难发生时，通过备份数据能够很快从灾难中恢复过来。

备份的层次有三种，硬件级备份是指用冗余的硬件来保证系统的连续运行，如磁盘镜像、双机容错等；软件级备份是指通过某种备份软件将系统数据保存在其他介质上；人工级备份则完全是通过人工方式备份和恢复数据。

备份的方式有完全备份、增量备份和差分备份等。完全备份是将系统中所有的数据信息全部备份，增量备份则只备份上次备份以后变化过的数据信息，差分备份只备份备份上次完全备份以后变化过的数据信息。

（2）备份技术。

备份技术有硬件备份技术、软件备份技术和网络备份技术三大类。硬件备份措施有磁盘镜像、磁盘阵列、双机共享磁盘阵列、数据拷贝等；软件备份是指通过操作系统提供的备份软件将系统数据复制到可以异地存放的存储介质上；网络备份有 E-mail 备份、通过个人主页存储空间备份、通过 FTP 服务器进行备份等几种。

4.7.2 计算机网络管理

网络运行管理是指网络使用期内为保证用户安全、可靠、正常使用网络服务而从事的全部操作和维护性活动。

一、网络管理标准

在 OSI 网络管理框架模型中，基本的网络管理功能被分为五个功能：失效管理、配置管理、性能管理、计费管理和安全管理。

（1）失效管理是科学地管理网络所发现的所有故障；具有找到其产生的原因、跟踪分析以至最后确定并改正故障。失效管理是基本网络管理功能。

（2）配置管理是正确识别被管理网络的拓扑结构、标识网络中的各个对象、自动修改指定设备的配置、动态维护网络、配置数据库等。它也是基本网络管理功能。

（3）性能管理是指对网络信息的收集、加工和处理等功能，保证在使用最少的网络资源和具有最小延迟的前提下，网络提供可靠、连续的数据传输能力，并使网络资源的使用达到最优化的程度。

（4）计费管理是指在网络资源和信息资源有偿使用的情况下，计费管理功能能够统计哪些用户利用哪条通信线路传输多少信息，访问的是什么资源等内容，同时也可以统计不同线路、不同资源的利用情况，以判断用户使用网络使用情况。

（5）安全管理是指保证网络用户和网络资源不被非法使用，同时也要保证网络管理系统本身不被未经授权地访问。

二、简单网络管理协议（SNMP）

简单网络管理协议（SNMP）是一系列协议组和规范。其内容包括管理数据库（MIB）、管理信息的结构和标识（SMI）和简单网络管理协议（SNMP）。它们提供了一种从网络设备中收集网络管理信息的方法，同时，也为设备向网络管理工作站报告问题和错误提供了一种方法。

4.8　计算机网络系统的集成

4.8.1　计算机网络系统集成的基本思想

网络系统集成是在实现用户目标、满足用户需求的情况下，优先选择先进的技术和产品，完成系统软硬件的实施过程。网络系统集成是一个复杂的系统工程，它包括了目标、方法和内容三个方面：首先要确定网络系统集成达到的目标，保证用户在投入了人力、物力和财力情况，能够满足用户的需求；其次制定网络系统集成的方法上，必须考虑网络系统集成的先进性、成熟性、可靠性和安全性，要有足够的技术保障体系和丰富的网络系统集成的经验；最后，要制定详细的工作计划，如网络规划、网络系统设计、网络系统的实施、网络系统的测试与验收方案和网络系统的维护等。

4.8.2　计算机网络系统集成的基本原则

在进行计算机网络系统集成时，必须充分遵循以下七个原则。

1. 应用第一

网络系统集成最终目标是满足用户的应用需求，因此，网络集成设计人员应与用户相关的业务部门进行反复讨论和协商才能制定出与网络系统初步匹配的业务流程，完成网络系统的可行性分析和需求分析。

2. 标准化和开放性

网络系统应具有良好的开放性，网络系统的应用的通信协议和软硬件产品要符合国际标准，为网络系统的互联与扩展打下基础。虽然，目前计算机网络系统集成时体系结构大多选择 TCP/IP，但对于低层的物理网络，仍然存在千兆以太网与 ATM、快速以太网与 FDDI 等各种选择，同时，对于 IP 协议，是选择交换方式还是路由方式，是采用 Ipv4 协议还是采用 Ipv6 协议等许多问题。

3. 可扩展性和升级能力

一方面网络系统要能适应用户应用业务的不断变化和扩展，这就要求所设计的计算机网络系统具有在修改、删除或增加高层应用软件时，不对其他应用软件产生影响；另一方面网络系统要能适应软硬件的扩展，随着用户的应用业务的变化和扩展，将要求功能更加强大的计算机网络系统，必然带来新的软硬件设备的扩展（计算机台数增加或更新等）和设备本身能力的提升（如操作系统的升级、路由器的升级等）。

4. 实用性和经济性

实用性在于网络系统设计时应以应用为中心，从而使网络系统能产生最大的效益；经济性是指应根据实际应用需求选择成熟的、性价比适当的计算机及网络软硬件产品。

5. 可靠性和安全性

它包括应用系统的可靠性和安全性、网络与计算机软硬件设备的可靠性和安全性、工程实施和管理的可靠性和安全性。可靠性和安全性原则应该贯穿于整个网络系统的设计和开发过程，而保证网络系统的可靠性和安全性的重要手段之一是建立相应的测试系统与测试结构，对网络系统的应用软件、软硬件产品以及工程实施过程进行严格的管理和测试。

6. 灵活性和兼容性

即要求所设计的计算机网络系统能兼容不同厂家和不同时代的计算机软硬件产品和网络软硬件产品。

7. 可维护性

由于用户不可能拥有众多的计算机专业技术人员，因此，在进行网络系统集成设计时，充分考虑网络系统维护和软硬件的维护要十分便利。

4.8.3　网络系统集成的过程

网络系统的集成的过程主要包括需求分析、网络规划和网络总体设计等三个方面。

一、需求分析

1. 可行性研究

可行性研究包括对组网方案中技术条件、技术难点进行分析，对成本/效益进行估算，并分析网络系统集成在现有条件和技术环境下是否可行，能否最终达到系统目标。可行性分析是结合用户的具体情况，论证网络建设目标的科学性和正确性，通过可行性分析可以提出解决用户问题的网络体系结构，它包括传输（传输方式用基带传输或是宽带传输、通信类型及通道数、通信容量、数据传输速度）、用户接口（支持的协议、工作站的类型、主机类型）、服务器（类型、容量、协议）和网络管理能力（网络管理、网络控制、网络安全）。

2. 分析环境需求

分析内容应包括用户节点数目，地理分布情况、用户的分布情况，通信线路情况和数据流量，用户设备类型、网络服务功能、通信类型和通信量、是否要划分子网等。

3. 分析设备配置需求

（1）掌握现有设备及网络的使用情况。从而考虑与现有设备和网络的兼容性。

（2）为新建网络系统所选择的设备应符合网络系统的目标要求。

4. 分析功能需求

由于用户在网络系统中的应用形式和网络系统所提供的服务是多方面的，因此，分析设备需求时应考虑如下几个问题：

（1）数据类型分析与资源共享。应深入分析网络上的数据传输类型，设计合理的网络结构，提供必要的数据共享的服务。

（2）数据流量分析。要对网络系统中的数据流量进行估算，对节点的布局、点到点之间的带宽进行合理规划，合理地划分子网可以有效控制网络流量。

（3）网络服务分析。选择好的应用软件，充分发挥网络系统的效果，为用户提供更多、更好的服务。

5. 分析成本和效益

成本估算包括硬件费用、软件费用和工程费用等；同时也与运行维护费用有关。进行经济效益估算也是十分必要。

6. 风险预测

在进行网络系统集成设计时，风险预测是建立网络系统可能出现的问题作出预测。包括对经费投入、技术故障、设备兼容、布线工程、运行维护等方面。

7. 确定网络系统目标

根据资金投入情况，为用户提供切合实际、技术先进且低成本、高效益的综合解决方案，使建立的网络系统具有先进性、实用性、安全可靠、开放性、可扩充性和灵活性。

二、制定网络规划方案

1. 进行网络系统的总体规划

（1）网络的分布：网络用户的数量、网络用户的地理位置、任意两个用户之间的最大距离、用户之间关系分类、用户地理位置分组、网络区域内的要求与限制和可直接利用的通信设备与线路、可兼容的现有网络等。

（2）网络的基本设备和类型：用户工作站的数量和可扩充的数量、用户工作站的型号与具体配置、服务器的数量和类型、网络设备的数量和类型、网络上的其他设备等。

（3）网络的基本规模：网络类型（局域网、城域网或广域网）、网络互联设备的型号和类型等。

（4）网络的基本功能：数据库系统和应用软件系统、文件传送和存取、用户设备之间的逻辑连接、电子邮件系统、网络管理系统、计费系统、网络互联系统、虚拟网络系统、防火墙系统等。

2. 分析系统难点、关键性问题

在网络设计时，要充分估计到可能出现的问题，根据以往的实践经验来看，大致存在如下几个问题：网络设备之间的匹配问题、网络拓扑结构设计不合理问题、线路连接问题和网络操作系统选择不当等。

3. 网络经费预算

网络系统投入的经费应包括硬件设备投资、软件购置及开发投资、安装调试费用、培训服务费用、运行维护费用等。

4. 制定网络规划的文档规范

制定网络规划的文档规范应包括如下几个方面：网络系统名称、需求分析、用户目标、系统目标、需求分析报告、网络规划、技术性论证、总体规划方案、网络经费预算、网络性能简要评价等。

三、网络系统总体设计

网络设计是根据网络规划及总体方案，对网络体系结构、子网划分、逻辑网络组成及网络技术和设备选型进行工程化设计的过程。

1. 网络设计原则

(1) 成熟性原则。采用成熟的技术，选用成熟的产品。

(2) 开放性原则。遵循开放原则，遵循国际、国内及相关行业的标准，采用开放技术、开放的体系结构、开放的系统组件和开放的用户接口。

(3) 安全可靠原则。稳定可靠、具有高 MTBF（平均无故障时间）和低 MTBR（平均无故障率），提供容错设计、支持故障检测和恢复、可管理性强。安全措施有效可信，能够在多个层次上实现安全控制。

(4) 先进原则。应尽可能地利用先进而成熟的技术，采用先进的设计思想、先进的软硬件设备及先进的开发工具。同时也要注意实用性。

(5) 完整性原则。实现优化的网络设计、安全的数据管理、高效的信息处理、友好的用户界面。

(6) 可扩展性原则。能够在规模和性能两个方向上进行扩展。

2. 网络拓扑结构设计

从网络拓扑结构上看，一般网络采用层次结构，分为主干、分布和接入三大部分，网络与网络之间的不同只在于其规模大小的不同。对于大型网络来说，主干层由核心路由器构成高速干线连接，分布层由分布路由器提供高端口密度，接入层的路由器实现与其他设备的连接。同时主干网上实现的功能比较单一，一般采用一种路由协议、一种传输介质、不处理信息包，仅进行内部连接，无客户接入，支持第二层到第三层交换。通常有交换型、ATM型、帧中继型等。由于主干网是网络系统的主信道，涉及通信线路容量和流量分配，因此对可靠性、时延、吞吐量和网络费用要求较高，充分考虑 ISP 的接入问题。

小型网络拓扑结构设计着重于相应局域网，如以太网、令牌环网和 ATM 局域网等，其中以太网最流行。小型网络主要考虑网络的传输数据量与选择信道速率的匹配和设备的匹配上。

3. 流量问题分析与设计

最简单的流量分析方法是以业务流程为基础，计算出每个基本单元每天的数据流量和高峰期的数据流量，然后根据基本单位高峰期的数据流量，设置相应的传输线路与网络交换路由设备。

服务器的配置选择和设置也十分重要，一般不应使某一台服务器的负担过重。在设计和配置服务器时，根据业务流量的多少，采用分布式配置，对于不同的应用，最好将它们配置在不同的服务器内。

4. IP 地址设计

IP 网络地址分为注册和非注册地址，如果与 Internet 相连，则一定需要注册地址。在 IP 地址分配过程中要考虑如何分配用户地址、基础设施地址，一定要把基础设施地址段与用户地址段严格分开，否则在管理过程中会出现混乱。在进行网络地址分配和命名策略时，应遵循以下几个原则：

(1) 在分配地址之前设计结构化寻址模型；

(2) 为寻址模型的扩充预留空间；

(3) 以分层方式分配地址块，以改进可伸缩性和可用性；

(4) 为了避免组或个人移动所带来的问题，应根据物理网络而不是组成员分配地址块；

（5）分配网络地址时使用有意义的编号；

（6）为了最大限度地满足灵活性，而又使配置最少，可以在用户端使用动态寻址；

（7）为了使安全性和适应性得到最大满足，在 IP 环境中使用网络地址翻译技术，在单位内部使用私用地址。

5. 桥接、交换和路由协议的选择

桥接和交换的选择比较简单，在选择以太网网桥或交换机时，最好使用带生成树协议的透明网络；对于环网，可以选择源路由选择网桥、源路由透明网桥和源路由交换网桥；对于连接环网和以太网，可以选择翻译或封装网桥。

路由协议分为内部路由协议和外部路由协议，内部路由协议用于处理基础设施的路由，主要有 RIP/RIP2 OSPF 或 IGRP/EIGRP 等。外部路由协议解决用户路由与 Internet 路由，如 BGP-4。

6. 制定网络安全和管理策略

网络安全设计一般包括如下内容：

（1）安全性需求分析；

（2）确定确保网络安全的策略；

（3）开发实现安全策略；

（4）测试安全性，发现问题的处理措施；

（5）制定周期性的独立审计，审计日志的建立、响应突发事件的措施、定期的测试和培训计划，以及更新安全性计划和策略。

网络管理策略设计一般包括如下内容：确定网络管理的目标、确定网络管理结构和确定网络管理工具和协议。

7. 结构化布线设计

所谓结构化布线，是指用标准化、简洁化、结构化的方式在建筑群中进行线路布置。结构化布线主要由三部分组成，即连接器、线缆与跳线，其中连接器连接主干线缆与跳线，跳线则连接计算机、外围设备与连接器。结构化布线包括工作区子系统、水平干线子系统、管理间子系统、垂直干线子系统和设备间子系统的布线等部分。

（1）工作区子系统（又称服务区子系统）：工作区子系统要求，一是从 RJ-45 插座到设备间的连线使用双绞线，一般不要超过 5m；二是 RJ-45 插座必须安装在墙壁上或不易碰到的地方，插座距离地面 30cm 以上；三是插座和插头（与双绞线）不要接错线头。

（2）水平区子系统：它是从工作区的信息插座开始到管理间子系统的配线架。结构一般为星型，由 4 对 UTP（非屏蔽双绞线）组成，在高要求的场合可采用屏蔽双绞线或光缆。

（3）管理间子系统：它由交叉、互联和 I/O 组成。是连接垂直子系统和水平子系统的设备，主要设备有配线架、HUB 和机柜、电源等。设计时须考虑如下几个问题：配线架的配线对数由管理的信息点决定；利用配线架的跳线功能，可使布线系统实现灵活、多功能的特点；配线架一般由光配线盒和铜配线架组成；管理间应有足够的空间放置设备；有 HUB、交换机的地方必须配有专用电源；保持一定的温度和湿度。

（4）垂直子系统：它包括垂直干线或远程通信接线间、设备间的竖向或横向电缆走向通道、设备间和网络接口之间的连接电缆或设备与建筑群子系统各设施间的电缆、与各远程通信接线间之间的连接电缆、主设备间和计算机主机房的干线电缆等。设计时必须注意：一般使用光缆，室内选择单模光缆，室外远距离选择多模光缆；架设光缆时要防止光缆受损；防止破坏、防雷击等。

（5）设备间子系统：它由电缆、连接器和相关支撑硬件组成，把各种公共系统设备的多种不同设备互联。设计要求：足够的空间、良好的工作环境和符合标准的机房建设。

8. 网络阻塞分析

在网络传输过程中，由于网络的吞吐量随着输入负荷的增大而下降，形成信息传输的拥挤现象，即阻塞。造成网络阻塞的主要原因是由于介质访问控制协议带来的冲突与阻塞、广播信息用广播或组播协议形成信息环路带来阻塞、访问某一服务器过于集中带来阻塞和路由器和交换机等网络互联设备配置不合理造成网络阻塞等。一般可以通过如下几个方法加以解决：选用以太网交换机代替以太网集线器，提高计算机和网络连接的带宽；在普通的 IP 路由器上增加具有组播和广播控制功能的组播路由器，防止信息的循环广播而带来的阻塞；在分析应用业务的基础上，对于那些相对独立的部分，可以其物理上分成不同的子网；同一局域网连接的用户可采用虚拟局域网 VLAN 技术对具有相关性的用户进行分组；设置镜像服务器，减少单个服务器的负载，避免大量的用户在相同的时间带内访问同一服务器。

9. 网络和计算机设备的选择

（1）服务器的选择。

服务器是网络系统的关键设备，分为 PC 服务器、专用服务器和主机型服务器三种类型。PC 服务器是以一些高档 PC 为基础；专用服务器性能强，是根据网络数据传输、可靠性等的要求而设计的，通常专用服务器采用了多 CPU 结构、多总线结构、关键部分采用容错技术；主机型服务器一般是超级小型机或中、大型机，通常用于对服务器的速度和存储容量要求非常高的大中型网络。选择服务器应从以下几个方面考察如下几个指标：处理能力、存储容量、高速传输总线、磁盘接口、系统容错。通常在局域网中以选择专用服务器作为服务器的比较多。通常在局域网中有多个服务器，根据它们所起的作用和工作方式分为文件服务器、数据库服务器、打印服务器、通信服务器、邮件服务器和应用服务器等。选择服务器的基本原则：一是服务器的往往是网络的瓶颈，所以要求服务器的处理能力应该远远大于工作站的处理能力，尤其是网络中的主数据库服务器应具有极强的处理能力；二是服务器对内存容量和磁盘容量的要求较高，这就需要在进行需求分析时对所需的存储容量进行估算；三是随着 CPU 速度和内存速度的提高，对系统总线的要求也相应提高；四是服务器的磁盘访问十分频繁，当 CPU 及系统总线的传输速率提高，一般应选择 SCSI 磁盘，以提高网络的运行效率。

（2）网络设备的选择。

由于网络技术发展十分迅速，设备产品更新换代很快，所以在选择网络设备时，既要注意采用先进的技术，也要考虑实际应用的情况，避免造成设备浪费。如在选择路由器或交换机时，需考虑端口数、支持的传输的协议、所连接 LAN 的传输速率和背板的带宽。在选择网络设备时应注意如下几个问题：

一是网络设备（路由器或交换机）端口数据除满足当前需求外，还要留有适当的余地；二是网络设备应支持各种传输协议（如 Ethernet、Token Ring、FDDI LAN、100Base－T 和 ATM 等）；三是应注意所用 LAN 的传输速率和网络设备所能支持的传输速率；四是网络设备（路由器或交换机）的背板上高速总线的带宽应是 LAN 的传输速率的几十倍以上。

网络交换设备包括中心交换机、部门交换机。中心交换机是整个网络的核心设备，它的故障将导致整个网络的瘫痪，因此中心交换机的选择要支持 ATM 模块，同时三层交换速率要高，支持扩展的大交换/小路由方案。路由器是网络与广域网互连必不可少的设备，因此，必须考虑 Internet/Intranet 接入、多业务语音/数据集成、模拟和数字拨号访问服务、VPN 接入、VLAN 以及路由带宽等应用，同时采用 PIX 硬件防火墙技术保证网络的安全性。

（3）选择网络操作系统。

网络操作系统的选择十分重要，因为它在很大程度上决定着整个网络的整体性能，通常用于服务器文件系统的管理、服务器内存的管理、共享应用程序的加载和执行和多 CPU 任务的调度等。可以选择的网络操作系统有 NetWare 系列、UNIX 系列、OS/2 系列和 Windows NT/2000 系列。

10. 选择中继系统的传输网

在组建广域网时，要求选择适当的传输网标准，如公共电话交换网（PSTN）、X.25 分组交换网、DDN 网、SDH 网、光纤专网、微波专线和卫星通信网络等。

4.8.4 企业网络的集成

企业网络一般包括控制网络和信息网络两大部分，控制网络强调可靠性、实时性。控制网络与信息网络的区别主要如下：

（1）控制网络中数据传输的及时性和系统响应的实时性是最基本的要求，而信息网络对实时性的要求不高。

（2）控制网络强调在恶劣环境下数据传输的完整性、可靠性。控制网络应具有在高温、潮湿、腐蚀、电磁干扰等工业环境下长时间、连续、可靠、完整地传输数据的能力，并能抗工业电网的浪涌、跌落和尖峰干扰等。

（3）在企业自动化系统中，由于分散的单一用户要借助控制网络进入某一个系统，通信方式多采用广播或组播方式；而信息网络中的某一自主系统与另一个自主系统一般使用一对一的通信方式。

（4）控制网络必须解决多种不同类型的产品和系统在同一网络的互操作性的问题。

一、控制网络的集成技术

控制网络按照"系统"的观点，采用系统工程的方法进行网络的集成。

1. 用户需求分析

（1）网络的地理分布：网络需设置多少站点及其站点位置，用户间的最大距离，用户群的划分，特殊需求和限制等。

（2）用户设备的类型：终端、个人计算机、主机及服务器、模拟设备等。

（3）网络服务与网络功能：数据库和程序共享，文件的传送与存取，用户设备之间的逻辑连接，电子邮件，网络互边，虚拟终端等。

（4）通信类型与通信容量：数据、视频信号、音频信号等。

2. 系统分析与设计

系统分析与设计是根据用户需求报告，提出相应的解决方案。

（1）控制网络的拓扑结构。

控制网络分为面向设备的现场总线控制网络和面向自动化的主干控制网络，现场总线控制网络网络作为主干控制网络的一个接入节点，如图 4-47 所示。从发展的观点来看，面向设备的控制网络与面向自动化的控制网络也可以合二为一，形成一个统一的控制网络，即分布式控制网络，从网络的组网技术来分，分布式控制网络可分为共享式控制网络和交换式控制网络。共享式控制网络结构既可应用一般的控制网络，也可以应用于现场总线，以太控制网络是共享式控制网络应用最广泛的。交换式控制网络结构具有组网灵活、性能好，便于组建虚拟控制网络等优点，比较适合组建高层控制网络，已得到很好的实际应用，具有很好的应用前景。

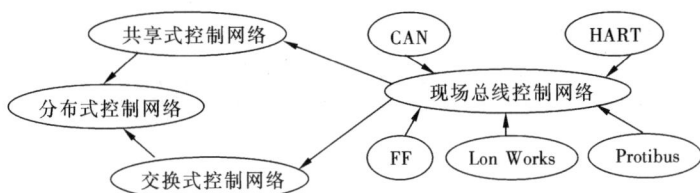

图 4-47　控制网络的类型及其相互关系

（2）传输方式。

确定传输方式是采用基带传输或宽带传输，确定通信类型及通道数、通信容量及数据传输速度。

1）网络设备：根据网络体系结构，确定网络设备的类型、容量，及其支持的协议等。

2）用户接口：确定用户工作站的类型、容量，及其支持的协议和主机类型等。

3）服务器：确定服务器的类型、容量，及其支持的协议等。

4）网络管理：制定网络管理、网络控制、网络安全的具体要求。

二、控制网络与信息网络的集成

1. 控制网络与信息网络的集成目标

控制网络与信息网络集成的目标是实现管理与控制一体化的、统一的、集成的企业网络。企业网络的逻辑框架如图 4-48 所示。企业网络的逻辑集成方法有两种。

（1）一种是将信息网络与自动化层的控制网络统一组网，融为一体，然后通过路由器与设备层控制网络进行互连，从而形成一个统一企业网络，如图 4-49 所示。

（2）另一种是各现场设备的控制功能由嵌入式系统实现，嵌入式

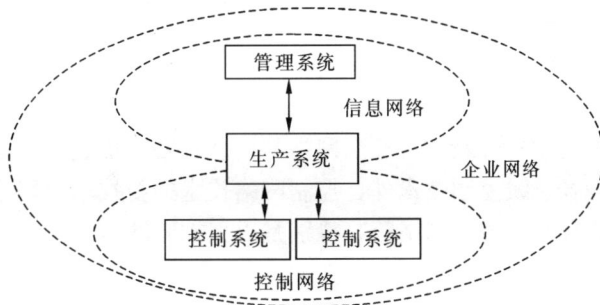

图 4-48　企业网络的逻辑集成框架

系统通过网络接口接入控制网络，该控制网络与信息网络统一构建，如图 4-50 所示。

2. 控制网络与信息网络的集成技术

（1）由于控制网络与信息网络是两类具有不同功能、不同结构和不同形式的网络，实现控制网络与信息网络的互连是控制网络与信息网络集成技术之一。通常采用的网络互连方式有网关和路由器，通常采用的网络扩展方法有网桥与中继器。同时 WEB 技术在控制网络与信息网络互连中已得到实际应用。

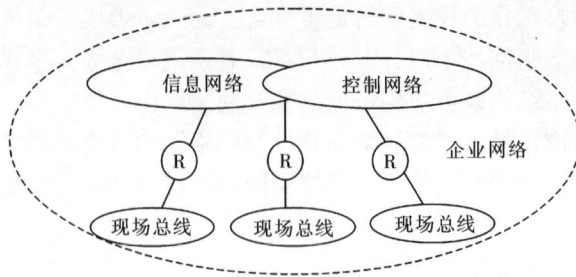

图 4-49　通过互连构建集成的企业网络

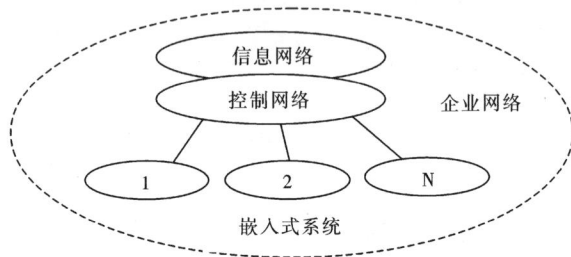

图 4-50　通过嵌入式系统构建集成的企业网络

（2）控制网络与信息网络集成的远程通信技术，远程通信技术有利用调制解调器的数据、基于 TCP/IP 的远程通信，包括应用 TCP/IP 的 FTP 协议和 PPP 协议。

（3）控制网络与信息网络集成的动态数据交换技术。当控制网络与信息网络有一共享工作站或通信处理机时，可通过动态数据交换技术实现控制网络中实时数据与信息网络中数据库数据的动态交换，从而实现控制网络与信息网络的集成。

（4）控制网络与信息网络集成的数据库访问技术。信息网络一般采用开放数据库系统，这样，通过数据库访问技术可实现控制网络与信息网络数据库的集成。如信息网络 Intranet 的一个浏览器接入控制网络，基于 Web 技术，通过浏览器可与信息网络数据库进行动态交换。

为了更好地实现控制网络与信息网络的集成，克服现场总线的不足，除了继续研究现有的现场总线控制技术外，控制网络技术的新技术应用是一个主要的发展方向，如以太控制网络和分布式控制网络等，特别是以太控制网络。

复 习 思 考 题

1. ISO/OSI 设置哪些层次？简单归纳各层的作用与功能。
2. 指出 ISO/OSI 参考模型与 TCP/IP 概念模型的对应关系。
3. 局域网的拓扑结构有哪些？各有什么特点？
4. 局域网的基本组成有哪些？
5. 分析叙述令牌环网和令牌总线网的介质访问控制方式的基本原理。
6. 什么是 IP 地址和域名？两者之间有何关系？
7. IP 地址分为哪几类？

8. 简述包过滤技术及其工作原理。

9. 分析加密技术的原理。

10. 何谓防火墙，它的功能是什么？它是如何工作的？

11. 试叙述安装 Windows 2000 Server 操作系统的操作步骤。

12. 试叙述安装 WWW 服务器、FTP 服务器的具体操作步骤。

13. 实现控制网络和信息网络互连的方法有哪些？控制网络的类型有哪些？

第 5 章

计 算 机 通 信 接 口

引言： 在数据通信、计算机网络以及分布式工业控制系统中，经常采用串行通信来交换数据和信息。1969 年，美国电子工业协会（EIA）公布了 RS-232C 作为串行通信接口的电气标准，该标准定义了数据终端设备（DTE）和数据通信设备（DCE）间按位串行传输的接口信息，合理安排了接口的电气信号和机械要求，在世界范围内得到了广泛的应用。

串行通信由于接线少、成本低，因此在数据采集和控制系统中得到了广泛的应用。本章主要介绍 RS-232、RS-449、RS-423 和 RS-2485 等串行通信接口的基本原理和实际应用。

5.1 RS-232 接 口 技 术

5.1.1 概述

RS-232C 标准是美国电子工业联合会 EIA 与 BELL 等公司一起开发的 1969 年公布的通信协议。它适合于数据传输速率在 0～20kbit/s 范围内的通信。这个标准对串行通信接口的有关问题，如信号线功能、电器特性都作了明确规定。

RS-232-C 标准是一种在数据终端设备（Data Terminal Equipment，DTE）与数据通信设备（Data Communication Equipment，DCE）之间通信的链接标准。最初，制定这个标准是为了促进与推广使用公用电话网进行数据通信。现在，计算机可以通过 Modem 与网络连接，实现网上的远距离通信，有些短距离场合，不需要使用电话网络或 Modem 时可以直接通过 RS-232-C 接口在计算机与计算机或终端之间相连。

其次，RS-232C 标准中所提到的"发送"和"接收"，都是站在 DTE 立场上，而不是站在 DCE 的立场来定义的。由于在计算机系统中，往往是 CPU 和 I/O 设备之间传送信息，两者都是 DTE，因此双方都能发送和接收。

5.1.2 RS-232-C

RS-232C 标准（协议）的全称是 EIA-RS-232C 标准，其中 EIA（Electronic Industry Association）代表美国电子工业协会，RS（Recommended standard）代表推荐标准，232 是标识号，C 代表 RS232 的最新一次修改（1969），在这之前，有 RS232B、RS232A。它规定连接电缆和机械、电气特性、信号功能及传送过程。常用物理标准还有 EIA-RS-232-C、EIA-RS-422-A、EIA-RS-423A、EIA-RS-485。这里只介绍 RS-232-C（简称 232，RS232）。例如，目前在 PC 机上的 COM1、COM2 接口，就是 RS-232C 接口。

一、电气特性

1. EIA-RS-232C 标准

EIA-RS-232C 对电器特性、逻辑电平和各种信号线功能都做了规定，RS-232 标准见表 5-1。

表 5-1 RS-232 标准

项 目	指 标
带 3～7kΩ 负载时的驱动器的输出电平	逻辑 "1" 为 －15～－3V
	逻辑 "0" 为 ＋3～＋15V
驱动器通断时的输出阻抗	大于 300Ω
不带负载时驱动器的输出电平	－25～＋25V
输出短路电流	小于 0.5A
驱动器转换速率	小于 30V/μs
接收器输入阻抗	3～7kΩ
接收器输入电压的允许范围	－25～＋25V
输入开路时接收器的输出	逻辑 "1"
输入经 300Ω 接地时接收器的输出	逻辑 "1"
＋3V 输入时接收器的输出	逻辑 "0"
－3V 输入时接收器的输出	逻辑 "1"
最大负载电容	2500pF

在 RS-232 标准中，在 TxD（发送数据）和 RxD（接收数据）上：逻辑 1（MARK）＝ －3～－15V，逻辑 0（SPACE）＝＋3～＋15V，在 RTS、CTS、DSR、DTR 和 DCD 等控制线上：信号有效（接通，ON 状态，正电压）＝＋3～＋15V；信号无效（断开，OFF 状态，负电压）＝－3～－15V。

以上规定说明了 RS-232C 标准对逻辑电平的定义。对于数据（信息码）：逻辑 "1"（传号）的电平低于－3V，逻辑 "0"（空号）的电平高于＋3V；对于控制信号；接通状态（ON）即信号有效的电平高于＋3V，断开状态（OFF）即信号无效的电平低于－3V，也就是当传输电平的绝对值大于 3V 时，电路可以有效地检查出来，介于－3～＋3V 之间的电压无意义，低于－15V 或高于＋15V 的电压也认为无意义，因此，实际工作时，应保证电平在±（3～15）V 之间。

2. RS-232C 与 TTL 转换

EIA-RS-232C 是用正负电压来表示逻辑状态，与 TTL 以高低电平表示逻辑状态的规定不同。因此，为了能够同计算机接口或终端的 TTL 器件连接，必须在 EIA-RS-232C 与 TTL 电路之间进行电平和逻辑关系的变换。实现这种变换的方法可用分立元件，也可用集成电路芯片。目前较为广泛地使用集成电路转换器件。

（1）电平转换，MC1488、SN75150 芯片可完成 TTL 电平到 EIA 电平的转换，而 MC1489、SN75154 可实现 EIA 电平到 TTL 电平的转换。MAX232 芯片可完成 TTL←→ EIA 双向电平转换，图 5-1 所示为 1488 和 1489 的内部结构和引脚。MC1488 的引脚（2）、

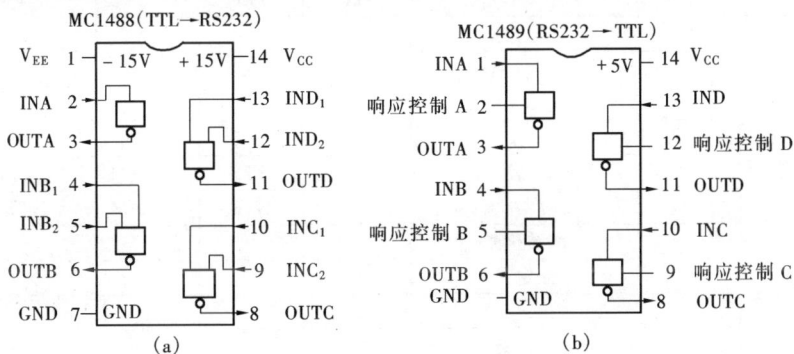

图 5-1 RS-232 接口电平转换芯片 MC1488 和 MC1489 的内部结构和引脚功能
(a) MC1488；(b) MC1489

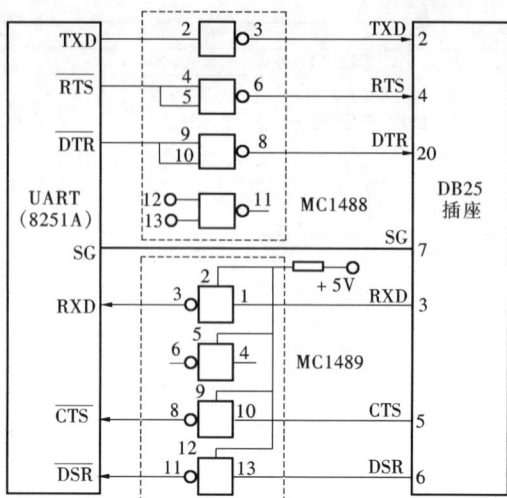

图 5-2　EIA 电平与 TTL 电平转换

（4,5）、（9,10）和（12,13）接 TTL 输入。引脚 3、6、8、11 输出端接 EIA-RS-232C。MC1498 的 1、4、10、13 脚接 EIA 输入，而 3、6、8、11 脚接 TTL 输出。

（2）具体连接方法如图 5-2 所示，微机串行接口电路中的主芯片 UART，它是 TTL 器件，右边是 EIA-RS-232C 连接器，要求 EIA 高电压。因此，RS-232C 所有的输出、输入信号都要分别经过 MC1488 和 MC1498 转换器，进行电平转换后才能送到连接器上去或从连接器上送进来。

二、连接器的机械特性

由于 RS-232C 并未定义连接器的物理特性，因此，出现了 DB-25、DB-15 和 DB-9 各种类型的连接器，其引脚的定义也各不相同。其接口信号定义与分类见表 5-2 和 5-3，下面分别介绍两种连接器。

表 5-2　　　　　　　　　　9 芯 RS-232 接口信号（M-Modem　T-终端）

引脚号	缩写符	信号方向	说　明	引脚号	缩写符	信号方向	说　明
1	DCD	M—>T	载波检测	6	DSR	M—>T	数据装置准备好
2	RXD	M—>T	接收数据	7	RTS	T—>M	请示发送
3	TXD	T—>M	发送数据	8	CTS	M—>T	清除发送
4	DTR	T—>M	数据终端准备好	9			振铃指示
5	GND		信号地				

表 5-3　　　　　　　　　25 芯 RS-232 接口信号（M-Modem　T-终端）

引脚号	缩写符	信号方向	说　明	引脚号	缩写符	信号方向	说　明
1				14	TXD	T—>M	发送数据
2	TXD	T—>M	发送数据	15			
3	RXD	M—>T	接收数据	16	RXD	M—>T	接收数据
4	RTS	T—>M	请示发送	17			
5	CTS	M—>T	清除发送	18	—		未定义
6	DSR	M—>T	数据设备准备好	19	RTS	T—>M	请示发送
7				20	DTR	T—>M	数据终端准备好
8	DCD	M—>T	载波检测	21			
9	—		未定义	22			
10	—		未定义	23			
11	—		未定义	24			
12	DCD	M—>T	载波检测	25	—		未定义
13	CTS	M—>T	清除发送				

（1）DB-25。PC 和 XT 机采用 DB-25 型连接器。DB-25 连接器定义了 25 根信号线，分为 4 组：

1）异步通信的 9 个电压信号：（含信号地 SG）2、3、4、5、6、7、8、20、22；

2）20mA 电流环信号 9 个：12、13、14、15、16、17、19、23、24；

3）空 6 个：9、10、11、18、21、25；

4）保护地（PE）1 个，作为设备接地端（1 脚）。

DB-25 型连接器的外形及信号线分配如图 5-3 所示。注意，20mA 电流环信号仅 IBM PC 和 IBM PC/XT 机提供，至 AT 机及以后，已不支持。

（2）DB-9 连接器。在 AT 机及以后，不支持 20mA 电流环接口，使用 DB-9 连接器，作为提供多功能 I/O 卡或主板上 COM1 和 COM2 两个串行接口的连接器。它只提供异步通信的 9 个信号。DB-25 型连接器的引脚分配与 DB-25 型引脚信号完全不同。因此，若与配接 DB-25 型连接器的 DCE 设备连接，必须使用专门的电缆线。

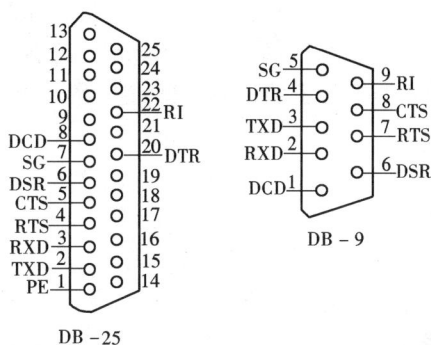

图 5-3　DB-25、DB-9 型连接器
外形及信号线分配

电缆长度：在通信速率低于 20kbit/s 时，RS-232C 所直接连接的最大物理距离为 15m（50 英尺）。

最大直接传输距离说明：RS-232C 标准规定，若不使用 MODEM，在码元畸变小于 4% 的情况下，DTE 和 DCE 之间最大传输距离为 15m（50 英尺）。可见这个最大的距离是在码元畸变小于 4% 的前提下给出的。为了保证码元畸变小于 4% 的要求，接口标准在电气特性中规定，驱动器的负载电容应小于 2500pF。

三、RS-232C 的接口信号描述

RS-232C 规定标准接口有 25 条线、4 条数据线、11 条控制线、3 条定时线、7 条备用和未定义线，常用的只有 9 根。

1. 联络控制信号线

（1）数据装置准备好（Data set ready-DSR）。有效时（ON）状态，表明 MODEM 处于可以使用的状态。

（2）数据终端准备好（Data set ready-DTR）。有效时（ON）状态，表明数据终端可以使用。

上述两个信号有时连到电源上，一上电就立即有效。这两个设备状态信号有效，只表示设备本身可用，并不说明通信链路可以开始进行通信了，能否开始进行通信要由下面的控制信号决定。

（3）请求发送（Request to send-RTS）。用来表示 DTE 请求 DCE 发送数据，即当终端要发送数据时，使该信号有效（ON 状态），向 MODEM 请求发送。它用来控制 MODEM 是否要进入发送状态。

（4）允许发送（Clear to send-CTS）。用来表示 DCE 准备好接收 DTE 发来的数据，是对请求发送信号 RTS 的响应信号。当 MODEM 已准备好接收终端传来的数据，并向前发送时，使该信号有效，通知终端开始沿发送数据线 TxD 发送数据。这对 RTS/CTS 请求应答联络信号是用于半双工 MODEM 系统中发送方式和接收方式之间的切换。在全双工系统中作发送方式和接收方式之间的切换。在全双工系统中，因配置双向通道，故不需要 RTS/CTS 联络信号，使其变高。

（5）接收线信号检出（Received Line detection-RLSD）。用来表示 DCE 已接通通信链路，告知 DTE 准备接收数据。当本地的 MODEM 收到由通信链路另一端（远地）的 MO-DEM 送来的载波信号时，使 RLSD 信号有效，通知终端准备接收，并且由 MODEM 将接收下来的载波信号解调成数字量数据后，沿接收数据线 RxD 送到终端。此线也叫做数据载波检出（Data Carrier dectection-DCD）线。

（6）振铃指示（Ringing-RI）。当 MODEM 收到交换台送来的振铃呼叫信号时，使该信号有效（ON 状态），通知终端，已被呼叫。

2. 数据发送与接收线

（1）发送数据（Transmitted data-TxD）。通过 TxD 终端将串行数据发送到 MODEM（DTE→DCE）。

（2）接收数据（Received data-RxD）。通过 RxD 线终端接收从 MODEM 发来的串行数据（DCE→DTE）。

3. 地线

有两根线 SG、PG——信号地和保护地信号线，无方向。

上述控制信号线何时有效，何时无效的顺序表示了接口信号的传送过程。例如，只有当 DSR 和 DTR 都处于有效（ON）状态时，才能在 DTE 和 DCE 之间进行传送操作。若 DTE 要发送数据，则预先将 DTR 线置成有效（ON）状态，等 CTS 线上收到有效（ON）状态的回答后，才能在 TxD 线上发送串行数据。这种顺序的规定对半双工的通信线路特别有用，因为半双工的通信才能确定 DCE 已由接收方向改为发送方向，这时线路才能开始发送。

2 个数据信号：发送 TXD；接收 RXD。

1 个信号地线：SG。

6 个控制信号如下：

DSR—数传机（即 modem）准备好，Data Set Ready.

DTR—数据终端（DTE，即微机接口电路，如 Intel8250/8251，16550）准备好，Data Terminal Ready。

RTS—DTE 请求 DCE 发送（Request To Send）。

CTS—DCE 允许 DTE 发送（Clear To Send），该信号是对 RTS 信号的回答。

DCD—数据载波检出，Data Carrier Detection 当本地 DCE 设备（Modem）收到对方的 DCE 设备送来的载波信号时，使 DCD 有效，通知 DTE 准备接收，并且由 DCE 将接收到的载波信号解调为数字信号，经 RXD 线送给 DTE。

RI—振铃信号 Ringing 当 DCE 收到交换机送来的振铃呼叫信号时，使该信号有效，通知 DTE 已被呼叫。

四、通信系统的连接

采用 RS-232C 总线连接系统时，其通信方式又可分为近距离通信方式和远距离通信方式。远程通信是指传输距离小于 15m 的通信，15m 以上的长距离通信需采用调制解调器。

如果要使得两端设备都能够正确地发送和接收数据，除将两端 TXD 和 RXD 交叉连接，另外，DTR 和 DSR 也要交叉连接，才能使双方能检测出对方是否已经准备好。图 5-4 所示为近距离通信连接示意图。

另外也可以进行简单连接，如图 5-5（a）所示，仅将两端的 TXD 和 RXD 交叉连接，其余信号都不接，但这种不适应于需要检测"清除发送"、"载波检测"、"数据设备就绪"等信号状态的通信过程；如图 5-5（b）所示，仅将两端的 TXD 和 RXD 交叉连接，同一设备的"请求发送"连至自己的"清除发送"及"载波检测"，"数据终端就绪"连至自己的"数据设备就绪"，这种连接方式一般只适合单向数据传输。

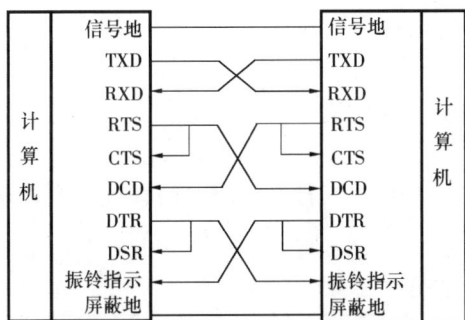

图 5-4 利用 RS-232C 实现异步
串行通信的完整连接

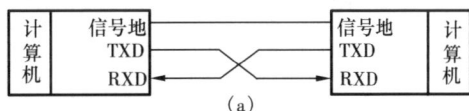

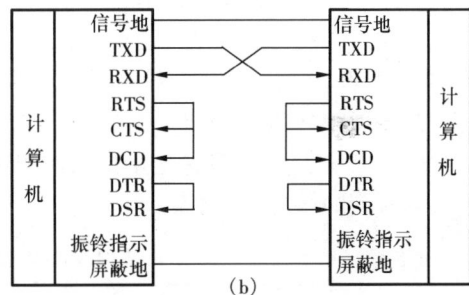

图 5-5 利用 RS-232C 实现异步
串行通信的简单连接
（a）简单连接一；（b）简单连接二

五、最大传输距离

采用电缆直接连接的最大传输距离是 15m，但在实际应用中，要求的传输距离远远超过这一数值。RS-232C 标准规定：在码元畸变小于 4% 的情况下，最大传输距离为 15m，接口标准的电气特性规定，接口驱动器的负载电容（传输介质电容＋接口输入电容）应小于2500pF，普通屏蔽多心电缆每英尺的电容值为 40～50 pF 计算，传输电缆为 15m 左右。而大多数用户是按码元畸变为 10%～20% 的情况工作的，因此在这种情况下，传输距离会远远超过 15m。

六、RS-232-C 标准存在的弱点

（1）数据传输速率低，最高传输速率为 20kbit/s。

（2）传输距离短，联接电缆的最大长度不超过 15m。

（3）由于 RS-232-C 标准接口电路是非平衡型的，其抗噪声程度不理想。

5.2 RS-449、RS-422 与 RS-485 串行接口标准

5.2.1 概述

1977 年 EIA 制定了 RS-449。它除了保留与 RS-232C 兼容的特点外，还在提高传输速

率，增加传输距离及改进电气特性等方面作了很大努力，并增加了 10 个控制信号。与 RS-449 同时推出的还有 RS-422 和 RS-423，它们是 RS-449 的标准子集。RS-422 标准规定采用平衡驱动差分接收电路，提高了数据传输速率（最大位速率为 10Mbit/s），增加了传输距离（最大传输距离 1200m）。

RS-423 标准规定采用单端驱动差分接收电路，其电气性能与 RS-232C 几乎相同，并设计成可连接 RS-232C 和 RS-422。它一端可与 RS-422 连接，另一端则可与 RS-232C 连接，提供了一种从旧技术到新技术过渡的手段。同时又提高位速率（最大为 300kbit/s）和传输距离（最大为 600m）。

因 RS-485 为半双工的，当用于多站互连时可节省信号线，便于高速、远距离传送。许多智能仪器设备均配有 RS-485 总线接口，将它们联网也十分方便。

5.2.2　RS-449 接口标准

一、RS-449 与 RS-232C 的比较

RS-449 与 RS-232C 之间的主要差别是信号在传输线路上的传输方法不同，RS-232C 是利用传输信号线与公共地之间的电位差，而 RS-449 是利用信号线之间的信号电位差，可在约 1220m 的 24 号 AWG 双绞线上进行数字通信，传输速率可达 100kbit/s。

二、RS-449 接口标准

RS-449 规定了两种标准接口的连接器，一种是 37 脚，另一种是 9 脚。两种连接器的输出管脚排列顺序见表 5-4 和表 5-5。

表 5-4　　　　　　　　　　　37 脚 RS-449 连接器的输出管脚排列顺序

引脚号	信号名称	引脚号	信号名称
1	屏蔽	20	接收公共地
2	信号速率指示器	21	空脚
3	空脚	22	发送数据（公共端或参考点）
4	发送数据	23	发送时钟（公共端或参考点）
5	发送同步	24	接收数据（公共端或参考点）
6	接收数据	25	请求发送（公共端或参考点）
7	请求发送	26	接收同步（公共端或参考点）
8	接收同步	27	允许发送（公共端或参考点）
9	允许发送	28	终端正在服务
10	本地回测	29	数据模式（公共端或参考点）
11	数据模式	30	终端就绪（公共端或参考点）
12	终端就绪	31	接收就绪（公共端或参考点）
13	接收设备就绪	32	备用选择
14	远距离回测	33	信号质量
15	来话呼叫	34	新信号
16	信号速率选择/频率选择	35	终端定时（公共端或参考点）
17	终端同步	36	备用指示器
18	测试模式	37	发送公共端
19	信号地		

表 5-5 **9 脚 RS-449 连接器的输出管脚排列顺序**

引脚号	信号名称	引脚号	信号名称
1	屏蔽	6	接收器公共端
2	次信道接收就绪	7	次信道发送请求
3	次信道发送数据	8	次信道发送就绪
4	次信道接收数据	9	发送公共端（用于次信道）
5	信号地		

5.2.3 RS-422A 接口标准

RS-422 与 RS-232 不一样，它是一种单机发送、多机接收的单向、平衡传输接口。RS-422 接口电路由发送器、平衡连接电缆、电缆终端负载、接收器几部分组成。RS-422 的最大传输速率为 10Mbit/s，在该速率下通信距离可达到 120m。如果使用较低的速率，如 90kbit/s 时，最大通信距离可达到 1200m。

一、平衡传输

通常情况下，发送驱动器 A、B 之间的正电平在＋2～＋6V，是一个逻辑状态，负电平在－6～－2V，是另一个逻辑状态。另有一个信号地 C，在 RS-485 中还有一 "使能" 端，而在 RS-422 中这是可不用的。"使能" 端是用于控制发送驱动器与传输线的切断与连接。当 "使能" 端起作用时，发送驱动器处于高阻状态，称作 "第三态"，即它是有别于逻辑 "1" 与 "0" 的第三态，如图 5-6 所示。

接收器也作与发送端相对的规定，收、发端通过平衡双绞线将 AA 与 BB 对应相连，当在收端 AB 之间有大于＋200mV 的电平时，输出正逻辑电平，小于－200mV 时，输出负逻辑电平。接收器接收平衡线上的电平范围通常在 200mV 至 6V 之间，如图 5-7 所示。

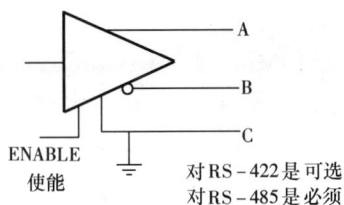

图 5-6 RS-422（RS-485）接口
发送器或接收器示意图

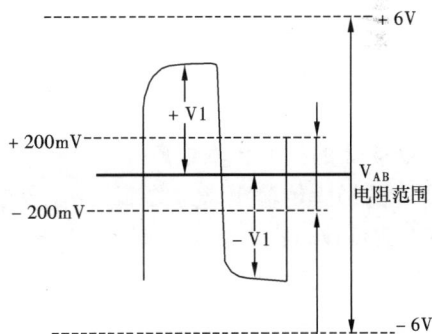

图 5-7 传输电压范围

二、RS-422 电气规定

RS-422 标准全称是 "平衡电压数字接口电路的电气特性"，它定义了接口电路的特性。图 5-9 是典型的 RS-422 四线接口。实际上还有一根信号地线，共 5 根线。图 5-8 所示为 DB9 连接器引脚定义，RS-422 有关电气参数见表 5-6。

表 5-6   RS-422 电气参数

工作模式	差　动	工作模式	差　动
允许的收发器数	10Rx，1Tx	接收器输入灵敏度	±200mV
最高数据速率	10Mbps	接收器最小输入阻抗	4kΩ
最小驱动输出电压	±2V	接收器输入电压范围	−7～+7V
最大驱动输出电压	±5V	接收器输出逻辑高	>200mV
最大输出短路电流	150mA	接收器输出逻辑低	<−200mV
驱动器输出阻抗	100Ω		

由于接收器采用高输入阻抗和发送驱动器比 RS232 更强的驱动能力，故允许在相同传输线上连接多个接收节点，最多可接 10 个节点。即一个主设备（Master），其余为从设备（Salve），从设备之间不能通信，所以 RS-422 支持点对多的双向通信。接收器输入阻抗为 4kΩ，故发端最大负载能力是 10×4k＋100（终接电阻）。RS-422 四线接口由于采用单独的发送和接收通道，因此不必控制数据方向，各装置之间任何必须的信号交换均可以按软件方式（XON/XOFF 握手）或硬件方式（一对单独的双绞线）实现。

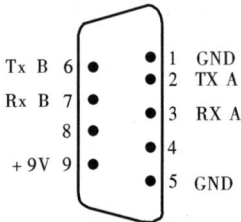

图 5-8　RS-422 接口

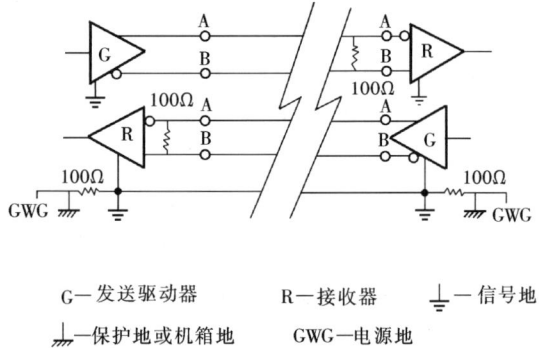

G—发送驱动器　　　　R—接收器　　　⏚—信号地

⏚—保护地或机箱地　　　GWG—电源地

图 5-9　RS-422 接口连接规范

三、RS-422 的最大传输距离

RS-422 的最大传输距离为约 1219m，最大传输速率为 10Mbit/s。其平衡双绞线的长度与传输速率成反比，在 100kbit/s 速率以下，才可能达到最大传输距离。只有在很短的距离下才能获得最高速率传输。一般 100m 长的双绞线上所能获得的最大传输速率仅为 1Mbit/s。

RS-422 需要一终接电阻，要求其阻值约等于传输电缆的特性阻抗。在短距离传输时可不需终接电阻，即一般在 300m 以下不需终接电阻。终接电阻接在传输电缆的最远端。

5.2.4　RS-485 电气规定

由于 RS-485 是从 RS-422 基础上发展而来的，所以 RS-485 许多电气规定与 RS-422 相仿。

如都采用平衡传输方式、都需要在传输线上接终接电阻等。RS-485 可以采用二线与四线方式，二线制可实现真正的多点双向通信，参见图 5-10。

而采用四线连接时，与 RS-422 一样只能实现点对多的通信，即只能有一个主（Master）设备，其余为从设备，但它比 RS-422 有改进，无论四线还是二线连接方式总线上可多接到 32 个设备。RS-485 接口四线连接如图 5-11 所示。

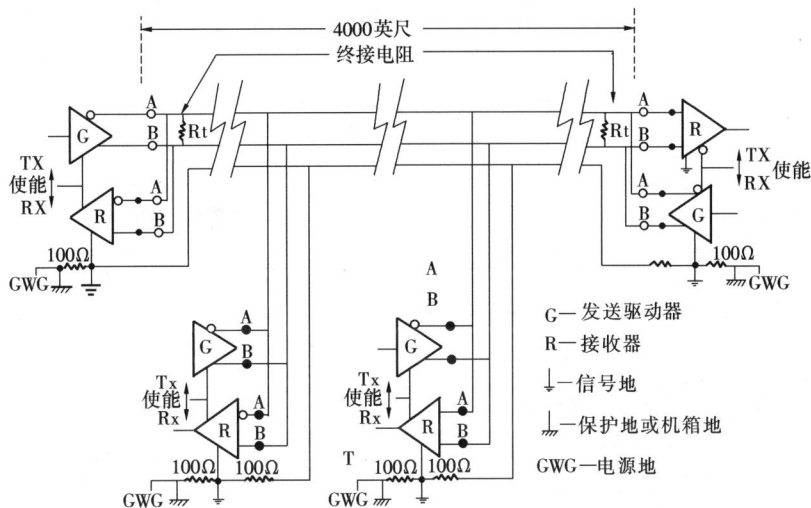

图 5-10 RS-485 接口二线连接

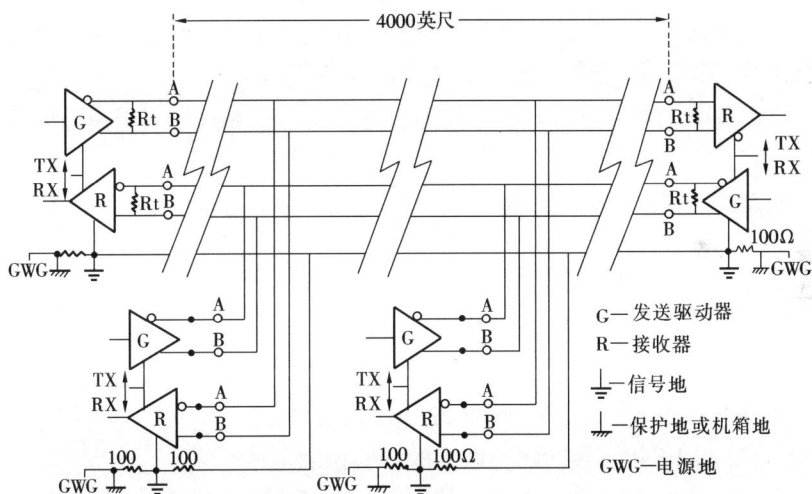

图 5-11 RS-485 接口四线连接

RS-485 与 RS-422 的不同还在于其共模输出电压是不同的，RS-485 是－7～＋12V 之间，而 RS-422 在－7～＋7V 之间，RS-485 接收器最小输入阻抗为 12kΩ，RS-422 是 4kΩ；RS-485 满足所有 RS-422 的规范，所以 RS-485 的驱动器可以用在 RS-422 网络中应用。

RS-485 有关电气规定参见表 5-7。

RS-485 与 RS-422 一样，其最大传输距离约为 1219m，最大传输速率为 10Mbit/s。平衡双绞线的长度与传输速率成反比，在 100kbit/s 速率以下，才可能使用规定最长的电缆长度。只有在很短的距离下才能获得最高速率传输。一般 100m 长双绞线最大传输速率仅为 1Mbit/s。RS-485 需要 2 个终接电阻，其阻值要求等于传输电缆的特性阻抗。在短距离传输时可不需终接电阻，即一般在 300m 以下不需终接电阻。终接电阻接在传输总线的两端。

表 5-7   **RS-485 标准**

工作模式	差动	工作模式	差动
允许的收发器数	32Rx，32Tx	接收器输入灵敏度	±200mV
最高数据速率	10Mbps	接收器最小输入阻抗	12kΩ
最小驱动输出电压	±1.5V	接收器输入电压范围	$-7\sim+12$V
最大驱动输出电压	±5V	接收器输出逻辑高	>200mV
最大输出短路电流	250mA	接收器输出逻辑低	<−200mV
驱动器输出阻抗	54Ω		

5.2.5　RS-422 与 RS-485 的网络安装注意要点

RS-422 可支持 10 个节点，RS-485 支持 32 个节点，因此多节点构成网络。网络拓扑一般采用终端匹配的总线型结构，不支持环形或星形网络。在构建网络时，应注意如下两点。

(1) 采用一条双绞线电缆作总线，将各个节点串接起来，从总线到每个节点的引出线长度应尽量短，以便使引出线中的反射信号对总线信号的影响最低。图 5-12 所示为实际应用中常见的一些错误连接方式（a，b，c）和正确的连接方式（d，e，f）。a，b，c 这三种网络连接尽管不正确，在短距离、低速率仍可能正常工作，但随着通信距离的延长或通信速率

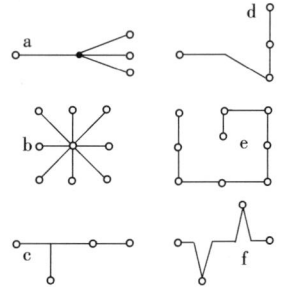

图 5-12　连接方式

的提高，其不良影响会越来越严重，主要原因是信号在各支路末端反射后与原信号叠加，会造成信号质量下降。

(2) 应注意总线特性阻抗的连续性，在阻抗不连续点就会发生信号的反射。下列几种情况易产生这种不连续性：

1) 总线的不同区段采用了不同电缆；

2) 某一段总线上有过多收发器紧靠在一起安装；

3) 过长的分支线引出到总线。

总之，应该提供一条单一、连续的信号通道作为总线。

5.2.6　RS-422 与 RS-485 传输线上匹配的一些说明

对 RS-422 与 RS-485 总线网络一般要使用终接电阻进行匹配。但在短距离与低速率下可以不用考虑终端匹配。当信号的转换时间（上升或下降时间）超过电信号沿总线单向传输所需时间的 3 倍以上时就可以不加匹配。

(1) 一般终端匹配采用终接电阻方法，RS-422 在总线电缆的远端并接电阻，RS-485 则应在总线电缆的开始和末端都需并接终接电阻。终接电阻一般在 RS-422 网络中取 100，在 RS-485 网络中取 120。相当于电缆特性阻抗的电阻，因为大多数双绞线电缆特性阻抗大约在 100～120。这种匹配方法简单有效，但有一个缺点，匹配电阻要消耗较大功率，对于功耗限制比较严格的系统不太适合。

(2) 另外一种比较省电的匹配方式是 RC 匹配，如图 5-13。利用一只电容 C 隔断直流成分可以节省大部分功率。但电容 C 的取值是个难点，需要在功耗和匹配质量间进行折中。

(3) 还有一种采用二极管的匹配方法，如图 5-14 所示。这种方案虽未实现真正的"匹

配"，但它利用二极管的钳位作用能迅速削弱反射信号，达到改善信号质量的目的，节能效果显著。

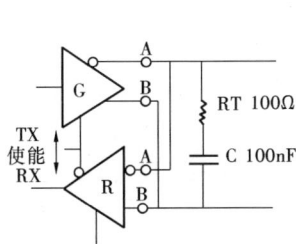

图 5-13　RC 匹配法　　　　　　　　　图 5-14　二极管匹配法

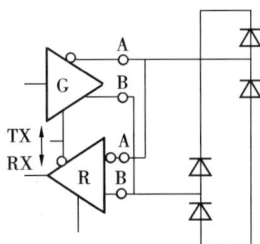

5.2.7　RS-422 与 RS-485 的其他问题

一、接地问题

RS-422 与 RS-485 传输网络的接地是很重要的，因为接地系统不合理会影响整个网络的稳定性，尤其是在工作环境比较恶劣和传输距离较远的情况下，对于接地的要求更严格。否则接口损坏率较高。很多情况下，连接 RS-422、RS-485 通信链路时只是简单地用一对双绞线将各个接口的 "A"、"B" 端连接起来。而忽略了信号地的连接，这种连接方法在许多场合是能正常工作的，但却埋下了很大的隐患，这有下面两个原因。

（1）共模干扰问题：RS-422 与 RS-485 接口均采用差分方式传输信号方式，并不需要相对于某个参照点来检测信号，系统只需检测两线之间的电位差就可以了。但人们往往忽视了收发器有一定的共模电压范围，RS-422 与 RS-485 标准均规定 $VOS \leqslant 3V$，但 VGPD 可能会有很大幅度（十几伏甚至数十伏），并可能伴有强干扰信号，致使接收器共模输入 VCM 超出正常范围，并在传输线路上产生干扰电流，轻则影响正常通信，重则损坏通信接口电路。

（2）EMI 问题：发送驱动器输出信号中的共模部分需要一个返回通路，如没有一个低阻的返回通道（信号地），就会以辐射的形式返回源端，整个总线就会像一个巨大的天线向外辐射电磁波。

由于上述原因，RS-422、RS-485 尽管采用差分平衡传输方式，但对整个 RS-422 或 RS-485 网络，必须有一条低阻的信号地。一条低阻的信号地将两个接口的工作地连接起来，使共模干扰电压 VGPD 被短路。这条信号地可以是额外的一条线（非屏蔽双绞线），或者是屏蔽双绞线的屏蔽层。这是最通常的接地方法。

二、RS-422 与 RS-485 的网络失效保护

RS-422 与 RS-485 标准都规定了接收器门限为 $\pm 200 \text{mV}$。这样规定能够提供比较高的噪声抑制能力，当接收器 A 电平比 B 电平高 $+200 \text{mV}$ 以上时，输出为正逻辑，反之，则输出为负逻辑。但由于第三态的存在，即在主机在发端发完一个信息数据后，将总线置于第三态，即总线空闲时没有任何信号驱动总线，使 AB 之间的电压在 $-200 \sim +200 \text{mV}$ 直至趋于 0V，这带来了一个问题：接收器输出状态不确定。如果接收机的输出为 0V，网络中从机将把其解释为一个新的启动位，并试图读取后续字节，由于永远不会有停止位，产生一个帧错误结果，不再有设备请求总线，网络陷于瘫痪状态。除上述所述的总线空闲会造成两线电压差低于 200mV 的情况外，开路或短路时也会出现这种情况。故应采取一定的措施避免接收

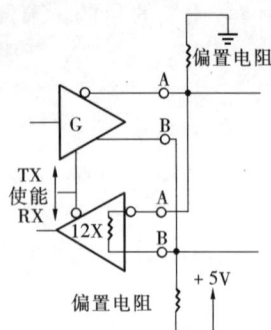

图 5-15　网络失效保护

器处于不确定状态。

通常是在总线上加偏置，当总线空闲或开路时，利用偏置电阻将总线偏置在一个确定的状态（差分电压≥－200mV），如图 5-15 所示。将 A 上拉到地，B 下拉到 5V，电阻的典型值是 1kΩ，具体数值随电缆的电容变化而变化。

三、RS-422 与 RS-485 的瞬态保护

由于传输线对高频信号而言就是相当于电感，因此对于高频瞬态干扰，接地线实际等同于开路。这样的瞬态干扰虽然持续时间短暂，但可能会有成百上千伏的电压。

实际应用环境下还是存在高频瞬态干扰的可能。一般在切换大功率感性负载如电机、变压器、继电器等或闪电过程中都会产生幅度很高的瞬态干扰，如果不加以适当防护就会损坏 RS-422 或 RS-485 通信接口。对于这种瞬态干扰可以采用隔离或旁路的方法加以防护。

（1）隔离保护方法。这种方案实际上将瞬态高压转移到隔离接口中的电隔离层上，由于隔离层的高绝缘电阻，不会产生损害性的浪涌电流，起到保护接口的作用。通常采用高频变压器、光耦等元件实现接口的电气隔离。

（2）旁路保护方法。这种方案利用瞬态抑制元件（如 TVS、MOV、气体放电管等）将危害性的瞬态能量旁路到大地，优点是成本较低，缺点是保护能力有限，只能保护一定能量以内的瞬态干扰，持续时间不能很长，而且需要有一条良好的连接大地的通道，实现起来比较困难。

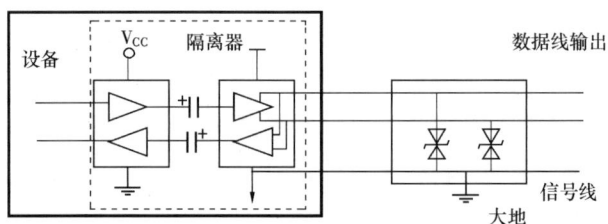

图 5-16　实际应用的瞬态保护

实际应用中是将上述两种方案结合起来灵活加以运用，如图 5-16 所示。在这种方法中，隔离接口对大幅度瞬态干扰进行隔离，旁路元件则保护隔离接口不被过高的瞬态电压击穿。

5.3　其他计算机通信接口

5.3.1　通用串行总线接口

一、通用串行总线接口的定义

通用串行总线（Universal Serial Bus，USB）是应用在 PC 领域的接口技术，由英特尔、康柏、IBM、Microsoft 等多家公司联合制订的。USB 用一个 4 针插头作为标准插头，采用菊花链形式把外设连接起来，最多可以连接 127 个外部设备，并且不会损失带宽。USB 需要主机硬件、操作系统和外设三个方面的支持才能工作。自从 1994 年 11 月 11 日发表了 USB V0.7 以后，USB 接口经历了六年的发展，已经发展到了 2.0 版本。

二、USB 总线特点

（1）数据传输速率高。USB1.0 标准接口传输速率为 12Mbit/s，USB2.0 支持最高速率达 480Mbit/s。同串行端口比，USB 大约快 1000 倍；同并行端口比，USB 端口大约快 50%。

（2）数据传输可靠。USB 总线控制协议要求在数据发送时含有 3 个描叙数据类型、发送方向和终止标志、USB 设备地址的数据包。USB 设备在发送数据时支持数据侦错和纠错功能，增强了数据传输的可靠性。

（3）同时挂接多个 USB 设备。USB 可通过菊花链的形式同时挂接多个 USB 设备，理论上可达 127 个。

（4）USB 接口能为设备供电。USB 线缆中包含有两根电源线及两根数据线。耗电比较少的设备可以通过 USB 口直接取电。可通过 USB 口取电的设备又分低电量模式和高电量模式，前者最大可提供 100mA 的电流，而后者则是 500mA。

（5）支持热插拔。在开机情况下，可以安全地连接或断开设备，达到真正的即插即用。USB 还具有一些新的特性，如实时性（可以实现和一个设备之间有效的实时通信）、动态性（可以实现接口间的动态切换）、联合性（不同的而又有相近的特性的接口可以联合起来）、多能性（各个不同的接口可以使用不同的供电模式）。

三、USB 接口的结构与典型应用

一个 USB 系统包括三类硬件设备：USB 主控制器、USB 设备、USB 集线器。USB 接口引脚定义如图 5-17 所示。USB 接口数据传输距离不大于 5m，其典型应用如下图 5-19 所示。USB 的连接插口分 A 型、B 型端口两种和相应连接连接器，其中 A 型用于连接下游方向（以主机为基准）的集线器或应用设备，B 型用于连接上游集线器等设备，如图 5-18 所示。

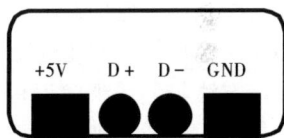

图 5-17　USB 接口及引脚定义

USB 总线上数据传输方式有控制传输、同步传输、中断传输、块数据传输。如图 5-19 所示系统中，USB HOST（USB 主控制器和根集线器合称为 HOST）根据外部 USB 设备速度及使用特点采取不同的数据传输特点。如通过控制传输更改键盘、鼠标属性，通过中断传输要求键盘、鼠标输入数据；通过控制传输改变显示器属性，通过块数据传输将要显示的数据送给显示器。

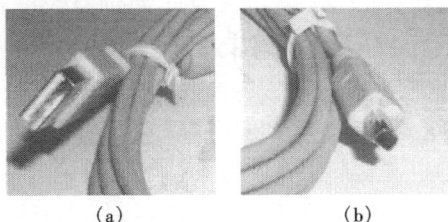

图 5-18　USB 的 A 型、B 型端口
(a) A 型；(b) B 型

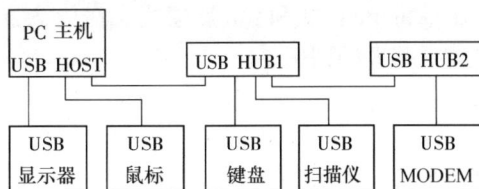

图 5-19　USB 接口典型应用

目前 USB 接口主要应用于计算机周边外部设备，可以以 USB 接口与计算机相联结的外设有电话、Modem、键盘、光驱、摇杆、磁带机、软驱、扫描仪、打印机等。

5.3.2　MODEM 芯片及其他

从通信距离来讲，RS-485 在波特率为 1200bit/s 的条件下，最远传输距离可达 15km，

但更远的距离则需借助专门的 MODEM 芯片利用电话线或电力线进行远程数据传输。

一、MODEM 通信原理

电话线或电力线传输的是模拟信号，微处理器处理的是数字信号，MODEM 芯片实现数字信号到模拟信号及模拟信号到数字信号的转换。利用 MODEM 芯片通过电话线进行远程通信的原理是：来自发送端的数字信号被 Modem 转换成模拟音频信号，利用公共电话网传输到接受端的 Modem 上。在接收端接收到的模拟音频信号被 Modem 转换为相应的数字信号，传输到接收数据终端。

二、MODEM 通信系统操作模式

MODEM 通信系统主要分为两种操作模式，一个叫全双工系统模式，另一个叫半双工系统模式。两种模式可以通过电话线进行传输。

（1）四根导线全双工通信方式（两根电话线）应用方法是采用两根专用的电话线，一根电话线用于发送，另一根电话线用于接收，发送的同时可以接送。

（2）两根导线半双工通信方式（一根电话线）应用方法是采用一根专用的电话线，任何时刻只有一个方向在工作。当一端处在发送状态时，另一端必须处在接受状态。这样就限制了它在某些领域的应用。

（3）两根导线全双工通信方式（一根电话线）发送和接收在同一根专用电话线同时进行传输，该方法与上述半双工相比更经济。在基于电话线的远程通信系统中，上位机一般都具有拨号功能，下位机则根据需要分为有拨号功能及无拨号功能两种。MODEM 芯片已经广泛应用于远程通信、远程控制等场合。

5.3.3　其他新型接口电路

一、IEEE 1394

IEEE 1394 接口又称火线接口，它是 IEEE 制定的一个高速、实时串行接口标准，它支持不经集线器的点对点连接，最多允许 63 个相同速度的设备连接到同一总线上，最多允许 1023 条总线相互连接。IEEE 1394 有两种标准，即 IEEE 1394a 和 IEEE 1394b。IEEE 1394a 接口的数据传输速率可达到 400Mbit/s；IEEE 1394b 接口的传输速率可达到 800Mbit/s。IEEE 1394 接口有 6 针和 4 针两种类型，IEEE 1394 规定在一个端口上最多连接 63 个设备，设备间采用树形或菊花链拓扑结构。IEEE 1394 标准定义了两种总线模式，即：Backplane 模式和 Cable 模式。在传输方式上，它同时可支持同步与异步传输模式，支持热拔插和即插即用。

IEEE 1394 接口一般由专门的接口卡提供，市场上常见的多为 PCI 插槽的 IEEE 1394 接口卡。用户安装该接口卡后，就可以把外围设备和主机连接起来，实现高速数据通信。使用该接口也可以连接两台主机，IEEE 1394 的主要问题也是连接距离短，一般限制在 4.5m 的距离内，所以连接网络并不常见。IEEE 1394 接口主要有以下特点。

（1）通用性强。IEEE 1394 采用树形或菊花链结构，以级联方式在一个接口上最多可以连接 63 个不同种类的设备。

（2）传输速率高。IEEE 1394 支持 100Mbit/s、200Mbit/s 及 400Mbit/s 的传输速率，IEEE 1394 规范定义了 800Mbit/s、1.6Gbit/s 甚至 3.2Gbit/s 的高传输速率。

（3）实时性好。IEEE 1394 的高传输加上同步传送方式，使 IEEE 1394 对数据的传送具有很好的实时性。

（4）总线提供电源。IEEE 1394 总线的 6 芯电缆中有两条线是电源线，可以向被连接的设备提供 4～10V 和 1.5A 电源。

（5）系统中各设备之间的关系是平等的。任何两个带有 IEEE 1394 接口的设备可以直接连接，而不需要通过 PC 机的控制。

（6）连接方便。IEEE 1394 采用设备自动配置技术，允许热插拔和即插即用。

二、INTERNET 芯片

随着互联网时代的到来，基于 INTERNET 的相关通信集成电路也纷纷面世，如 web-chip 系列产品可方便地实现基于 INTERNET 远程通信、控制。

复 习 思 考 题

1. RS-232C 接口的连接方式有哪几种？

2. RS-449、RS-422、RS-485 与 RS-232 的差别有哪些？

3. RS-485 有哪两种连接方式？各有什么特点？

4. RS-422 和 RS-485 传输线的匹配有哪些方法，各有什么特点？

5. RS-422 和 RS-485 接口如何解决接地的问题？

6. RS-422 和 RS-485 接口如何解决网络失效保护的问题？

7. RS-422 和 RS-485 接口如何解决瞬态保护的问题？

8. 试简述 USB 接口的基本组成和数据传输原理。

9. 典型的现场总线技术有哪些？各有什么特点？

10. 一个完整的 DTE/DCE 接口标准应包括哪些内容（或特性）？

11. 在 RS-232C 标准中，表示"0"和"1"的电平值各为多少？

12. RS-232C 接口典型应用有哪些？

13. 举例说明 USB 接口典型应用。

第 6 章

电力系统中网络通信技术的应用

引言： 在电力系统中为了保证电力系统安全、经济的发供电，合理分配电能，保证电力质量指标，防止和及时处理电力系统事故发生，就要高度集中管理和统一调度，建立起与之相适应的专用通信系统。因此，电力通信系统是电力系统的重要组成部分，它是电网实现调度自动化和管理现代化的基础。无论是变电站综合自动化技术还是配电系统自动化技术都涉及了大量的数据通信及网络技术基础。本章将介绍变电站综合自动化的数据通信系统以及配电网自动化通信系统。

6.1　变电站综合自动化的数据通信系统

6.1.1　变电站综合自动化的基本概念

变电站综合自动化是电网调度自动化的基础和信息源之一，信息的正确采集，预处理，可靠的流动以及合理的利用是综合自动化的目标。变电站自动化技术是在微机技术、数据通信技术、网络技术、自动化技术基础上发展起来的。变电站综合自动化系统，是变电站自动化监控管理的重要设备，是集计算机技术、自动控制技术和通信技术为一体的综合性电力装置，具有微机监测、监控、保护、小电流接地选线，故障录波、低频减载、四遥远传等功能。改变了传统变电站（所）主控室、保护室的主体结构和值守方式，减少了投资，减轻了劳动强度，从而实现变电站（所）的自动监控、保护并提高了供电质量及可靠性。数据通信是实现变电站自动化的重要环节。而监控及通信系统的信息处理能力、开放程度和运行可靠性则是变电站综合自动化系统性能优劣的重要指标。

在变电站综合自动化系统中涉及许多数据通信的基本概念和理论，主要包括数据的并行通信和串行通信、数据通信的工作方式、数据传输的方式（同步或异步）、报文及报文分组、数字信号的调制及解调、差错控制理论和各种通信规约。因此，要想系统地了解变电站综合自动化系统的工作原理。就必须学习数据通信的基本理论和主要的概念。在本书的第 2 章对相关的理论和概念都已作了详细介绍，这里就不再赘述。仅就变电站综自系统中具体的使用情况加以说明。

在变电站综合自动化系统内部，各种自动装置间或继电保护装置与监控系统间，为了减少连接电缆，简化配线，降低成本，常采用串行通信。在串行数据传输方式中，可采用异步传送和同步传送两种基本的通信方式。我国 1991 年颁布的电力行业标准的循环式远动传输规约（简称 CDT），是采用同步传输方式，同步字符位 EB90H。同步字符连续发三个，共 6 个字节，按照低位先发、高位后发，每字的低编号字节先发、高字节后发的原则顺序发送。详见中华人民共和国电力行业标准 DL 45—1991。

6.1.2　综合自动化系统的通信内容及通信功能

由于数据通信在变电站自动化系统内的重要性，经济、可靠的数据通信成为系统的技术核心。而由于变电站的特殊环境和自动化系统的要求，变电站自动化系统内的数据网络应满足下列要求：快速的实时响应能力、很高的可靠性、优良的电磁兼容性能和分层式结构。

一、变电站内的信息传输内容

通信在变电站综合自动化中占有非常重要的地位，其内容包括当地开关场的采集控制单元与变电站监控管理层之间的通信，以及变电站当地与远方调度中心之间的通信。变电站自动化系统的结构形式一般有集中式和分层分布式两种。不同的系统结构意味着有不同的通信系统组态，它们在通信速度、可靠性和可扩展性方面的指标均有所不同。现在的主流是采用分层分布式结构，分层分布式系统的方案有很多种，需传输的信息有以下几种。

1. 现场一次设备与间隔层之间的信息传输

间隔层设备大多需要从现场一次设备的电压和电流互感器采集正常情况和事故情况下的电压值和电流值，采集设备的状态信息和故障诊断信息。这些信息包括断路器、隔离开关位置、变压器的分接头位置，变压器、互感器、避雷器的诊断信息以及断路器操作信息。

2. 间隔层的信息交换

在一个间隔层内部相关的功能模块间，即继电保护和控制、监视、测量之间的数据交换。这类信息有测量数据；断路器状态；器件的运行状态；同步采样信息等。

此外，不同间隔层之间的数据交换有主、后备继电保护工作状态、互锁、相关保护动作闭锁、电压无功综合控制装置等信息。

3. 间隔层与变电站层的信息交换

（1）测量及状态信息。正常及事故状态下的测量值和计算值，断路器、隔离开关、主变压器分接开关位置、各间隔层运行状态、保护动作信息等。

（2）操作信息。断路器和隔离开关的分、合闸命令，主变压器分接头位置的调节，自动装置的投入与退出等。

（3）参数信息。微机保护和自动装置的整定值等。

此外还有变电站层的不同设备之间的通信，要根据各设备的任务和功能的特点，传输所需的测量信息、状态信息和操作命令等。

二、变电站远传信息的内容

由变电站向调度控制中心传送的信息（遥测、遥信），通常称为"上行信息"；而由控制中心向变电站发送的信息（遥控、遥调），称为"下行信息"。把变电站与调度控制中心之间相互传送的这两种信息统称为"远传信息"。这些信息包括以下几种。

1. 遥测信息

遥测信息主要包括变电站主变压器负载（有功功率、无功功率和电流）、输电和配电线路的潮流（有功功率、无功功率）、用电量、母线的电压和频率、联络线的交换电量等。遥测信息具有周期性特性，即可按一定周期定时地进行传输。

2. 遥信信息

遥信信息主要包括变电站内主要的电器设备，如断路器的位置信号、断路器控制回路断线总信号、断路器操动机构故障总信号；隔离开关的位置信号、重要继电保护与自动装置的动作信号以及其他一些运行状态信号。还有远动、通信设备的运行故障信号等。由于遥信信息具有突发特性，所以要及时地进行传送。即对实时性要求较高。

3. 遥控信息

调度值班员根据正常和事故时运行操作的需要，遥控各级电压回路的断路器（隔离开关、自动重合器)、投切补偿电容和电抗器，投入或退出自动装置等，遥控信息对可靠性的要求较高，因此必须具有应答的特征。

4. 遥调信息

遥调信息主要指由变电站主变压器的分接头的调整。实际上是遥控信息与遥信信息的组合，同样也应具有应答特征。

三、综合自动化系统的通信功能

变电站综合自动化系统实际就是由微机保护子系统、自动装置子系统及微机监控子系统组成的，因此，综合自动化系统的通信功能可以从以下三个方面来了解。

1. 微机保护的通信功能

微机保护的通信功能除了与微机监控系统通信外，还包括通过监控系统与控制中心的数据采集和监控系统的数据通信。具体内容包括：接收监控系统查询；向监控系统传送事件报告；向监控系统传送自检报告；校对时钟，与监控系统对时，修改时钟；修改保护定值；接收调度或监控系统值班人员投退保护命令；保护信号的远方复归；实时向监控系统传送保护主要状态。

2. 自动装置的通信功能与信息内容

自动装置的通信包括接地选线装置、备用电源自投、电压、无功自动综合控制与监控系统的通信。具体分述如下：

(1) 小电流接地系统接地选线装置的通信内容，母线和接地线路，母线 TV 谐振信息接地时间，谐振时间，开口三角形电压值等；

(2) 备用电源自投装置的通信功能，与微机保护通信功能相类似。

(3) 电压和无功调节控制通信功能，除具有与微机保护相类似的通信功能外，电压和无功调节控制还必须具有接收调度控制命令的功能。

3. 微机监控系统的通信功能

(1) 具有扩展远动 RTU 功能。常规变电站远动 RTU 功能包括遥测、遥信、遥调、遥控的四遥功能。在无人值守变电站里，极大地扩展了常规变电站远动 RTU 功能的应用领域，总的信息量也比常规 RTU 装置的容量大得多。主要扩展了对保护系统及其他智能系统的远动功能。如保护定值远方监视、切换与修改、故障录波、故障测距的远方传送与控制等。

(2) 具有与系统通信的功能。变电站微机监控系统与系统的通信具备两条独立的通信信道。一条是常规的电力线载波通道，另一条是数字微波通信或光纤通信信道。有的变电站微机监控系统要求具有多个远方调度中心的 SCADA 系统通信的功能，如可同时与县调、地调通信。

四、数据传输通信线路

变电站的远传信息是利用电力系统的通信线路实现的。在本书第 3 章介绍的常用的电力系统通信方式，详细地讨论了各类通信方式的基本原理和构成。

变电站采用电力线载波通信主要传送话音的模拟信息及远动、线路保护、数据等模拟或数字信号。根据不同的要求，可以采用话音、远动、系统保护的复用设备，但远动和数据一般采用单一功能的专用设备。远动和数据的通信速率为 300~1200bit/s。电力线载波通信是变电站的主要通信方式之一，主要是利用 35~110kV 输电线，载波频率一般为 40~500kHz。

音频电缆通信一般适合于与调度所或控制中心距离较近的无人值守变电站。主要用来传送远动和数据信息。

数字微波通信传输可靠，通信容量大，抗干扰能力强，通信质量高，是电力系统的主要通信方式之一。微波通信工作的频率一般为 0.3～300GHz。变电站的微波天线和机房，应与变电站的总体设计布置相统一。一点多址通信也是微波通信方式的一种。

光纤通信以其优越的性能，成为当今通信发展的主要趋势。光纤通信在变电站已成为一种主要的通信方式，得到了广泛的应用。

6.1.3　综合自动化系统的通信网络

数据通信网是构成变电站自动化系统的关键环节，内部通信网络的标准化是使变电站自动化迈向标准化的难点之一，受性能、价格、硬件、软件、用户策略等因素的影响，目前在选择"接口网络"上很难达成一致。

网络特性主要由拓扑结构、传输媒体、媒体存取方式来决定。网络的选择应符合国际国内的有关标准；应选择当前的主流产品，产品应满足变电站运行要求；具有较高的性能价格比。

变电站的环境特殊，需要一种可靠、实时性强、容易操作的通信网将上层的管理网和前端的测控网连接起来。主要用于低层设备通信的现场总线完全可以适用于这种场合。运用现场总线代替传统的串行通信，不仅能从根本上改善变电站自动化系统的性能，而且使系统可靠、灵活、易于扩展。

一、局域网的应用

本书在第 4 章中详细介绍了局域网 LAN 技术，LAN 技术无论是在理论上，还是在软件和硬件上都已十分成熟可靠，结合电力系统的特点采取某些措施，LAN 是完全可以满足变电站综合自动化对网络安全性和可靠性的要求。目前在变电站应用最广泛的标准 LAN 是以太网（IEEE802.3）。以太网采用总线拓扑结构，是一种局部通信网，距离在 1～10km 中等规模的范围内使用。传输介质可采用双绞线、同轴电缆或光纤等。其特点是：具有较宽的信道带宽；传输速率可达 10Mbit/s，误码率较低（10^{-8}～10^{-11}）；具有高度的扩充灵活性和互联性。

二、现场总线的应用

在变电站综合自动化系统中，各子系统间以及系统内的各功能模块间大多使用 RS-422 和 RS-485 通信接口相连。实现状态信息和数据相互交换。在小规模的 35kV 变电站和 110kV 终端变电站，可考虑使用 RS-422 和 RS-485 组成的网络；但当变电站规模较大时应考虑选择现场总线网络。RS-422 和 RS-485 串口传输速率指标在 1000m 内传输速率可达 100kbit/s，短距离速率可达 10Mbit/s，RS-422 串口为全双工，RS-485 串口为半双工，媒介访问方式为主从问答式，属总线结构。这两个网络的不足之处在于节点数目有限，无法实现多主冗余，有瓶颈问题。RS-422 的工作方式为点对点，上位机一个通信口最多只能接 10 个节点，RS-485 串口构成一主多从，只能接 32 个节点，此外有信号反射、中间节点问题。而现场总线技术很好地解决了这些问题，Lon Works 网上的所有节点是平等的，CAN 网可以方便地构成多主结构，不存在瓶颈问题，两个网络的节点数比 RS-485 扩大多倍，CAN 网络的节点数理论上不受限制，一般可连接 110 个节点。

总线网将网上所有节点连接在一起，可以方便地增减节点；具有点对点、一点对多点和全网广播传送数据的功能；常用的有 Lon Works 网、CAN 网。两个网络均为中速网络，500m 时 Lon Works 网传输速率可达 1Mbit/s，CAN 网在小于 40m 时达 1Mbit/s，CAN 网在节点出错时可自动切除与总线的联系，Lon Works 网在监测网络节点异常时可使该节点自动脱网，媒介访问方式：CAN 网为问答式，Lon Works 网为载波监听多路访问/冲突检测（CSMA/CD）方式，内部通信遵循 LonTalk 协议。

CAN 网开销小，一帧 8 位字节的传输格式使其服务受到一些限制，Lon Works 网为无源网络，脉冲变压器隔离，具有强抗电磁干扰能力，重要信息有优先级。因此，Lon Works 网可作为一般中型 110kV 枢纽变电站自动化通信网络。

220～500kV 变电站节点数目更多，站内分布成百上千个 CPU，数据信息流大，对速率指标要求高（要求速率 130kbit/s），Lon Works 网络的实时性、宽带和时间同步指标也难达到要求。可考虑 Ethernet 网或 Profibus 网。Ethernet 网为总线式拓扑结构，采用 CSMA/CD 介质访问方式，传输速率高达 10Mbit/s，可容纳 1024 个节点，距离可达 2.5km。物理层和链路层遵循 IEEE802.3 协议，应用层采用 TCP/IP 协议。

在我国广泛用于变电站综合自动化系统的现场总线有 Lon Works（Local Operation Networks）和 CAN（Controller Area Network）。其中 Lon Works 现场总线网是一种使用广泛的全分布式智能控制网络技术，是实现变电站自动化系统网络层的成熟产品。其网络通信介质可以是双绞线、光纤、电力线、无线、红外线等。在 Lon Works 网络中，当节点数少于 40 个时，实时性较好。基于 Lon Works 构成的变电站自动化系统中，以每个智能化单元为网络节点，节点间以集成在 NEURON 芯片中的 LonTalk 协议进行通信，完成各种交互活动。根据变电站自动化的目的，为实现信息共享采用分层结构：变电层（与上级调度中心通信、当地 SCADA 等）、网络层（用于实现各种智能单元的信息集成）、间隔层（各种智能化单元）和设备层（高压一次设备）。Lon Works 技术能保证通信的速度、可靠性，系统的可互用性和可扩充性。它提供了一整套协议、通信、网络管理、产品开发等技术。

应用网络方式，特别是现场总线技术来解决变电站自动化系统的通信问题已成为发展的趋势。在变电站综合自动化系统中可依据变电站规模大小采用不同的网络结构，灵活应用 LAN 技术和现场总线技术。

图 6-1 所示是一个典型的变电站分层通信系统图。可见在变电站内可设置局域网，不同智能设备以不同的形式接入变电站局域网。部分的远动、保护装置可以通过现场总线（如 CANBUS、Lon Works 等）经微机综合数据处理后以 TCP/IP 接入站内的局域网，也可以以 RS-485 网、RS-232 等方式接入通信装置（如：直流、交流、电量等智能装置），

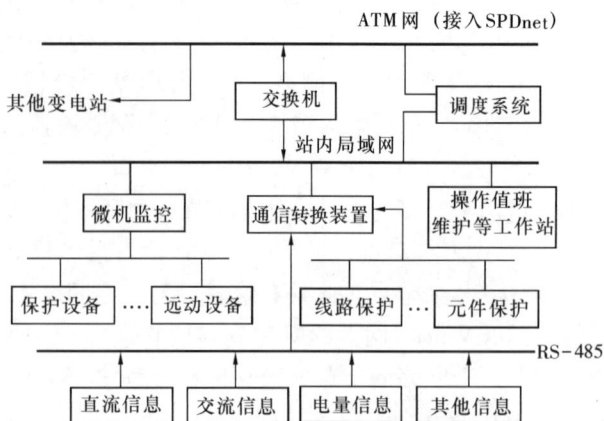

图 6-1　典型变电站分层通信系统

再由通信装置接入站内局域网。所有的工作站都挂在局域网上实现数据共享。局域网通过网络交换机实现和国家电力数据网络 SPDnet 的互联。连接远方调度的可以是 ATM 网，也可以是站内局域网。

由此可见，一个变电站的通信具有多个网段，每个网段的总线类型、通信介质、通信协议等可以是各不相同的。每个总线网段将所属的智能测控设备连接成一个子系统。这个子系统的基本功能与操作是不依赖于整个变电站自动化系统而独立实现的。对于实时性要求较高的信息共享与综合控制也应优先考虑在子系统内部实现。对可靠性要求较高的子系统还可考虑双网或多网冗余通信，以确保信息传输的可靠性。

6.1.4　变电站自动化系统中的传输规约

在变电站综合自动化系统中，为了保证通信双方能有效、可靠传输信息，必须有一套关于信息传输的顺序、信息格式（报文格式）和信息内容等的约定，即所谓的"通信规约"。一个通信规约包括的主要内容有：代码（数据编码）、传输控制字符、传输报文格式、呼叫和应答方式。

一、变电站和调度中心之间的传输规约

目前各地情况不同，现场采用的规约有各种形式。我国调度自动化系统中较常用有三类规约：问答式规约（如 SC1801、u4F 和 MODBUS 等）、循环式规约（如 CDT、DXF5 和 C01 等）和对等式规约（如 DNP3.0 等）。1995 年，IEC 为了在兼容的设备之间达到互换的目的，颁布了 IEC 60870-5-101 传输规约，为了使我国尽快采用远动传输的国际标准，1997 年原电力部颁布了国际 101 规约的国内版本 DL/T 634—1997，该规约为调度端和站端之间的信息传输制定了标准，今后变电站自动化设备的远方调度传输协议上应采用 101 规约。

二、站内局域网的通信规约

目前各生产厂家基本上各做各的密码，造成不同厂家设备通信连接的困难和以后维护的隐患。IEC 在 1997 年颁布了 IEC 60870-5-103 规约，国家经贸委在 1999 年颁布了 103 规约的国内版本 DL/T 667—1999。103 规约为继电保护和间隔层（IED）设备与变电站层设备间的数据通信传输规定了标准，今后变电站自动化站内协议要求采用 103 规约。

三、电力系统电能计量传输规约

对于电能计量采集传输系统，IEC 在 1996 年颁布的 IEC 60870-5-102 标准，即我国电力行业标准 DL/T 719—2000，是我们在实施变电站电能计量系统时需要遵守的。

上述的三个标准即 101、102、103 协议，运用于三层参考模型（EPA）即物理层、链路层、应用层结构之上，是相当一段时间里指导变电站自动化技术发展的三个重要标准。这些国际标准按照非平衡式和平衡式传输远动信息的需要制定，完全能满足电力系统中各种网络拓扑结构，得到了广泛的应用。

随着网络技术的迅猛发展，为满足网络技术在电力系统中的应用，通过网络传输远动信息，IEC TC57 在 IEC 60870-5-101 基本远动任务配套标准的基础上制定了 IEC 60870-5-104 传输规约，采用 IEC 60870-5-101 的平衡传输模式，通过 TCP/IP 协议实现网络传输远动信息，它适用于 PAD（分组装和拆卸）的数据网络。

目前分层分布面向对象的思想已为人们所接受，变电站自动化系统的结构为 2 层，即通过通信网络连接的间隔层和变电站层，变电站到调度端通信逐步淘汰 MODEM 方式，采用

TCP/IP 模式上网。

四、常用通信规约及其应用

目前我国电力系统远动通信较常用有两类规约：一类是循环式规约（CDT）；另一类是问答式规约（Polling）。

1. 循环式规约

循环式 CDT，适用于点对点通道结构的两点之间的通信，信息传递采用循环同步的方式。其主要特点是以厂站端为主动方，循环不断地向调度端发送遥信、遥测等数据。调度中心也可以向厂站端传送遥控、遥调命令以及时钟对时等信息。它所使用的差错控制方式是循环传送检错：发送端对信息进行抗干扰编码，发出能够检出错误的码字，即检错码；接收端收到后进行检错译码，如无错码，则进行接收处理，如有错码，则该组数码丢弃，待下次循环中再接收该信息。在 CDT 规约中远动信息的抗干扰编码采用的就是 CRC 编码。

为了学习 CDT 规约，先看一帧 CDT 报文：

EB90EB90EB907161102D00A5
E1CC06CC069AE1CC06CC069A
E1CC06CC069A030000000059
040C000C0064050C000000FA
0600000000B40700000000D6
0800000000E6090000000084
0A00007A00020B3C008600C9
0C57002800F10D5D0057006E
0E2E0063006D0F00000000CF

在此报文中，我们要知道的是：这是一帧什么报文？每帧为什么以三组 EB90H 开头？信息内容是什么？……要想知道这些，就必须学习规约特点，掌握规约帧结构、信息字结构和传输规则。

根据以上报文，EB90EB90EB90 为同步字；7161102D00A5 为控制字，在信息的起始部分插入了遥控反校信息 E1CC06CC069A，优先插入传送三遍。

遥控返校信息是主站完成对子站的遥控命令后，子站向主站传送的返校信息。E1CC06CC069A 中的 E1 位遥控返校功能码，CC 表示"合闸"，06 表示设备编号，最后的9A 仍然为校验码。

功能码 03～0F 的信息字表示为遥测信息。

要想知道更多详细的说明，可以参考附录一电力系统常用规约简介。

2. 问答式规约

问答式（Polling）规约适用于网络拓扑结构为点对点、多个点对点、多点共线、多点环形和多点星形网络配置的远动系统中。通道可以是全双工或半双工。点对点和多个点对点的全双工通道结构，采用非平衡式传输的链路传输规则。

Polling 规约是一个以调度中心为主动的远动数据传输规约。调度中心按照一定规则轮流询问各厂站端。各厂站端只有在接到调度中心的询问后才向调度中心发送应答信息，即：有问必答。平时各厂站端也与循环通信方式一样地采集各项数据，只是不把这些数据马上发送，而是存储起来，只有当调度中心轮询到本站时才组装发送出去。

各子站的数据类型不一，可按其特性和重要程度加以分类，对于重要的、变化快的数据，应勤加监视，采样扫描周期应短一些。对于不重要的变化缓慢的数据，采样扫描周期可以长一些。各种远动数据可以根据需要选择相应的扫描周期。子站可以提供几种类别的扫描周期，主站在需要时可以向子站查询某些类别的数据。为了提高效率，通常遥信采用变位传送，遥测采用越域值（即越死区）传送，因此，对遥测量需要规定其死区范围。遥测量配有数字滤波，故还要规定滤波系数。而扫描周期、死区范围和滤波系数等参数应事先确定，应用时由主站给子站初始化时设定。

Polling 规约的优点是比较灵活，对各种类型的信息可区别对待。例如，对缓慢变化的信号可以适当延长呼叫的周期，对变化急剧的信号，可以频繁地查询送数；通道适应性强，既可以采用全双工通道，又可以采用半双工通道，既可采用点对点方式，又可采用一点多址或环形结构；节省了通道投资；采用变化信息传送策略，提高了数据传送速度。

Polling 规约的缺点是有时受控端的紧急信息不能及时地传给主控端。因此，在实际应用中，要做一些灵活处理。例如，对于遥信变位，厂站端要主动上送；对通道要求较高，因为一次通信失败虽然可以采用补发的方法，但补发次数有限，在通道质量较差时，仍会发生重要信息（SOE）丢失的现象；采用整帧校验的方式，由于一帧信息量较大，因此出错的概率较大，校验出错后必须整帧丢弃，并阻止重发帧，从而降低了实时性。

Polling 规约的详细内容见电力行业标准：DL/T 634.5101—2002/IEC 60870-5-101：2002《基本远动任务配套标准》。

6.1.5　变电站自动化系统的通信网络及传输规约的选择

不同类型的变电站对自动化系统的通信网络有不同的要求，在 35kV 的变电站可以采用 RS-485 或现场总线作为站内系统网络；在 110kV 变电站可以采用现场总线网络实现间隔层设备数据通信，当站控层设备较多时，变电站层可采用以太网连接；在 220～500kV 的超高压变电站，由于站内节点数目多，应考虑使用以太网或 profibus 网。目前变电站自动化系统中使用的传输规约种类较多，各个公司的产品使用的标准尚不统一，系统互联和互操作性差，在变电站和控制中心之间应使用 101 规约，在变电站内部应使用 103 规约，电能量计量计费系统应使用 102 规约。新的国际标准 IEC 61850 颁布实施之后，变电站自动化系统从过程层到控制中心将使用统一的通信协议。

IEC 61850 是全面规范变电站自动化通信体系的最新国际电工委员会标准，它以完整的分层通信体系，采用面向对象的方法，使构建真正意义上的综合自动化系统成为可能，因此是迄今为止最为完善的变电站自动化的通信标准，它代表了变电站综合自动化系统的发展方向。

IEC 61850 系列标准的全称是变电站通信网络和系统（Communication Networksand Systemsin Substations），它规范了变电站内智能电子设备之间的通信行为和相关的系统要求。

IEC 61850 是一个庞大的协议体系，对 SAS（Serial Attached SCSI）做出了全面和系统的要求，主要包括的系列文档如图 6-2 所示。从内容上可以分为系统部分、配置部分、数据模型、通信服务和映射部分及测试部分 4 大部分。

1. 系统部分

系统部分主要包括 IEC 61850-1、IEC 61850-2、IEC 61850-3、IEC 61850-4 和IEC 61850-5五个

基本原则	Part1
术语	Part2
一般性要求	Part3
系统和工程管理	Part4
功能和装置模型的通信要求	Part5
与变电站相关的IED的通信 配置描述语言	Part6
基本通信结构	Part7

SCSM A	SCSM B	SCSM X	SCSM Y	Part9
Stack A	Stack B	Stack X	Stack Y	

一般性测试	Part10

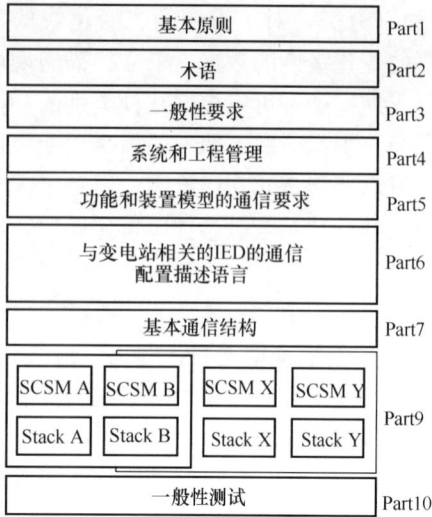

图 6-2　IEC 61850 标准包括的系列文档

标准。在这几个部分中介绍了 IEC 61850 标准制订的出发点，其内容不光从通信技术本身进行描述，还从系统工程管理、质量保证、系统模型等方面进行叙述，使 IEC 61850 能够更好地应用于电力系统。

2. 配置部分

IEC 61850-6 定义了变电站系统和设备配置、功能信息及相对关系的变电站配置描述语言。

3. 数据模型、通信服务和映射部分

数据模型、通信服务和映射部分作为 IEC 61850 最核心的技术部分，包括了 IEC 61850-7 系列、IEC 61850-8 系列和正 IEC 61850-9 系列等一共 7 个标准系列，这个部分从技术实现的角度描述了 IEC 61850 的信息模型、通信服务接口模型以及信息模型与实际通信网络的映射方法，从而实现了系统信息模型的统一、通信服务的统一和传输过程的一致。

4. 测试部分

为验证系统和设备的互操作性，IEC 61850-10 定义了一致性测试的方法、等级、环境和设备要求等规定。

IEC 61850 是目前关于变电站自动化系统及其通信的最完整的国际标准。与 IEC 60870-5 系列通信协议相比，IEC 61850 具有以下特点。

1. 信息分层

IEC 61850 按照变电站自动化系统所要完成的控制、监视和继电保护三大功能，从逻辑上将系统分为三层，即变电站层、间隔层和过程层，并且定义了层和层之间的通信接口。

2. 面向对象的统一建模

IEC 61850 标准采用面向对象的建模技术，定义了基于客户机/服务器结构的数据模型。每个 IED 包含一个或多个服务器，每个服务器本身又包含一个或多个逻辑设备。逻辑设备包含逻辑节点，逻辑节点包含数据对象。数据对象则是由数据属性构成的公用数据类的命名实例。从通信而言，IED 同时也扮演客户的角色。任何一个客户可通过抽象通信服务接口（ACSI）和服务器通信可访问数据对象。

3. 数据自描述

该标准定义了采用设备名、逻辑节点名、实例编号和数据类名建立对象名的命名规则、采用面向对象的方法、对象之间的通信服务。面向对象的数据自描述在数据源就对数据本身进行自我描述，传输到接收方的数据都带有自我说明，不需要再对数据进行工程物理量对应、标度转换等工作。由于数据本身带有说明，所以传输时可以不受预先定义限制，简化了对数据的管理和维护工作。

4. 网络独立

IEC 61850 标准总结了变电站内信息传输所必需的通信服务，设计了独立于所采用网络和应用层协议的抽象通信服务接口（ACSI）。客户通过 ACSI，由专用通信服务映射（SCSM）映射到所采用的具体协议栈，例如制造报文规范（MMS）等。IEC 61850 标准使用 ACSI 和 SCSM 技术，解决了标准的稳定性与未来网络技术发展之间的矛盾，即当网络技术发展时只要改动 SCSM，而不需要修改 ACSI。

目前 IEC 61850 标准存在的主要问题：首先是关于保护信息处理方面（定值、带参数信息的保护动作事件、录波），目前版本的 IEC 61850 规定得不够具体甚至相互矛盾（在这方面，欧洲产品基本上在产品调试软件中实现，回避了该问题）；其次在 SCL 变电站描述语言部分已被发现若干错误；另外，关于采样值通信部分有些超前当前网络及 CPU 硬件水平。IEC 目前正在编写、酝酿 IEC 61850 的第二版。

基于 IEC 61850 变电站自动化的基本概念为变电站的信息采集、传输、处理、输出过程全部数字化。其主要特征有：数字化的一次电气设备；基于 IEC 61850 的全站统一的数据模型及通信服务平台；网络化的二次装置。数字化变电站建设的关键是实现上述特征的通信网络和系统。按照 IEC 61850 标准建设通信网络和系统的变电站，可以将不同厂商的设备协调运作，节约运行及维护成本，使系统简化，降低复杂程度。

6.2　配电网综合自动化的通信系统

6.2.1　配电自动化的基本概念

配电自动化是集计算机技术、自动控制技术、数据通信技术、数据库技术以及相关电力系统技术于一身的信息管理系统。通常把从变电、配电到用户用电全过程的监视、控制和管理综合自动化系统称为配电管理系统（Distribution Management System，DMS）。其内容包括配电网络数据采集和监控（SCADA）、地理信息系统、网络分析和优化、工作管理系统、负荷管理和远方抄表以及计费自动化和调度员培训模拟系统。配电自动化系统（Distribution Automation System，DAS）是一种可以使配电企业在远方以实时方式监视、协调和操作配电设备的自动化系统。配电网自动化系统包括配电网数据采集、安全监控系统（SCADA）、配电地理信息系统（GIS）和需方管理（DMS）几个部分。配电自动化的目的在于提高供电的可靠性，提高供电服务质量，提高企业的经济效益并提高配电网络的管理水平。

在城市供电网络中，我们习惯于把 35kV 及以下的电压等级称为配电网络。随着农、城网改造的进一步深入，110kV 及 35kV 电压等级的建设已十分完备，自动化水平也较高，调度管理、运行管理也比较规范。目前在城市供电网络中主要是以 10kV 供电为主，占整个供电用户数量的 90% 以上。但是 10kV 供电网络由于历史的原因，自动化水平基本上还很低，处于长期被忽视状态，且线路复杂线损率高，供电可靠性差，故障率高。为了适应市场经济的发展，加大力度进行电网建设的同时，加强 10kV 配电网络的配电自动化工作，成为当务之急。

一、配电自动化系统的分层

配电自动化的内容和特点决定了配电自动化的系统结构应当是一个分层、分级、分布式的监控管理系统，应遵循开放系统的原则。DAS 配电自动化系统，是根据我国国情和当前城网改造工程的需求，按照统筹规划、分步实施、先进实用、安全可靠的思路而设计的分层分布式的自动化系统，DAS 配电自动化系统分为主站层、子站层和设备层三层。

（一）配电自动化中心主站层

配电自动化中心主站层，位于配电网调度监控中心，是整个配电网监控和管理系统的核心。它从各配电自动化子站层获取配电网的实时信息，从整体上对配电网进行监视和控制，分析配电网的运行状态，协调配电子站层之间的关系，对整个配电网络进行有效的管理，确保整个配电系统处于最优运行状态；实现相应配电线路区域内的配电 SCADA 和故障处理功能；同时与调度 SCADA，MIS 等其他网络系统共享信息。其主要功能包括：配网 SCADA 监控功能、馈线故障自动诊断与处理功能（DA）、AM/FM/GIS 功能、远程抄表功能和配电管理及配电 PAS。

（二）配电自动化子站层

配电自动化子站层，一般设置在变电站或开闭所内，是配电自动化系统的中间层。它将 RTU，FTU，DTU 和 TTU 等采集的各种现场信息上传给配电主站，同时又将配电子站的命令下达给所辖的设备，实现辖区内配电网络的配电 SCADA 和故障诊断处理的部分功能；实现对电力环路的配电线路的监控；配电自动化子站的设立，减轻了主站的工作量，并为配电网系统的兼容和扩充提供了发展的空间。配电自动化子站层，与配电监控和管理中心层的计算机形成一个局域网，同时，又与配电自动化终端设备层的各种终端进行通信，完成信息的上传下达及对当地配网实时监控的功能。其主要功能包括：变电站辖区内配网 SCADA 监控功能、向配电自动化主站层转发实时数据、所属范围内的故障处理功能、向配电自动化配电主站层上报故障信息和与站内自动化装置通信。

（三）配电自动化终端设备层

配电自动化终端设备层是整个系统的底层，该层沿配电线分布，用于对配电网及配电设备的信息采集和控制。它与配电自动化配电子站层通信，提供配电系统运行控制及管理所需的数据，并执行主站发出的控制指令。配电自动化终端设备层是配电自动化系统的基本单元，其功能、数据量、精度及可靠性直接影响配电自动化系统的功能和可靠性。

其主要功能包括：监控功能、故障检测与识别功能、电能质量测量功能、断路器在线监视功能和自诊断与自恢复功能。

二、配电自动化系统的功能

配电自动化系统的功能涉及配电网的监控、保护和管理，主要涵盖的功能如下。

（1）配电网 SCADA 功能：对变电站 10kV 出线、开闭所、10kV 配电线路（架空和电缆）、配电变压器和重要用户的监控。

（2）馈线自动化（FA）功能：实现配电网故障诊断、故障隔离和非故障区域快速恢复供电，并统一考虑与变电站出口断路器以及分支断路器保护的配合。

（3）与 SCADA 集成的自动绘图/设备管理/地理信息系统（AM/FM/GIS）功能。

（4）配电高级应用软件：包括配电网状态估计、拓扑分析、潮流计算、短路计算、负荷预报、电压/无功优化、静态安全分析、可靠性分析、线损统计与分析、网络重构等功能模块。

（5）基于 GIS 平台的配电网管理（DMS）功能：包括配电工作管理、故障投诉电话管理、停电管理等内容。

（6）用户服务自动化系统：对用户的基本信息和用电信息进行管理。

（7）负荷管理功能：采集 10kV 大用户和配电变压器终端信息，实现对配电网负荷的监控、预测和负荷分配功能。

（8）远程抄表系统：变电站、关口表、大用户电能表及居民用户表实现集中、自动、远程抄表。

（9）与地调 SCADA/EMS 系统、MIS 系统、电能量计费系统、负荷控制系统接口，实现资源共享。

（10）基于 Web 平台的实时信息发布功能。

6.2.2　配电自动化中的几种通信方式

在配电网自动化中，最关键、最核心的问题就是通信。与输电系统的自动化有较大的区别，在输电系统中，通信更易于得到满足。而在配电系统中，由于各种元件过于分散，节点数目众多，对通信提出特殊的要求较多，这也意味着通信系统分布庞大，应当从控制中心到达数以万计的从杆上到地下的远方设备。通信系统是建设配电自动化系统的关键技术，通信系统的好坏从很大程度上决定了自动化系统的优劣，配电自动化要借助可靠的通信手段，将控制中心的控制命令下发到各执行机构或远方终端，同时将各远方监控单元（RTU）所采集的各种信息上传至控制中心。

配电管理系统的规模，复杂程度和自动化程度决定了对通信系统的要求。一般应具备以下一些特性：通信可靠、价格适宜、满足当前和今后数据传输速率的要求、具有双向通信能力（某些功能不需要）、配电通信的实时性、通信不受电网停电或故障影响、易于操作和维护、通信系统的可扩充性。

随着通信技术的不断发展，可供配电自动化采用的通信方式有很多种，目前所采用的通信方式有以下几种：配电线载波 DLC（Distribution Line Carrier）、脉动（音频）控制 RC（Ripple Control）、过零技术（工频控制技术）ZCT（Zero Crossing Technique）、无线电通信系统甚高频 VHF 特高频 UHF 微波 MW 卫星等、光纤通信 OF（Optical Fiber）、有线电视通道 CATV、无线扩频技术、现场总线。

各种通信方式在配电网自动化系统应用中又都存在一定局限性。尤其值得一提的是传统的电力载波通信这一特有的电力系统通信方式，由于其可靠、简便、经济、安装维护方便的优点，仍是一种不可或缺的通信方式。但这种通信方式抗干扰能力差，接收灵敏度低，要求发送功率大，频率资源有限等缺陷，限制了其成为主干通道。目前，DLC 通信方式在配电自动化中仍起着较大的作用。将扩频通信技术引入电力线载波通信将是解决其通信质量的一个很好办法。

6.2.3　配电自动化使用的通信方式的比较

一、架空明线或电缆

其特点是建设简单，线路衰耗大，频带窄，容易受到干扰，电力系统自动化中只能做近距离传输信道。

二、配电线载波

从目前的技术水平上看，典型的配电载波机的传输率可达到 150～300bit/s，可满足双向通信的要求，对远方抄表和监测线路数据比较经济。但对于停电区数据如何用配电载波上传仍然是一个技术难题，有待进一步研究。配电载波系统数据传输速率较低，容易受到干扰，由于反射使得配电载波在馈线的某些部分存在盲点，其优点是技术相对简单。配电载波有两种变形即脉动控制技术和工频控制技术，它们都是利用电力线路作为信号的传输途径，在国外这两种技术都有很好的应用实例。此外，扩频载波机也在电力系统开始应用，它根据香农信息理论，用加大带宽来换取传输的可靠性，将话音带宽扩展到整个输电线路频谱，提高了传输率。

三、光纤通信

光纤通信是一种较为理想的通信手段。由于它的传输损耗低、抗干扰能力强、信息量大、中继距离长和可靠性高等优点，已被公认为最有发展前途的通信方式之一。随着光纤技术的发展，其性能价格比已比较适中。光纤以太网在配网自动化中有很大的应用前景。

在配电自动化系统中，光纤网目前较多的是组成环状网，一则结构简单，二则可靠性强。采用光纤自愈环网通信方式时，网络由各节点双向闭环串接而成。正常时，一环路工作另一环路备用，若其中某一段光纤因施工等意外原因而开断，则可以利用光纤双环网的自愈功能，继续保持通信联系，这种通信具有很高的可靠性。

光纤以太网可以解决光纤环网难以解决的一些问题。

四、现场总线和 RS-485

现场总线（FIELDBUS）是近三十年发展起来的新技术，它是连接智能化的现场设备和自动化系统的双向传输、多分支结构的通信网络，它适合于 FTU 和附近区域工作站的通信，以及变电站内部各个智能模块之间的内部通信，现场总线可分为 CANBUS（Controller Area Network）、Lon Works（Local Operating Networks）和 PROFIBUS（Process Field Bus）等，对于一些实时性要求不高的场合，可以利用 RS-485 代替现场总线进行数据信号的传输。

五、微波通信

电力系统微波在电力通信中发挥着重要的作用，对于调度自动化和变电站综合自动化数据的传输有重要意义，微波频率为 1GHz 以上，属视距传输，传输容量大，稳定性能好，同时由于微波通信在电力系统运行多年，运行维护人员积累了丰富的经验。但是，微波为点对点传输，而配电系统点多面广，显然不适合应用。但值得一提的是一点多址小微波系统，它应用多址技术和统计复用技术，信道利用率高，稳定性好，适合于多点传输，其缺点是路由选择比较困难。

六、无线电通信

传统的无线通信方式有 AM、FM、PM，无线寻呼等也可以应用到配电系统自动化的数据传输，但它们只能进行单向发送，如果需要进行双向数据传输，它们就无能为力了，如果进行改造，使用双向信道，该设备还是具有很大的应用价值。800MHz 通信为无线数据通信频段，对于配电系统通信是比较合适的一种方式。配电自动化系统中常用的通信方式见表6-1。

表 6-1　　　　　　　　　　　配电自动化系统中常用的各种通信方式

通信方式	传输媒介	传输速率	传输距离	主要用途
配电网载波	高压配电线	50～300bit/s	<10km	FTU、TTU 与区域工作站间通信
低压配电网载波	低压配电线	50～300bit/s	台区内	低压用户抄表

续表

通信方式	传输媒介	传输速率	传输距离	主要用途
工频控制	配电线	10～300bit/s	较短	负荷控制
脉动控制	配电线	50～60bit/s	较短	负荷控制和远方抄表
电话专线	公用电话网	300～4800bit/s	较长	FTU 与区域工作站及区域工作站或 RTU 与控制中心通信
现场总线	屏蔽双绞线	几十波特	<2km	FTU、TTU 与区域工作站间通信
RS-485	屏蔽双绞线	9600bit/s	<2km	FTU、TTU 与区域工作站间通信
CATV 通道	有线电视网	300～9600bit/s	有线电视网内	负荷控制
多址微波	自由空间	<128bit/s	<5km	通信主干线
卫星通信	自由空间	<1200bit/s	全球	时钟同步
光纤通信	光缆	<2Mbit/s	<50km	通信主干线
无线扩频	自由空间	<128bit/s	<50km	通信主干线
VHF 电台	自由空间	<128bit/s	<50km	通信主干线
UHF 电台	自由空间	<128bit/s	<50km	通信主干线
AM 广播	自由空间	<1200bit/s	<50km	负荷控制
FM 广播	自由空间	<1200bit/s	<50km	负荷控制

另外，对于配电自动化系统，没有任何一种方式能完全满足系统的通信要求，实际的系统中，根据配电网具体情况，在不同层次上采用不同的通信方式，从而构成混合通信系统。以满足经济性和可靠性的要求。并取得较好的效果。主干网络可采用性能好容量大的光纤构成环网，从各个接点上再接入其他方式所会聚的数据，然后再传送到主控中心。这种综合各种通信方式进行通信的系统称为混合通信系统，一般的系统都可以用混合通信系统来完成。在实际的配电网自动化系统中，不仅要解决可靠性和经济性等一般要求，还有一个必须重视的问题，就是通信规约的问题。由于多种通信方式的并存，给规约的选择带来了一定的困难，目前，普遍运用于变电站综合自动化的通信规约为应答式规约（SC180，4F 和 Modbus 等）、循环式规约（部颁 CDT，DXF5 和 C01）和对等方式规约（DNP3.0）。

每一种通信规约各有利弊，但都不能完全满足配电网自动化系统的需要。相比之下 DNP 规约较为适宜。

6.2.4　配电网自动化中的通信实现方案

一、配电网通信网络总体结构

图 6-3 所示为 CSDA2000 配电网综合自动化系统典型结构，它描述了配电网自动化的总体结构，配电网自动化的通信系统是与此密切相关的。配电网自动化系统一般分三层：主站、子站、馈线。依据配电网规模的大小，主站层还可再分为主站和区域站两层。在主站与子站之间，由于信息量大，要求采用高速可靠的通信通道，但节点又不多，目前一般采用光纤通信，有两种：光纤以太网、光纤环网，光纤环网更成熟一些。但光纤以太网是发展的方向，光纤以太网目前技术实现及相关设备都已得到实践检验，正在推广应用。子站与馈线通信网一般统一考虑，馈线网结构复杂，情况多样，各地的特点不同，很难找到一种统一的通信模式。

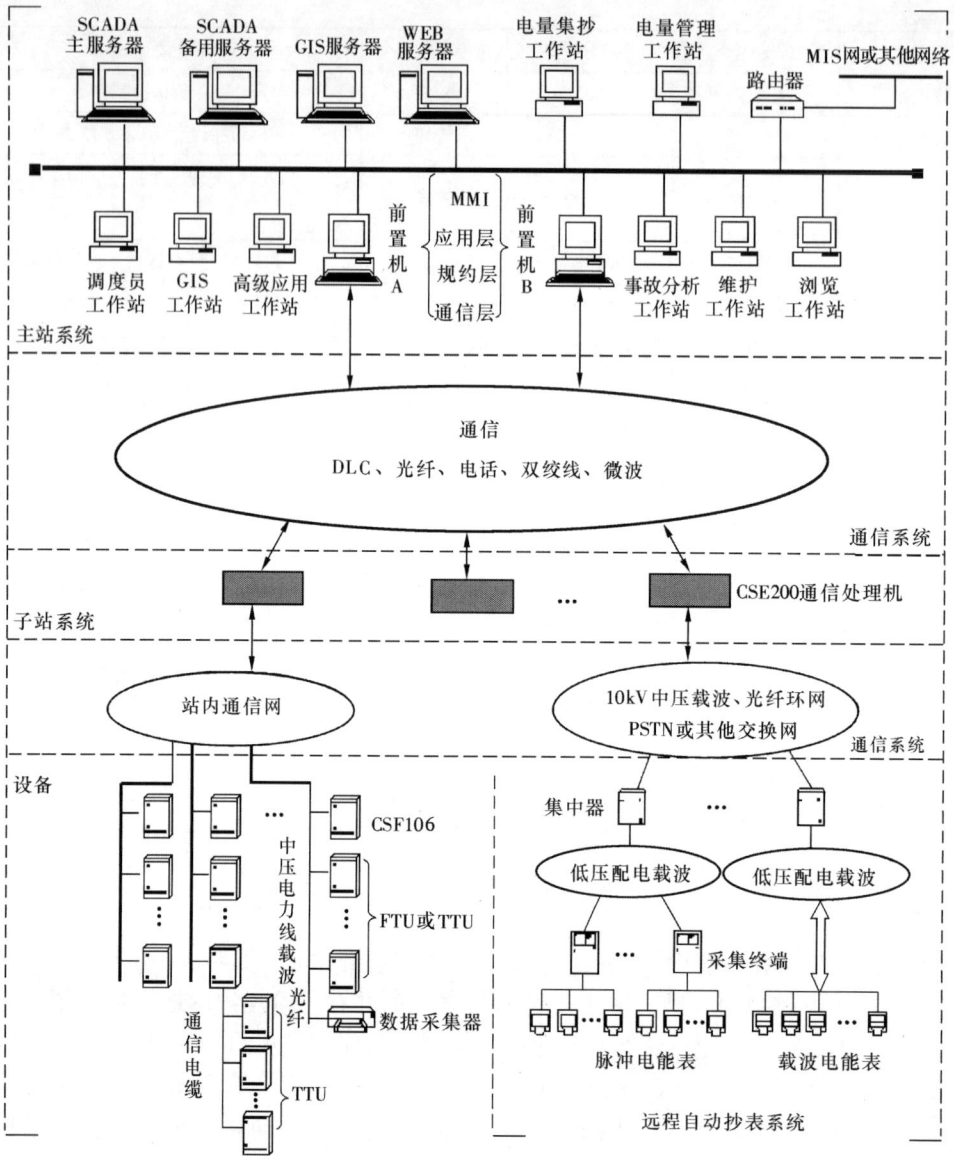

图 6-3　CSDA2000 配电网综合自动化系统系统典型结构图

目前一般采用光纤、双绞线、电力线载波、无线等多种通信手段混合的方式—混合通信系统。常见的结构为：以光纤构建干线通信网络；通过双绞线，采用现场总线技术（如Lonworks、Can、Profibus）或 485，将干线 TTU、支线的 FTU/TTU，连接到干线 FTU，由其通过高速光纤通道，将信息上传到子站、主站，干线 FTU 应具备这种集中转发的能力。馈线通信网采用光纤通信，也可分为两种：光纤以太网、光纤环网，这两种光纤通信方式的造价相近。10kV 电力线载波，也是一种馈线上值得关注的通信手段，特别适用于城乡结合部的长支线。对于低压（220/380V）的抄表系统，电力线载波抄表是最好的方式，性价比最高。低压电力线载波抄表常用的有两种模式：一是对于集中的 10-30 块脉冲电表装一块抄表器，抄表器通过低压电力线载波与配变处的集中器相连；二是在每块电表中，加装一个载波模块，由载波模块直接与集中器相连。第一种方式更加经济，但要求电表相对集中；第二种方式造价较高，但适用于电表分散的情况。集中器一般放在配电变压器处，一个台区一个，集中器也可与 TTU 合一。

除了系统典型结构外，根据实际情况的不同还有其他一些配置方式，下面列举几种不同配置方式。

（1）FTU 单元直接与通信系统连接，而不需要通过子站连接，具体连接方式如图 6-4 所示（与典型配置相同的部分简略，只描述不同连接处，后面各图均相同）。

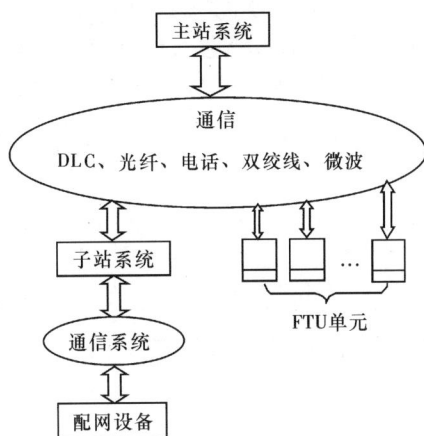

图 6-4　FTU 直接与通信系统连接

（2）抄表系统通过 FTU 与通信系统连接，而不是通过子站与通信系统连接，具体连接方式如图 6-5 所示。

（3）抄表系统通过通信处理机直接和主站系统连接，具体连接方式如图 6-6 所示。

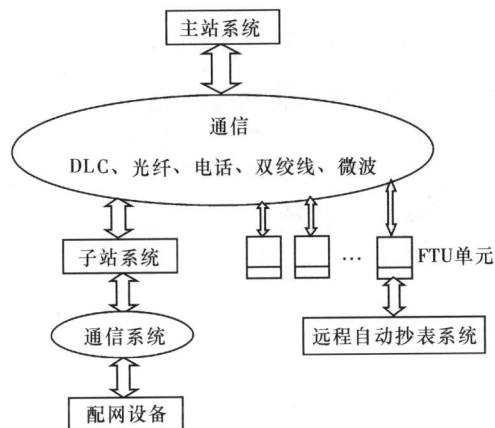

图 6-5　抄表系统与 FTU 连接

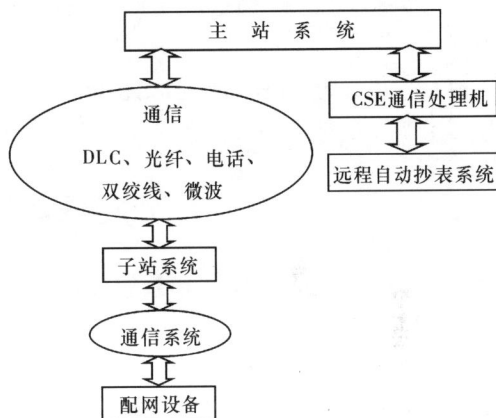

图 6-6　抄表系统直接和主站系统连接

以上只列举了北京四方华能电网控制系统有限公司产品的几种系统典型结构，在实际使用中可以根据配网的规模、环境等具体实际情况加以修改和调整，以适合实际应用的需要。

二、光纤以太网在配网自动化中的应用

光纤以太网高速灵活，技术资源丰富，有些问题是光纤环网难于解决而只能用光纤以太网的，例如子站管理的 FTU 范围会发生变化，换言之，有些 FTU 本属于 A 子站管理，由 A 子站负责与之通信，运行方式发生变化后，变为 B 子站管理，由 B 子站负责与之通信，这种情况，光纤环网是处理不了的；再比如馈线保护功能，要求 FTU 之间，与子站之间，快速的交换信息（在 100ms 之内），也只有光纤以太网才能达到这种要求。

三、电力线载波在低压抄表中的应用

四方的新一代中压数字载波通信系统-NDLC 是四方研究所于 1998 年底推出的，具有国际先进水平的以数字信号处理（DSP）解码技术为核心的窄带多频 NDLC 技术。该技术从原理上突破了现有的电力线扩频 DLC 的局限性，具有−80dB 绝对电平的接收能力，采用了专用的耦合方式，具有强大的网络管理功能，并充分考虑了 NDLC 的可靠性，为馈线自动化、自动抄表系统提供了强有力的通信支持。

图 6-7 所示为 CSDA2000 系统的 NDLC 结构，在设计上，充分考虑 NDLC 系统的通用性、兼容性、可靠性、实用性，尤其是在 NDLC 系统作为馈线自动化的通信系统时，可靠方面经过大量的努力，采用了一系列的软硬件及系统管理上的多种措施，能够实时监测系统的可靠性。整个远程抄表系统通信网络如图 6-8 所示。

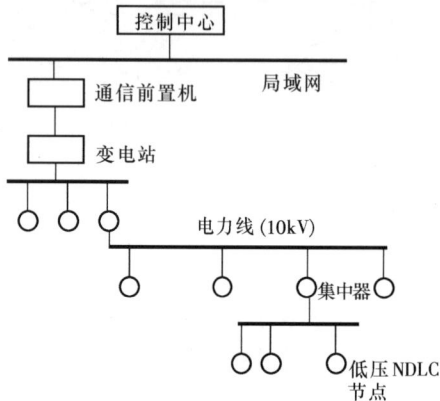

图 6-7　CSDA2000 系统的 NDLC 结构图　　　　图 6-8　光纤以太网配网系统通信示意图

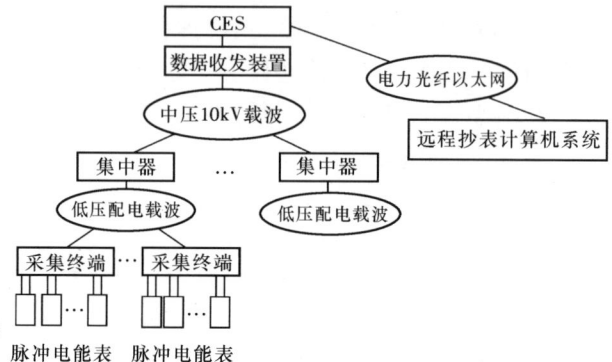

6.3　配电网安全监控与数据采集系统

6.3.1　监控与数据采集系统概述

监控与数据采集（Supervisory Controland Data Acquisition，SCADA）系统是以计算机为基础的监测控制与调度管理自动化系统，它可以在地理环境恶劣、位置偏远、无人值守的环境下，实现远程数据采集、设备控制、测量、参数调节以及信号报警等功能，广泛适用于水利、石油、气象、海洋、环保、电力、通信等众多行业。

SCADA 系统一般采用分散式测控、集中式管理的方式，主要结构包括远程控制单元 RTU（Remote Terminal Unit）、通信传输网络和中心监控站。RTU 是采用微处理器或 DSP 的可独立运行的智能测控模块，用于采集点的数据处理、指令执行和传感器的控制；中心监控站负责整个 SCADA 系统的运行控制和日常管理；通信传输系统主要负责上下行数据的双向传输，根据实际需求和应用领域的不同有：有线、无线、微波、光纤、卫星等多种可选方式。

SCADA 系统的数据传输主要包括有线和无线两类网络系统。有线传输方式如 PSTN 公用电话网、电力线载波等；无线传输方式如 VHF/UHF 无线电台、GSM 移动网以及卫星通信网等。PSTN 电话网和 GSM 移动网技术成熟、投资较少、易于实施，但偏远、落后地区缺乏接入点，而且灾害等异常情况容易造成通信中断；VHF/UHF 无线电台只需维护费用而无运营费用，但需申请相应频点才可使用，而且通信质量受限于地理环境和气候状况，传输有效距离也有限。

6.3.2 配电网 SCADA 系统

一、配电网 SCADA 系统的结构

配电网 SCADA 系统的体系结构如图 6-9 所示，它由配电网络终端设备、通信网络和中心工作站三部分组成。其中，配电网络终端设备是指硬件层上的各数据采集设备，如 RTU、FTU、TTU、PLC 及各种智能保护设备和控制设备等；系统通信网络则是用于 RTU 与中心站通信以及与其他 RTU 通信。链路种类有无线、有线、微波、光纤。RTU 可支持的通信方式有中心站触发的通信式和 RTU 触发的通信方式。通信网络应满足配电自动

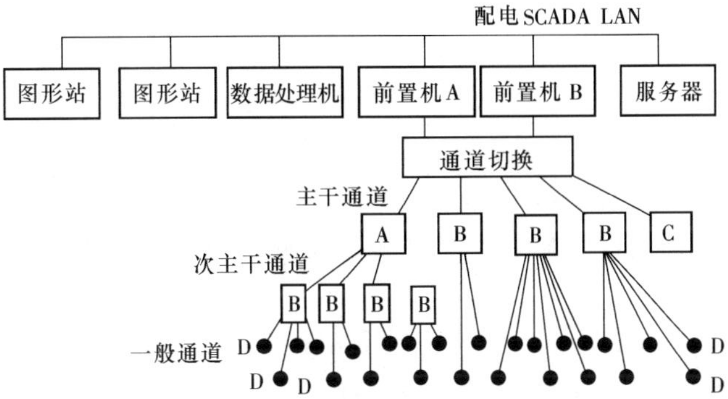

图 6-9 配电网 SCADA 系统的体系结构
A—二次集结区域站；B—一次集结区域站；
C—开闭所 RTU；D—柱上开关 RTU

化对其可靠性和实时性的要求。中心站触发的通信方式包括①轮询方式，由系统设置一个时间周期，每隔一个时间段系统进行一次查询，收中心站所需要的现场数据；②广播方式，由中心站向所有 RTU 或某分组内的 RTU 下发命令；③控制命令下发方式，如下发开、关控制命令，修改报警及控制权限，在通信上有较高的优先级；④RTU 触发的通信方式，包括事件触发方式、突发传输方式、RTU 对 RTU 的通信。RTU 可以在程序中根据现场情况设置条件，以便在非常情况下中心站突发数据，这种突发方式在通信中有较高的传输优先级。RTU 与 RTU 之间也可以进行数据传输，这种数据传输要靠编程来实现。中心工作站实际上是一个局域网，包括控制中心主站、多个区域工作站和支持网络功能的设备，以完成不同的工作。它通过中心站软件管理系统数据库，每个工作站通过组态画面监测现场站点，下发控制命令进行控制，并完成工况图、统计曲线、报表等功能。区域工作站实际上是一个集中和转发装置，它既要通过查询向各现场终端收集查询信息，并存入实时数据库中，又要负责向控制中心主站上报信息。

二、配电网 SCADA 系统的特点

配电网结构复杂，终端设备数量非常多，与输电网自动化的监控信息采集内容相比较，具有系统规模大，涉及的现场自动化设备数量大，种类繁多，从而导致远方馈线终端采集的信息量大，种类繁多，因此，配电网 SCADA 系统也就更复杂。其特点如下：

（1）配电网结构复杂，数据分散，给信息的采集带来了困难。

（2）配电网设备多，数据量大。

（3）配电网操作频率及故障频率远比输电网高，因此，对采集的信息实时性提出了更高的要求。

（4）配电网需要有建立在 SCADA 系统之上的具有故障处理能力及恢复供电能力的自动操作软件。

（5）配电网 SCADA 系统对通信系统提出了比输电网更高的要求。

（6）配电网直接与用户连接，用户的变迁、增容、改动直接影响配电网 SCADA 系统的

创建、维护到扩展，工作量非常大。

三、配电网 SCADA 系统的功能

SCADA 系统的主要功能包括数据采集、本地和远程控制等。配电网 SCADA 系统的基本功能是"四遥"功能，即遥测、遥信、遥控和遥调。除此之外，由于采用了计算机和信息技术，使配电网 SCADA 系统具有更多的功能。其主要功能如下。

(1) 数据采集功能。SCADA 系统实时采集各厂站 RTU 遥测、遥信、电度、数字量等数据，同时向各厂站 RTU 发送各种数据信息和控制命令。

(2) 数据处理功能。SCADA 系统采集数据后，要立即进行某些数据处理。包括模拟量数据的处理（YC）；状态量数据处理（YX）；脉冲量处理（YM）以及各种标志牌的设置。

(3) 控制功能。主要指遥调和遥控功能。遥控就是开关量输出的结果。通过遥控可在调度中心实时地对远方厂站断路器进行合/分操作；控制远方厂站无功补偿电容器组和电抗器的投/切；也可改变有载调压变压器分接头的挡位。遥调可以以数字量方式输出，有时也以模拟量方式输出。

(4) 历史数据处理功能。历史记录的类型主要包括测量数据、状态数据、累计数据、数字数据、报警数据、事件顺序记录数据、继电保护数据、安全装置数据和事故追忆记录等。

(5) 安全管理功能。系统以任务为单位进行授权和权限控制，可对不同级别的调度人员赋予不同的操作权限。调度员的操作权限由系统管理员分配。系统通过检查口令，对调度员的权限进行控制。操作权限分四个级别：①值班类；②调度员；③系统维护员；④系统管理员。

(6) 系统在线显示功能。

(7) 人机界面功能。人机界面系统通常安装于调度员工作站，提供跨平台、跨应用的统一图形平台，全网画面共享并提供图形的一致性维护。为调度人员提供了很大的方便。

(8) 制表打印功能。操作员可在彩色显示器上（CRT）以交互方式定义报表格式和报表数据，可制作任何形式的表格。并打印报表。

(9) 系统组态，完成网络节点、路径、报警、安全等参数的设置功能。

6.3.3　配电网 SCADA 系统通信规约

一、配电网 SCADA 系统数据传输的特点

配电 SCADA 系统除了接入 FTU 外，还接入一些变电站 RTU，或者接收从地调、县调转发来的数据。这里只讨论配电 SCADA 系统（这里特指 SCADA 主站后台系统或者子站后台系统，下同）和 FTU 的通信规约。配电网 SCADA 系统数据传输的特点体现在以下几个方面：

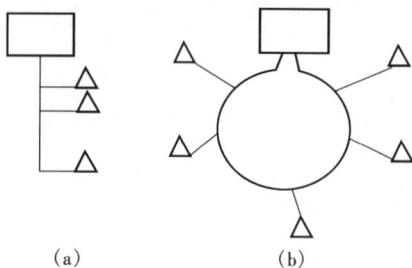

图 6-10　共线挂灯笼的方式

(a) 多点共线方式；(b) 多点环形方式

(1) 配电网 SCADA 系统和 FTU 之间的通信组织方式，不管是采用多点共线还是采用多点环形方式，或者是它们的混合方式，其本质都是一种共线挂灯笼的方式，如图 6-10 所示。

(2) FTU 除了采集正常数据外，还要采

集故障电流/电压数据。

(3) 在馈线自动化中必须快速识别故障、隔离故障、恢复供电,这就要求故障发生时要优先快速传输故障状态信息。

以往的调度自动化系统中多采用循环式(CDT)远动规约,它只适用于一对一的通信组织方式,显然无法用来作为配电网 SCADA 系统和 FTU 之间的通信规约。配电网 SCADA 系统和 FTU 之间的通信组织方式决定了只能采用问答式(Polling)规约。

二、配电网 SCADA 系统常用通信规约

目前还没有一种通信规约能完全适合配电自动化系统数据传输的特点,国内外也还没有专门的用于配电自动化系统的规约标准。在已实施的配电自动化项目中,应用得最多的是 DNP3.0 规约。而国际标准传输规约 IEC 60870-5-101 基本远动任务配套标准(即我国电力行业标准 DL/T 634—1997《基本远动任务配套标准》,简称 101 规约),则被公认为最有希望成为配电自动化系统的国内国际标准传输规约。DNP3.0 和 101 规约都是问答式规约,适合于配电自动化系统多点共线的通信网络。

DNP3.0 规约是一种分层实现的协议,它实现了 OSI 七层协议中的三层,即物理层、数据链路层和应用层。具体实现时,DNP3.0 规约在数据链路层和应用层之间还加了一个伪传输层。DNP3.0 规约的文本共分为四个部分,数据链路层、传输层、应用层规约及数据对象库。DNP3.0 规约是一种开放的、智能化的高效的现代 SCADA 通信规约。它具有以下一些特点:

(1) 请求和应答数据时,同一帧报文里可以包括多种类型的数据;

(2) 数据分段校验,保证传输准确;

(3) 只应答变化数据;

(4) 根据数据重要性,为不同数据设置不同的传送优先级;

(5) 非请求应答(报文主动上送);

(6) 支持时间同步和标准时间格式;

(7) 支持多点共线和点对点通信方式;

(8) 允许用户自定义数据对象包括文件传输。

有关 DNP3.0 规约的详细情况见附录介绍。

6.4　远程自动抄表技术 AMR

随着电子技术、通信技术以及计算机和网络技术的不断发展,电能计量手段和抄表方式发生了根本的改变。电能自动抄表系统(Automatic Meter Reading,AMR)是指采用通信和计算机网络等技术自动读取和处理表计数据。发展电能自动抄表技术是提高用电管理水平的需要,也是网络和计算机技术迅速发展的必然。在用电管理方面,采用自动抄表技术,不仅能节约人力资源,更重要的是可提高抄表的准确性,减少因估计或誊写而造成账单出错,使供用电管理部门能及时准确获得数据信息。随着电价的改革,供电部门为迅速出账,需要从用户处尽快获取更多的数据信息,如电能需量、分时电量和负荷曲线等,自动抄表为实现上述要求提供了切实可行的技术手段。随着现代电子技术的发展,通信技术和计算机网络技术都有了飞速进步,而二者的结合又进一步演化出许多新的通信方式和通信系统,为自动抄表即自动抄表系统的实现提供了更多的现实可能。

6.4.1　自动抄表技术

一、本地自动抄表技术

本地自动抄表是由抄表员携带操作简单可靠、携带方便的抄表设备（如专用抄表机、笔记本电脑等手持终端），到现场完成自动抄表功能。各表计具有远红外通信、无线电通信、RS-232 口、RS-485 口、电力载波通信接口等，手持终端通过通信接口自动读取表计的数据，达到非接触性完成数据传输的目的。

二、远程自动抄表技术

远程自动抄表技术 AMR 是一种不需要人员到达现场就能完成自动抄表的新型抄表方式。它通过公用电话网、负荷控制信道或低压配电线载波等通信联系、将电能表的数据自动传输到计算机电能管理中心进行处理。

6.4.2　常见的自动抄表系统的通信方式的选择

一、通信传输介质

自动抄表系统按信道介质可分为光纤通信、电话线通信、电力线载波通信和无线通信四种方式。

（1）光纤通信具有频带宽、传输速率高、传输距离远和抗干扰能力强等特点，非常适合上层通信网的要求。

（2）由于电话在城镇已十分普及，利用现有电话网进行数据通信是一个经济有效的方案。利用电话网通信，只需在数据集中器和工作主站处加装调制解调器即可，其传输速率可达 56kbit/s。但电话线通信的线路接通时间较长，一般要几秒到十几秒。

（3）由于电力线完全由电力部门控制，若用电力线实施载波通信，不需要再投资铺设通信线路，不仅可大大节约资金投入，且还具有维护量小的特点；而且用低压电力线作通信信道还可以实现灵活的"即插即用"。尤其是近年来扩频通信技术的较成功应用，使得低压电力线载波通信越来越多地用于自动抄表系统。利用低压电力线作为自动抄表系统的底层数据通道，成本低、方便准确。

（4）对于分布分散的集中器，利用无线方式进行数据通信是一种较好的选择。目前我国已有车载无线通信自动抄表系统投入运行。但无线通信方式需要慎重选择频点，并需申请频点使用权。

二、通信网络结构

按连接方式分，自动抄表系统的通信网络结构主要有星型和总线型连接方式两种。

（1）星型连接通信是以工作主站为中心，以星型发散的形式分别通过通信信道，与分散于各地的集中器连接，形成 1 对 N 的连接形式。这种方式下信道通信数据量大，要求有一定的传输速率和频宽。

（2）总线型通信以一条串行总线连接各分散的采集器或电能表，实行各节点的互连。这种方式下，信道上节点多，传输速率也不会很高，一般用于底层的电能数据的采集。常见的有 RS-485 总线网和低压电力线载波通信网，也有采用 LONWORKS 等现场总线构成通信网的。

通信方式的选择是设计自动抄表系统的首要任务，它直接关系到系统的性能。具体确定通信方式时需要综合考虑系统面对的对象、用户的分布、用户的数量、地理条件、期望达到的目标以及系统的扩展升级和与其他网络的兼容等等。因此，上述的各种通信方式不应该是孤立的，而且任何一种通信方式在不同的系统中的应用效果也不尽相同。

6.4.3　远程自动抄表系统的典型方案

一、总线式抄表系统

总线式抄表系统是由电能表、抄表集中器、抄表交换机和电能计量中心组成的四级网络系统，其系统框图如图 6-11 所示。

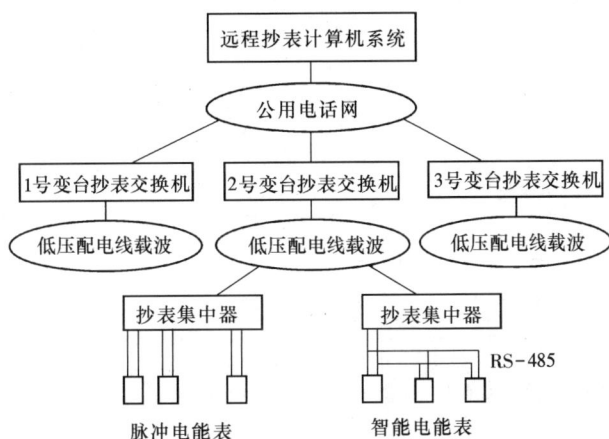

图 6-11　总线式远程自动抄表系统框图

其中，抄表集中器通过 RS-485 网络读取智能电表数据或直接接收脉冲电能表输出脉冲。抄表集中器和抄表接换机之间采用低压配电线载波方式传输数据。抄表交换机与电能计费中心的计算机网络之间，通过公用电话网传输数据。用于远方自动抄表系统的电能表由脉冲电能表和智能电能表两大类。

电能计费中心的计算机网络是整个远程自动抄表系统的管理层设备，通常由单台计算机或计算机局域网再配合相应的抄表软件构成。

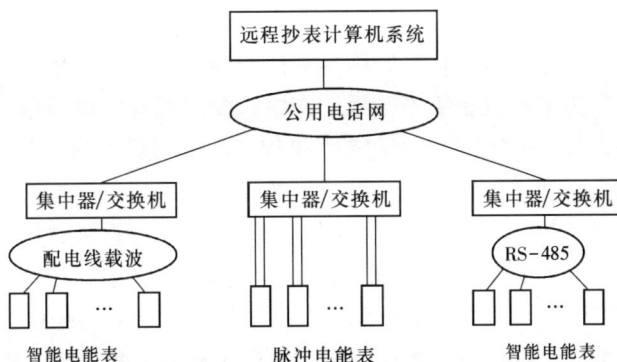

图 6-12　采用三级网络的远程自动抄表系统

二、三级网络的远程自动抄表系统

图 6-12 所示是一个三级网络的远程自动抄表系统。该系统将抄表交换机和抄表集中器合二为一，它通过 RS-485 网或低压配电线载波方式读取智能电能表数据，直接采集脉冲电

能表的输出脉冲,然后再通过公用电话网将数据送至电能计费中心的计算机网络。

三、采用无线电台的远程自动抄表系统

图 6-13 所示是一个采用无线电台的远程自动抄表系统。

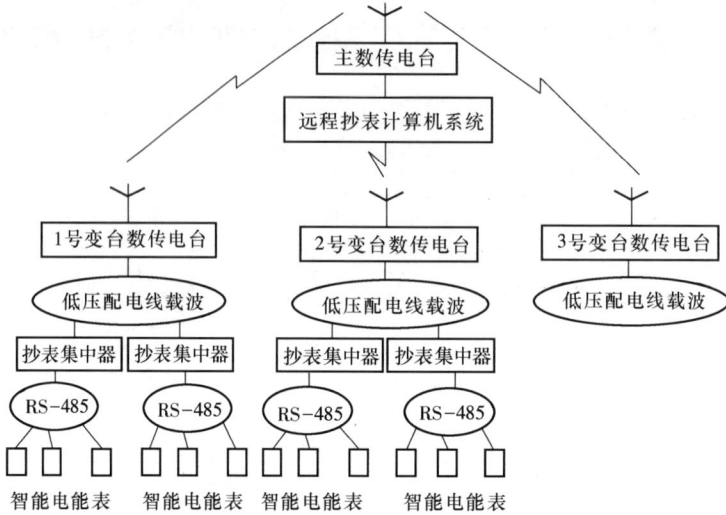

图 6-13　采用无线电台的远程自动抄表系统

6.5　现 场 总 线 及 应 用

6.5.1　现场总线的概念

现场总线(Fieldbus)是在 20 世纪 70 年代末到 90 年代初国际上发展形成的,它用于过程自动化、制造自动化、楼宇自动化等领域的现场智能设备互连通信网络。现场总线是指现场仪表和数字控制系统输入输出之间的全数字化、双向、多站的通信系统。现场总线不仅是一个基层网络,而且还是一种开放式、新型全分布控制系统。它在制造业、流程工业、尤其是在变电站的分层分布式综合自动化系统中具有广泛应用前景。现场总线设备的工作环境处于过程设备的底层,作为工厂设备级基础通信网络,要求具有协议简单、容错能力强、安全性好、成本低的特点;具有一定的时间确定性和较高的实时性要求;还具有网络负载稳定,多数为短帧传送、信息交换频繁等特点。由于上述特点,现场总线系统从网络结构到通信技术,都具有不同上层高速数据通信网的特色。一般把现场总线系统称为第五代控制系统,也称作 FCS (Field Control System)——现场总线控制系统。人们一般把 50 年代前的气动信号控制系统 PCS 称作第一代,把 4~20mA 等电动模拟信号控制系统称为第二代,把数字计算机集中式控制系统称为第三代,而把 70 年代中期以来的集散式分布控制系统 DCS (Distributed Control System) 称作第四代。现场总线控制系统 FCS 作为新一代控制系统,一方面,突破了 DSC 系统采用通信专用网络的局限,采用了基于公开化、标准化的解决方案,克服了封闭系统所造成的缺陷;另一方面把 DCS 的集中与分散相结合的集散系统结构,变成了新型全分布式结构,把控制功能彻底下放到现场。它改变了传统的自动化系统的体系结构、设计方法和安装调试方法。

6.5.2　现场总线的技术特点

现场总线系统具有开放性、分散性、数字化、互操作性强及费用低等特点。具体体现在以下几方面：

（1）开放式互连网络。现场总线为开放式互连网络，既可与同层网络互连，也可与不同层网络互连。开放系统把系统集成的权利交给了用户。用户可按自己的需要和对象把来自不同供应商的产品组成大小随意的系统。

（2）互操作性与互换性。这里的互操作性，是指用户可以将不同厂家的仪表集成在一起，同一组态。而互换性则意味着不同厂家的性能类似的设备可进行互连互换，实现"即接即用"。

（3）智能化与自治性。现场总线设备能处理各种参数，运行状态信息及故障信息，具有较高的智能，仅靠现场设备就可完成自动控制的基本功能，并可随时诊断设备的运行状态。即使在网络故障的时候，也能独立工作。极大地提高了整个系统的可靠性。

（4）分散控制。现场设备自身就可以完成自动控制的基本功能，实现了彻底的分散控制。从根本上改变了现有 DCS 集中与分散相结合的集散控制系统体系，简化了系统结构，提高了可靠性。

（5）具有较强的环境适应能力。作为工厂网络底层的现场总线，是专为在现场环境工作而设计的，可以在恶劣的环境下正常工作。具有较强的抗干扰能力，可采用两线制实现供电与通信，并可满足本质安全防爆要求等。

（6）综合功能。现场仪表既有检测、变换和补偿功能，又有控制和运算功能，可以在一个仪表中集成多种功能。实现一表多用，降低了成本。

6.5.3　现场总线控制系统的组成

现场总线控制系统一般由以下几部分组成：①现场总线仪表、控制器；②现场总线线路；③监控、组态计算机。其中，仪表、控制器、计算机都需要通过现场总线网卡，通信协议软件连接到网上。

6.5.4　现场总线的优越性

由于现场总线的以上特点，特别是现场总线系统结构的简化，使变电站自动化系统的设计、安装、投运到正常生产运行及其检修维护，都体现出优越性。

（1）节省硬件数量与投资。由于现场总线系统中分散在间隔设备前端的智能设备能直接执行多种传感、控制、报警和计算功能，因而可减少变送器的数量，不再需要单独的控制器、计算单元等，也不再需要 DCS 系统的信号调理、转换、隔离技术等功能单元及其复杂接线，还可以用工控 PC 机作为站控操作工作站，从而节省了一大笔硬件投资，还可减少控制室的占地面积。

（2）节省安装费用。现场总线系统的接线十分简单，由于一对双绞线、一对光纤或一条电缆上通常可挂接多个设备，因而电缆、端子、槽盒、桥架的用量大大减少，连线设计与接头校对的工作量也大大减少。当需要增加现场控制设备时，无需增设新的电缆，可就近连接在原有的总线电缆上，既节省了投资，也减少了设计、安装的工作量。

（3）节省维护开销。由于现场控制设备具有自诊断与简单故障处理的能力，并通过数字通信将相关的诊断维护信息送往控制室，运行维护人员可以查询所有间隔层设备的运行，诊断维护信息，以便早期分析故障原因并快速排除。缩短了维护停工时间，同时由于系统结构简化，连线简单而减少了维护工作量。

（4）用户具有高度的系统集成主动权。用户可以自由选择不同厂商所提供的设备来集成变电站自动化系统。不会为系统集成中不兼容的协议、接口而一筹莫展，使变电站自动化系统集成过程中的主动权完全掌握在用户手中。

（5）提高了变电站自动化系统的准确性与可靠性。由于现场总线设备的智能化、数字化，与模拟信号相比，它从根本上提高了测量与控制的准确度，减少了传送误差。同时，由于系统的结构简化，设备与连线减少，现场仪表内部功能加强，减少了信号的往返传输，提高了变电站自动化系统的工作可靠性。

（6）易于实现设备扩充和产品改型。以现场总线为基础的变电站自动化系统，可以很方便地进行扩充和更改。

6.5.5 几种典型的现场总线简介

一、CAN 总线

CAN 是 Controller Area Network（控制器局域网络）的缩写。这是由德国 Bosch 公司开发的控制局域网络，是一种具有很高可靠性、支持分布式实时控制的串行通信网络。它最初是用于汽车内部大量控制测量仪器、执行机构之间数据交换的一种串行数据通信协议。现在已逐步发展到用于其他工业领域的控制，包括机械制造、数控机床、医疗器械、建筑管理监控、变电站自动化设备的监控等。国际标准化组织 ISO/TC22 技术委员会已制订了 CAN 协议的国际标准 ISO/DIS11898（通信速率 1Mbit/s），ISO/DIS11519（通信速率 125kbit/s）。CAN 是目前唯一被批准为国际标准的现场总线。

（一）CAN 的特性

（1）CAN 协议参照 ISO/OSI 模型，但结构作了大量简化，分为数据链路层和物理层两层。表 6-2 列出 3CAN 分层结构。

表 6-2 CAN 分层结构

数据链路层	逻辑链路控制子层（LLC） 功能： 帧接收滤波 超载通知 恢复管理	物理层	物理信令（PLS） 功能： 位编码/解码 位定时 同步
	媒体访问控制子层（MAC） 功能： 数据打包/拆包 帧编码 介质访问控制 错误检测 出错标定 应答 串/并行转换		物理介质附属装置（PMA） 实现总线发送接收的功能电路并提供总线故障检测方法
			介质相关接口（MDI） 实现物理介质和介质访问单元之间的机械和电气接口

（2）CAN 节点无主从之分，采用多主工作方式，网络上任意一个节点均可以在任意时刻主动地向网络其他节点发送信息，选择点对点、一点对多点或全局广播等几种方式传送和接收数据。

（3）CAN 采用非破坏性总线优先级仲裁技术，当两个节点同时向网络上传送信息时，优先级低的节点主动停止数据传送，而优先级高的节点可不受影响地继续传输数据，有效地避免了总线冲突。按节点类型分成不同的优先级，可以满足不同的实时要求。

（4）CANBUS 上的节点数，理论值为 2000 个，实际值是 110 个。直接通信距离为

10km/5kbit/s，40m/1Mkbit/s。传输介质为双绞线和光纤。

（5）CAN 采用短帧结构，受干扰概率低，并采用冗余校验 CRC 及其他校错措施，保证了极低的信息出错率。而且具有自动关闭总线功能，在错误严重的情况下，可切断它与总线的联系，使总线上的其他操作不受影响。

（二）CAN 专用集成电路

CAN 专用集成电路包括三类。

（1）CAN 控制器：固化了 CAN 协议，提供与 CAN 总线的接口，以及与外部微处理器的接口。

（2）CAN 单片机：内含 CAN 控制器的单片机。

（3）CANI/O 器件：内含 CAN 控制器和 I/O 处理器两部分。

CAN 总线广泛用于我国的变电站自动化和配电自动化工程。CAN 总线系统的一般结构如图 6-14 所示。

CAN 总线系统主要由上位机和若干控制节点组成，即 PC 机、PC 机插槽内的 CAN 接口适配器和若干 CAN 总线节点。在每个 CAN 总线节点上都有 CAN 控制器，它负责处理部分或全部 CAN 通信协议的功能，加上适当的驱动软件，共同完成与 CAN 总线的连接和通信。

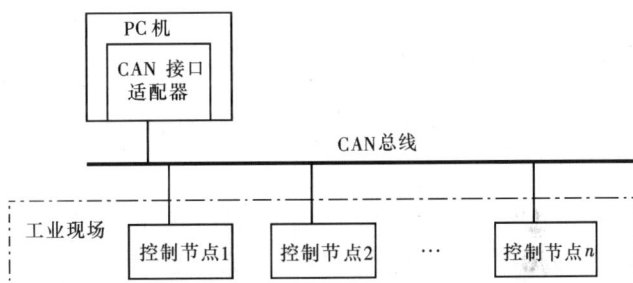

图 6-14　CAN 总线结构

二、LONWORKS

局部操作网络（Local Operation Network，LONWORKS）是美国 Echelon 公司推出的产品。其应用范围几乎包括了测控应用的所有范畴，特别是航空/航天、楼宇自动化、能源管理、变电站测控设备的监控、工厂自动化、工业过程控制、计算机外围设备、电子测量设备等。它具有突出的统一性、开放性以及互操作性。LONWORKS 在我国电力系统中的应用也已相当广泛，如四方公司的 CSC2000 变电站综合自动化系统即采用 LONWORKS 总线，如图 6-16 所示。Lon Works 技术由 LONTALK 协议、Neuron（神经元）芯片、Lon

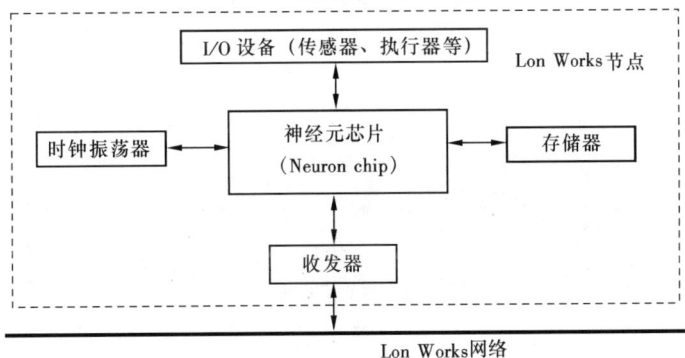

图 6-15　Lon Works 节点

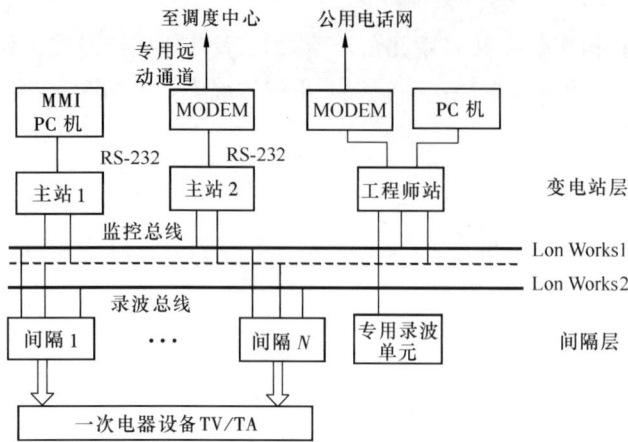

图 6-16　采用 Lon Works 网络的通信系统

Works 收发器和开发工具（LONBuilder、Node Builder）等部分组成。其主要特性如下：

（1）Lon Works 采用的 LONTALK 通信协议，该协议遵循 ISO/OSI 参考模型，提供了 OSI 所定义的全部 7 层服务。这是在现场总线中唯一提供全部服务的现场总线。

（2）Lon Works 的核心是 Neuron（神经元）芯片，内含 3 个 8 位的 CPU：第 1 个 CPU 为介质访问控制处理器，实现 LONTALK 协议的第 1 层和第 2 层；第 2 个 CPU 为网络处理器，实现 LONTALK 协议的第 3 层至第 6 层；第 3 个 CPU 为应用处理器，实现 LONTALK 协议的第 7 层，执行用户编写的代码及用户代码所调用的操作系统服务。Lon Works 的神经元芯片已由 Motorola 和东芝公司生产。

（3）提供一套开发工具平台 LONBuilder（网络开发器）和 NodeBuilder（节点开发器）。有了这一套工具，用户就可以利用神经元芯片、LONTALK 通信协议和 Lon Works 收发器方便灵活地开发出自己所需要的系统和产品。

（4）Lon Works 的通信距离为 2700m/78kbit/s、130m/1.25Mbit/s；节点数 32 000 个；传输介质为双绞线、同轴电缆、光纤、电缆线等。

（5）LONTALK 协议提供了五种基本类型的报文服务：确认（Acknowledged）、非确认（Unacknowledged）、请求/响应（Request/Response）、重复（Repeated）、非确认重复（Unacknowledged Repeated）。

（6）LONTALK 协议的介质访问控制子层（MAC）对 CSMA 作了改进，采用一种新的称作 PredictiveP-PersistentCSMA，根据总线负载随机调整时间槽 n（$1\sim63$），从而在负载较轻时使介质访问延迟最小化，而在负载较重时使冲突的可能最小化。

Lon Works 网络和计算机网络是两种不同的网，适用于不同的领域，具体比较见表 6-3。

表 6-3　　　　　　　　　　Lon Works 网络与计算机网络的比较

比较特性	Lon Works 网络	计算机网络
事件响应速度	快	慢
信息速度	慢	高
网络指标	传输次数/秒，以及响应时间	网络通信速率
节点	主机及仪器仪表设备	主机
复杂性	简单	复杂
成本	低	高
传输介质	与介质无关	与介质有关

三、PROFIBUS

PROFIBUS 是 Process Field Bus（过程现场总线）的简称。它于 1991 年 4 月在 DIN19245 中发表，并正式成为德国现场总线标准。而后又列入了欧洲标准 EN50170。PROFIBUS 得到了广泛的支持，已广泛应用在加工工业、过程自动化、智能大楼、变电站自动化系统等领域。PROFIBUS 在电力系统已获得广泛应用。它具有三种类型或三种协议：PROFIBUS-FMS/DP/PA，分别适用不同的场合。

（一）PROFIBUS-FMS

PROFIBUS-FMS 体系结构参照 OSI 参考模型的第 1、2、7 层，并针对自身特点作了改进，增加了应用层接口。PROFIBUS-FMS 主要用于一般自动化系统中，其主要性能如下。

(1) 传输方式：EIARS-485。

(2) 传输速率：9.6kbit/s～12Mbit/s。

(3) 传输介质：双绞线，光纤。

(4) 传输距离：双绞线 100～1200m（取决于传输速率），最多 9 个中继器（Repeater）可扩展到 1000～12000m；光纤 23.8km。

(5) 拓扑结构：总线形、星形、环形。

(6) 节点数：最多 127 个。

(7) 介质访问控制方式：令牌方式、主—从方式、混合方式（多个主站之间为令牌方式，主站与从站之间为主—从方式）。

（二）PROFIBUS-DP

PROFIBUS-DP 体系结构参照 OSI 参考模型第 1、2 层。并针对自身特点作了改进，增加了用户接口。PROFIBUS-DP 主要用于加工自动化系统，适用于分散的外围设备。其基本性能与 PROFIBUS-FMS 类似。PROFIBUS-DP 和 PROFIBUS-FMS 可以共享同一条总线，实现混合操作。

（三）PROFIBUS-PA

PROFIBUS-PA 物理层符合 IEC1158-2 国际标准（H1）和 EIARS-485 国际标准（H2）。H1 传输速率为 31.25kbit/s，通过总线供电，具备本质安全。PROFIBUS-PA 主要用于过程自动化系统中，如化工、炼油、发电等连续过程自动化。

PROFIBUS 引入了功能模块的概念，不同的应用需要使用不同的模块。在一个确定的应用中，按照 PROFIBUS 规范来定义模块，写明其硬件和软件的性能，规范设备功能与 PROFIBUS 通信功能的一致性。

四、HART

HART 是 Highway Addressable Remote Transducer（可寻址远程传感器高速通路）的缩写。1986 年由美国 Rosemount 公司开发的一套过渡性临时通信协议。但目前受到了广泛承认，已成为事实上的国际标准。其主要特性如下：

(1) HART 协议以国际标准化组织（ISO）开放性系统互连模型（OSI）为参照，使用 OSI 的 1、2、7 层，即物理层、数据链路层、应用层。物理层采用基于 Bel1202 通信标准的 FSK 技术，所以可以通过租用电话线进行通信。

(2) HART 协议使用 FSK 技术在 4～20mA DC 模拟信号上叠加 FSK 数字信号。逻辑 1 为 1200Hz，逻辑 0 为 2200Hz，波特率为 1200bps。它成功地使模拟和数字双向信号能同时进行而且互不干扰。因此在与智能化仪表通信时，还可使用模拟仪表、记录仪及模拟控制。在不对现场仪表进行改造的情况下，逐步实现数字性能（包括数字过程变量），是一种理想的方案。这是一个由模拟系统向数字系统过渡的协议。

（3）在应用层规定了三类使命：第 1 类是通用命令，这是所有设备都能理解、执行的命令；第 2 类是普通命令，它所提供的功能可以在许多现场设备中实现；第 3 类为特殊设备命令，以便在某些设备中实现特殊功能，这类命令可以允许开发此类设备的公司所独有。此外，它还为用户提供统一的设备描述语言 DDL（Device Description Language）。

（4）HART 支持点对点、主从应答方式和多点广播方式。

（5）直接通信距离：用屏蔽双绞线单台设备距离 3000m，而多台设备互连距离 1500m。只使用一个电源时，能连结 15 个智能化设备。

将现场总线技术应用于变电站自动化系统中，完全可满足变电站现场快速、高效的数据通信要求，使系统更可靠、更开放，成本更低，大大地提高变电站自动化系统的整体水平。

6.6　电力通信的发展机遇

随着电网规模的不断扩大、电力市场的逐步建立以及用户对供电质量要求的提高，电力系统对信息通信的要求越来越高，依赖性越来越强。随着时代的发展和技术的进步，电力专用通信的发展面临巨大的挑战。

技术进步、体制改革和市场需求是决定电力通信发展的 3 个根本因素。从发展的眼光来看，新时期电力通信的两个主要任务：一方面要继续完善和提高电力专用通信，为电力系统安全、稳定、经济运行提供更加可靠的保障；另一方面要更加充分地利用电力设施资源优势和电力通信富余能力，形成和扩大新的价值增长点，以保持电力通信发展后劲和提高电力主业竞争能力。

6.6.1　电力通信网络现状

电力通信作为行业性的专用通信网，是随电力系统的发展需要而逐步形成和发展的。电力通信主要为电网的自动化控制、商业化运营和实现现代化管理服务。它是电网安全稳定控制系统和调度自动化系统的基础，是电力市场运营商业化的保障，是实现电力系统现代化管理的重要前提，也是非电产业经营多样化的基础。电力通信网是由光纤、微波及卫星电路构成主干线，各支路充分利用电力线载波、特种光缆等电力系统特有的通信方式，并采用明线、电缆、无线等多种通信手段及程控交换机、调度总机等设备组成的多用户、多功能的综合通信网。

一、电力系统通信网的特点

和公用通信网及其他专网相比，电力系统通信有以下特点：

（1）要求有较高的可靠性和灵活性。

电力生产的不容间断性和运行状态变化的突然性，要求电力通信有高度的可靠性和灵活性。

（2）传输信息种类复杂、实时性强。

电力系统通信所传输的信息有话音信号、远动信号、继电保护信号、电力负荷监测信息、计算机信息及其他数字信息、图像信息等，一般都要求很强的实时性。

（3）具有很大的耐"冲击"性。

当电力系统发生事故时，在事故发生和波及的发电厂、变电站，通信业务量会骤增。通信的网络结构、传输通道的配置应能承受这种冲击；在发生重大自然灾害时，各种应急、备用的通信手段应能充分发挥作用。

（4）网络结构复杂。

电力系统通信网中有着种类繁多的通信手段和各种不同性质的设备、机型，它们通过不同的接口方式和不同的转接方式，如用户线延伸、中继线传输、电力线载波设备与光纤、微波等设备的转接及其他同类、不同类型设备的转接等，构成了电力系统复杂的通信网络结构。

（5）通信范围点多面广。

除发电厂、供电局等通信集中的地方外，供电区内所有的变电站、电管所也都是电力通信服务的对象。很多变电站地处偏远，通信设备的维护半径通常达上百公里。

（6）无人值守的机房居多。

通信点的分散性、业务量少等特点决定了电力通信各站点不可能都设通信值班。事实上除中心枢纽通信站外，大多数站点都是无人值守。

二、我国电力系统通信的现状

经过几十年的努力，我国的发电设备装机容量和发电量、电网规模均居世界前列，形成了以大型发电厂和中心城市为核心、以不同电压等级的输电线路为骨架的各大区、省级和地区的电力系统。大电网已覆盖全部城市和大部分农村；我国电网进入了远距离、特高压、跨大地区输电的新阶段。

与电网的发展相适应，我国电力系统通信取得了长足的进步，在现代化电力生产和经营管理中发挥着越来越重要的作用，主要体现在以下几方面。

（1）形成了覆盖全国的电力通信综合业务网。电力通信网已基本覆盖了全国各个电力集团公司，电力通信业务范围包括调度及行政电话、远动信息、继电保护信号、计算机数字数据通信、会议电话、电视电话等综合业务。

（2）技术装备水平有了很大提高。从 20 世纪 50、60 年代的双边带电子管电力线载波机、明线磁石电话到今天的 SDH 光纤通信系统、数字式电力线载波机、数字程控交换机、ATM 交换机，我国电力通信技术装备水平出现了质的飞跃，基本上适应了现代通信发展的潮流和现代电网发展的需求。

（3）通信机构和通信队伍已具规模。从国家电网公司到各省电力公司、发电厂以及电力科研、教学、设计、施工单位等，都设有相应的通信机构。

（4）制订了较为完善的各项管理标准和技术规范。企业标准体系是企业现代化管理的重要组成部分。多年来，从国家电网公司到各地方电力部门都逐步制订和完善了有关电力通信各专业的管理、运行、设计、测试的标准、规程、规定和规则，对电力通信网的建设、运行和管理起了统一化、规范化的作用。

当前，电力通信网主要不足体现在以下几方面：一是骨干网架仍不够坚强，难以完全满足调度数据网络第二平面建设的新要求；二是各级通信网络的资源整合和充分利用有待进一步加强；三是总体上呈"骨干网强、接入网弱"、"高（电压）端强，低端弱"的态势，配电、用电环节的通信水平相对输电网而言差距较大。因此，建设"先进、实用、大容量、高可靠、结构合理、覆盖面全、包容性强、接入方式灵活、运行经济高效、对自然灾害及人为破坏有较强抵御能力"的坚强的智能通信网成为必然。

6.6.2　电力通信网发展机遇

以特高压电网为骨干网架、各级电网协调发展的坚强电网为基础,利用先进的通信、信息和控制技术,构建以信息化、自动化、互动化为特征的自主创新、国际领先的统一坚强智能电网。"统一"是前提,"坚强"是基础,"智能"是关键。统一性、坚强网架、智能化的高度融合,决定了国家电网未来的发展方向。这是国家电网公司对我国智能电网发展规划。

智能电网的发展为电力通信网发展提供了机遇。坚强的智能通信网满足智能电网发展各阶段对通信网络的需求,全面建设高速、宽带、自愈的"坚强"(Strong)电力通信网络,实现无缝信息交互,为智能电网提供高速、实时、可靠和安全的通信技术支撑和服务。支持任何时间(Anytime)、任何地点(Anyplace)、任何设备(Any Device)、任何业务(Any Service)的无所不在(Ubiquitous)的"灵活"(Smart)通信接入方式,为电力智能系统或智能设备提供"即插即用"的电力通信保障。坚强的智能化电网发展新趋势,对电力通信网络而言,无论技术上还是管理上,都将是一个巨大的挑战。先进的通信、信息、控制等应用技术是坚强的智能化电网的技术支撑体系(四大体系之一),是实现"智能"的基础,贯穿六大应用环节。智能电网涉及发电、线路(输电)、变电、配电、用户服务(用电)、调度等电力生产全过程(六大应用环节),同时也是坚强智能电网的具体体现信息、通信技术支撑体系是实现"智能"的技术保障,坚强的智能通信网是智能电网的重要支撑系统。

在每个环节上,都对智能通信网提出了相应的要求,也为电力通信网的研究和发展提供了思路。

1. 发电环节

电源形式向多元化方向发展,火电、水电、核电等常规电源是我国的主要电源,风力发电、太阳能发电等可再生能源正在逐渐成为重要的电源。智能电网要提高接纳清洁可再生能源的能力,要实现双向供电,提高电网兼容性和互动性。风光储联合发电站的通信问题需重点关注。通信需支撑调度运行控制,机组重要运行参数在线监测。

2. 输电环节

输电线路状态监测利用先进的测量、信息、通信和控制等技术,以线路运行环境和运行状态参数的集中在线监测为基础,建设输电线路状态监测中心,开展状态评估,实现灾害预警。目前,输电线路存在 OPGW/ADSS 等电力特种光缆,但沿线没有建立适合的通信通道接入电力通信网络,需要研究短距离无线通信、无线局域网络、电力载波接入、无源光网络等通信接入技术,研制关键通信设备,开展其在输电线路监测与巡检的应用研究,满足智能采集装置的数据传输要求。

3. 配电环节

配电自动化系统的所有功能都是以通信为基础,通信技术是配电网自动化的关键之一。我国的配电网结构复杂,具有通信点多,且分布极为分散,单个通信点信息量少,通信设备工作环境差等特点,需要合理解决通信的实时性、可靠性和基于 IP 网络组网等技术问题,满足智能配电网应用要求。

4. 用电环节

支撑用电信息采集系统和营销信息系统等营销核心业务运行的通信网络和信息网络,尚不能达到实用化要求，面向用户侧的通信网络资源不足。智能用户（含智能家庭）的互动通信问题。从目前的技术条件看，没有一种单一的通信方式能够全面满足各种规模的配电、用电自动化的需要，需要综合利用无线（公网和专网）、有源光网络、无源光网络、配电线载波等复合通信技术，研发关键通信设备，建立配电网、用电网通信综合接入平台，实现多种通信方式统一接入、统一接口规范和统一管理。支持以太网、RS-232/RS-485/RS-422 等接口，并能提供标准网管接口，支持本地网管和远程网管。

5. 变电环节

智能变电站采用基于 IEC 61850 的标准化网络通信体系，通信平台趋向网络化，智能变电站通信网络需满足高实时性、高可靠性、高自适应性、安全加密的要求。要求智能变电站网络通信系统应具备抵御服务拒绝和非法入侵的能力，并能防止病毒传播；具备故障监测、故障自恢复和数据校验等功能；应具备较强的抗电磁干扰能力，满足 DL/T 860—3 规定的电磁兼容性能要求；支持脉冲对时、IRIG-B 码对时和基于 IEC 1588 标准的网络对时等。目前工业以太网交换机都不能完全满足智能变电站网络通信系统的建设需求，需要研制智能变电站千兆光/电以太网（工业级）交换机。

6. 调度环节

适应智能电网调度技术支持系统、应急指挥和备用调度对数据通信的更高要求，需要将调度数据网由单平面扩充为双平面，以提高网络整体可靠性。第二平面基于国家电网 SDH 通信传输网络，采用 IPoverSDH、MPLS/VPN 的技术体制组网，按安全区和安全等级划分 VPN，与管理信息网络在纵向上实现物理隔离。目前的骨干传输网络难以完全满足调度数据网络第二平面建设的新要求。

坚强的智能通信网需要在目前网络基础上，融合 SDH 和 IP 技术，完善网络架构，扩充通信系统容量，提高新业务接入能力，提高通信网管理系统应用水平，统一规划同步网，提供更加实时、可靠、高速、安全的通信通道，满足保护、安控等实时业务的可靠传输，满足智能电网控制管理等较大容量 IP 业务的安全有效传输。骨干通信传输网的完善和优化技术，实现光缆共享、电路互补的多级分层自愈环网；满足保护、安控等实时业务的可靠传输技术研究；软交换及 IMS 技术在电力调度交换网中的应用研究；"天地互补"的全网时间统一系统的研究；全网统一的电力通信网络智能化管理系统；研究无源光网络技术、宽带无线通信技术、电力线通信技术，构建配电网或用电网一体化通信平台，支持配电网自动化、用电营销自动化、智能表计、需求侧管理等；智能变电站网络通信系统的研究等。骨干通信传输网的完善和优化技术，实现光缆共享、电路互补的多级分层自愈环网 OPGW/ADSS/OPPC 电力特种光缆资源整合和充分利用；省级和地（市）通信网注重加强对 35kV 以上的变电站和营销网点的光纤覆盖。

复 习 思 考 题

1. 配电自动化系统常用的通信有哪几种？
2. 简述配电自动化系统的组成部分及主要功能。
3. 简述变电站远传信息的内容。
4. 简述配电网 SCADA 系统的主要功能。

5. 现场总线技术有哪些特点？现场总线控制系统由哪几部分组成，典型的现场总线技术有哪些？

6. 变电站自动化系统中的通信网络及传输规约如何选择？

7. 什么是 IEC 61850 标准？

8. 按照 IEC 61850 标准，变电站的功能有哪几层？

附录　电力系统常用通信规约简介

所谓通信协议是指通信双方的一种约定。约定包括对数据格式、同步方式、传送速度、传送步骤、检纠错方式以及控制字符定义等问题做出统一规定，通信双方必须共同遵守。

厂站端远动装置与主站端电网调度自动化系统进行通信必须遵循一定的规则，即要有通信规约。下面介绍几种常用的远动通信规约。

附录 A　循环式远动规约（CDT）

1991 年电力部颁布了《循环式远动规约》，即 CDT 规约，适用于点对点的远动通道结构，其主要特点是以厂站端为主动方，循环不断的向调度端发送遥信、遥测等数据。它所使用的差错控制方式是循环传送检错：发送端对信息进行抗干扰编码，发出能够检出错误的码字，即检错码；接收端收到后进行检错译码，如无错码，则进行接收处理，如有错码，则该组数码丢弃，待下次循环中在接收该信息。在 CDT 规约中远动信息的抗干扰编码采用的就是 CRC 编码。CRC 检错码是根据循环码的编译码原理进行检错的，其编码效率高，检错、纠错能力强。编码原理详见 2.3.3 节描述。

A.1　CDT 规约的特点

（1）发送端（厂站 RTU）按预定规约，周期性地不断向调度端发送信息。

（2）信息以帧为单位，按信息重要程度不同，分为 A、B、C、D、E 帧 5 种帧类别。

（3）每帧长度可变，多种帧类别循环传送，遥信变位优先传送，重要遥测量更新循环时间短。

（4）区分循环量、随机量和插入量，采用不同形式传送信息，以满足电网调度自动化系统对信息实时性和可靠性的不同要求。

（5）帧与帧循环相连，信道永无休闲地循环传送。

（6）信息按其重要性有不同的优先级和循环时间。

A.2　CDT 规约的帧结构

CDT 规约采用 RS232 通信接口：波特率支持 1200、2400、4800、9600，字符格式 10 位（1 位起始位、8 位数据、1 位停止位）。

帧结构由同步字、控制字及信息字三部分组成，如附图 A-1 所示。

同步字	控制字	信息字1	…	信息字n	同步字	…

附图 A-1　帧结构

这三种字的排列规则是：字节自低 B1 到高 Bn，上下排列；每个字节里的位又自高 b7 到低 b0 左右排列，如附图 A-2 所示。在一帧里位是最小的信息单元（称为码元），一位信息就可称为 1bit 信息（bit 信息的单位）。每一帧向通道发码的规则是：低字节先发，高字节后发，字节内低位先发，高位后发。

b7	b6	b5	b4	b3	b2	b1	b0	B1 字节
b7	b6	b5	b4	b3	b2	b1	b0	B2 字节
b7	b6	b5	b4	b3	b2	b1	b0	B3 字节

附图 A-2 字节排列

（一）同步字

同步字的作用是保持收发两端的同步，故同步字列于帧首。在同步传输方式中，接收端只有在接收到两个以上的同步字符后才能确认有报文发送过来，且收发端同步工作。CDT中规定三组 EB90H 为同步字符，共 6 个字节。按上述发码规则，为了保证通道中传送的顺序，写入串行通信接口的同步字排列格式是 3 组 D7H09H，其排列格式如附图 A-3 所示。

D7H(11010111)	B1 字节
09H(00001001)	B2 字节
D7H(11010111)	B3 字节
09H(00001001)	B4 字节
D7H(11010111)	B5 字节
09H(00001001)	B6 字节

附图 A-3 同步字排列格式

（二）控制字

控制字是对本帧信息的说明。控制字共有 B7～B12 共 6 个字节，定义如下。

（1）控制字节，格式如附图 A-4（b）所示。控制字节定义如下：

E：扩展位，E＝0 表示使用本规约已定义帧类别码（附表 A-1），E＝1 帧类别码可自定义，以便扩展功能。

L：帧长定义位，L＝0 表示本帧无信息字；L＝1 表示本帧有信息字，本规约中总为 1。

S：源站地址定义位。

D：目的站地定义位。

控制字节	B7字节
帧类别码	B8字节
信息字数 n	B9字节
源站地址	B10字节
目的站地址	B11字节
校验码	B12字节

(a)

E	L	S	D	0	0	0	1

(b)

附图 A-4 控制字

(a) 控制字组成；(b) 控制字字节定义

在上行信息中，S＝1，D＝1，源站地址为直流设备设置地址，目的站地址为上位机地址，下行信息中，D＝1，目的站地址为直流设备设置地址，该地址可在监控内设置，设置范围为 1～99。

（2）帧类别码。标明本帧的具体帧类别。

（3）信息字数。信息字数 n 表示该帧中所含信息字数量；n＝0 表示本帧无信息。

（4）校验码。采用 CRC 循环冗余校验码，根据前 40 位计算出 8 位校验位。其生成多项式位 G（X）＝X^8＋X^2＋X＋1，陪集码为 FFH（即取反）。

附表 A-1

控 制 字 节

帧类别码	定　　　　义	
	上行 E＝0	下行 E＝0
61H	重要遥测（A 帧）	遥控选择
C2H	次要遥测（B 帧）	遥控执行
B3H	一般遥测（C 帧）	遥控撤销
F4H	遥信状态（D1 帧）	升降选择
85H	电能脉冲计数值（D2 帧）	升降执行
26H	事件顺序记录（E 帧）	升降撤销
57H		设定命令
7AH		设置时钟
0BH		设置时钟校正值
4CH		召唤子站时钟
3DH		复归命令
9EH		广播命令

（三）信息字

1. 信息字结构

每个信息字由 6 个字节构成：功能码 1 字节，信息 4 字节，校验码 1 字节，如附图 A-5 所示。

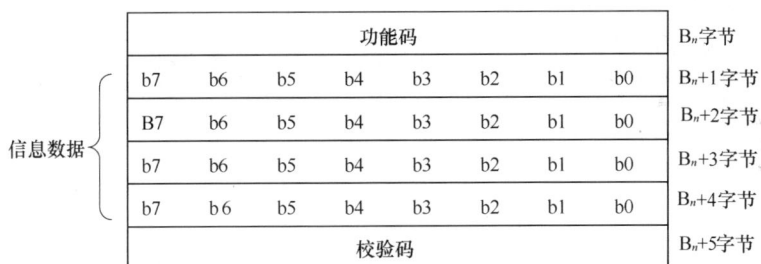

附图 A-5　信息字通用格式

2. 功能码

功能码有 256 个（00H～FFH），规定了信息的用途或同一用途中不同对象的编号。具体见附表 A-2。

附表 A-2

功 能 码 定 义

功能码代号（H）	字数	用途	信息位数	容量
00～7F	128	遥测（上行）	15	256
80～81	2	事件顺序记录（上行）	64	4096
84～85	2	子站时钟返送（上行）	64	1
8B	1	复归命令（下行）	16	16
8C	1	广播命令（下行）	16	16

功能码代号（H）	字数	用途	信息位数	容量
A0~DF	64	电能脉冲计数值（上行）	32	64
E0	1	遥控选择（下行）	32	256
E1	1	遥控返校（上行）	32	256
E2	1	遥控执行（下行）	32	256
E3	1	遥控撤销（下行）	32	256
E4	1	升降选择（下行）	32	256
E5	1	升降反校（上行）	32	256
E6	1	升降执行（下行）	32	256
E7	1	升降撤销（下行）	32	256
E8	1	设定命令（下行）	32	256
EC	1	子站状态信息（上行）	8	1
ED	1	设置时钟校正值（下行）	32	1
EE~EF	2	设置时钟（下行）	64	1
F0~FF	16	遥信（上行）	32	512

3. 信息字格式

（1）遥测：每个信息字传送 2 路遥测量，每个遥测量包含 2 字节，16 位。先送低字节，后送高字节。如附图 A-6（a）所示。

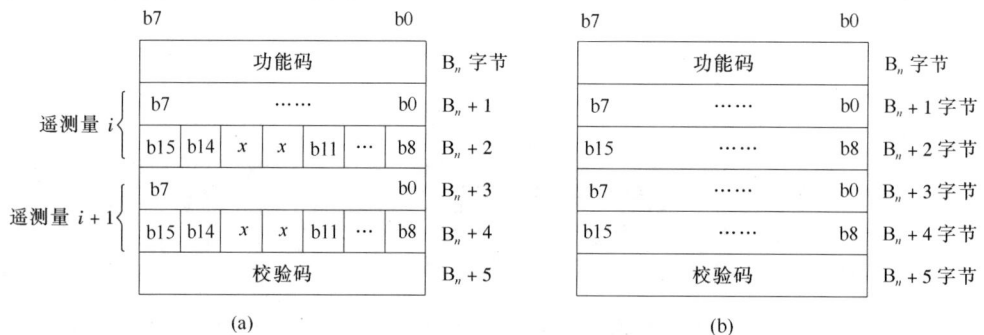

附图 A-6　遥测信息字与遥信信息字格式

(a) 遥测信息字；(b) 遥信信息字

b11~b0 共 12 位表示遥测量的数值；其中 b11 为符号位，b11＝0 表示正，b11＝1 表示负。b14＝1 表示溢出，b15＝1 表示无效，b12 b13 未使用。

（2）遥信：每个信息字有 32 位，可以以预先约定的顺序表示 32 个开关或保护继电器的状态。如附图 A-6（b）所示。

（3）遥控：遥控操作要求十分可靠，因此设计了如附图 A-7 所示的遥测信息字格式，并且遥控命令都要连发三遍，接收端采用 3 取 2 原则作出判决。

（4）电能脉冲计数：信息字如附图 A-8 所示，每个信息字一般用 b0~b23 共 24 位表示电能计数值。

同步字	控制字	信息字	信息字	信息字

三个信息字相同

（a）

b7 ———— b0

控制字节（71H）	B7 字节
帧类别（61H 选择） （C2H 执行） （B3H 撤销）	B8 字节
信息字数（03H）	B9 字节
源站址	B10 字节
目的站址	B11 字节
校验码	B12 字节

（b）

b7 ———— b0

功能码（E0H）	B_n 字节
合/分 （CCH/33H）	B_n+1 字节
开关序号	B_n+2 字节
合/分（重复）	B_n+3 字节
开关序号（重复）	B_n+4 字节
校验码	B_n+5 字节

（c）

b7 ———— b0

功能码	B_n 字节
合/分/错	B_n+1 字节
（CCH/33H/FFH）	B_n+2 字节
开关序号	B_n+3 字节
合/分/错（重复）	B_n+4 字节
开关序号（重复）	B_n+5 字节
校验码	B_n 字节

（d）

b7 ———— b0

功能码（E0H）	B_n 字节
执行（AAH）	B_n+1 字节
开关序号	B_n+2 字节
执行（重复）	B_n+3 字节
开关序号（重复）	B_n+4 字节
校验码	B_n+5 字节

（e）

b7 ———— b0

功能码（E0H）	B_n 字节
撤销（55H）	B_n+1 字节
开关序号	B_n+2 字节
撤销（重复）	B_n+3 字节
开关序号（重复）	B_n+4 字节
校验码	B_n+5 字节

（f）

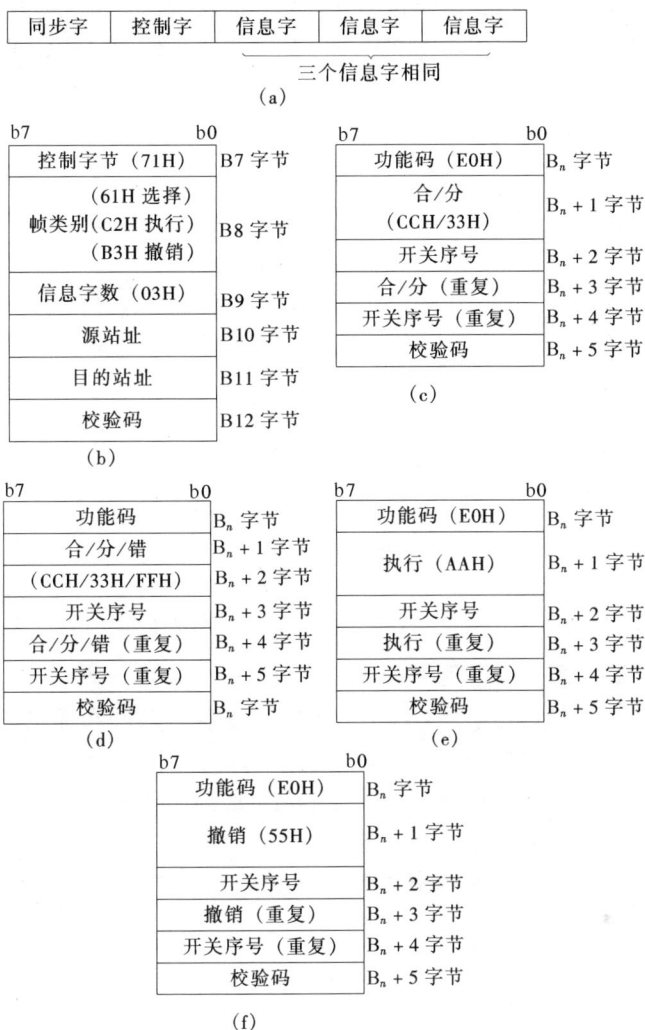

附图 A-7　遥控过程的信息字格式

（a）遥控帧结构；（b）遥控控制字（下行）；（c）遥控选择信息字（下行）；
（d）遥控返校信息字（上行）；（e）遥控返校信息字（下行）；（f）遥控撤销信息字（下行）

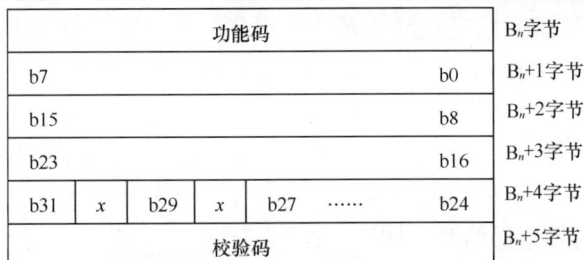

功能码		B_n字节
b7	b0	B_n+1字节
b15	b8	B_n+2字节
b23	b16	B_n+3字节
b31　x　b29　x　b27　……　b24		B_n+4字节
校验码		B_n+5字节

附图 A-8　电能脉冲计数信息字格式

A.3　CDT 规约中信息的优先级顺序

一、上行信息的优先级

上行信息（厂站端→调度端）优先级排列顺序及循环更新时间如下：

（1）对时的子站时钟返回信息及遥控、升降命令的反校信息插入传送。

（2）遥信变位信息及子站工作状态变化信息均随时插入传送，并要求在 1s 内送达主站。

（3）重要遥测量安排在 A 帧传送，循环更新时间≤3s。

（4）次要遥测量安排在 B 帧传送，循环更新时间≤6s。

（5）一般遥测量安排在 C 帧传送，循环更新时间≤20s。

（6）一般遥信状态信息实时性要求低，安排在 D1 帧定时传送，循环时间为几分钟至几十分钟。

（7）电能脉冲计量信息实时性也不高，安排在 D2 帧定时传送，循环时间为几分钟至几十分钟。

（8）时间顺序记录信息（SOE）安排在 E 帧，以帧插入方式传送。

二、下行命令优先级

下行命令（调度端→厂站端）的优先级排列如下。

（1）召唤子站时钟，设置子站时钟校正值，设置子站时钟。

（2）遥控选择、执行、撤销命令；升降选择、执行、撤销命令；设定命令。

（3）广播命令。

（4）复归命令。

A.4 CDT 规约的帧系列传送顺序安排

帧系列可根据需要安排传送顺序，只要满足规定的循环时间和优先级的要求，可以任意组织。通常有三种方式。

（1）固定循环传送，用于传送 A、B、C、D1、D2 帧。

（2）帧插入传送，用于传送 E 帧（E 帧长度不得大于 A 帧）。SOE 信息可连续出现，当轮到发送 E 帧时用软件指针定好发送界限，后续出现的可归到下一次 E 帧时再送。

（3）信息字随机插入传送：

1）变位遥信、遥控命令的反校信息刚产生就应插入当前帧的信息字传送，若当前帧是 A、B、C、D 帧，则原信息字被取代，插入的信息在本帧内连续（重复）三次（原帧长度不变，不许跨帧），以便接收端利用 3 取 2 原则作出判决。若本帧空间不够连续重复三次，则全部改为在下一帧插入传送，当前帧如是 E 帧，则应在 SOE 完整字之间插入，帧长度相应加长；

2）对时的子站时钟返回信息也插入传送，但仅传送一遍，其余与上述同。如附图 A-9 所示为帧系列传送示例，附图 A-9（a）所示为各种帧类别均需传送，当需要以帧方式插入 E 帧时，可在箭头所指处插入传送，并按规定连续传送三遍。附图 A-9（b）所示为遥信变位需要插入传送时的示意图。这种插入不是以帧为单位，而是以信息字为单位，优先插入当前一帧，并连传三遍（取代三个原来的信息字），若本帧不够连传三遍，就全部改在下一帧再传送。对时的子站时钟返回信息只插送一遍。

若被插的帧为 A、B、C、D 帧，原信息字被取代后帧长不变。

若被插的帧为 E 帧，则必须在事件顺序记录完整的信息之间插入，帧长度也相应地增加，如附图 A-9（c）所示。

此外，在遥控、升降和设定命令的传送过程中，若出现遥信变位，则自动取消该命令，优先发出遥信变位信息至调度端。

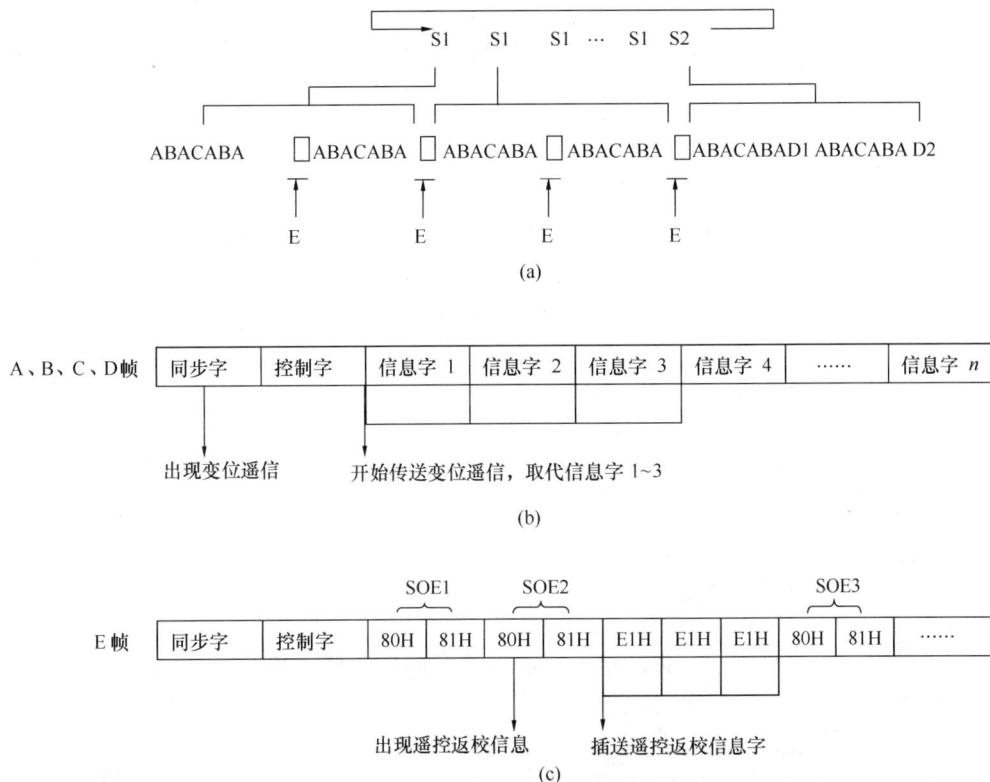

附图 A-9 帧系列传送示例

(a) 各帧均需传送并有 E 帧插入；(b) 插送变位遥信；(c) 插送遥控返校

当子站加电或重新复位后，帧系列应从 D1 帧开始，优先传送遥信状态信息至调度端。下行通道中没有上述问题，有命令随时发送，无命令时则连续不间断地发送同步信号。

附录 B DNP3.0 规约简介

DNP3.0 规约是一种开放的、智能化的高效的现代 SCADA 通信规约。DNP3.0 规约是一种分层实现的协议，它实现了 OSI 七层协议中的三层，即物理层、数据链路层和应用层。具体实现时，DNP3.0 规约在数据链路层和应用层之间还加了一个伪传输层。DNP3.0 规约的文本共分为四个部分，数据链路层、传输层、应用层规约及数据对象库。DNP3.0 规约具有以下特点：

(1) 请求和应答数据时，同一帧报文里可以包括多种类型的数据；

(2) 数据分段校验，保证传输准确；

(3) 只应答变化数据；

(4) 根据数据重要性，为不同数据设置不同的优先级；

(5) 非请求应答（报文主动上送）；

(6) 支持时间同步和标准时间格式；

(7) 支持多点共线和点对点通信方式；

（8）允许用户自定义数据对象包括文件传输。

B.1　DNP3.0 规约结构

一、数据链路层规约

数据链路层规约文件规定了 DNP3.0 版的数据链路层，链路规约数据单元（LPDU）以及数据链路服务和传输规程。数据采用一种可变帧长格式：FT3。一个 FT3 帧被定义为一个固定长度的报头，随后是可以选用的数据块，每个数据块附有一个 16 位的 CRC 校验码。固定的报头含有 2 个字节的起始字，一个字节的长度（LENGH），一个字节的链路层控制字（CONTROL），一个 16 位的目的地址，一个 16 位的源地址和一个 16 位的 CRC 校验码。

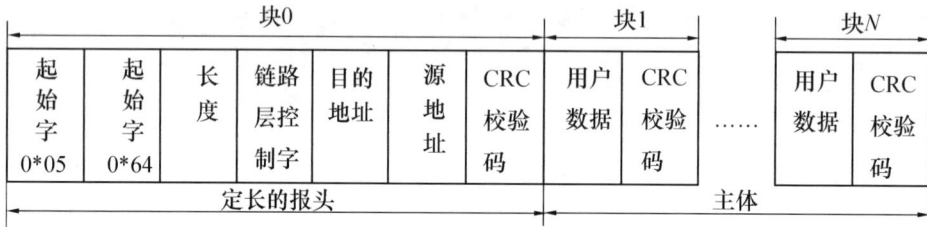

块0							块1			块N	
起始字 0*05	起始字 0*64	长度	链路层控制字	目的地址	源地址	CRC校验码	用户数据	CRC校验码	……	用户数据	CRC校验码
定长的报头							主体				

起始字：2 字节，0x0564

长度：1 字节，是控制字、目的地址、源地址和用户数据之和。255≥长度≥5

目的地址：2 个字节，低字节在前

源地址：2 个字节，低字节在前

用户数据：跟在报头之后的数据块，每 16 个字节一块，最后一个块包含剩下的字节，可以是 1～16 个字节。每个数据块都有一 CRC 循环冗余码挂在后面。

CRC 循环冗余码：2 个字节。在一个帧内，挂在每个数据块之后。

控制字与功能码：

通信控制字包含有本帧的传输方向，帧的类型以及数据流的控制信息。

7	6	5	4	3	2	1	0
DIR	PRM	FCB	FCV	功能码			

DIR：方向位（direction），表示此帧是由主站发出还是从站发向主站。

PRM：源发标志位（primary），表示此帧是来自原发站还是来自响应站。

FCB：帧的计数位，0、1 交替变化，设计此位的目的是进行简单的纠错。

FCV：帧的计数位的有效标志，为 1 时，FCB 位有效。

功能码：

对于原发送方的帧：

0：使远方链路复位

1：使远方进程复位（Reset of user process）

3：发送用户数据，需对方确认

4：发送用户数据，不需对方确认

9：询问链路状态

对于从方发送帧：

0：肯定确认

1：否定确认

11：回答链路状态

二、传输层规约

传输层规约定义了对于 DNP 数据链路层充当伪传输层的传输层功能。伪传输层功能专门设计用于在原方站和从方站之间传送超出链路规约数据单元（LPDU）定义长度的信息。其格式如下：

TH（传输层报头）	数据块

其中：

传输层报头：传输控制字，1 个字节

数据块：应用层用户数据 1～249 个字节

由于数据链路层的 FT3 帧格式中的长度字的最大限制为 255，因此传输层数据块的最大长度为

255－5（链路层 control ＋ source ＋ destination ）－1（TH）＝249。

当应用用户数据长度大于 249 字节时，传输层将以多帧报文方式传送，并每帧前加 TH 控制字。如 1234＝249＋249＋249＋249＋238，分 5 帧传送。

传输层报头（TH）格式为

7	6	5	4	3	2	1	0
FIN	FIR	序号					

FIN：此位置"1"，表示本用户数据是整个用户信息的最后一帧

FIR：此位置"1"，表示本用户数据是整个用户信息的第一帧

序号：表示这一数据帧是用户信息的第几帧，帧号范围为 0～63，每个开始帧可以是 0～63中的任何一个数字，下一帧自然增加，63 以后接 0。

三、应用层规约

本文本定义了应用层报文（APDU）的格式。这里，主站被定义为发送请求报文的站，而从站则为从属设备。被请求回送报文的 RTU 或智能终端（IEDS）是事先规定了的。在 DNP 中，只有被指定的主站能够发送应用层的请求报文，而从站则只能发送应用层的响应报文。

1. 应用报文格式

应用请求报文的格式为

Request Header 请求报头	Object Header 对象标题	Data 数据		Object Header 对象标题	Data 数据

应用响应报文格式为

Response Header 响应报头	Object Header 对象标题	Data 数据		Object Header 对象标题	Data 数据

其中：

请求（响应）报头：标识报文的目的，包含应用规约控制信息（ACPI）。

对象标题：标识随后的数据对象。

数据：在对象标题内的指定的数据对象。

2. 报头字段的定义

请求报头有两个字段，每个字段为 8 位的字节，说明如下。

Application Control 应用控制	Function Code 功能码

响应报头有三个字段。前两个字段为 8 位的字节，第三个字段为两个字节，说明如下

Application Control 应用控制	Function Code 功能码	Internal Indication 内部信号字

（1）应用控制为一个字节的长度，格式如下：

7	6	5	4	3	2	1	0
FIN	FIR	CON	序号				

其中：

FIR：此位置"1"，表示本报文分段是整个应用报文的第一个分段；

FIN：此位置"1"，表示本报文分段是整个应用报文的最后一个分段；

CON：此位置"1"，表示接受到本报文时，对方需要给予确认；

序号：表示分段的序号，1～15。

（2）功能码：标识报文的目的，一个字节的长度，例如：

请求报文：

　　1—读，请从站送所指定的数据对象；

　　2—写，向从站存入指定的对象。

响应报文：

　　0—确认；

　　129—响应；

　　130—主动上送。

（3）内部信号：共两个字节，16 位，每一位分别表示从站的当前的各种状态。

3. 对象标题（Object Header）

报文的对象标题指定包含在报文中的数据对象或是被用来响应此报文的数据对象。格式如下：

Object 对象	Qualifier 限定词	Range 变程（范围）

（1）对象（Object）：

两个字节，指定对象组以及跟在标题后面的对象的变化。对象段的格式如下：

Group 对象组	Variation 变体

对象段规定一个对象组和在该组内的对象变体。对象的组别与变体结合起来可以唯一地规定报文所指定的对象。对象组指定数据的基本形式（如：模拟输入），对象变体指定数据的形式（如 16 位模拟输入或 32 位模拟输入）。

（2）限定词（Qualifier）、变程（范围，Range）：

限定词为一个 8 位的字节段，规定变程段的意义。变程说明数据对象的数量，起点和终点的索引成所讨论的对象的标识符。

限定词段的格式如下：

R	Index Size 索引规模	Qualifier Code 4 位限定词码

其中：

R：保留位，置为零。

索引规模（Index Size）：3 个 bits，规定前置于每个数据对象的索引规模或对象的规模。

在请求报文中，当限定词码（Qualifier Code）等于 11 时，1、2、3 分别代表数据对象前的索引是 1、2、4 个字节。0 无效。4、5、6、7 保留。

在响应报文中，或包含数据对象的请求报文的对象标题中：

0：对象没有前缀的索引

1：对象有一个字节的前缀索引

2：对象有两个字节的前缀索引

3：对象有四个字节的前缀索引

4：对象前有一个字节标识对象的大小

5：对象前有两个字节标识对象的大小

6：对象前有四个字节标识对象的大小

7：保留

限定词码（Qualifier Code）：4 个 bit/s，用以规定变程（Range）意义。

B.2 DNP 数据组织

在 DNP3.0 中，数据是通过数据类型来组织的，DNP3.0 有以下几种数据类型：

（1）二进制输入（用位 bit 表示，只读）；

（2）二进制输出（用位 bit 表示，其状态可读，该位值可以受到脉冲作用或直接闭锁或通过 SBO 类型的操作）；

（3）模拟量输入（多位只读值）；

（4）模拟量输出（多位其状态可读的值，该值可以直接受到控制或通过 SBO 类型的操作）；

（5）计数；

(6) 时间和日期;

(7) 文件传输对象;

(8) 其他。

对于每种数据类型的数据集,包含一个或多个数据点(data point)。一个数据点是指一个数据集中特定类型的数据值,用数据对象变量来说明同一数据集中特定数据的不同表示方法。例如,模拟量输入集包括 16 位有符号整数、32 位有符号整数和 32 位浮点数。

B.3　DNP 数据扫描方式

在 DNP3.0 中,为了提高数据请求的响应速度,对不同类型的数据集和数据点,进一步以类(classes)来组织。DNP3.0 共定义了 4 种类:类 0 表示全部静态数据,类 1、类 2 和类 3 表示不同优先等级的变化数据。这样,主站只要发送一帧简单的(或者很小的)数据请求报文,就可以向从站请求某一特定类的全部数据,称作类数据扫描。

由于类 1 包含最高优先等级的变化数据,类 2 次之,类 3 包含最低优先等级的变化数据,因此,对类 1 数据的请求必须立即响应,类 2 次之,类 3 再次之。对每一类数据的应答,只有已经变化的类数据才被返回,以保持应答报文最小且传输效率高。为了获得全部静态数据,主站需要请求类 0 的数据。在类 0 的数据扫描中,可能返回很大的数据量,从而影响其他数据的正常传输,因此应尽量少用。

DNP3.0 支持四种类型的数据扫描方式,即哑态工作方式、非请求变位工作方式、变位扫描方式和扫描静态方式。

在哑态工作方式下,主站从不主动和从站(RTU/FTU)进行通信,完全由从站自发通信向主站报告变化数据。在配电自动化系统中,不能保证主站系统的数据不被改变,从而无法保证主站系统的数据和现场数据时刻一致,故一般不采用哑态工作方式。

在非请求变位工作方式下,主站在需要时会向从站请求全部的静态数据,其余和哑态工作方式完全一样。如果能保证从站向主站报告的变化数据能被主站正确接收,那么这是一种很理想的数据扫描方式。

在变位扫描方式下,主站会请求全部的静态数据,并不时地扫描变化数据。这是在配电自动化工程中最常用的数据扫描方式。一方面,主站定期或者不定期地请求全部的静态数据,保证主站系统的数据和现场数据的一致;另一方面,从站主动向主站报告变化数据,保证了变化数据到达主站的及时性。而主站不时地扫描变化数据,保证了变化数据不会丢失。

在扫描静态方式下,主站仅仅请求所有或部分静态数据,这种数据扫描方式很少采用。

附录 C　问 答 式 通 信 规 约

问答式通信规约规定了电网数据采集和监视控制系统(SCADA)中主站和子站(远动终端)之间以问答方式进行数据传输的帧格式、链路层的传输规则、服务原语、应用数据结构、应用数据编码、应用功能和报文格式。

该标准适用于网络拓扑结构为点对点、多个点对点、多点共线、多点环型和多点星型网络配置的远动系统中。通道可以是双工或半双工。点对点和多个点对点的全双工通道结构,采用非平衡式传输的链路传输规则。

问答式规约是一个以调度中心为主动的远动数据传输规约。主站轮流询问各 RTU。各

RTU 只有在接到主站的询问后才向主站发送应答信息，即：有问必答。平时各 RTU 也与循环通信方式一样地采集各项数据，只是不把这些数据马上发送，而是存储起来，只有当主站轮询到本站时才组装发送出去。

各子站的数据类型不一，可按其特性和重要程度加以分类，对于重要的、变化快的数据，应勤加监视，采样扫描周期应短一些。对于不重要的变化缓慢的数据，采样扫描周期可以长一些。各种远动数据可以根据需要选择相应的扫描周期。子站可以提供几种类别的扫描周期，主站在需要时可以向子站查询某些类别的数据。

为了提高效率，通常遥信采用变位传送，遥测采用越域值（即越死区）传送，因此，对遥测量需要规定其死区范围。遥测量配有数字滤波，故还要规定滤波系数。而扫描周期、死区范围和滤波系数等参数应事先确定，应用时由主站给子站初始化时设定。

C.1 报文格式

我国的《问答式远动规约（试行）》中信息传送采用异步通信模式，传送的报文以 8 位字节为单位，附加起始位、停止位，但不带奇偶校验位。上、下行报文格式如附图 C-1 所示。

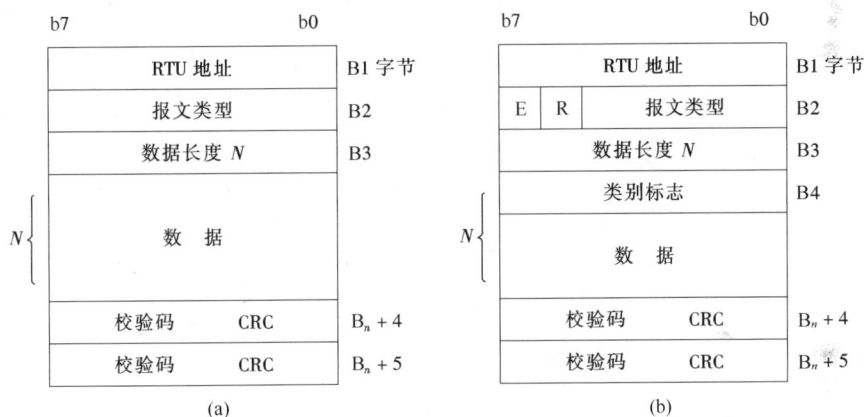

附图 C-1 问答式规约的报文格式
(a) 下行报文；(b) 上行报文

地址部分通常为一个字节，在下行报文中为目的站 RTU 地址；上行报文中为源站 RTU 地址。地址范围为 00H～FFH（0～254）。

报文类型用来说明报文的内容或类型，它用不同的代码来表示不同类型的报文。如主站传送的命令报文：扫描周期 SCAN，代码 11（H）；查询类别 ENQ，代码为 05（H）等。

在子站给主站的响应报文中都有 E 和 R 两位以及一个字节的类别标志。E 用来报告事件的记录情况，有事件记录时 E＝1，否则 E＝0。R 用来报告 RAM 自检情况，自检有错时 R＝1，否则 R＝0。子站给主站的响应报文用"类别标志"来报告哪些类别的数据有了变化（各种信息依其不同的扫描周期划分为 0～7 共 8 类）。类别标志中的每一位表示对应类别的情况，例如类别标志中的 b1 位为 1，就表示类别 1 中有数据变化。主站也可设置类别标志，指明查询某些类别的数据。

数据长度表明报文中数据段的字节数。

检验码部分有三种情况：对于重要的报文采用 16 位校验码；对于不太重要的报文只用 8 位校验码；子站给主站的"肯定性确认"和"否定性确认"报文则不带检验码。

C.2　问答是规约的优点和缺点

问答式规约的优点是：比较灵活，对各种类型的信息可区别对待。如：对缓慢变化的信号可以适当延长呼叫的周期，对变化急剧的信号可以频繁地查询送数；通道适应性强，既可以采用全双工通道，又可以采用半双工通道；既可采用点对点方式，又可采用一点多址或环型结构；节省了通道投资；采用变化信息传送策略，提高了数据传送速度。

问答式规约的缺点是：有时受控端的紧急信息不能及时地传给主控端。因此，在实际应用中，要做一些灵活处理。如：对于遥信变位，子站 RTU 要主动上送；对通道要求较高，因为一次通信失败虽然可以采用补发的方法，但补发次数有限，在通道质量较差时，仍会发生重要信息（SOE）丢失的现象；采用整帧校验的方式，由于一帧信息量较大，因此出错的概率较大，校验出错后必须整帧丢弃，并阻止重发帧，从而降低了实时性。

问答式规约的详细内容见电力行业标准 DL/T 634.5101—2002/IEC 60870-5-101：2002 《基本远动任务配套标准》。

参 考 文 献

[1] 张卫纲. 通信原理与通信技术. 西安：西安电子科技大学出版社，2002.

[2] 李文海，等. 电信技术概述. 北京：人民邮电出版社，1993.

[3] 汪一鸣，等. 计算机通信与网络教程. 北京：电子工业出版社，2001.

[4] 西北电力设计院. 电力工程电器设计手册第 2 卷. 北京：水利电力出版社，1990.

[5] 潘新民. 计算机通信技术. 北京：电子工业出版社，2002.

[6] 张辉. 现代通信原理与技术. 西安：西安电子科技大学出版社，2002.

[7] 张宝福. 现代通信技术与网络应用. 西安：西安电子科技大学出版社，2004.

[8] Behrouz A. Forouzan. 数据通信与网络. 吴时霖，等译. 北京：机械工业出版社，2002.

[9] 刘敏涵，等. 计算机网络技术. 西安：西安电子科技大学出版社，2003.

[10] 秦国屏. 电力载波通信. 北京：水利电力出版社，1988.

[11] 袁世仁. 电力线载波通信. 北京：中国电力出版社，1998.

[12] 刘增基. 光纤通信. 西安：西安电子科技大学出版社，2000.

[13] 刘云. 通信与网络技术概论. 北京：中国铁道出版社，2000.

[14] 赵宏波，等. 现代通信技术概论. 北京：北京邮电大学出版社，2003.

[15] 郭梯云. 移动通信. 西安：西安电子科技大学出版社，1998.

[16] 丁炜. 通信新技术. 北京：北京邮电大学出版社，1994.

[17] 张政. 数字微波. 北京：人民邮电出版社，1992.

[18] 罗先明. 卫星通信. 北京：人民邮电出版社，1993.

[19] 王秉钧，等. 扩频通信. 天津：天津大学出版社，1993.

[20] 祁玉生. 现代移动通信系统. 北京：人民邮电出版社，1999.

[21] 陈德荣，等. 通信新技术续篇. 北京：北京邮电大学出版社，1997.

[22] 贺平. 计算机网络基础. 北京：机械工业出版社，2003.

[23] 黄淑华. 计算机网络技术教程. 北京：机械工业出版社，2003.

[24] 黄益庄. 变电站综合自动化技术. 北京：中国电力出版社，2000.

[25] 丁书文，等. 变电站综合自动化原理及应用. 北京：中国电力出版社，2003.

[26] 段传宗. 无人值守变电站及农网综合自动化. 北京：中国电力出版社，1998.

[27] 于海生，等. 微型计算机控制技术. 北京：清华大学出版社，1999.

[28] 吴锡祺，何镇湖. 多级分布式控制与集散系统. 北京：中国计量出版社，1999.

[29] 杜宏. 关于配网自动化中的通信解决方案. 北京：电力设备，2002.

[30] 陈堂. 配电系统及其自动化技术. 北京：中国电力出版社，2003.

[31] 乔桂红，等. 光纤通信. 北京：人民邮电出版社，2006.

[32] 邓大鹏. 光纤通信原理. 北京：人民邮电出版社，2005.

[33] 丁书文. 变电站综合自动化现场技术. 北京：中国电力出版社，2008.